U0241230

作者在加拿大农业与农业食品部　东部谷物与油籽研究中心实验室
（从右到左：颜济教授[1]、杨俊良教授[1]与伯纳德·R.包姆博士F.R.S.C.[2]）

[1] 中国四川省都江堰市丰都庙，四川农业大学小麦研究所，邮编：611830

[2] K1A 0C6，加拿大安大略渥太华960卡林大道，加拿大农业与农业食品部 中央实验农场 东部谷物与油籽研究中心，纳特拜大楼 (Neatby Bldg., Eastern Cereal and Oil Seed Research Centre, Central Experimental Farm, Agriculture and Agri-Food Canada, 960 Carling Ave., Ottawa, Ontario, Canada, K1A 0C6)

国家出版基金项目
NATIONAL PUBLICATION FOUNDATION

现代农业科技专著大系

小麦族生物系统学

第三卷

仲彬草属　杜威草属　冰草属

南麦属　花鳞草属

第二版

颜　济　杨俊良
〔加〕伯纳德·R.包姆　编著

中国农业出版社

图书在版编目（CIP）数据

小麦族生物系统学. 第 3 卷/颜济，杨俊良，（加）
包姆编著. —2 版. —北京：中国农业出版社，2013.5
（现代农业科技专著大系）
ISBN 978 - 7 - 109 - 17849 - 6

Ⅰ.①小… Ⅱ.①颜…②杨…③包… Ⅲ.①小麦属
—生物学—研究 Ⅳ.①S512.101

中国版本图书馆 CIP 数据核字（2013）第 085791 号

中国农业出版社出版
（北京市朝阳区农展馆北路 2 号）
（邮政编码 100125）
责任编辑 孟令洋 吴丽婷

中国农业出版社印刷厂印刷 新华书店北京发行所发行
2013 年 5 月第 2 版 2013 年 5 月北京第 1 次印刷

开本：787mm×1092mm 1/16 印张：20.25 插页：1
字数：500 千字
定价：150.00 元
（凡本版图书出现印刷、装订错误，请向出版社发行部调换）

《小麦族生物系统学》简介
（代再版前言）

由四川农业大学颜济和杨俊良教授撰写的五卷巨著《小麦族生物系统学》（简称《系统学》）全面汇总了当今世界对禾本科小麦族生物系统学的研究精华。这一套巨著囊括了从经典分类、细胞遗传到分子系统发育各个领域的研究成果，也包含了二位先生毕生对小麦族研究的全部心血。完成这一套著作是一项巨大的工程，据我所知，仅仅将资料汇总和撰写这五卷著作就耗费了二位先生近 20 年的时间！作为二位先生的学生，我非常荣幸能为《小麦族生物系统学》写一个简介，但也深恐不能展示这五卷著作精华中的一万。

颜济和杨俊良教授认为，传统的植物分类学与系统学主要以形态特征的鉴定为主。由于性状遗传的显隐性关系，形态特征或表型仅表现了其遗传特征的一部分，而另一部分则需要通过细胞学与分子生物学分析才能得以鉴别。《系统学》所列举的光稃旱麦草（*Eremopyrum bonaepartis*）与西奈旱麦草（*Er. sinaicum*）形态非常相似，但前者是四倍体（**FsFsFF** 染色体组），而后者是二倍体（**FsFs**）；*Elymus*（**HHStSt**）与 *Campeiostachys*（**HHStStYY**）二属的染色体组差异较大，系统演化也不同，但它们在形态上却难于区分。另外，形态特征是基因与环境条件互作的结果，基因型相同而环境不同，也可能导致完全不同的形态特征。再如，具有相同 **NsNsXmXm** 染色体组的 *Lymus* 属植物，在不同生境中生长的种，形态特征可能完全不同。*Lymus duthiei* 与 *L. arenarius* 曾被形态分类学者误定为不同的属，这就没有反映其自然的演化关系。

生物系统学必须以细胞遗传学和分子生物学等研究的结果来支撑和进行订正。在《系统学》中，颜济和杨俊良教授以全球近百年研究所积累的遗传学等方面成果，来订正小麦族，使其客观反映自然生物系统。是当今世界第一本用现代方法来订正和撰写成的自然小麦族生物系统学，这也反映了现代生物系统学的方向。

小麦族是禾本科植物中十分重要的一个类群，包含了小麦、大麦、黑麦及人工创造的小黑麦等主要粮食作物；同时也包含了冰草属、新麦草属、披碱草属、赖草属等许多重要的牧草。小麦族分类学与系统学的知识，是现代麦类作物与牧草育种中利用异种、属种质资源的必要的理论基础之一。由于小麦族的许多植物都具有很高的经济价值，全球对其研究投入的人力与物力都非常多。与其他类群的植物相比较，取得的研究成果也十分丰富。木原均 1931 年创立了染色体组学说就是基于对小麦属与山羊草属的研究，这些研究成果中也包括了分类学和生物系统学的研究，奠定了现代细胞遗传学与生物系统学的基础。即使如此，小麦族中的一些属（如鹅观草属 *Roegneria*），仍存在许多问题有待研究和解决。研究得比较清楚的属，由于一些种没有遗传学分析的资料，使其在物种水平的分类仍然存疑。

颜济和杨俊良教授将这一领域的研究成果编写成书，目的在于把百年的生物系统学研究成果进行整理，去伪存真，得出真实的自然系统，便于育种家科学利用。《系统学》共分为5卷，亲缘关系极为相近的属以及很小的属就合编在一起。研究还不完善的属、种也编列进去，以供读者参考。本书共记载了现在已知的小麦族的30个属，2个亚属，464个种，9个亚种，186个变种。作者希望把这一本书写成具有较高参考价值的手册式著作。因此，把一些资料列为若干附录以便使用。形态特征描述尽量做到图文并茂，使读者一目了然。

现将这五卷书的内容简介如下：

第一卷：主要介绍小麦属（*Triticum*）与山羊草属（*Aegilops*）分类学的历史发展过程，它们的系统分类，以及这两属间的关系。鉴于小麦属在世界禾谷类作物中的重要意义，对小麦起源科学问题的研究成果也进行了展示。

第二卷：主要介绍黑麦属（*Secale*）、小黑麦属（*Tritiosecale*）、簇毛麦属（*Pseudosecale*）、旱麦草属（*Eremopyrum*）、亨氏草属（*Henrardia*）、带芒草属（*Taeniantherum*）、异型花属（*Heteranthelium*）、类大麦属（*Crithopsis*），以及大麦属（*Hordeum*）的分类学与系统学。除簇毛麦属、旱麦草属、大麦属外，其他属均只含一个染色体组，且是以不同的亚型形成不同的种。在本卷中，按照国际植物命名法规修正了簇毛麦属的属名应为 *Pseudosecale*，而不是 *Haynaldia* 或是 *Dasypyrum*。

黑麦属的黑麦（*Secale cereale*）是人类栽培驯化最晚的谷类作物，它以其一些特有的性状，如抗高寒、酸性或沙荒瘠地，在世界上（包括一些特定地区）至今仍有相当大的栽培面积。小黑麦属（*Triticosecale*）是人工合成的新植物，也是第一个人造禾谷类作物。通常以其非学名的普通名称广泛称为 Triticale。经过近一个世纪的改良研究，已有小面积种植，已经成为栽培作物。按照国际栽培植物命名法规，应给予一定的分类学地位。作者将其作为新属、新种处理，并给予描述。

黑麦属、簇毛麦属、旱麦草属在形态分类学上是比较相近的属。Carl Linné（1753）曾经把簇毛麦（*Pseudosecale villosum*）与旱麦草（*Eremopyrum orientale*）放在黑麦属（*Secale*）中。但从遗传学与系统学来看，它们相互间没有直接的亲缘关系，是平行演化的。在本卷中，编排在一起，仅是便于比较识别。小麦族其他一些一年生属也都是平行演化的小属。如亨氏草属（*Henrardia*）、带芒草属（*Taeniatherum*）、异型花属（*Heteranthelium*）及类大麦属（*Crithopsis*），都是地中海夏季高温、无雨、干旱，秋、冬、春三季温暖潮湿的生态条件下，演化形成的短生植物，也将其列在本卷中。

大麦属（*Hordeum*）是个大属，既有一年生植物，也有多年生植物。从生物系统学来看，它实际上含有4个独立的类群，含4个独立的染色体组（**I、Xa、Xu、H** 染色体组）。由于它们在形态学上有一些共同之处，习惯上将其看成一个属；但基于遗传学研究的实验生物系统学来看，将其分为4个小属也是合理的。根据习惯，本书还是将其合成一个大属，只是按实验生物学的论据，划分为4个组。其中，**H** 染色体组是一些多年生属的染色体组组成成分。栽培大麦（*Hordeun vulgare*）已有上万年的栽培历史，在人类有意识与无意识的选择下，形成许许多多的品种。本书记录了品种类群的归类，划分为品种群（cultivar group；con-cultivar）。

从第三卷起，所有的属种均为多年生。

第三卷：分为两篇，第一篇包含仲彬草属（*Kengyilia*）与杜威草属（*Douglasdeweya*），都是近年来按照细胞遗传学研究的成果建立的属。仲彬草属从鹅观草属（*Roegneria*）中分出，有 8 个新种与两个新变种是近年来新描述的，加上 17 个新组合。从细胞学来看，仲彬草属以含 **PStY** 染色体组为特征；而杜威草属包括两个种，含 **PSt** 染色体组。第二篇介绍冰草属（*Agropyron*）、南麦属（*Australopyrum*）与花鳞草属（*Anthosachne*）。该三属在生物系统学上比较特殊。冰草属含 **P** 染色体组，是其他含 **P** 染色体组属的供体。南麦属含 **W** 染色体组是 **W** 染色体组的供体。花鳞草属含 **StWY** 染色体组，似与南麦属（**W**）、仲彬草属（**PStY**）、杜威草属（**PSt**）及第四卷中的拟鹅观草属（*Pseudoroegneria*，**St**）、鹅观草属（**StY**），以及第五卷中的披碱草属（**StH**）、毛麦属（**ESt**）均有亲缘关系。

第四卷：介绍 5 个多年生属，即窄穗草属（*Stenostachys*）、新麦草属（*Psathyrostachys*）、赖草属（*Leymus*）、拟鹅观草属（*Pseudoroegneria*）、鹅观草属（*Roegneria*）。窄穗草属是新西兰的特有小属，含 **HW** 染色体组。新麦草属含 **Ns** 染色体组。赖草属是较大的属，含 **NsXm** 染色体组。**Ns** 来自新麦草属，**Xm** 的供体物种还没有发现。由于它与 **Ns** 有许多相近似的证据，因而有人认为它是 **Ns** 的变型。拟鹅观草属含 **St** 染色体组，是鹅观草属、披碱草属、毛麦属、仲彬草属、杜威草属、花鳞草属 **St** 染色体组的供体。鹅观草属、仲彬草属、曲穗草属中所含的 **Y** 染色体组至今还未找到供体。由于 **Y** 与 **St** 染色体组非常接近，因而有人认为它是由 **St** 染色体组转变而来。正如小麦的 **B** 染色体组来自拟斯卑尔塔山羊草的 **B**^{sp} 染色体组一样。

第五卷：介绍了 9 个属，即曲穗草属（*Campeiostachys*）、披碱草属（*Elymus*）、牧场麦属（*Pascopyrum*）、冠毛麦属（*Lophopyrum*）、毛麦属（*Trichopyrum*）、大麦披碱草属（*Hordelymus*）、拟狐茅属（*Festucopsis*）、网鞘草属（*Peridictyon*）及沙滩麦属（*Psammopyrum*）。曲穗草属是苏联植物分类学家 Василий Петрович Дробов 在 1941 年建立的，是含 **HStY** 染色体组的分类群。该分类群的处理符合以染色体组为基础的自然生物系统学的建属原则。

披碱草属（*Elymus*）是 Carl Linné 在 1753 年建立的老属。是含 **St** 与 **H** 两组染色体组的物种。它也是一个庞大的属，含有 83 个物种、20 个变种以及一些人称为变型的分类群。但作者认为变种与变型在自然遗传系统中是没有差别的，都是不同等位基因的不同组合，是同一级的；变型是人为等级（作者只认可变种）。披碱草属的分布很广阔，是小麦族中分布最广的属，包括美洲与欧亚大陆，以及非洲。由于生态环境的差异，形态变异也很大，与赖草属一样是一多型性的属。因而过去形态分类学家就把它分为若干个属，如披碱草属（*Elymus*）、裂颖草属（*Sitanion*）、偃麦草属（*Elytrigia*）等。还把一些穗轴节上具单小穗的种定为冰草属（*Agropyron*）或鹅观草属（*Roegneria*）。但只含有 **St H** 两种染色体组，在生物系统学上是同属于一个属，即披碱草属。

牧场麦属（*Pascopyrum*）是北美西北部重要的野生禾草，它是构成该区域草场的主要建群种之一，是很独特的单种属。从染色体组分析来看，它是异源四倍体披碱草属与异源四倍体赖草属间杂交形成的异源八倍体植物，含 **StHNsXm** 四个染色体组的单种属。

冠毛麦属（*Lophopyrum*）与毛麦属（*Thinopyrum*）是 Á. Löve 在 1982 年发表的两

个属，他认为 *Lophopyrum* 是含 **E** 染色体组的属；*Thinopyrum* 是含 **J** 染色体组的属。从实验分析的结果来看，**E** 与 **J** 十分相近，只能是亚型的关系，因此应当合并为一个属，即 *Lophopyrum*（冠毛麦属）。毛麦属（*Trichopyrum*）是将 *Elytrigia* 属的 Sect. *Trichophorum* 独立出来成立的异源多倍体属，它含有 **E** 染色体组与 **St** 染色体组。显然，它是起源于含 **E** 染色体组冠毛麦的物种与含 **St** 染色体组的拟鹅观草属的物种经天然杂交与染色体天然加倍而演化形成的分类群。

许多分类学家均认可偃麦草属（*Elytrigia*），但它包含了许多不同染色体组的分类群，本卷将它们分别列入各自的客观类群。如偃麦草属的模式种 *Elytrigia repens*，是含 **HHSt¹St¹St²St²** 染色体组的分类群，应当属于披碱草属，其他的物种按其染色体组划分至各相应的属。偃麦草属显然是形态分类学者主观臆定的，自然界客观实际并不存在这样的类群单位。

大麦披碱草属（*Hordelymus*）是中北欧林下特有的单种属。从它生长的生态环境与形态特征来看，与赖草属林下赖草组的分类群很相似，但它与赖草属在生物系统学上毫无关系。1994 年，经 Bothmer 等通过杂交与 C-带核型分析，表明它与这两个属都没有亲缘关系，含有 **XoXr** 两个来源不同的染色体组。

拟狐茅属（*Festucopsis*）是一个二倍体属，含有它独特的染色体组。Á. Löve 把它定名为 **L** 染色体组。

网鞘草属（*Peridictyon*）是由 Seberg 等自拟狐茅属中分离出的一个单种属，它含有 **Xp** 染色体组。

以上两属都是分布于东南欧巴尔干半岛的小属。拟狐茅属也向西分布于北非摩洛哥北部。

沙滩麦属（*Psammopyrum*），为一异源多倍体属，分布于西欧到南欧，生长在海滨沙滩以及盐碱沼泽。是由含 **E** 染色体组的 *Lophopyrum* 属的个体与含 **L** 染色体组的 *Festucopsis* 属的个体，天然杂交演化形成的异源多倍体分类群。

复旦大学　卢宝荣

2013 年 3 月于上海

编者的话

科学研究是不断发展的，一本科学书籍必然会由于历史进步和科技的发展而呈现一些陈旧过时的部分，甚至被证明是错误的观点或结论。加之作者知识的局限，也可能会有一些错误或不妥的叙述，希望读者指正。

自《小麦族生物系统学》第一卷出版距今已经有 13 年了，13 年来世界小麦科学的研究取得了重大的突破。四川省农业科学院杨武云研究员利用野生节节麦（*Triticum tauschii ＝ Aegilops tauschii*）与 *Triticum turgidum* 杂交人工合成的普通小麦 *Triticum aestivum*，是世界上第一次选育出用于商业大规模栽培的品种，且所有经济性状都超过现有的栽培品种。在学术界有一种看法：野生的个别特殊基因用于改良栽培品种是可取的，例如抗叶锈病。但是一整套野生基因组就不如经过千百年改良的栽培种。如人工合成的小黑麦还是两个栽培种的产物，研究了近一个世纪都难以在商业生产上立足。然而，杨武云育成的川麦 30 与川麦 6415 已改变了这种看法，这对科学、合理、有效地利用野生资源开创了新的观点和途径。再版时，应该加上这一部分内容。

初版一至三卷还有许多编印方面的错误和不足，虽然有"勘误表"，却不如再版改排更好。

编著者

2012 年 6 月完成再版稿于美国加利福尼亚州戴维斯

第 一 版 序 言

　　《小麦族生物系统学》从第三卷起，包括的属种都是多年生属种。

　　从 Carl von Linné 建立科学分类学起就是为了确定并记录分类群的客观存在，以及它们的相互关系及其系统地位。长期以来，由于科学与技术发展的局限性，主要依靠形态对比来分析研究，也就是说研究分析分类群的表型。从现代遗传学研究我们知道，表型是显性基因及中间性基因及环境相互作用的产物（杂合状态下，隐性基因不表达），表型（P）与遗传（H）及环境（E）是可变的函数关系，即：f（H·E）＝P。用表型（P）——形态特征，去反推其本质——遗传（H）系统，是逆定理，是常常不成立的。我们在这后面三卷中将分析单纯用形态学分析带来的差错。形态学分析当然是重要的，它是我们认识分类群的第一步。但是不用实验科学技术来进一步研究，就不能排除用逆定理推断带来的差错。只有排除了这些差错才可能在理论上建立符合客观实际的系统与确定真实的物种，从而在利用种质资源时才可以少走弯路。下面我们先介绍一个后面几卷将要遇到的一个大分类群的现代实验遗传学研究成果所概括得来的系统图，它将纠正系统学上的一些错误。本卷介绍的两个新属，也是基于这个系统图分析鉴定而建立的。下图是基于染色体组分析成果显示出来的系统关系图。

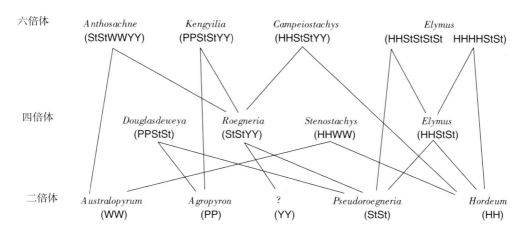

　　基于染色体组分析建立的 *Agropyron*、*Anthosachne*、*Australopyrum*、*Campeiostachys*、*Elymus*、*Hordeum*、*Kengyilia*、*Douglasdeweya*、*Pseudoroegneria*、*Roegneria* 与 *Stenostachys* 属的系统关系

　　本卷第一篇介绍的仲彬草属（*Kengyilia*）与杜威草属（*Douglasdeweya*）都是近年来按细胞遗传学的研究成果建立的属。仲彬草属从鹅观草属（*Roegneria*）中分出，杜威草属从拟鹅观草属（*Pseudoroegneria*）中分出。仲彬草属中有 8 个新种和两个新变种是近年来新描述的，加上 17 个新组合。从细胞学来看，仲彬草属以含 **P**、**St** 及 **Y** 染色体组为特征。依目前的观察研究应订正为 24 个种，因为其中有一个是不育的属间杂种。但是

它在形态上完全像仲彬草属，因而还是把它包括在仲彬草属中。杜威草属含两个种。从细胞学来看，杜威草属以含 **P** 及 **St** 染色体组为特征。仲彬草属的分化中心应当是中国西部，因为绝大多数的种在那里发现。这些种分布在高海拔地带，而其中一些还生长在极端干旱的地区。杜威草属是高加索地区的特有属。我们这一工作不仅仅是为分类学家，同时也为遗传学家提供有潜能的基因用于谷类作物的改良以及原位保护。本专著内容基于野外采集调查、活体以及凭证蜡叶标本的研究。本卷多数凭证标本存于 **SAUTI!**。

　　本卷第一篇是我们三人合作研究小麦族遗传种质资源的成果。小麦族野生近缘植物含有许多重要谷物如像小麦与大麦，生长在不同环境同时含有有用的遗传物质可用于谷物改良，特别是仲彬草属，可能对抗寒与抗旱作出贡献。

　　仲彬草属的一些种是自然牧场的重要组分。例如，*K. mutica* 就是青海省贵德县草原的主要建群种；而在中国青海玉树高海拔地区牦牛、绵羊啃食的主要牧草之一就是 *K. thoroldiana*。

　　仲彬草属一些种生长在高海拔，分布分散，不是那么易于找寻与采集。编写本专著的一个目的就是为便于找寻与鉴定这些物种。它的另一目的是为这些潜在有用遗传资源的保护和遗传物质的利用提供信息。

　　第二篇介绍的 3 个属在遗传系统学上是很特殊的属，冰草属（*Agropyron*）、南麦属（*Australopyrum*）与花鳞草属（*Anthosachne*），其中花鳞草属与第一篇的仲彬草属（*Kengyilia*）、杜威草属（*Douglasdeweya*），以及第四卷的拟鹅观草属（*Pseudoroegneria*）、鹅观草属（*Roegneria*）及第五卷的披碱草属（*Elymus*）、冠麦属被毛组（*Lophopyrum* sect. *Trichophorae*）都是含有 **St** 染色体组的分类群。冰草属是含 **P** 染色体组的属，也是 **P** 染色体组供体。南麦属是含 **W** 染色体组的属，它也是 **W** 染色体组供体。在第四卷中将要介绍的拟鹅观草属是 **St** 染色体组的供体。本卷涉及的 **Y** 染色体组至今尚未找到供体，它是不是像小麦属的 **B** 染色体组由 *Triticum speltoides* 的 **B**[sp] 染色体组转变而来一样，由相近的染色体组转变而来？譬如 **St** 染色体组。虽然有人提出这样的推论（Lu，B. R. and Q. Liu，2005），但至今还没有像 **B** 染色体组那样有确切的证据证明这种转变。不过，也没有证据来否定 **Y** 染色体组是由 **St** 染色体组转变而来的推论。由于 **St** 染色体组与 **Y** 染色体组在澳洲与亚洲的存在，澳洲与亚洲又是地球史上分隔最久的两大古老板块，对适应温凉生态环境条件，分布于温带、亚热带的小麦族植物来说，澳洲与亚洲的 **St** 与 **Y** 染色体组又为现代热带所分隔。这些客观存在的地球历史都说明 **St** 与 **Y** 染色体组的分化与存在，均早于澳、亚两大板块分隔以及热带的位置确定在现在的位置之前。

　　冰草属在古典形态分类系统学上，曾经是一个十分混乱的所谓广义的大属，即 *Agropyron* Sensu Lato。把多年生小麦族的禾草中凡是小穗在穗轴节上单生的都纳入这个广义的冰草属中，一共超过 100 多个种（Sakamoto，1964）。把 *Elymus*、*Eremopyrum*、*Festucopsis*、*Kengyilia*、*Leymus*、*Lophopyrum*（＝*Elytrigia* 的大部分种）、*Pascopyrum*、*Pseudoroegneria* 等属都混同在一起。英国的 George Bentham 与 J. D. Hooker，以及后来的 N. L. Bor，A. Melderis；奥地利的 Eduard Hackel；瑞士的 Edmond Boissier；美国的 A. S. Hitchcock，Frank Lamson-Scribner；日本的本田正次、桧山库三、大井次三郎；俄罗斯的 А. А. Гроссгейм、В. П. Дробов、Б. А. Федченко、С. А. Невский、Н. Н. Цвелев，

都曾经是持这种广义冰草属主张的形态分类学家，也正是他们主观的形态标准脱离了客观自然亲缘系统实际，从而制造了这一混乱。众所周知，当时出现这样的问题主要是受历史条件所局限，细胞学与遗传学刚起步，细胞遗传学与分子遗传学还未建立。不过 1976 年 Н. Н. Цвелев 在《苏联禾草（Злаки СССР)》中，1980 年 A. Melderis 等在 T. G. Tutin 等主编的 *Flora Europaea* 中，以及早在 1959 年耿以礼就在《中国主要植物图说·禾本科》中都同意 С. А. Невский（1934）后来提出的小属概念。当今的情况当然已大不相同，根据现代实验生物学的研究，已清楚地分辨出那种广义的冰草属是一群彼此亲缘关系相距甚远的群体。按现代实验生物学的观测数据来看，以冰草属的模式种 *Agropyron cristatum* Gaert. 为标准，冰草属应当是一个含 **P** 染色体组的多年生属。只有 *Kengyilia*、*Douglasdeweya* 与它有一定的亲缘，小麦族其他的属与它没有直接的亲缘关系。所谓的广义的冰草属也不为现代大多数学者认可，这种守旧的观点会对遗传资源的利用带来不必要的麻烦与错误。当然在本卷中的冰草属不是"广义"的，而是以 **P** 染色体组来界定的。

冰草属的 **P** 染色体组的遗传演化具有它的特殊性，虽然 **P** 染色体组也演化出染色体间遗传基因互换，以及倒位而形成的 **P** 染色体组亚型。但它具有的特殊高亲和基因的特殊效应，使亚型间杂交亲和性很高，减数分裂染色体配对很好，结实率也高。因此，除因倍性差异造成不育外，亚型间并不能阻碍基因流的交换，未能因亚型的差异形成独立的基因库。独立的基因库是一个独立的种必具的特征。这也是冰草属与小麦族其他属，如 *Elymus*、*Kengyilia*、*Roegneria* 等显然不同的演化特征。应该说明的是，染色体组亚型的演化可以构成一个独立基因库，形成一个种，例如 *Kengyilia*；但也可能染色体组亚型已演化形成，却因具有特殊基因的调节作用而不能构成一个独立基因库，不能形成一个种，例如 *Agropyron*。早在 1984 年，Á. Löve 就对冰草属做出了以不亲和的染色体组倍性来划分种的尝试，虽然为时过早，由于还有许多分类群的染色体组倍性都还不知道，因而出现一些差错。但现在看来，他的主导思想是正确的。

Australopyrum (Tzvelev) Á. Löve 是澳洲独有的二倍体属，含有独特的 **W** 染色体组。按属名原意可以称它为南麦属。

本卷中还有一个比较特殊的花鳞草属（*Anthosachne* Steudel），它是一个 150 多年前建立的老属，长期不为人们所承认，但按现代实验生物学的数据来看，有必要恢复这个古老属的应有的独立地位。虽然属的划分是带有人为性的，但应尽力使它与客观存在相吻合，才便于资源的保存与利用。从这个基点出发，我们认为应当恢复这个含 **W**、**St**、**Y** 染色体组组合十分特殊的属。过去我们曾经提出过由两个染色体组供体属的属名的组合名 *Australoroegneria* 来称呼这一些分类群，但是 Ernst Gottlieb Steudel 发表的 *Anthosachne* 属名占先（1854 年），按国际植物学命名法的规定，应该恢复 *Anthosachne* Steud. 的应有的名位。

这个属是亲缘关系联系澳、亚两大洲的很独特的属，它的 **W** 染色体组是大洋洲特有的，而它的 **St**、**Y** 染色体组的组合却又是亚洲所特有的。现在的澳洲还没有找到 **St**、**Y** 染色体组组合的供体。它的存在，本身就是在理论上研究小麦族演化历史以及澳、亚两洲植被演化历史的重要标本。而这个属又是小麦族中唯一一个具有稳定的无融合生殖、孤雌生殖的属。更有趣的是它的居群间杂交也常不亲和。也有一些居群有严格的自花授粉特性，与第二卷中介绍过的带芒草属（*Taeniantherum*）多少有些相似，但形成的机制还不尽相同。因此，也带来分类等级划分上的一些特殊问题。在 *Agropyron* 属中是促成杂交亲和的基因系统而使染色体组亚型间也不构成生殖隔离；在 *Anthosachne* 属中恰好相反，特殊基因使居群间也产生不亲和。

本卷要向读者介绍的就是上述这些属的生物系统学。

编著者
2003 年初冬完成第一篇英文书稿于加拿大渥太华
2004 年秋第一篇译成中文稿于雅安八家村
2005 年夏完成第二篇于美国加利福尼亚州戴维斯

目　　录

第　一　篇

第　二　篇

第 一 篇

颜 济 杨俊良 伯纳德·R.包姆 编著

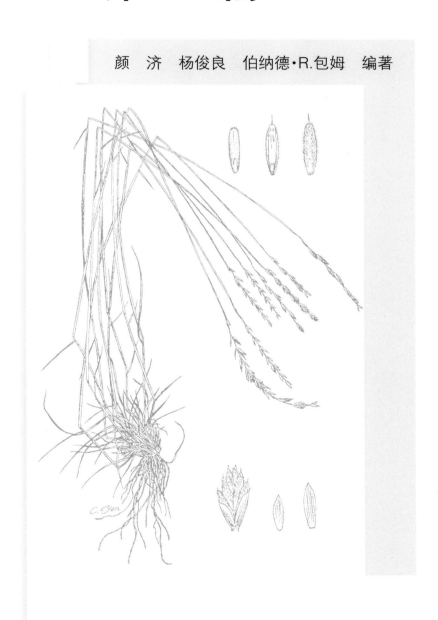

3

小麦族生物系统学·第三卷

一、仲彬草属(Genus *Kengyilia*)的生物系统学

(一) 前　　言

仲彬草属 (Genus *Kengyilia*) 是颜济、杨俊良根据形态学与细胞学研究结果建立的，首先在中国帕米尔高原的非常干旱的石质荒漠"戈壁"中发现一个可能属于鹅观草属拟冰草组 (*Roegneria* Section *Paragropyron*) 的新种，经研究应为新属新种，定名为 *Kengyilia gobicola* C. Yen et J. L. Yang。在 1990—1996 年间相继又发现了 8 个属于仲彬草属的新种，15 个新组合一半多是从鹅观草属拟冰草组转入仲彬草属的，同时，加上自己认定的 9 个变种。在这本专著中认定了 24 个种，其中一个不育的可能是一个属间杂种 (表 1-1)。这个属最初发现分布于中国西部，而它大部分分布在中亚与喜马拉雅高海拔地区。属名是为纪念知名的中国植物学家耿以礼，他认为在小麦族中有一些种介于冰草属与鹅观草属之间的类群，这就是我们认定的仲彬草属。

仲彬草属 (Genus *Kengyilia*) 的这一类群的物种最先发现的是 *Kengyilia thoroldi-anan* (Oliver) C. Yen，J. L. Yang et Baum，当时它名为 *Agropyron thoroldianan* Oliver。第二个被发现的是 *Kengyilia melanthera* (Keng) J. L. Yang，C. Yen et Baum，最先它被命名为 *Agropyron melathera* Keng。其后，耿描述了 8 个新种，把它们放在鹅观草属中 (Keng and S. L. Chen, 1963)，现在组合在仲彬草属 (Genus *Kengyilia*) 中。所有这 8 个种 Цвелев (1968) 都把它们放在冰草属中，后来其中一些，Löve (1984) 与 Цвелев (1976) 又把它们放在披碱草属 (*Elymus*) 中。

发现 *K. gobicola* 以后，又有一些新种发现，同时又从其他一些属组合一些种到仲彬草属中 (Baum et al.，1991；Yang and Yen，1993；Yang et al.，1992；Yen et al.，1998)，大约有 22 个 *Kengyilia* 属的种被另一些分类学者组合到小麦族其他属中 (表 1-1)。粗略看来把这些种分类为 *Kengyilia* 属只是不同的观点。认定 *Kengyilia* 属是具有坚实的实验科学的研究基础，基于把含有 **St**、**Y** 与 **P** 染色体组的种组成一个属，这将有利于改良小麦族的谷物、牧草及草原时利用遗传资源。实际上许多 *Kengyilia* 属的种生长在非常严酷的生境之中，例如 *K. thoroldianan* 分布于极端高寒地区，*K. gobicola* 生长在极端干旱的荒漠之中。许多种的群体小而分散，因此不太容易寻找。

对仲彬草属 (Genus *Kengyilia*) 有兴趣的一个理由就是实用。这个属与其他多年生小麦族一道形成一个巨大的遗传资源基因库，可用于一年生谷物的改良 (Dewey，1984)。对谷物与牧草育种家有效利用与保护这些资源，知道自然生境中在哪里以及如何找到这些资源也是非常重要的。

表1-1　仲彬草属（*Kengyilia*）种的命名史

（+仍然为种；+后加ss表示亚种）

Kengyilia species	*Agropyron* Gaertner	*Elymus* L.	*Elytrigia* Desveaux	*Roegneria* C. Koch	*Triticum* L.	*Agropyron* Subgenus *Elytrigia* sect. *Hydalepis* Nevski	*Elytrigia* sect. *Hyalolepis* Nevski	*Elymus* sect. *Hyalolepis* (Nevski) A.Löve	*Agropyron* sect. *Goulardia* (Husnot) Holmberg	*Elytrigia* sect. *Goulardia* (Husnot) Drobow	*Elymus* sect. *Goulardia* (Husnot) Tzvelev	*Roegneria* sect. *Cynopoa* Nevski	*Roegneria* sect. *Paragropyrum* Keng
1.*alaica* (Drobow) J.L. Yang, Yen et Baum,1993	+	+ss	+			+	+	+ss					
2.*dalaica* (Dobow) J.L. Yang, Yen et Baum,1993	+	+	+			+	+	+					
3.*batalinii* (Krasn.) J.L. Yang, Yen et Baum,1993	+	+	+		+	+	+	+					
4.*carinata* (Ovcz. & Sidorenko) J.L.Yang, Yen et Baum,1997			+	+									
5.*eremopyroides* Nevski ex J.L.Yang, Yen et Baum,1997													
6.*gobicola* Yen et J.L.Yang, 1990													
7.*grandiglumis* (Keng & S.L. Chen) J.L.Yang, Yen et Baum,1992	+			+							+		+
8.*guidenensis* C.Yen, Yang et Baum, 1995													
9.*habahenensis* B.R.Baum, Yen et Yang, 1991													
10.*hirsuta* (Keng & S.L.Chen) J.L. Yang, Yen et Baum, 1992	+	+		+							+		
11.*kaschgarica* (D.F.Cui) L.B.Cai,1996		+									+		
12.*kokonorica* (Keng & S.L. Chen) J.L. Yang, Yen et Baum, 1992	+	+		+							+		+
13.*kryloviana* (Schischk.) C.Yen, Yang et Baum, 1997	+		+										+

（续）

Kengyilia species	*Agropyron* Gaertner	*Elymus* L.	*Elytrigia* Desveaux	*Roegneria* C. Koch	*Triticum* L.	*Agropyron* Subgenus *Elytrigia* sect. *Hyalolepis* Nevski	*Elytrigia* sect. *Hyalolepis* Nevski	*Elymus* sect. *Hyalolepis* (Nevski) A.Löve	*Agropyron* sect. *Goulardia* (Husnot) Holmberg	*Elytrigia* sect. *Goulardia* (Husnot) Drobow	*Elymus* sect. *Goulardia* (Husnot) Tzelev	*Roegneria* sect. *Cynopoa* Nevski	*Roegneria* sect. *Paragropyrum* Keng
14. *laxiflora* (Keng & S.L.Chen) J.L.Yang, Yen et Baum, 1992		+		+	1						+	+	+
15. *latistachya* L.B.Cai et D.F. Cui, 1996													
16. *melanthera* (Keng & S.L. Chen) J.L. Yang, Yen et Baum, 1992	+	+		+							+	+	+
17. *mutica* (Keng ex Keng & S.L. Chen) J.L. Yang, Yen et Baum, 1992	+	+		+							+		+
18. *pamirica* J.L. Yang et Yen, 1993	+												
19. *pulcherrima* (Grossh.) C. Yen, Yang et Baum	+		+										
20. *rigidula* (Keng & S.L. Chen) J.L. Yang, Yen et Baum, 1992		+		+							+		+
21. *tahelacana* J.L. Yang, Yen et Baum, 1993													
22. *thoroldiana* (Oliver) J.L. Yang, Yen et Baum, 1992	+			+							+		+
23. *zhaosuensis* J.L. Yang, Yen et Baum, 1993													
24. *stenachyra* (Keng & S.L. Chen) J.L., Yen et Baum	+	+		+							+.		+.
Sum (Total transfers from each category)	12	11	6	10	1								

（二）仲彬草属的系统学地位

1. 形态学

仲彬草属（*Kengyilia*）隶属禾本科小麦族。它具有特殊的染色体组组合，由 **P**、**St** 与 **Y** 三个染色体组组成，模式种 *Kengyilia gobicola* C. Yen et J. L. Yang。从 1990 到 1996 的分析研究来看，这个属共发表了 8 个新种，16 个新组合与 9 个变种。

耿以礼与其合作者（Keng et al. 1957，1959）指出，有一群物种其外稃具毛，颖有明显的脊，小穗排列紧密，具有发育不良的顶端小穗。这些性状在形态学上显示出它们介于冰草属（*Agropyron*）与鹅观草属（*Roegneria*）之间呈中间性状，基于这些特点在鹅观草属（*Roegneria* C. Koch）中建立一个新组拟冰草组（section *Paragropyron* Keng），以 *Roegneria thoroldiana*（Oliv.）Keng 作为模式种。这一模式种是基于分布于中国西藏的 *Agropyron thoroldianum* Oliv.［Oliver 发表在 Hooker，Icon. Pl. 23t. 2262（1893），根据模式标本 Thorold 采集的 No. 108］。

仲彬草属的种过去不同作者有不同的分类处理。Oliver（1893）把 Thorold 所采的 108 号标本定为冰草属的一个新种。Невский（1934）与 Цвелев（1976）把许多种放在偃麦草属（*Elytrigia*）的 section *Hyalolepis* 组中。耿以礼、陈守良（1963）及耿以礼（1959）把它们放在鹅观草属拟冰草组中。杨锡麟（1987）遵循耿以礼的处理，但是他把疏花鹅观草系（series *Lariflorae*）从拟冰草组中拿出来组合到鹅观草属的犬草组（section *Cynopoa*）中。Löve（1984）把它们组合到披碱草属（*Elymus*）的哥达尔迪亚组（section *Goudardia*）之中。Yen and J. L. Yang（1990）以及 J. L. Yang et al.（1992）基于这一类禾草具有独特的染色体组组合与独特的形态特征而把它们建立成一个独立的属 *Kengyilia*。

作者研究了仲彬草属以及与它相近的冰草属、披碱草属、鹅观草属的一些形态性状。这 4 个属作者用了 100 个有代表性的种进行数量研究；排除检索性状，例如那些属检索表区分性状（Baum et al.，1991），测量了 290 份标本的形态性状并进行标准的判别分析（discriminant analyses）（Baum et al.，1995）。这些性状的分析支持 *Agropyon*、*Elymus*、*Kengyilia* 与 *Roegneria* 4 个属的划分。这 4 个属为线性判别函数所支持符合率超过 83%（见 Baum et al.，1995，表 3 与图 1）。

不包括在 Baum et al.（1995）分析的 4 个属的其他近缘属种中，*Elytrigia* 属在现代生物系统学中已不再存在，但它所包括的物种与这 4 个属完全不同，其小穗脱节于颖之下、颖脉平行。近年来细胞学的研究指出，*Elytrigia* 属应当分为两部分：一部分是 *Elytrigia repens*，也是这个属的指定模式种（lectotype），它含有 **H** 与 **St** 染色体组（Assadi Runemark，1995；Vershinin et al.，1994），应当组合到披碱草属（*Elymus*）中。另一部分含有 **Eᵉ** 或 **Eᵇ** 或 **EᵉEᵇ** 与 **St** 染色体组（Wang，1985；Liu and Wang，1989，1992，1993a，1993b；Xu and Conner，1994），它们属于 *Lophopyrum*。正如已指出的，在形态学上这两部分的物种都与仲彬草属完全不同。

2. 细胞学

仲彬草属 18 个种与变种曾做过细胞学观察试验。观察结果表明它们全是六倍体，由 **P**、**St** 与 **Y** 染色体组组成，2n＝42。特别是 **P** 染色体组长大的染色体有两对随体位于 4**P** 与 6**P** 上，非常容易与其他两组染色体相区别。这是对 **P** 染色体组非常好的细胞学标记。**P**、**St** 与 **Y** 染色体组组合首先由颜济与杨俊良发现（1990）。其后在其他仲彬草属的物种中相继证实（Jensen，1990a、1990b、1996；Baum et al.，1991；Yang et al.，1993；Sun et al.，1993、1994；Zhou，1994；Zhang et al.，1998）。

随体染色体的二次缢痕是核仁形成体，它所载 DNA 序列译制核糖体 RNA。因此，遗传上随体染色体决定核糖核蛋白体的性质也就是决定细胞质的性质。一个杂种起源的物种，细胞质来自母本，应当与来自随体染色体的细胞质相一致（图 1-1）（Morrison，1953；Kihara，1959）。因此，生活时间较长的杂种，例如异源多倍体种，在核型分析时随体染色体可用于鉴别可能的母本种。核型分析的结果证明仲彬草属的随体染色体属于 **P** 染色体组。如果仲彬草属随体染色体属于 **P** 染色体组，则父本应当含 **St** 与 **Y** 染色体组。四倍体的鹅观草属的物种正好符合这个要求。

在中国西部与中亚亚得里亚海自然植被中，二倍体的冰草属与鹅观草属生长在一起随

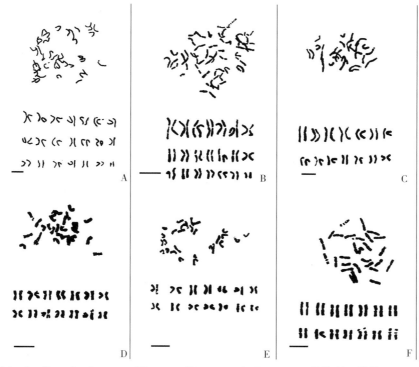

图 1-1　*Douglasdeweya*、*Elymus*、*Kengyilia* 与 *Roegneria* 的核型（横线＝10μm）

A. *K. batalinii* var. *nana*（J. L. Yang, C. Yen et Baum）J. L. Yang, C. Yen et Baum　B. *K. zhaosuensis* J. L. Yang, C. Yen et Baum　C. *D. wangii* C. Yen, J. L. Yang et B. R, Baum　D. *Elymus sibiricus*（L.）L.　E. *E. caninus*（L.）L.　F. *Roegneria caucasica* C. Koch

处可见（图1-2）。仲彬草的物种必然是二倍体的冰草与父本四倍体的鹅观草进行天然杂交，再经染色体自然加倍恢复育性而形成新的六倍体（图1-3）。

图1-2　*Agropyron pectiniforme* **P** 染色体组的潜在的供体，与 **St** 和 **Y** 染色体组潜在供体 *Roegneria glaberrima* 及 *R. gmelinii* 在新疆布尔津生长在一起（在这一地点的附近，*R. abolinii*，*R. sylvatica*，*R. ugamica* 也有分布）

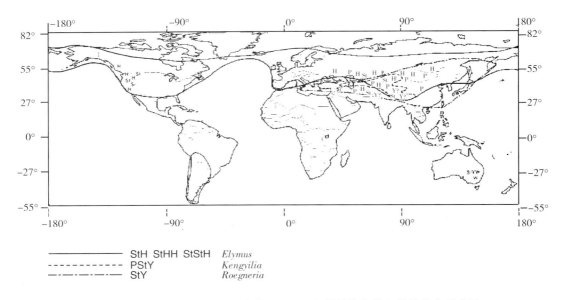

———————— StH StHH StStH	*Elymus*
------------ PStY	*Kengyilia*
—·—·—·—·— StY	*Roegneria*

图1-3　*Elymus*、*Kengyilia* 与 *Roegneria* 包括其染色体组供体分布示意图

Wang et al.（1986）发现 *Douglasdeweya wangii* C. Yen, J. L. Yang et Baum 是一个四倍体而具有 **P** 与 **St** 染色体组。核型分析表明它的随体染色体也是 4**P** 与 6**P**，说明它的母本也是一种二倍体冰草。虽然仲彬草与它含有两组相同的染色体组，但它的父本不是鹅观草属（*Roegneria*）的植物而是拟鹅观草属（*Pseudoroegneria*）的植物，它们之间没

有直接的亲缘系统关系。

四倍体的鹅观草属与六倍体的弯穗草属（*Campeiostachys*）同仲彬草属有两组共同的染色体，即 **St** 与 **Y** 染色体组。作者从对鹅观草属与弯穗草属 46 个种进行的核型分析的结果来看，全部 350 个居群都含有相似的核型。无论四倍体的鹅观草属（**StStYY**）抑或是六倍体的弯穗草属（**StStYYHH**），不同种之间核型都基本上是相同的。鹅观草属的随体染色体是第 12 与 14 染色体，弯穗草属则是第 19 与 21，无一例外（图 1 - 1）。

这些结果显示出鹅观草与弯穗草的细胞质供体是含 **Y** 染色体组的分类群。因为 **St** 染色体组的随体染色体是 2**St** 与 5**St**，最后一对染色体不是随体染色体（Hsiao et al.，1986）。

杨锡麟（1987）根据小穗稀疏、穗弯垂，把疏花鹅观草（*Roegneria laxiflora* Keng）从拟冰草组（section *Paragropyreon*）中分出，组合到 section *Cynopoa* 组中。但是 Yang et al.（1992）则根据外稃具毛把它组合到仲彬草属中。核型分析与染色体组型分析证明这个种含有 **P**、**St** 与 **Y** 染色体组（Zhang et al.，1998），因此这个物种应属仲彬草属。外稃具毛，中脉显著，顶端小穗发育不良，都是识别仲彬草属的很好的形态性状，也是代表 **P**、**St** 与 **Y** 染色体组组合的形态特征。

3. 分子遗传学

分子遗传学分析的结果显示出在 DNA 水平仲彬草属种间的差异与相似。张莉（2003）用随机扩增多态性分析 DNA（RAPD）、随机扩增微卫星多态性分析（RAMP）、简练重复序列分析（ISSR），对属于 14 个种与一个变种的 32 个仲彬草属居群进行分析。这些材料列于表 1 - 2。

表 1 - 2 RAPD、RAMP 与 ISSR 分析所用仲彬草属的材料

序号	种	染色体数	染色体组	居群	产地
1.	*K. rigidula*	42	**PStY**	W622130	中国甘肃夏河
2.	*K. rigidula*	42	**PStY**	Y2330	中国甘肃夏河
3.	*K. stenachyra* *	42	**PStY**	W622128	中国甘肃夏河
4.	*K. stenachyra* *	42	**PStY**	W622138	中国甘肃夏河
5.	*K. stenachyra* *	42	**PStY**	Y2723	中国甘肃夏河
6.	*K. stenachyra* *	42	**PStY**	Y2305	中国甘肃夏河
7.	*K. hirsuta*	42	**PStY**	PI531618	中国甘肃兰州
8.	*K. hirsuta*	42	**PStY**	Y2860	中国青海祁连
9.	*K. hirsuta*	42	**PStY**	Y2364	中国甘肃夏河
10.	*K. hirsuta*	42	**PStY**	Y2368	中国甘肃夏河
11.	*K. hirsuta*	42	**PStY**	Y2364	中国西藏瑞卡子
12.	*K. hirsuta*	42	**PStY**	PI504457	中国青海青海湖
13.	*K. hirsuta*	42	**PStY**	Y2876	中国青海格尔木
14.	*K. batalinii*	42	**PStY**	PI531562	吉尔吉斯斯坦
15.	*K. batalinii*	42	**PStY**	PI565002	哈萨克斯坦
16.	*K. batalinii*	42	**PStY**	PI547361	吉尔吉斯斯坦
17.	*K. batalinii*	42	**PStY**	PI314623	西伯利亚
18.	*K. tahelacana*	42	**PStY** * *	Y0582	中国新疆温宿
19.	*K. tahelacana*	42	**PStY** * *	Y0599	中国新疆温宿
20.	*K. melanthera* var. *tahopaica*	42	**PStY** * *	Y2885	中国青海兴海
21.	*K. melanthera*	42	**PStY**	PI504458	中国青海青海湖

（续）

序号	种	染色体数	染色体组	居群	产地
22.	K. melanthera	42	**PStY**	Y2891	中国青海马多
23.	K. melanthera	42	**PStY**	Y2708	中国四川红原
24.	K. melanthera	42	**PStY**	Y2709a	中国四川红原
25.	K. laxiflora	42	**PStY**	PI531631	中国四川石渠
26.	K. zhaosuensis	42	**PStY**	Y2633	中国新疆昭苏
27.	K. gobicola	42	**PStY**	Y9503	中国新疆塔什库尔干
28.	K. grandiglumis	42	**PStY**	Y2857	中国青海海晏
29.	K. alatavica	42	**PStY**	Y9519	中国甘肃天祝
30.	K. thoroldiana	42	**PStY**	Y2878	中国青海格尔木
31.	K. mutica	42	**PStY**	Y2873	中国青海格尔木
32.	K. kokonorica	42	**PStY**	Y2880	中国青海共和

* 鉴定有误，可能是 K. rigidula；＊＊ 本书编著者订正。

张莉用 PCR - RFLP 技术研究 32 个仲彬草居群与两个属外物种（*Triticum aestivum*

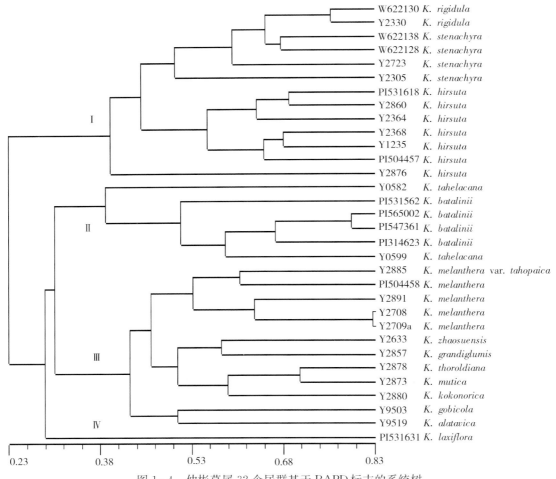

图 1-4　仲彬草属 32 个居群基于 RAPD 标志的系统树

（引自张莉，2003，图 2-2）

J-11 与 Zea mays Ye 478）的细胞质基因组 cpDNA 与 mtDNA 的变异来证明相互间是否一致。根据 RAPD、RAMP、ISSR 以及 PCR－RFLP 分析，已研究的仲彬草属的种与变种间的关系如系统树图所示（图 1-4 至图 1-7）。

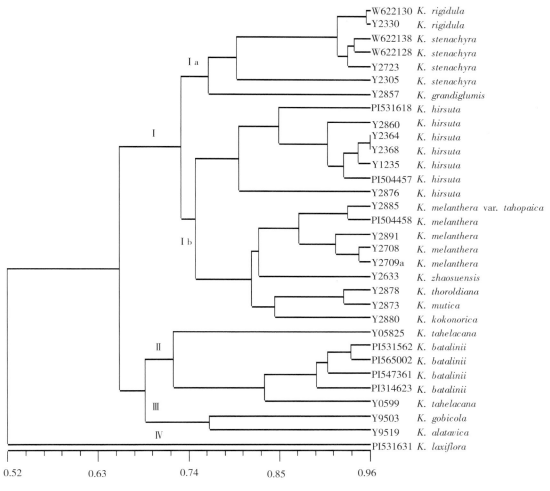

图 1-5　仲彬草属 32 个居群基于 RAMP 数据作出的一个间质相似性系统树

（引自张莉，2003，图 3-2）

这一系列的试验结果证实 *Kengyilia melanthera* 是一个独立的种，不是 *K. thoroldiana* 的变种。另外，var. *tahopaica* 也不是 *K. hirsuta* 的变种，而是 *K. melanthera* 的变种。指出了蔡联炳与智力的分类把 *Kengyilia melanthera* 降级为 *K. thoroldiana* 的变种，把 var. *tahopaica* 组合成为 *K. hirsuta* 的变种都是不符合客观实际的。耿以礼与陈守良（1963）对这些分类群的系统等级的处理是对的，虽然他们把这些分类群放在鹅观草属的拟冰草组中。

4. 生态学与植物地理学

仲彬草属与大多数小麦族的属种一样分布在温带冷凉地区。仲彬草属的物种分布于北

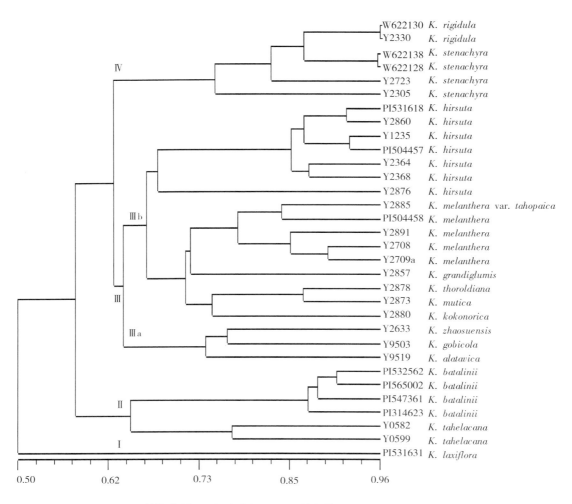

图 1-6　仲彬草属 32 个居群基于 ISSR 数据作出的一个间质相似性系统树

(引自张莉，2003，图 4-2)

纬 27°50′~50°40′东经 40°85′~105°58′之间，西从土耳其北部的阿尔达汉（Ardahan）到东面的中国甘肃天水；南面从锡金的喜马拉雅山到北面俄罗斯的西西伯利亚阿尔泰山的伊尔提什（Irtysh）（图 1-8）。海拔 2 160~5 200m，极少数物种它们可能在 480~1 800m 较低处分布（*K. habahenensis*，*K. zhaosuensis*）。不同的仲彬草分布在不同的生境，例如石质山坡、卵石滩、沙土地、草原土以及森林土；在戈壁滩、半荒漠、草原、草甸、河岸、森林边沿、灌木丛中以及高山湿地荒漠。

仲彬草属具有两个分布区：一个是中亚半荒漠—草原植被区；另一个是青藏高原高山植被区（表 1-3）。只有一个分类群在两个植被区中都有分布。但其间间隔在 1 000km 以上。*K. alatavica* var. *typica* 在西部，而 var. *longiglumis* 则分布在东端。这是唯一一个在两个植被区都有分布的物种。

K. habahenensis 是唯一一个分布在落叶松林间隙地森林土斜坡或灌丛间的仲彬草属

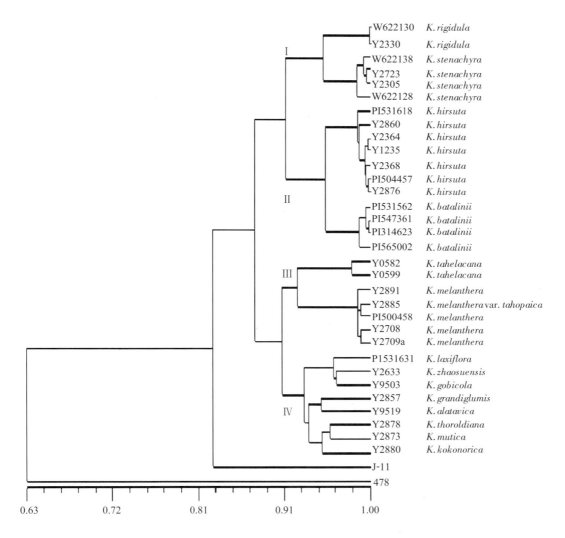

图 1-7　仲彬草属 32 个居群与两个属外居群基于细胞质基因组
PCR-RKLP 数据作出的一个间质相似性系统树

（引自张莉，2003，图 5-2）

物种。

　　K. batalinii 及其变种都是帕米尔高原高山草甸组分，海拔高达 4 000 m 以上。*K. thoroldiana* 也分布在 4 000 m 以上，但它生长在潮湿的冲积沙土中。而 *K. gobicola* 却生长在截然不同的生境中，一些个体生长在非常干旱的戈壁荒漠中，它的根具沙套深入深层的土中；叶片上表皮具毛，下表皮具很厚的角质，常向上卷曲呈管状以减少水分蒸发。*K. kokonorica* 是青海湖地区的特有种，生长在石质岩坡上。*K. mutica* 是中国青海省贵德地区草原的主要组分，与 *Elymus*、*Roegneria*、*Bromus*、*Stipa* 以及一些蓼科、十字花科、菊科的植物一起构成草原。*K. hirsuta* 也生长在草原之中，但它数量很少，不是主要的组分。*K. melanthera* 与 *K. grandiglumis* 都是典型的沙生植物，在中国四川若尔盖县

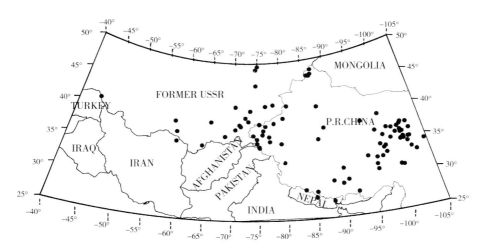

图 1-8　仲彬草属分布区（土耳其东部近于阿塞尔拜疆边界的
K. pulcherrima 模式标本产地未包括在内）

的沙质黄河河岸上就有大量的 *K. melanthera* 在那里生长，远距河岸 10km 以上由风吹到的山丘上很小的局部沙岛上也可以找到它。但在近旁的草原土中却没有它。在中国青海省湟源与共和县有一些风积沙土与干河道，这些地方就可以找到 *K. grandiglumis*。

　　在青海兴海县大河坝我们找到 *K. melanthera* var. *tahopaica* 生长在河道沙质岸边的灌丛中。这样的结果显然是过度放牧把多刺灌丛以外的 *K. melanthera* var. *tahopaica* 以及其他禾草一样，它们的地上部分已被啃吃光了；只有在多刺灌丛的保护下，生长在灌丛中的残存了下来。在新疆温宿分布的 *K. tahelacana* 也因为同样的原因只能在多刺的灌丛中找到。仲彬草属生态植物地理分布如表 1-3 所示。

表 1-3　仲彬草属及其变种生态植物地理分布

种 与 变 种	植被区*		海拔 (m)	生 长 环 境					
	I	II		戈壁滩	石质岩坡或碎石滩	半荒漠草原—干草原	草原或灌丛—稀树草原	草甸或森林腐殖土	沙质土
K. alaica	+		2 600~3 000		+				
K. alatavica var. *alatavica*	+		2 600~3 500				+		
K. alatavica var. *longiglumis*	+	+	2 500~3 340		+	+	+		
K. batalinii var. *batalinii*	+		4 100~4 200					+	
K. batalinii var. *nana*	+		3 900~4 200					+	
K. batalinii var. *villosissima*	+		—					+	
K. carinata	+		—				+		
K. gobicola	+		2 750~3 200	+	+		+		
K. habahenensis	+		480~1 360					+	
K. kryloviana	+		—		+				
K. laxistachya	+		2 160~3 500				+	+	
K. pamirica	+		2 600~2 800				+		
K. pulcherrima	+		—		+		+	+	
K. tahelacana	+		2 500					+	
K. zhaosuensis	+		1 860		+				

（续）

种与变种	植被区*		海拔（m）	生长环境					
	I	II		戈壁滩	石质岩坡或碎石滩	半荒漠草原—干草原	草原或灌丛—稀树草原	草甸或森林腐殖土	沙质土
K. eremopyroides		+	3 962						+
K. grandiglumis		+	2 500～3 700						+
K. guidenensis		+	3 200		+				
K. hirsuta		+	2 960～4 200				+		
K. kokonorica		+	3 600～4 000		+				
K. laxiflora		+	3 200～3 950				+		
K. melanthera var. melanthera		+	3 200～4 750						+
K. melanthera var. tahopaica	+		—						+
K. mutica		+	3 100～3 200				+		
K. rigidula		+	2 900～4 100				+		
K. thoroldiana var. thoroldiana		+	3 900～5 200						+
K. thoroldiana var. laxiuscula		+	4 750						+
K. stenachyra		+	3 000～3 200				+		

* Ⅰ＝中亚半荒漠—草原植被区；Ⅱ＝青海—西藏高山高原植被区。

（三）仲彬草属的界限

根据生物学观察研究的结果来看，在高等植物中只有两个实际存在的单位，即个体与种。种是一群由生殖联系起来的个体其间基因能自由交换形成一个统一的基因库。因此在属、科及以上分类单位的划分都是具有一定的人为性的，没有确切的界线。但基于遗传系统分析划分的属，虽然它不是一个自然单位，是人为划分的，但其属内种与种间却是具有相近的演化亲缘关系。

仲彬草属的一些种过去曾被部分研究人员组合到其他属中。大多数放在 *Elymus* 属，如 Runemark et Heneen（1986）、Tzvelev（1976）、Melderis（1978，1980）、Löve（1984）、Clayton et Renvoize（1986）、Lu（1994），以及其他不承认鹅观草属的作者。因此，把 *Roegneria grandiglumis* Keng、*R. hirsuta* Keng、*R. kokonorica* Keng、*R. laxiflora* Keng、*R. melanthera* Keng、*R. mutica* Keng、*R. regidula* Keng、*R. stenachyra* Keng、*R. thoroldiana*（Oliv.）Keng 都组合到 *Elumus* 属中分别组成为 *Elymus grandiglumis*（Keng）Á. Löve、*E. kengii* Tzvelev、*E. kokonoricus*（Keng）Á. Löve、*E. laxiflorus*（Keng）Á. Löve、*E. melantherus*（Keng）Á. Löve、*E. retusus* Á. Löve、*E. rigidulus*（Keng）Á. Löve、*E. stenachyrus*（Keng）Á. Löve 与 *E. thoroldianus*（Oliv.）G. Singh。Á. Löve（1984）同时把 3 个种从 *Elytrigia* 属中组合到 *Elymus* 中来，它们是 *E. alatavicus*（Drobow）Á. Löve ［＝*Elytrigia alatavica*（Drobow）Nevski］、*E. batalinii*（Krasn.）Á. Löve subsp. *batalinii*［＝*Elytrigia batalinii*（Krasn.）Nevski］与 subsp. *alaica*（Drobow）Á. Löve ［＝*Elytrigia alaica*（Drobow）Nevski］。

所有这些种都含 **P**、**St** 与 **Y** 染色体组组合。

在广义披碱草属（*Elymus* sensu lato）中所含物种，从形态数量分析（Baum et al.，1995）、细胞学分析（Lu，1994）、生物化学同工酶分析（Jaaska，1992）、植物地理（图1-3）以及细胞学分析（Jensen，1990a、b、c；Lu，1994）都表明它们形成 3 个大群与 2 个小群。按作者的看法，这 3 个大群的合法属名应当是 *Elymus* L.、*Kengyilia* C. Yen et J. L. Yang、*Roegneria* C. Koch。两个小群分别是含 **P** 与 **St** 染色体组组合的 *Douglasdeweya* C. Yen, J. L. Yang et Baum（Wang et al.，1986）及含 **St**、**W** 与 **Y** 染色体组组合的 *Anthosachne* Steudel（Torabinejad and Mueller，1993）。这个 *Douglasdeweya*——道格拉斯杜威草属虽然与仲彬草属共有两个染色体组，但它们与仲彬草属却是平行演化，没有直接的亲缘关系。因为这两个属的 **P** 染色体组都带有随体，都是来自母本二倍体冰草，仲彬草属的父本只能是含 **St** 与 **Y** 染色体组的四倍体的鹅观草属的某一个种；而道格拉斯杜威草属的父本只能是含 **St** 染色体组的二倍体的拟鹅观草属某一个种。

仲彬草属是一群生长在高海拔地区被毛的小麦族植物，生长于中亚与喜马拉雅地区。多数种，穗直立而小穗密集；也有少数种穗下垂，小穗稀疏；颖具明显中脉，外稃背面具长柔毛或硬毛、短细毛、短芒或短喙。从细胞学来看，已如前述它们含有 **P**、**St** 与 **Y** 染色体组。仲彬草属的物种是由二倍体的冰草属植物为母本与四倍体的鹅观草杂交，其杂种经染色体加倍形成的异源六倍体。虽然在理论上这一组合的反交是可能的，但迄今没有发现。这些发现大多数是基于核型分析，冰草的 **P** 染色体组的染色体大，随体染色体是 4**P** 与 6**P**，容易鉴定。

基于生态学与植物地理学的种与变种检索表

这个表的目的是为了便于野外采集与鉴定仲彬草。着重生态与植物地理区别，但也在需要的地方用形态特征，特别是在相同的生态—地理环境下区别不同的分类群。

1a. 中亚半荒漠—草原植被区。

  2a. 海拔 3 900m 以上。生长在高山草甸土中的直立矮草，株高 12～15cm，颖具短芒。

    3a. 叶片短，长 2.5～11cm，宽 1.5～2mm，旗叶叶片长 2.5～3cm。穗短，具 7～12 个小穗。颖与外稃密被硬毛或长柔毛。

      4a. 颖与外稃密被硬毛。

        5a. 叶片与叶鞘光滑无毛 ················ *K. batalinii* var. *batalinii*

        5b. 叶片与叶鞘被毛 ···················· *K. batalinii* var. *nana*

      4b. 颖与外稃密被长柔毛 ·················· *K. batalinii* var. *villosissima*

    3b. 叶片长，长 6～18cm，宽 1.5～2mm，旗叶叶片长 6～11cm。穗长，具 8～16 个小穗。颖与外稃密被短柔毛 ··························· *K. kaschgarica*

  2b. 海拔 3 900m 以下。生长在高山草甸土中的直立高草，株高 25～110cm，颖无芒或具短芒。

    6a. 生长在森林土中，纤细禾草分布于落叶松林间隙地，具短根茎·········· *K. habahenensis*

    6b. 生长在高山草原土、石岩坡、碎石滩或戈壁。

      7a. 高山草原土。

        8a. 穗下垂或半下垂，小穗排列稀疏。

          9a. 纤细禾草生长在半荒漠草原与 *Achnatherum splendens* 伴生，高 25～55cm，穗长 5～7cm，穗轴节间长 0.6～0.9cm，穗含 3～5 小穗 ·············· *K. laxistachya*

9b. 粗壮禾草生长在草原。

　　10a. 生长于峭壁陡坡。穗长 14～20cm，穗轴光滑无毛。颖无毛，5 脉，外稃
　　　　密被柔毛，具芒，芒长 2～6mm ……………………… *K. zhaosuensis*

　　10b. 生长于山丘灌丛中。穗长 8～10cm，穗轴具疏毛。颖疏生柔毛，3～7
　　　　脉，外稃上部被柔毛，具芒，芒长 10～15mm ……………… *K. tahelacana*

8b. 穗直立，小穗排列紧密。

　　11a. 穗轴节连接处密被短毛，小穗微偏于一侧，颖与外稃密生长硬毛，颖显著短
　　　　于外稃 ………………………………………………………… *K. pamirica*

　　11b. 穗轴连接处无毛，小穗不偏于一侧，颖与外稃疏生长硬毛，颖稍短于外稃。

　　　　12a. 鳞被卵圆形 ………………………………… *K. alatavica* var. *alatavica*

　　　　12a. 鳞被圆形 ………………………………… *K. alatavica* var. *longiglumis*

7b. 岩坡、碎石滩或戈壁荒漠。

　　13a. 高山岩坡与碎石滩。

　　　　14a. 疏丛具根茎。

　　　　　　15a. 叶鞘无毛但在上端边沿有成簇生的纤毛。颖与外稃皆被长柔毛，外稃
　　　　　　　　芒长 0.4～1cm。内稃上部两脊边沿皆具一透明膜质三角形构造 ……
　　　　　　　　………………………………………………………… *K. pulcherrima*

　　　　　　15b. 叶鞘无毛且在上端边沿没有成簇生的纤毛。颖的脉上与外稃背面皆被
　　　　　　　　稀疏长柔毛，外稃芒长 0.1～0.3cm。内稃两脊侧边沿没有三角形膜质构造
　　　　　　　　………………………………………………………… *K. kryloviana*

　　　　14b. 非疏丛不具根茎。

　　　　　　16a. 纤弱禾草，外稃密被硬毛，芒长 0.3～0.7cm ………… *K. alaica*

　　　　　　16b. 粗壮禾草，外稃疏被长硬毛，芒长 0.5～1.2cm ………… *K. carinata*

　　13b. 戈壁荒漠或半荒漠草原。叶鞘被短柔毛，叶片上表皮被柔毛，下表皮具厚角质。
　　　　颖无毛，在脉脊上稀有硬毛或疏生柔毛。外稃被毛 ………… *K. gobicola*

1b. 青藏高原高山植被区。

　17a. 海拔高于 3 900m。

　　18a. 匍匐矮草生长在冲积沙土，株高 12～15（～25）cm。颖与外稃密被长柔毛。

　　　　19a. 穗长 3～4cm，穗轴节间短，小穗密集 ………………… *K. thoroldiana*

　　　　19b. 穗长 5～7.5cm，穗轴节间长，小穗稀疏 ………… *K. thoroldiana* var. *la.riuscula*

　　18b. 直立矮草生长在湖旁沙土，株高 31～37cm。颖与外稃密被硬毛 ……… *K. eremopyroides*

　17b. 海拔低于 3 900m。

　　20a. 生于沙土，外稃密被长柔毛。

　　　　21a. 颖等长或稍长于外稃，花药黄色 ………………………… *K. grandiglumis*

　　　　21b. 颖短于外稃，花药紫黑色。

　　　　　　22a. 穗轴与颖无毛，外稃芒长 2～4mm ………………… *K. melanthera*

　　　　　　22b. 穗轴与颖被毛，外稃无芒，喙长不到 1mm ………… *K. melanthera* var. *tahopaica*

　　20b. 生于高山草原土或岩坡，外稃密被硬毛。

　　　　23a. 高山草原土。

　　　　　　24a. 穗下垂或半下垂，小穗排列稀疏。

　　　　　　　　25a. 穗长 10～15cm，穗轴疏生柔毛，穗轴节间长 0.8～1.5cm，小穗具 6～9
　　　　　　　　　　个小花，外稃具紧贴小硬毛 ………………………… *K. la.riflora*

25b. 穗长 5～10cm，穗轴无毛，脊上具刚毛或短柔毛，穗轴节间长 0.3～
0.5cm，小穗具 6～9 个小花，外稃具硬毛。

26a. 穗长 5～8cm，具结实小穗，节上小穗单生，第 1 颖卵圆披针形，
无毛，3～5 脉（稀 1～2 脉） ·· *K. rigidula*

26b. 穗长达 10cm，具小穗不实，节上小穗单生或双生，第 1 颖窄长矩
形，无毛或短柔毛，1 脉（稀 3 脉） ····························· *K. stenachyra*

24b. 穗直立，小穗排列紧密或稍稀疏。

27a. 颖稍短或长于第 1 外稃，5～7 脉，0.8～1.1cm。外稃长 0.5～0.8cm，
密生紧贴短硬毛 ································ *K. alatavica* var. *longiglumis*

27b. 颖显著短于第 1 外稃。

28a. 外稃无芒或具短芒，具疏柔毛 ······················ *K. mutica*

28b. 外稃具长芒，具密生硬毛 ························· *K. hirsuta*

23b. 石质岩坡。

29a. 粗壮禾草，第 1 与第 2 颖具芒，稍不相等，颖与外稃密被硬毛，内稃具短刚
毛 ·· *K. kokonorica*

29b. 矮小禾草，具喙的第 1 颖显著小于具芒的第 2 颖，颖与外稃密被柔毛，内稃
具长刚毛 ··· *K. guidenensis*

（四）仲彬草属的分类

1. 属的描述

Kengyilia C. Yen et J. l. Yang，1990. Can. J. Bot. 68：1894—1897

异名：*Roegneria* sect. *Pararoegneria* Keng，1963. 南京大学学报（Acta Nanking
University）3（1）：75。

形态学特征：多年生禾草，无长根茎，稀有长匍匐茎，须根，植株密丛或疏丛，株高
变幅大，高 12～120cm，秆无毛或穗下颈节被短柔毛。叶鞘无毛或被短柔毛。叶片内卷或
平展，光滑无毛，糙涩，或被毛。穗直立、弯曲，或弯垂，长（2.5～）3～10（～20）
cm，宽 4～15mm，顶端小穗常存在，但常发育不良同时不育。穗轴节间无毛，具短或长
毛；上部节间长 1～4（～7.5）mm，稀达 15mm；下部节间长（1.5～）4～10mm，稀达
15～20mm。小穗正位或偏向一侧，呈绿、紫黑、黄褐或黄白色，节上单生；含 3～6 小
花，稀 7～11 小花；小穗长（7～）10～16（～22）mm。小穗轴节间生密毛、疏毛或糙
涩，穗轴节间长 0.5～2mm，稀达 8mm。颖形态多样，长圆形、披针形、卵圆形或三角
形，两颖等长或不等长，对称或不对称，第 1 颖长（2～）3～7（～11）mm，（1～）3～
5（～7）脉；第 2 颖长 3～7（～12）mm，（1～）3～5（～7）脉。颖背光滑或糙涩，或
在脊上具纤毛，或被密毛；钝尖、锐尖或短喙，或具长 0.5～1（～3）mm 的芒。外稃，
至少第 1 外稃，长 6～11mm，被长 1～1.5mm 柔毛或硬毛，或密生短柔毛，或顶端与边
沿被密毛而背部无毛，或被贴生的毛。外稃芒长 1～6（～15）mm，直芒或反曲芒；或无
芒，钝尖或锐尖。内稃稍短于外稃或与外稃等长，稀稍长，长 6～11mm，顶端截平、钝

圆或微凹，两脊具纤毛。花药黄色或紫黑色，长 2～3（～4）mm。

染色体数：2n=6x=42；染色体组：**P**、**St** 与 **Y** 组。

模式种：*K. gobocola* C. Yen et J. L. Yang。

属名：*Kengyilia* 来自中国植物学家耿以礼教授的姓名。

模式标本：中国：新疆，塔什库尔干，慕士塔格山麓戈壁滩，海拔 3 200m。1987 年 9 月 5 日，颜济、徐朗然等 870497 号，主模式（holotype）**SAUTI!**，等模式（isotype）**DAO!**，副模式（paratype）**SAUTI!**。

2. 基于形态学的种与变种检索表

1a. 外稃密被长柔毛或短柔毛。

  2a. 小穗密集，上部穗轴节间长 1～4（～6）mm，下部穗轴节间长 1.5～6mm。

    3a. 小穗偏于一侧。

      4a. 高草高于 30cm，花药紫黑色。

        5a. 穗轴节间无毛 ·· *K. melanthera* var. *melanthera*

        5b. 穗轴节间疏生柔毛 ································· *K. melanthera* var. *tahopaica*

      4b. 矮草低于 30cm，花药黄白色。

        6a. 颖无芒 ·· *K. thoroldiana* var. *thoroldiana*

        6b. 颖具芒 ·· *K. batalinii* var. *villosissima*

    3b. 小穗不偏于一侧。

      7a. 叶片上面密被长柔毛或短柔毛，颖被密柔毛 ··········· *K. guidenensis*

      7b. 叶片上面无毛，颖无毛 ································· *K. grandiglumis*

  2b. 小穗稀疏，上部穗轴节间长 4～7mm，下部穗轴节间长 6～10mm。

    8a. 疏丛禾草具根茎，颖主脉显著 ························· *K. habahenensis*

    8b. 密丛禾草不具根茎，颖主脉不显著。

      9a. 秆高 25～86cm，直立。

        10a. 粗壮禾草，两颖近相等，具芒，长 1～2mm ··· *K. zhaosuensis*

        10b. 纤细禾草，两颖不等，无芒 ····················· *K. laxistachya*

1b. 外稃被硬毛，毛伸张或伏贴。

  11a. 穗轴节间无毛。

    12a. 除个别种（*K. pulcherrima*）叶鞘上端边沿簇生纤毛以外，叶鞘无毛。

      13a. 穗弯垂，穗轴节间长于相邻小穗，外稃毛贴生 ······· *K. laxiflora*

      13b. 穗直立，穗轴节间短于相邻小穗，外稃毛不贴生。

        14a. 叶鞘上端边沿没有簇生纤毛，穗长 8～10cm，颖长 8～11mm，颖与相邻外稃等长，内稃上部边沿没有三角形的透明膜质构造······ *K. alatavica* var. *alatavica*

        14b. 叶鞘上端边沿有簇生纤毛，穗长 11.5～20cm，颖长 7～10mm，颖短于相邻外稃，内稃上部边沿有三角形的透明膜质构造 ········· *K. pulcherrima*

    12b. 叶鞘被短柔毛。

      15a. 颖无毛，3～5 脉 ····································· *K. rigidula*

      15b. 颖通常在脉上具短毛，1～3 脉 ··················· *K. stenachyra*

  11b. 穗轴节间被短柔毛。

    16a. 两颖近等长。

17a. 颖背无毛。

  18a. 内稃短于外稃，小穗排列较稀，穗轴节间较长 ················ *K. gobicola*

  18b. 内稃与外稃等长或稍长于外稃，小穗排列紧密，穗轴节间较短 ······· *K. mutica*

17b. 颖背被硬毛或短柔毛。

  19a. 颖与外稃被短柔毛 ·································· *K. kaschgarica*

  19b. 颖与外稃被长硬毛。

    20a. 小穗偏于一侧 ····························· *K. pamirica*

    20b. 小穗不偏于一侧。

      21a. 外稃芒长 4～6mm ···················· *K. kokonorica*

      21b. 外稃芒长 10～15mm ··················· *K. tahelacana*

16b. 两颖不等长。

  22a. 颖背无毛。

    23a. 疏丛禾草，具根茎 ························· *K. kryloviana*

    23b. 密丛禾草，不具根茎。

      24a. 小穗偏于一侧，颖长 4～7mm，比相邻外稃短得多。

        25a. 颖 3～5 脉，外稃长 7～8mm ········· *K. eremopyroides*

        25b. 颖 1～3 脉，外稃长 8～10mm ··········· *K. hirsuta*

      24b. 小穗不偏于一侧，颖长 10～11mm，与相邻外稃近等长

        ····················· *K. alatavica* var. *longiglumis*

  22b. 颖背被长硬毛。

    26a. 颖具芒，密被硬毛，小穗紧密。

      27a. 叶鞘无毛，叶片无毛或糙涩，颖 5～7 脉 ······ *K. batalinii* var. *batalinii*

      27b. 叶鞘被短柔毛，叶片被长柔毛或短柔毛，颖 3～5 脉 ······

        ··························· *K. batalinii* var. *nana*

    26b. 颖无芒，无毛，颖脊着生一行刚毛，少数侧脉上也生刚毛，小穗较疏。

      28a. 粗壮密丛禾草，外稃背部疏生长硬毛 ··········· *K. carinata*

      28b. 纤弱疏丛禾草，外稃背部密生短糙硬毛 ··········· *K. alaica*

3. 分种描述

（1）*Kengyilia alaica*（Drobow）J. L. Yang，C. Yen et B. R. Baum，1993. Can. J. Bot. 71：343（图 1 - 9）

模式标本：乌兹别克斯坦：费尔干纳省（Fergana），斯科比列夫地区（Skobelev），夏希马尔丹（Shahimardan）盆地，卡瑞阿卡塞克（Karakasyk）河岸。1915 年 7 月 30 日，Дробов，323 ［主模式（holotype）**LE!**］（图 1 - 10）。

基础名：*Agropyron alaicum* Drobow，1916. Tr. Bot. Muz. AN 16：138。

同模式异名：*Elytrigia alaica*（Drobow）Nevski，1934. Tr. Sredneaz. Univ. Ser. 8B，

    17：61；

    Elytrigia batalinii subsp. *alaica*（Drobow）Tzvelev，1973. Nov. Sist.

    Vyssch. Rast. 10：28；

    Elymus batalinii subsp. *alaica*（Drobow）Á. Löve，1984. Feddes

Rep. 95：473。

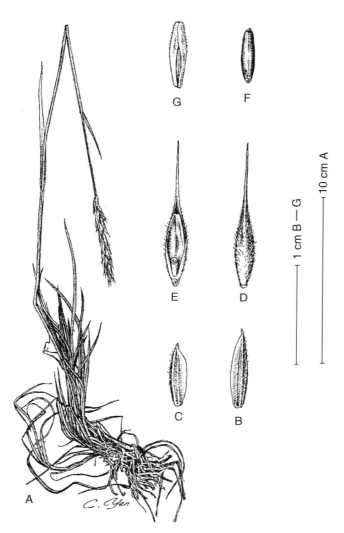

图 1-9　*Kengyilia alaica*（Drobow）J. L. Yang，C. Yen et B. R. Baum.

A. 成株　B. 第2颖　C. 第1颖　D. 小花背面观　E. 小花腹面观　F. 颖果　G. 内稃

　　形态学特征：多年生纤细禾草，具稀疏须根，无根茎，疏丛，秆下部膝曲，秆高35～55cm，穗下节间被非常短小的柔毛。叶鞘无毛；叶片内卷或稍内卷，长（3～）7～12cm，宽3mm，上表面被短柔毛或非常短小分散的刺毛，下表面无毛，叶片边沿疏生柔毛。穗直立，细长柱形，长6.5～9.5cm，宽5～6mm；穗轴节间密被短柔毛，上部节间长6～7mm，下部节间长8～11mm。小穗不偏于一侧，绿紫色，含3～5小花，小穗轴长1～2mm，密被开张短毛。颖长圆形或披针形，两颖不相等，第1颖长6～7.5mm，3～4脉；第2颖长7.5～8.5mm，3～5脉；颖背无毛，但其脉上（至少一脉）疏生纤毛；颖尖渐尖，或具长0.5mm短喙，或长1～5mm的芒。外稃长8～10（～11）mm，密被短毛，具直芒，芒长5～12mm。内稃与外稃等长，或稍短，或稍长，长6.5～10mm，两脊下中部

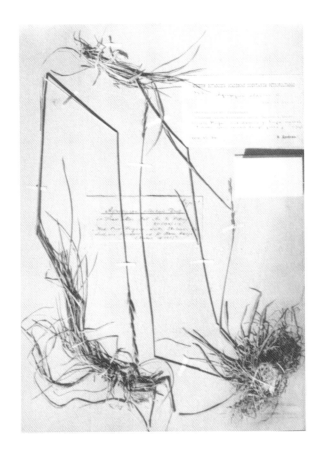

图 1-10 *Kengyilia alaica*（Drobov）J. L. Yang，C. Yen et B. R. Baum 主模式标本照片［现藏于俄罗斯圣彼得堡科马罗夫植物研究所标本室（**LE!**）］

或 2/3 以上都着生纤毛，顶端截形。花药黄色，长 2～2.5mm。

分布区：乌兹别克斯坦、塔吉克斯坦、帕米尔—阿拉伊、天山、伊朗东北部。生长在山地中高部地带石质岩坡与碎石滩（图 1-11）。

（2）*Kengyilia alatavica*（Drobov）J. L. Yang，C. Yen et B. R. Baum，1993. Can. J. Bot. 71：343（图 1-12）

模式标本：哈萨克斯坦：西米-瑞克兹伊省（Semi-reczi），阿拉木图（Alma-Ata）区，Fl. Czilik 191，Аболин，2867 号［指定模式（lectotype）**TAK!** Цвелев 选定，1976］；Аболин，2874［等指定模式（paralectotype）**TAK!**］；第沙尔肯特（Dsharkent）区，可塞克阿克-塔什（Fl. Kessyk ak-tas）1917，Аболин，5289（等指定模式 **TAK!**）。

基础名：*Agropyron alatavica* Drobov，1925. Feddes Rep. 21：43。

同模式异名：*Elytrigia alatavica*（Drobov）Nevski，1934. Tr. Sredneeaz. Univ. Ser. 8B，17：60；

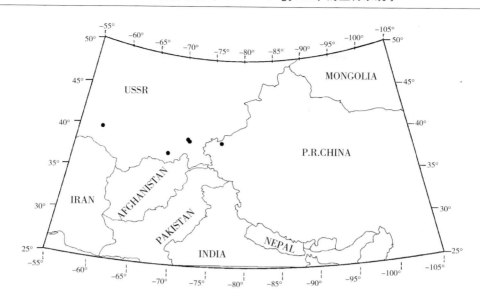

图 1-11 *Kengyilia alaica*（Drobov）J. L. Yang，C. Yen et B. R. Baum 的地理分布示意图

Elymus alatavicus（Drobov）Á. Löve，1984. Feddes Rep. 95：473；

异模式异名：*Roegneria longiglumis* Keng in Keng et Chen，1963. Acta Nanking Univ.（Bio.）3：83；

Kengyilia longiglumis（Keng）J. L. Yang，C. Yen et B. R. Baum，1992. Hereditas 116：27。

形态学特征：多年生具疏生粗根，无根茎，密丛禾草；秆高 35～84cm；穗下节间光滑无毛。叶鞘无毛；叶片平展或内卷，长 9.5～16cm，宽 3mm，上表面糙涩，下表面光滑。穗直立，长 8～10cm，宽 8～10mm；穗轴节间无毛，两脊边沿糙涩，上部节间长 5～7.5mm，下部节间长 7.5～8.5mm。小穗不偏于一侧，通常绿色，含 4～8 小花；小穗轴节间糙涩，长 1～2mm。颖宽披针形，两颖相等或近相等，第 1 颖长 8～10.5mm，3～5 脉；第 2 颖长 8～11mm，3～5 脉，颖背无毛，脉上糙涩或具纤毛；颖尖渐尖或具长 0.5～1mm 的短喙。外稃披针形，长 8～11mm，密被短硬毛，外稃芒稍内弯，长 2～5mm。内稃与外稃等长，或稍短于外稃，稀稍长，两脊中上部皆具纤毛，顶端微凹。花药黄色或带红色，长约 4mm。

细胞学特征：2n＝6x＝42；**P、St** 与 **Y** 染色体组（图 1-13）。

分布区：哈萨克斯坦：阿拉木图；塔吉克斯坦；吉尔吉斯斯坦；中国：新疆—帕米尔、天山、昆仑山脉、甘肃夏河（图 1-14）。生长在石质岩坡、砾石滩、高山草原，海拔 2 000～3 500m。

K. alatavica 变种检索表

1a. 穗轴节间无毛；鳞被卵圆形（图 1-15A） ······················· *K. alatavica* var. *alatavica*
1b. 穗轴节间密被短柔毛；鳞被圆形（图 1-15B） ················· *K. alatavica* var. *longiglumis*

2a. var. *alatavica*

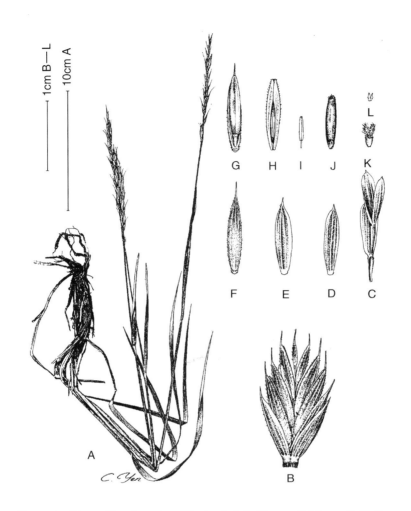

图 1 - 12 *Kengyilia alatavica* (Drobov) J. L. Yang，C. Yen et B. R. Baum
A. 全植株　B. 小穗　C. 穗轴一段，示小穗脱落后的颖　D. 第 1 颖
E. 第 2 颖　F. 小花背面观　G. 小花腹面观　H. 内稃　I. 花药
J. 颖果　K. 雌蕊　L. 鳞被

分布区：哈萨克斯坦、塔吉克斯坦、吉尔吉斯斯坦、中国新疆。生长在山地。

2b. var. *longiglumis* (Keng) C. Yen，J. L. Yang et B. R. Baum，1998. Novon 8：94

模式标本：采自甘肃省夏河县清水，海拔 2 500m，干旱山坡，1937 年 7 月 6 日，王作宾，7080（主模式 PE!）（图 1 - 16）。

分布区：中国：甘肃夏河；新疆叶城、塔什库尔干，以及乌恰与托云之间（图1-14三角形）。生长在干坡与碎石滩，海拔 2 500～3 340m。

___

注：耿以礼（1959）在《中国主要植物图说·禾本科》406 页发表种名 *longiglumis* 是一裸名，后耿以礼、陈守良（1963）重新用拉丁文描述成为合法种名。

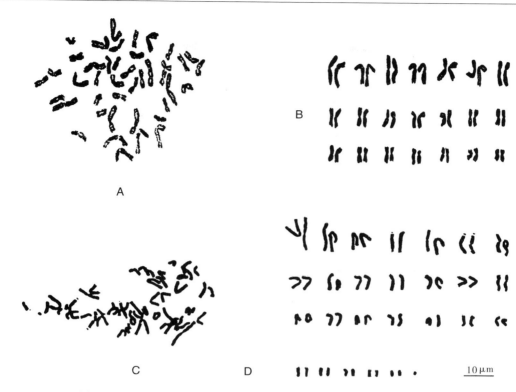

图 1-13　*Kengyilia alatavica* var. *alatavica* 与 var. *longiglumis* 的核型

A、B. var. *alatavica*　C、D. var. *longiglumis*

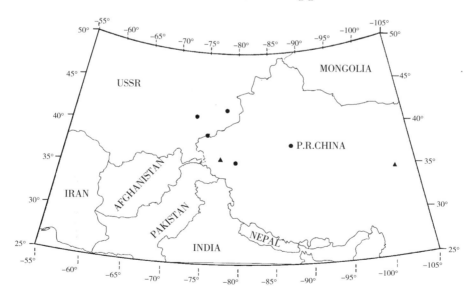

图 1-14　*Kengyilia alatavica*（Drobov）J. L. Yang，C. Yen et Baum 的地理分布示意图

（三角形为 *K. alatavica* var. *longiglumis*）

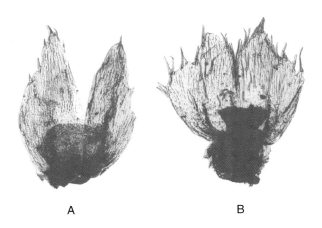

A   B

图 1 - 15　*K. alatavica* 的鳞被

A. *K. alatavica* var. *alatavica*　B. *K. alatavica* var. *longiglumis*

（3）*Kengyilia batalinii* （Krasn.）**J. L. Yang，C. Yen et B. R. Baum，1993. Can. J. Bot. 71：343**（图 1 - 17）

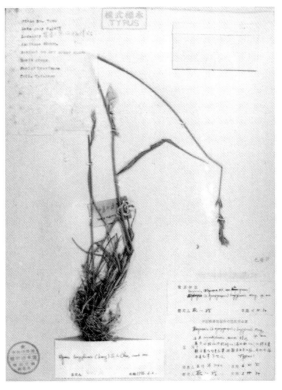

图 1 - 16　*Kengyilia alatavica* var. *longiglumis*（Keng）J. L. Yang，C. Yen et
B. R. Baum 主模式标本的照片（现藏于 **PE**!）

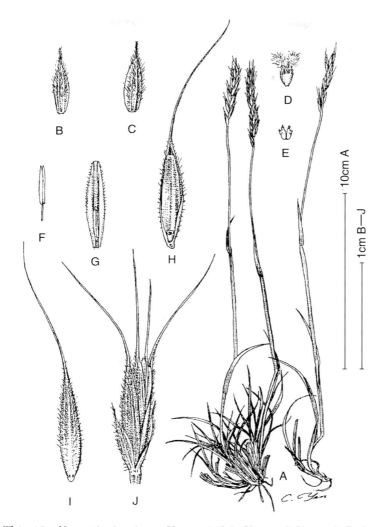

图 1-17　*Kengyilia batalinii*（Krassn.）J. L. Yang，C. Yen et B. R. Baum
A. 全植株　B. 第 1 颖　C. 第 2 颖　D. 雌蕊　E. 鳞被　F. 雄蕊　G. 内稃
H. 小花腹面观　I. 小花背面观　J. 小穗

模式标本：吉尔吉斯斯坦：天山、萨芮—贾塞河谷，**Краснов**，无号（**LE!**）（图 1-
18）。

基 础 名：*Triticum batalinii* Krasn. 1887. Spisok Rast. Sobr. Vost. Tyanj Schane：
120，以及 1887—1888. Scripta Bot. Hort. Imp. Petrop. 2：21。

同模式异名：*Agropyron batalinii*（Krassn.）Roshev.，1915. Izv. Bot. Sada
Petra. Vel. 14：96；

Elytrigia batalinii（Krassn.）Nevski，1934. Tr. Sredneaz. Univ. Ser. 8B，
17：61；

Elymus batalinii（Krassn.）Á. Löve，1984. Feddes Rep. 95：473。

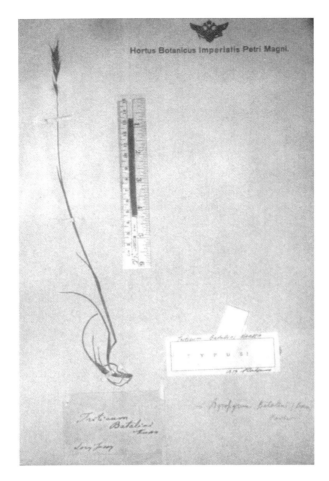

图 1-18 *Kengyilia batalinii* (Krassn.) J. L. Yang，C. Yen et B. R. Baum 主模式标本
照片 [标本现藏于俄罗斯圣彼得堡科马罗夫植物研究所标本室（**LE!**）]

异模式异名：*Elytrigia argentea* Nevski，1934. Tr. Sredneaz. Univ. Ser. 8B，17：61。
　　　　　[俄罗斯：塞米芮钦斯克地区，波尔雪伊克宾河，邻近科朴普仁分界
　　　　　线，Б. Шишкинь 与 В. Генина，无号（主模式 **LE!**）]。

形态学特征：多年生禾草，具须根，密丛，株高 18～40（～70）cm，穗下节间被短
柔毛。叶鞘无毛；叶片平展或内卷，长（2.5～）4～5cm，宽（1.5～）2～3mm，上表面
无毛或糙涩（稀有毛），下表面无毛。穗直立，长 3.5～6.5cm，宽 5～8mm；含 7～12 个
小穗，穗轴节间被短柔毛，上部穗轴节间长 3～4mm，下部穗轴节间长 2.5～5.5mm。小
穗不偏于一侧，绿或褐色，含 3～5 小花；小穗轴节间长 1～2.2mm，被短毛。颖长圆形
或卵圆形，两颖不等长，或近等长，第 1 颖长 5.8～7mm，5～7 脉；第 2 颖长 5～
5.5mm，5～7 脉；颖背被毛，颖尖渐尖或具短喙。外稃长 6.8～8.8mm，密被硬毛，具
芒，长 5～11mm，直伸或稍反张。内稃稍短于外稃，或等长，稀稍长，长 6～8mm，两
脊 1/3 以上具纤毛，顶端微凹或钝圆。花药黄色，长 2.3～2.8mm。

细胞学特征：2n＝6x＝42；**P**、**St** 与 **Y** 染色体组（图 1 - 19）。

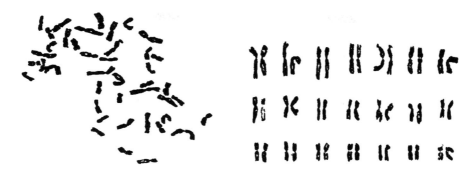

图 1 - 19 *Kengyilia batalinii* var. *batalinii* 的核型

（引自张莉，2003）

分布区：哈萨克斯坦：天山；吉尔吉斯斯坦；塔吉克斯坦：帕米尔；中国：新疆天山与帕米尔高原（图 1 - 20）。生长于高山草甸，海拔 4 100～4 200m。

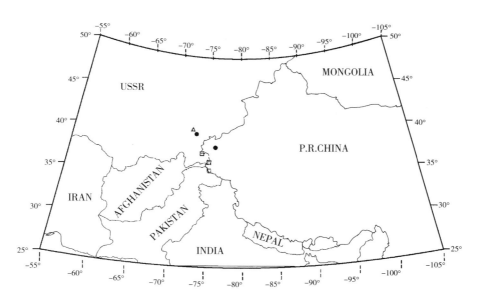

图 1 - 20 *Kengyilia batalinii* 地理分布示意图

（方形：var. *nana*；三角形：var. *villosissima*）

K. batalinii 变种检索表

1a. 颖与外稃被硬毛。
   2a. 叶鞘与叶片无毛 ·· *K. batalinii* var. *batalinii*
   2b. 叶鞘与叶片被毛 ·· *K. batalinii* var. *nana*
1b. 颖与外稃被长柔毛 ·· *K. batalinii* var. *villosissima*

3a. var. *batalinii*

分布区：吉尔吉斯斯坦、塔吉克斯坦。生长于高山草甸。

3b. var. *nana*（J. L. Yang，C. Yen et B. R. Baum）**C. Yen，J. L. Yang et B. R. Baum，1998. Novon 8：95**（图 1-21）

图 1-21　*Kengyilia batalinii* var. *nana* C. Yen，J. L. Yang et B. R. Baum
主模式标本照片（标本现藏于 **SAUTI!**）

模式标本：中国：新疆，塔什库尔干，帕米尔高原，生长于高山草甸，海拔 4 200m。1987 年 9 月 6 日，颜济、徐朗然等 870502（主模式 **SAUTI!**）；新疆，塔什库尔干，帕米尔高原，东巴什。生长在荒漠中，海拔 3 820m，1987 年 9 月 7 日，颜济、徐朗然等 870516（等模式 **SAUTI!**）；塔吉克斯坦、帕米尔高原、巴达克山（Badakshan），海拔 4 100m，1958 年 7 月 26 日，Н. Н. Цвелев，799（副模式 **K!**）。

基础名：*Kengyilia nana* J. L. Yang，C. Yen et B. R. Baum，1993. Can. J. Bot. 71：341。

同模式异名：*Kengyilia nana* J. L. Yang，C. Yen et B. R. Baum，1993. Can. J. Bot. 71：341。

形态学特征：多年生，具须根，密丛，株高 12～25cm，穗下节间被白色短柔毛。叶鞘密被短柔毛；叶片平展，长 2.5～11cm，宽 1.5～6mm，旗叶叶片长 2.5～3cm，宽

1.5～2mm，叶片上表面被长柔毛或白色短柔毛，叶片边沿疏生长柔毛。穗直立，长2.5～4cm，宽6～9mm，穗轴节间密被短柔毛，上部穗轴节间长2～3.5mm，下部穗轴节间长2～5mm。小穗不偏向一侧，含（3～）5～6小花，紫色，小穗轴节间长1～1.8mm，密被毛。颖长圆形或卵圆形，两颖不等长，第1颖长4～6mm，3～5脉；第2颖长5～6.5mm，3～5脉，颖背被白色密毛，颖端渐尖，或具短喙。外稃长6～7mm，密被硬毛，具芒，芒长8.5～12mm；内稃稍短于外稃，长6～6.5mm，两脊上半部着生纤毛，尖端截形或微凹。花药长2.5～2.7mm。

分布区：中国：新疆塔什库尔干；塔吉克斯坦。都生长在帕米尔高原高山草甸，海拔3 800～4 200m（图1-20方形点）。

3c. var. *villosissima*　Roshev. ex　C. Yen，J. L. Yang et B. R. Baum，1997. Novon 8：94（图1-22）

模式标本：塔吉克斯坦：卡那库尔湖，1901年7月5日，Федченко，无号（主模式 **LE**!）。

图1-22　*Kengyilia batalinii* var. *villosissima* 的小穗示颖与外稃背部着生的长柔毛

形态学特征：这一变种与 var. *batalinii* 及 var. *nana* 不同在于它的叶片上表面疏生柔毛，下表面无毛或疏生纤毛。颖与外稃密被长柔毛。

分布区：塔吉克斯坦：卡那库尔湖（图1-20三角形点）。

（4）*Kengyilia carinata*（Ovez. et Sidorenko）C. Yen，J. L. Yang et B. R. Baum，1998. Novon 8：95（图1-23）

模式标本：塔吉克斯坦：吉朴提克谷北坡下部-伊斯法尔河支流，1938年6月28日，Г. Микестин，79（主模式 **LE**!）（图1-24）。

基础名：*Roegneria carinata* Ovez. et Sidorenko，1957. Fl. Tadzik. SSR 1：505。

同模式异名：*Roegneria carinata* Ovez. et Sido-renko，1957. Fl. Tadzik. SSR 1：505。

形态学特征：多年生密丛禾草，疏生粗壮须根，无根茎，株高35～55cm，穗下节间被微细柔毛。叶鞘无毛；叶片内卷或稍内卷，长（3～）7～12cm，宽3mm，叶片上表面被短柔毛或非常短而稀疏的微刺毛，下表面无毛，叶缘疏生长柔毛。穗直立，绿紫色，长6.5～9.5cm，宽5～6mm。穗轴节间密被短柔毛，上部穗轴节间长6～7mm，下部穗轴节间长8～11mm。小穗不偏于一侧，含3～5小花，小穗轴节间长1～2mm，密被开张微毛。颖长圆形或披针形，两颖不相等，第1颖长6～7.5mm，3～4脉；第2颖长7.5～8.5mm，3～5脉；背部被毛，颖端渐尖，或0.5mm短喙，或1～5mm的短芒。外稃长8～10（～11）mm，密被毛，顶端具直芒，长5～12mm。内稃比外稃稍短，少数等长或稍长，长6.5～10mm，两脊上半部或1/3以上具纤毛，顶端平截。花药黄色，长2～2.5mm。

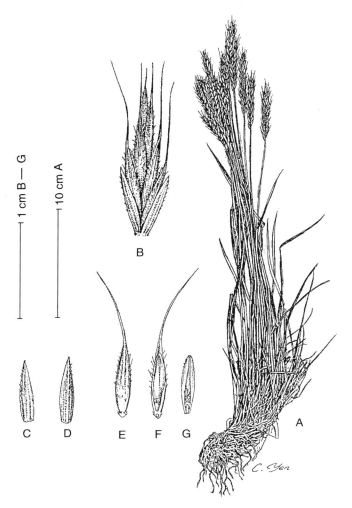

图 1 - 23　*Kengyilia carinata*（Ovez. et Sidorenko）
C. Yen，J. L. Yang et B. R. Baum

A. 全植株　B. 小穗　C. 第 1 颖　D. 第 2 颖　E. 小花背面观　F. 小花腹面观　G. 内稃

细胞学特征：2n＝6x＝42；**P**、**St** 与 **Y** 染色体组（Jensen et al. 1986；Jensen，1990。两篇文章都称为 *Elymus batalinii* 材料 PI314623，这一材料应为 *K. carinata*）。

分布区：塔吉克斯坦（图 1 - 25）。

（5）*Kengyilia eremopyroides* Nevski ex C. Yen，J. L. Yang et B. R. Baum, 1998. Novon 8：96（图 1 - 26）

模式标本：采自中国：青海，鄂陵湖岸边，海拔 3 962m，1884 年 7 月 10～30 日。H. M. Прзевалсий，339（主模式 **LE!**）（图 1 - 27）。

形态学特征：多年生，直立密丛禾草，疏生粗壮须根，无根茎，株高 31～37cm，穗下节间被短毛。叶鞘无毛；叶片平展，长（1.5～）2～5.5cm，宽 2.5～3mm，上表面被短柔毛，下表面密被短柔毛。穗直立，白黄色，长（3.5～）4～4.5cm，宽 8～10mm；穗轴节间

图 1 - 24　*Kengyilia carinata*（Ovez. et Sidorenko）C. Yen，J. L. Yang et B. R. Baum
主模式标本照片（现藏于 **LE!**）

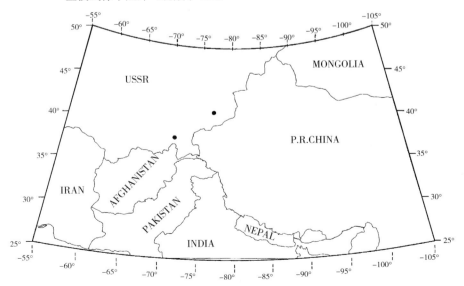

图 1 - 25　*Kengyilia carinata*（Ovez. et Sidorenko）C. Yen，J. L. Yang et B. R. Baum 的地理分布示意图

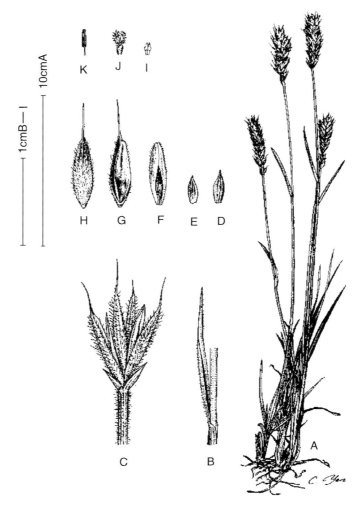

图 1-26 *Kengyilis eremopyroides* Nevski ex C. Yen，J. L. Yang et B. R. Baum
A. 全植株　B. 旗叶及穗下节间一段　C. 小穗及穗下节上段　D. 第 2 颖　E. 第 1 颖
F. 内稃　G. 小花腹面观　H. 小花背面观　I. 鳞被　J. 雌蕊　K. 雄蕊

密被短柔毛，上部穗轴节间长 1.5～2mm，下部穗轴节间长 5～7mm。小穗偏于一侧或稍偏于一侧，含 4～6 小花；小穗轴节间长 0.8～1.2mm，密被毛。颖卵圆形，两颖不等长，第 1 颖长 4～4.5mm，3～5 脉；第 2 颖长 4.5～5mm，3～5 脉；颖背无毛，顶端且渐尖，或具小喙。外稃长 7～8mm，密被硬毛，外稃芒长 3～4mm。内稃短于外稃，长 6.5～7.5mm，两脊上半部或 1/3 以上，具纤毛，稃尖平截或微凹。花药长 2mm，黑色。

分布区：中国：青海鄂陵湖，冲积沙土，海拔 3 960～4 000m（图 1-28）。

（6）*Kengyilia gobicola* C. Yen et J. L. Yang，1990. Can. J. Bot. 68：1894—1897（图 1-29）

模式标本：中国：新疆塔什库尔干、慕士塔格山麓戈壁滩，海拔 3 200m。1987 年 9 月 5 日，颜济、徐朗然等，870497（主模式标本 **SAUTI**！；同模式 **DAO**！）（图 1-30）；等

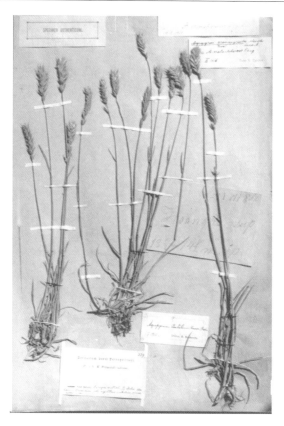

图 1-27　*Kengyilia eremopyroidea* Nevski ex C. Yen，J. L. Yang et B. R. Baum 主模式标本照片（这一标本现藏于俄罗斯圣彼得堡科马罗夫植物研究所 **LE!**）

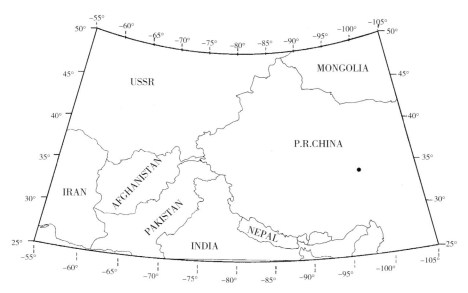

图 1-28　*Kengyilia eremopyroidea* Nevski ex C. Yen，J. L. Yang et B. R. Baum 的地理分布示意图

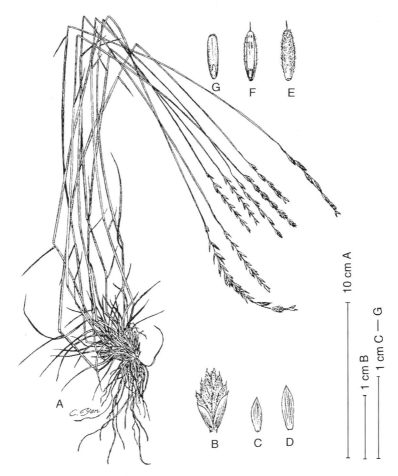

图 1-29 *Kengyilia gobicola* C. Yen et J. L. Yang
A. 全植株 B. 小穗 C. 第 1 颖 D. 第 2 颖 E. 小穗背面观 F. 小穗腹面观 G. 颖果

模式 SAUTI!。

形态学特征：多年生禾草，疏丛，具有沙套的须根，株高 33～85cm，穗下节间被白色短柔毛。叶鞘密被短柔毛；叶片平展，或内卷成管状，长（6～）7～8cm；叶片上表面密被长柔毛或短柔毛；叶片下表面无毛，被较厚的角质层，叶缘无毛。穗直立，绿色，长 8～12cm，宽 4～12mm，线形；穗轴节间长 5～10mm。小穗不偏于一侧，含 5～8 小花；小穗轴节间长 1～8mm，密被微毛。颖长圆形，近等长，第 1 颖长 6.5～7.5mm，3～5 脉；第 2 颖长 6.7～7.5mm，5 脉；颖背无毛，稀硬毛，脉背疏生长柔毛，顶端渐尖或具喙，一部分颖顶端一侧具小齿。外稃长 7～9mm，被长 1～1.5mm 的白毛，直芒，芒长 1～4mm。内稃比外稃稍短，长约 7～9mm 两脊一半或 1/3 以上具纤毛，顶端微凹。花药黄色或带紫色，长 2～2.2mm。

细胞学特征：2n=6x=42；**P、St** 与 **Y** 染色体组（图 1-31）。

分布区：中国：新疆塔什库尔干、帕米尔高原；叶城、喀喇昆仑山、马扎—阿克米吉

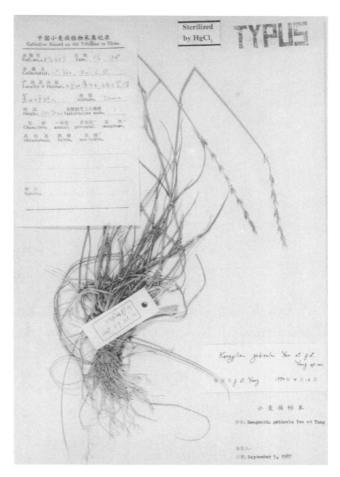

图 1-30 *Kengyilia gobicola* C. Yen et J. L. Yang 主模式
标本照片（这一标本现藏于 **SAUTI**!）

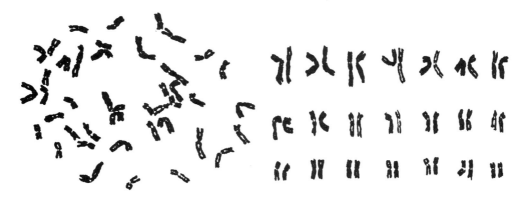

图 1-31 *Kengyilia gobicola* C. Yen et J. L. Yang 的核型

（引自张莉，2003）

特大坂；乌恰一托云。戈壁滩、锦鸡儿灌丛山坡、高山小溪旁碎石滩（图 1-32）。

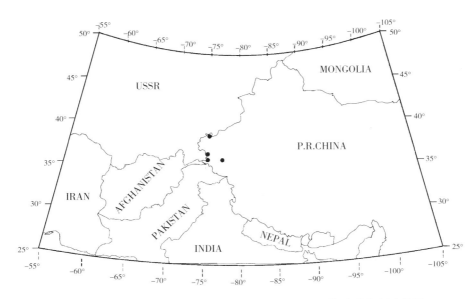

图 1 - 32　*Kengyilia gobicola* C. Yen et J. L. Yang 的地理分布示意图

（7）*Kengyilia grandiglumis*（Keng）J. L. Yang，C. Yen et B. R. Baum，1992. Hereditas 116：28（图 1 - 33）

模式标本：采自中国：青海，具体产地不详（耿以礼的记录：来自西北农学院标本室）（主模式 **NAS!**）（图 1 - 34）。

基础名：*Roegneria grandiglumis* Keng，in Keng et S. L. Chen，1963。南京大学学报（生物学）3：82。

同模式异名：*Agropyron grandiglumis*（Keng）Tzvelev，1968. Rast. Tsentr. Azii 4：118（不合法组合）。

Elymus grandiglume（Keng）Á. Löve，1984. Feddes Repert. 95：455。

形态学特征：多年生禾草，具须根，丛生，株高 45cm 左右，秆无毛。叶鞘无毛；叶片平展或稍内卷，长 6.5～17cm，宽 1～2mm，上表面稍糙涩，下表面无毛，叶缘无毛。穗直立，长 7～8cm，宽 10～15mm，黄褐色，穗轴节间无毛，上部穗轴节间长 2～6mm，下部穗轴节间长可达 12mm。小穗卵圆形，含 5～7 小花，不偏于一侧，小穗轴节间长 0.5mm 左右，密被短毛。颖长圆形或披针形，两颖等长，或稍不相等；第 1 颖长 8～9mm，3 脉；第 2 颖长 8～9mm，4～5 脉；颖背无毛或疏生短柔毛，颖端渐尖或具短喙。外稃长 9mm 左右，被长白毛，具直芒，芒长 1～3mm；内稃稍短于外稃，长 8.2mm，两脊上半部具短纤毛，顶端钝圆或微凹。花药黑色或暗绿褐色，长 3mm 左右。

细胞学特征：2n=6x=42；**P**、**St** 与 **Y** 染色体组（图 1 - 35）。

分布区：中国：青海、甘肃。沙土、沙质干河道（图 1 - 36）。

（8）*Kengyilia guidenensis* C. Yen，J. L. Yang et B. R. Baum，1995. Novon 5：395～397（图 1 - 37）

模式标本：中国：青海，贵德到过马营公路 150～151km，海拔 3 100m，颜济、杨俊

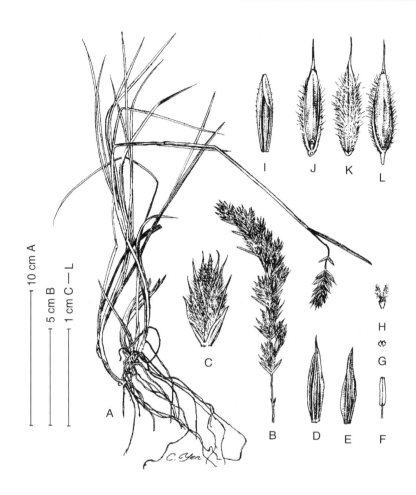

图 1 - 33 *Kengyilia grandiglumis*（Keng）J. L. Yang，C. Yen et B. R. Baum
A. 全植株 B. 全穗 C. 小穗 D. 第 2 颖 E. 第 1 颖 F. 花药 G. 鳞被 H. 雌蕊
I. 内稃 J. 小穗腹面观 K. 小穗背面观 L. 小穗轴伸长的第 1 小花

良、孙根楼 930001（主模式 **SAUTI!**；同模式 **DAO!**）（图 1 - 38）。

形态学特征：多年生禾草，具须根，丛生，株高 35～50cm，穗下节间被短柔毛。叶鞘无毛；叶片平展或稍内卷，长 8.5～9cm，宽 3mm，上表面密被长柔毛，或短柔毛，下表面无毛，叶缘糙涩。穗直立，长 3～3.5cm，绿紫色，宽 5mm；穗轴节间长 1.5～2mm。小穗卵圆形，含 5～7 小花；小穗轴节间长 1～1.2mm，密被短毛。颖披针形，两颖不等长，第 1 颖长 3～5mm，1～3 脉；第 2 颖长 4～7mm，1～3 脉；颖背密被白毛，顶端渐尖或具短尖头。外稃长 7～9mm，被 1.5mm 的白毛，外稃具直芒，芒长 1.5～4mm。内稃与外稃等长或稍长，两脊全着生粗纤毛，顶端微凹。花药长 3mm，黄色。

细胞学特征：2n＝6x＝42；**P**、**St** 与 **Y** 染色体组。

分布区：中国：青海，生长在草原地区的岩坡（图 1 - 39）。

（9） *Kengyilia habahenensis* **B. R. Baum，C. Yen et J. L. Yang，1991. Pl. Syst.**

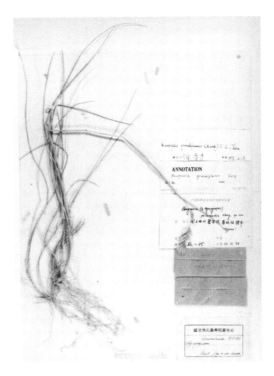

图 1-34 *Kengyilia grandiglumis*（Keng）J. L. Yang，C. Yen et B. R. Baum
主模式标本照片（这一标本现藏于 **NAS!**）

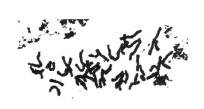

10 μm

图 1-35 *Kengyilia grandiglumis*（Keng）J. L. Yang，C. Yen et B. R. Baum 的核型

Evol. 174：103（图 1-40）

模式标本：中国：新疆哈巴河—特力克 17km 处，阿尔泰山，落叶松林，海拔 1 100m，1989 年 8 月 24 日，颜济、杨俊良、B. R. Baum，890939（主模式 **SAUTI!** 同模式 **SAUII!**，**DAO!**）（图1-41）。

形态学特征：多年生禾草，稀疏小丛，具须根，有短根茎，株高 80～120cm，秆无毛。叶鞘无毛，或被短柔毛；叶片长线形，长 7.5～13cm，内卷，上表面与下表面无毛，叶缘疏生长柔毛。穗直立，绿—紫色，长 3～8cm，宽 5～10mm；上部穗轴节间长 2～4mm，下部穗轴节间长 4～7mm，无毛，或疏生短毛。小穗卵圆形，含 3～11 小花，小穗轴节间长 1.5～2mm，密被短微毛。颖长圆形，两颖不相等，第 1 颖长 3～5mm，2～3

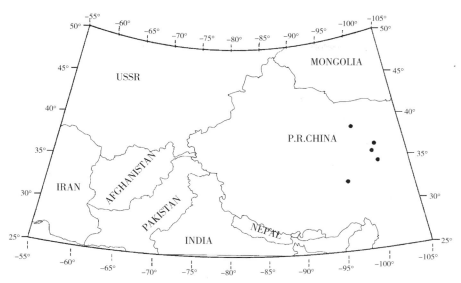

图 1-36　*Kengyilia grandiglumis*（Keng）J. L. Yang，C. Yen et B. R. Baum 的地理分布示意图

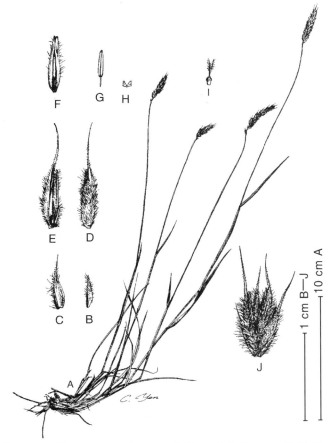

图 1-37　*Kengyilia guidenensis* C. Yen，J. L. Yang et B. R. Baum
A. 全植株　B. 第 1 颖　C. 第 2 颖　D. 小花背面观　E. 小花腹面观
F. 内稃　G. 雄蕊　H. 鳞被　I. 雌蕊　J. 小穗

图 1-38 *Kengyilia guidenensis* C. Yen，J. L.
Yang et B. R. Baum 等模式标本照片
（这份标本藏于 **DAO!**）

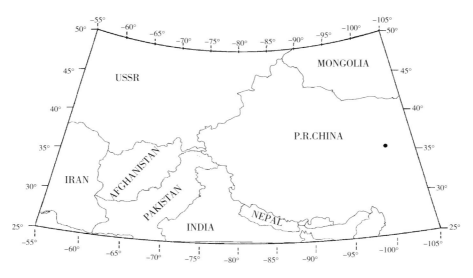

图 1-39 *Kengyilia guidenensis* C. Yen，J. L. Yang et B. R. Baum 的地理分布示意图

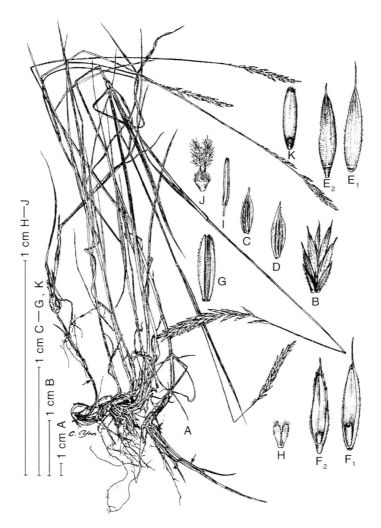

图 1-40　*Kengyilia habahenensis* B. R. Baum，C. Yen et J. L. Yang

A. 全植株　B. 小穗　C. 第 1 颖　D. 第 2 颖　E₁. 小花背面观　E₂. 具小穗轴的小花背面观

F₁. 小花腹面观　F₂. 具小穗轴的小花腹面观　G. 内稃　H. 鳞被　I. 雄蕊　J. 雌蕊　K. 颖果

脉；第 2 颖长 4～6mm，3 脉；颖背无毛，主脉凸出，常着生纤毛，颖端渐尖或具短喙。外稃长 6～7mm，被短柔毛，外稃芒长 3mm 左右。内稃一般短于外稃，少数等长或稍长，两脊 3/4 以上着生粗纤毛，顶端微凹。花药长 2mm 左右，白黄色。

细胞学特征：$2n=6x=42$；**P**、**St** 与 **Y** 染色体组（Baum et al.，1991）。

分布区：中国：新疆，哈巴河—特力克，落叶松林间隙地腐殖土（图 1-42）。

（10）*Kengyilia hirsuta*（Keng）J. L. Yang，C. Yen et B. R. Baum，1992. Hereditas 116：28（图 1-43）

模式标本：中国：青海湟源县，草原丘坡。1944 年 8 月 8 日，耿以礼、耿伯介，5257（主模式标本 **N!**）（图 1-44）

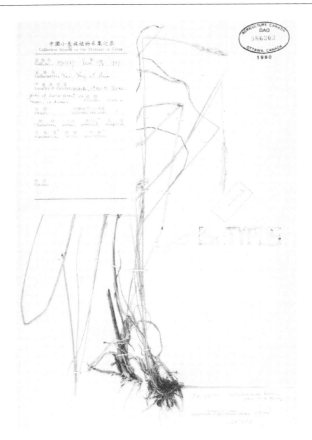

图 1 - 41 *Kengyilia habahenensis* B. R. Baum，C. Yen et J. L. Yang
同模式标本照片（这一标本现藏于 **DAO!**）

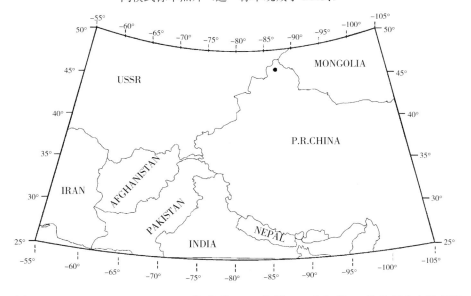

图 1 - 42 *Kengyilia habahenensis* B. R. Baum，C. Yen et J. L. Yang 的地理分布示意图

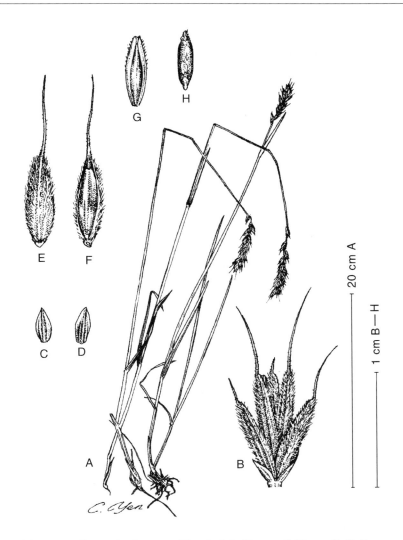

图 1 - 43　*Kengyilia hirsuta*（Keng）J. L. Yang，C. Yen et B. R. Baum
A. 全植株　B. 小穗　C. 第 1 颖　D. 第 2 颖　E. 小花背面观　F. 小花腹面观　G. 内稃　H. 颖果

基础名：*Roegneria hirsuta* Keng，1963. In Keng et S. L. Chen。南京大学学报（生物学）3：84。

同模式异名：*Roegneria hirsuta* Keng in Keng et S. L. Chen，1963。南京大学学报（生物学）3：84。

        Agropyron kengii Tzvelev，1968. Rast. Tsentr. Azii 4：188（非 *A. hirsutum* Bertol.）；

        Elymus kengii（Tzvelev）Á. Löve，1984. Feddes Repert. 95：455。

异模式异名：*Roegneria hirsuta* var. *variabilis* Keng，1963。耿以礼、陈守良，南京大学学报（生物学）3：85。

形态学特征：多年生禾草，须根，具短根茎，株高 40～70cm，穗下节间被短柔毛，

图 1-44 *Kengyilia hirsuta* (Keng) J. L. Yang, C. Yen et B. R. Baum 的
主模式标本照片（现藏于 **N**!）

稀无毛。叶鞘无毛；叶片平展或内卷，长 6～9cm，宽 3～5mm，上表面无毛或疏生短柔毛，下表面无毛或密被短柔毛，叶缘具纤毛。穗直立，长 6～8cm，宽 7～10mm，穗轴节间被短柔毛，上部穗轴节间长 1.3～3mm，下部穗轴节间长 5～15mm。小穗不偏于一侧，黄褐色或绿色，含 4～7 小花，小穗轴节间长 0.5～1mm，小穗轴节间背面密被毛。颖长圆形或卵圆形，两颖不等长，第 1 颖长 4.5～6mm，3 脉；第 2 颖长 5～7mm，4 脉；无毛，但脉上糙涩，或疏生短纤毛，颖端渐尖，或具短喙。外稃长 8～10mm，被硬毛，外稃芒长 2.5～6（～10）mm。内稃通常短于外稃，少数等长或稍长，两脊密生刚毛状纤毛，两脊间疏生柔毛，顶端微凹。花药灰白色，长约 2mm。

细胞学特征　2n＝6x＝42；**P**、**St** 与 **Y** 染色体组（图 1-45）。

分布区：中国：青海、甘肃（图 1-46）。生长在草原、草原丘坡，非常年性泛流沟。

(11) *Kengyilia kaschgarica* (D. F. Cui) L. B. Cai，1996. Novon 6：142（图 1-47）

模式标本：中国：新疆喀什地区、塔什库尔干、奇拉奇古。西北植物研究所新疆考察

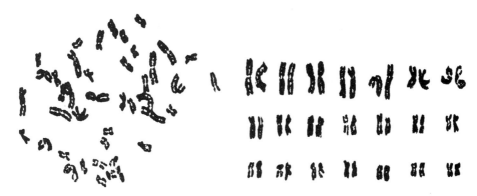

图 1-45 *Kengyilia hirsuta*（Keng）J. L. Yang，C. Yen et B. R. Baum 的核型

（引自张莉，2003）

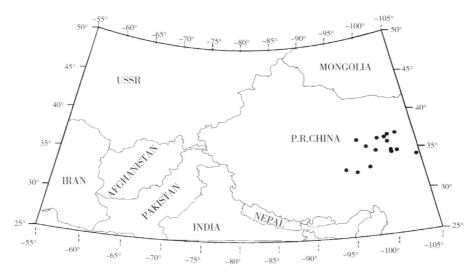

图 1-46 *Kengyilia hirsuta*（Keng）J. L. Yang，C. Yen et B. R. Baum 的地理分布示意图

队 922。主模式标本 **XJBI**!，同模式标本 **WUK**!（图 1-48）。

同模式异名：*Elymus kaschgaricus* D. F. Cui，1990. 植物研究，10：27。

形态学特征：多年生禾草，直立丛生，基节有时膝曲，疏生粗根，无根茎，株高25～35cm，穗下节间被微毛，其他节间无毛。下部叶鞘密被短柔毛；叶舌膜质，上端平截，长0.5mm；叶片稍内卷或内卷，长6～18.5cm，宽1.5～2mm，旗叶长6～11cm，上表面疏生长柔毛，下表面无毛或糙涩，或具硬毛。穗直立，绿—紫色，长3～8cm，宽5～7mm，含5～7小穗，上部穗轴节间长4～5mm，下部穗轴节间长可达8mm。小穗含3～5小花，小穗轴节间长1～1.5mm，密被短柔毛。颖卵圆形，两颖不等长，颖背无毛，脉上具纤毛，颖尖渐尖成短芒，长1.5mm左右，第1颖长5～7mm，3～5脉；第2颖长6～8mm，3～5脉。外稃广披针形，长7～9mm，密被硬毛，外稃芒向外反曲，长7～11mm，基盘两侧疏生柔毛。内稃稍短于外稃，长6.5～10mm，两脊上半部或中下部以上，着生纤毛，稃尖平截。花药长1～5mm。

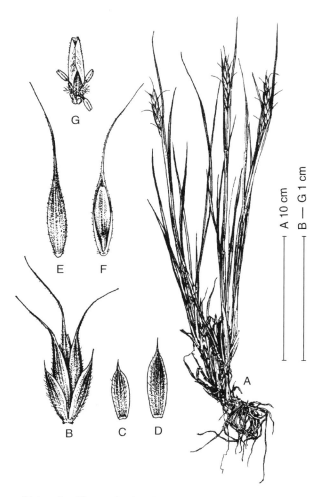

图 1-47　*Kengyilia kaschgarica* (D. F. Cui) L. B. Cai
A. 全植株　B. 小穗　C. 第 1 颖　D. 第 2 颖　E. 小花背面观
F. 小花腹面观　G. 内稃腹面观并示雌蕊及雄蕊

细胞学特征：2n＝6x＝42；**P**、**St** 与 **Y** 染色体组（图 1-49）。

分布区：中国：新疆帕米尔高原、阿合奇、阿克托、阿图什、莎车、塔什库尔干、叶城；西藏吉隆。生长于草原，海拔 2 800～3 800m（图 1-50）。

（12）*Kengyilia kokonorica*（Keng）J. L. Yang，C. Yen et B. R. Baum，1992. Hereditas 116：27（图 1-51）

模式标本：中国：青海湟源县，草原地区石质丘坡。1944 年 8 月 12 日，耿以礼、耿伯介 5364（主模式 **N!**）（图 1-52）。

基础名：*Roegneria kokonorica* Keng，耿以礼、陈守良，1963。南京大学学报（生物学）3：88。

同模式异名：*Agropyron kokonoricum*（Keng）Tzvelev，1968. Rast. Tsentr. Azii 4：118（不合法组合）；

Elymus kokonoricus（Keng）Á. Löve，1984. Feddes Repert. 95：455
（不合法组合）。

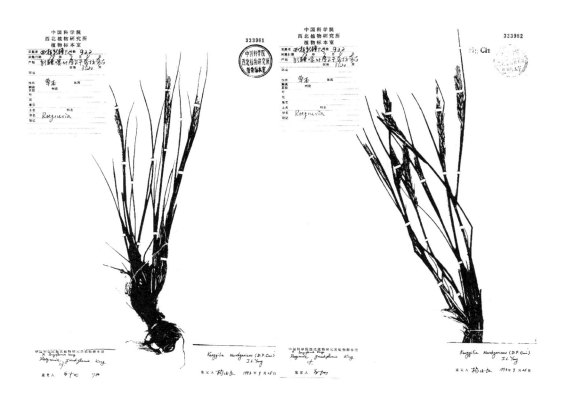

图 1-48　*Kengyilia kaschgarica*（D. F. Cui）L. B. Cai 的同模式标本照片（这两份标本现藏于 **WUK!**）

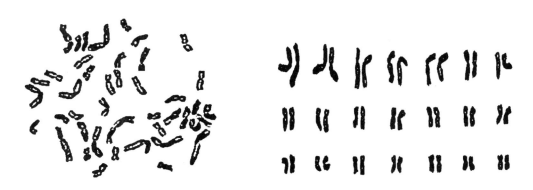

图 1-49　*Kengyilia kaschgarica*（D. F. Cui）L. B. Cai 的核型

（引自张莉，2003）

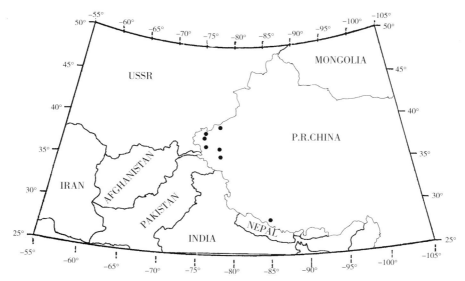

图 1-50 *Kengyilia kaschgarica* (D. F. Cui) L. B. Cai 的地理分布示意图

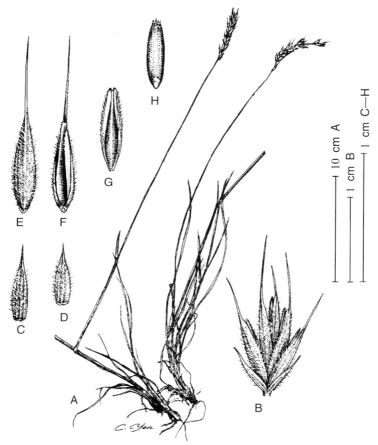

图 1-51 *Kengyilia kokonorica* (Keng) J. L. Yang，C. Yen et B. R. Baum
A. 全植株 B. 小穗 C. 第 2 颖 D. 第 1 颖 E. 小花背面观 F. 小花腹面观 G. 内稃 H. 颖果

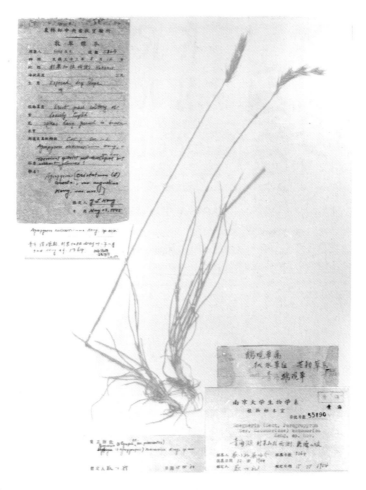

图 1 - 52　*Kengyilia kokonorica*（Keng）J. L. Yang，C. Yen et B. R. Baum
主模式标本照片（这份标本藏于 **N！**）

形态学特征：多年生禾草，丛生，株高 30～50cm，穗下节间被短柔毛。叶鞘无毛；叶片稍内卷，长 2～8cm，宽 2mm，上表面糙涩，下表面无毛，叶缘糙涩。穗直立，绿紫色，长 4～6cm，宽 7～10mm，穗轴节间被短柔毛，上部节间长 2～3mm，下部节间长 4～7mm。小穗不偏于一侧，含 3～4 小花，小穗轴节间长 1cm 左右，被微毛。颖卵形或披针形，两颖不等长，第 1 颖长 3～4mm，1～3 脉；第 2 颖长 4～5mm，3 脉；颖背被硬毛，颖尖具长 2～3mm 的短芒。外稃长 6mm 左右，背面被硬毛，外稃芒直，长 4～6mm。内稃与外稃等长或稍长，两脊上半部或中下部以上着生纤毛，内稃尖端微凹，花药长 2～2.2mm，白黄色。

细胞学特征：2n＝6x＝42；**P**、**St** 与 **Y** 染色体组（图 1 - 53）。

分布区：中国：青海、西藏喜马拉雅山。生长于石质岩坡，海拔 3 600～4 000m（图 1 - 54）。

图 1-53 *Kengyilia kokonorica*（Keng）J. L. Yang，C. Yen et B. R. Baum 的核型

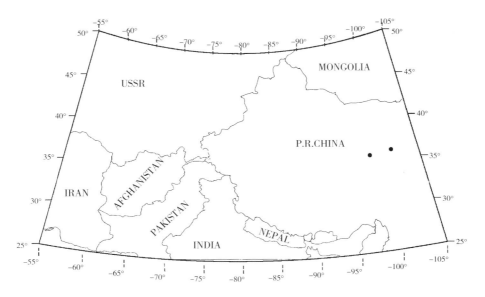

图 1-54 *Kengyilia kokonorica*（Keng）J. L. Yang，C. Yen et B. R. Baum 的地理分布示意图

（13）*Kengyilia kryloviana*（Schischk.）C. Yen，J. L. Yang et B. R. Baum，1998. Novon 8：100（图 1-55）

模式标本：俄罗斯：西西伯利亚，阿尔泰山区，楚亚河谷 "In rupestribus adripam sinistram fl. Sorgholdshjuk, confluvii fl. Czuja"，1927 年 7 月 22 日，Б. Шишкин，无号（主模式标本 **TOM!**）（图 1-56）。

基础名：*Agropyron kryloviana* Schischk.，1928. Animadvers syst. ex Herb. Univ. Tomsk. 2. No. 2。

同模式异名：*Agropyron kryloviana* Schischk.，1928. Animadvers syst. ex Herb. Univ. Tomsk. 2. No. 2；

Elytrigia kryloviana（Schischk.）Nevski，1936. Trud. Bot. Inst. Akad. Nauk SSSR，ser. 1，2：84。

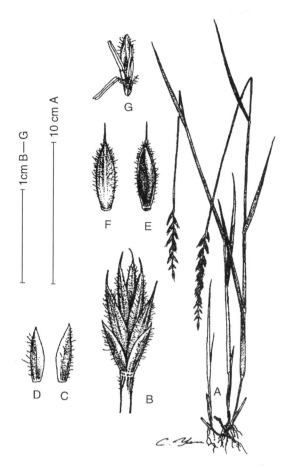

图 1 - 55　*Kengyilia kryloviana*（Schischk.）C. Yen，J. L. Yang et B. R. Baum
A. 全植株　B. 小穗及穗下节间上段　C. 第 2 颖　D. 第 1 颖
E. 小花腹面观　F. 小花背面观　G. 内稃、雄蕊及雌蕊

　　形态学特征：多年生疏丛禾草，疏生粗壮须根，无根茎，株高 40～100cm，秆无毛，穗下节间稍糙涩。叶鞘微被短柔毛，下部叶鞘具较长的倒生毛。叶片平展，或稍内卷，长 4～8cm，宽 1.2～7mm，上表面疏生短柔毛，稀无毛，下表面无毛，叶缘具纤毛。穗直立，绿色，长 8～12cm，宽 7～14mm，穗轴节间疏生短柔毛，上部穗轴节间长 2.5～3.5mm，下部穗轴节间长 3～4.5mm。小穗含 5～9 小花，小穗轴节间长 0.6～1.2mm，密被贴生微毛。颖披针形，两颖稍不等长；第 1 颖长 4～7.5mm，3～4 脉；第 2 颖长 4～8mm，3～4 脉；颖背无毛，但在脊状中脉上常生纤毛，颖端渐尖或具短喙。外稃长 7～9mm，被毛，稀无毛，稃端具喙或短芒，长 0.5～1.5mm。内稃与外稃等长或稍长，两脊占 2/3 以上的中上部着生长纤毛，内稃尖端成两齿，或两裂。花药长 4mm，黄色。

　　分布区：俄罗斯：西西伯利亚，阿尔泰山区，伊尔图什；东西伯利亚，安咖那—萨坦；哈萨克斯坦，北巴尔克山（图 1 - 57）。

　　（14）*Kengyilia laxiflora*（Keng）J. L. Yang, C. Yen et B. R. Baum, 1992. Hereditas

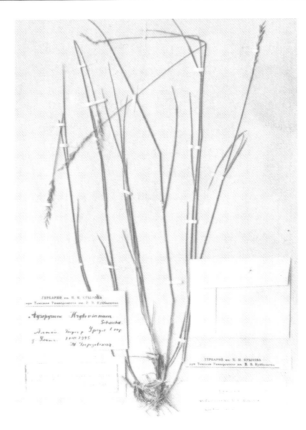

图 1-56　*Kengyilia kryloviana*（Schischk.）C. Yen，J. L. Yang et B. R. Baum
　　　　主模式标本照片（现藏于 **LE!**）

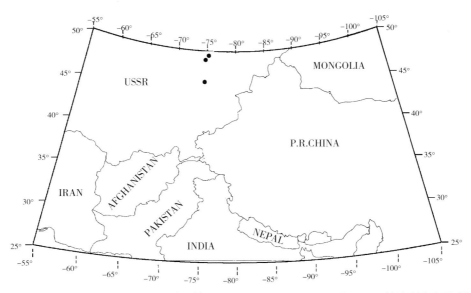

图 1-57　*Kengyilia kryloviana*（Schischk.）C. Yen，J. L. Yang et B. R. Baum 的地理分布示意图

116：27（图 1 - 58）

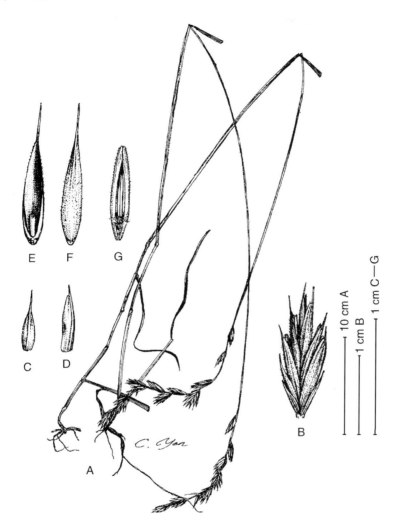

图 1 - 58 *Kengyilia laxiflora*（Keng）J. L. Yang，C. Yen et B. R. Baum
A. 全植株 B. 小穗 C. 第 1 颖 D. 第 2 颖 E. 小花腹面观
F. 小花背面观 G. 内稃、雄蕊、雌蕊及鳞被

模式标本：中国：四川甘孜。1951 年 7 月 11 日，崔友文 4338 ［主模式标本 **NAS!**（图1-59）；同模式标本 **NAS!**］。

基础名：*Roegneria laxiflora* Keng，耿以礼、陈守良，1963。南京大学学报（生物学）3：75。

同模式异名：*Roegneria laxiflora* Keng，耿以礼、陈守良，1963。南京大学学报（生物学）3：75。

Elymus laxiflora（Keng）Á. Löve，Feddes Repert. 95：455（不合法组合）。

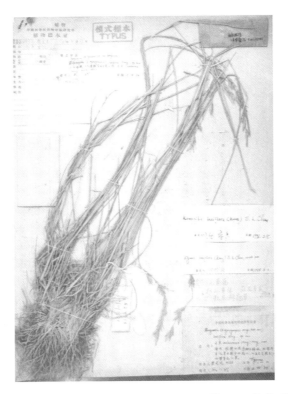

图 1-59 *Kengyilia laxiflora* (Keng) J. L. Yang et B. R. Baum
主模式标本照片（现藏于 **NAS!**）

形态学特征：多年生禾草，具须根，密丛，株高 50～70cm，穗下节间无毛。叶鞘无毛；叶片内卷，长 10cm 左右，宽 3mm 左右，上表面被长或短白色柔毛，下表面糙涩，叶缘糙涩。穗弯垂，紫绿色，长 10～15cm，宽 6～8mm，穗轴节间无毛具糙涩两脊，上部节间长 8～15mm；下部节间可达 20mm。小穗卵圆形，含 6～9 小花，小穗轴节间长 1～1.5mm，密被紧贴短毛。颖长圆形，两颖不等长，第 1 颖长 4mm，通常 3 脉；第 2 颖长 6～7mm，5 脉；背面无毛，顶端渐尖，或具短喙。外稃长 9～10mm，被贴生短毛，直芒长 1～2mm。内稃与外稃等长或稍长。两脊上半部或下中部以上具纤毛，顶端截平。花药长 3～4mm，黄色。

细胞学特征：2n=6x=42；**P**、**St** 与 **Y** 染色体组（图 1-60）。

分布区：中国：四川甘孜，草原石岩丘坡；石渠到马尼干戈；炉霍，老折山；海拔 3 200～3 950m（图 1-61）。

(15) *Kengyilia laxistachya* L. B. Cai et D. F. Cui，1995. 植物研究 15：424（图 1-62）

模式标本：中国：新疆莎车，1959 年 7 月 16 日，李安仁与朱鉴麟，9907（图 1-63）。

形态特征：多年生禾草，疏丛，具须根，株高 25～55cm，穗下节间无毛。叶鞘无毛；叶片长 5～8cm，内卷，上表面无毛或疏生长柔毛，下表面无毛。穗直立或弯曲，长 5～

10μm

图 1-60　*Kengyilia laxiflora*（Keng）J. L. Yang et B. R. Baum 的核型

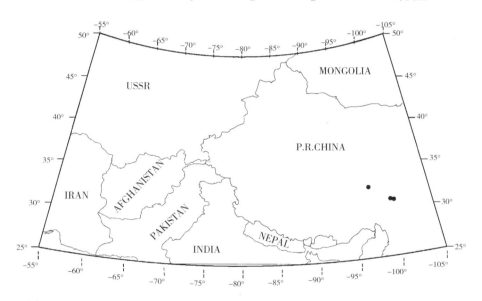

图 1-61　*Kengyilia laxiflora*（Keng）J. L. Yang et B. R. Baum 的地理分布示意图

7cm，宽 5mm 左右，穗轴节间被短柔毛，上部穗轴节间长 6mm 左右，下部穗轴节间长 9mm 左右。小穗长卵形，含 3～5 小花。颖长圆形或披针形，两颖不等长，第 1 颖长 5～7mm，2 脉；第 2 颖长 6～8mm，4 脉；颖端渐尖，第 2 颖有时具双尖齿。外稃长 7～8mm，被毛，芒长 2～3mm，稍弯曲。内稃短于外稃，稃尖截平。花药长 2～2.5mm。

细胞学特征：2n＝6x＝42；**P**、**St** 与 **Y** 染色体组。

分布区：中国：新疆莎车、且末。生长在草原丘坡或荒漠干草原，常与醉马草（*Achnatherum splendens*）伴生，海拔 2 160～3 250m（图 1-64）。

（16）*Kengyilia melanthera*（Keng）J. L. Yang，C. Yen et B. R. Baum，1992. Hereditas 116：28（图 1-65）

模式标本：中国：青海巴颜喀喇山北部，鄂陵湖附近沙质草坡。1935 年 7 月 12 日，

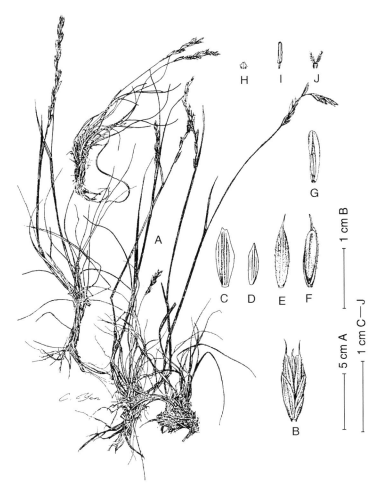

图 1 - 62　*Kengyilia laxistachya* L. B. Cai et D. F. Cui

A. 全植株　B. 小穗　C. 第 2 颖　D. 第 1 颖　E. 小花背面观

F. 小花腹面观　G. 内稃　H. 鳞被　I. 雄蕊　J. 雌蕊

姚仲吾 832，**NAS**！（图 1 - 66）。

　　基础名：*Agropyron melatherum* Keng，1941. Sunyatsenia 6：62。

　　同模式异名：*Agropyron melatherum* Keng，1941. Sunyatsenia 6：62；

　　　　　　　　Roegneria melathera（Keng）Keng，1957。中国主要禾本植物属种检索

　　　　　　　　表：187；

　　　　　　　　Elymus melantherus（Keng）Á. Löve，1984. Feddes Repert. 95：455。

　　形态学特征：多年生禾草，疏丛或密丛，具纤细大量须根，发育不良的矮小植株生少量须根，具向下斜伸根茎，株高 15～70cm，秆无毛。叶鞘无毛；叶片平展或稍内卷，长 2.5～8cm，宽 2～4mm，基部分蘖节叶片可长达 12cm，上下表面无毛，叶缘疏生柔毛。穗直立或稍弯曲，白黄褐色，长 4～7cm，宽 10～15mm，穗轴节间无毛，两脊糙涩，上部穗轴节间长 1～2mm，下部穗轴节间长可达 6mm。小穗偏于一侧或稍偏于一侧，含 3～

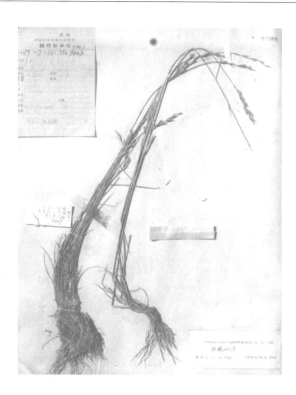

图 1 - 63　*Kengyilia laxistachya* L. B. Cai et D. F. Cui 主模式标本照片（现藏于 **XJBI**！）

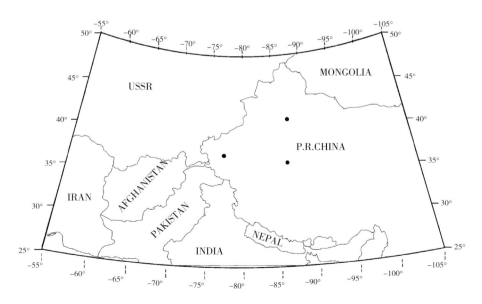

图 1 - 64　*Kengyilia laxistachya* L. B. Cai et D. F. Cui 的地理分布示意图

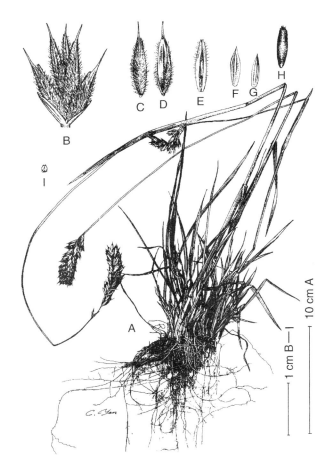

图 1-65 *Kengyilia melanthera* (Keng) J. L. Yang，C. Yen et B. R. Baum
A. 全植株　B. 小穗　C. 小花背面观　D. 小花腹面观
E. 内稃　F. 第2颖　G. 第1颖　H. 颖果　I. 鳞被

5 小花，小穗轴节间长约 1mm，疏生短毛。颖长圆形或披针形，两颖大小不等长，第 1 颖长 4～6mm，3～5 脉；第 2 颖长 5～7mm，3～5 脉；颖无毛或被短柔毛，颖端渐尖，或具短喙。外稃长 8mm 左右，密被长柔毛，外稃具芒，长 2～4mm。内稃短于外稃，两脊上半部生纤毛，稃背（两脊间）被短柔毛，稃尖微凹或平截。花药长 2mm 左右，紫黑色。

　　细胞学特征：2n=6x=42；**P**、**St** 与 **Y** 染色体组（图 1-67）。

　　分布区：中国：四川若尔盖、唐克；青海鄂陵湖、囊谦、曲麻莱、贵南；甘肃酒泉、祁连山；西藏当雄、纳木湖。海拔 3 300～4 750m。沙土草甸、沙质河岸、沙丘、风积沙土（图 1-68）。

Kengyilia melanthera 变种检索表

1a. 穗轴与颖无毛，外稃芒长 2～4mm ·· *K. melanthera* var. *melanthera*
1b. 穗轴与颖被毛，外稃无芒，如具喙长不到 1mm ························· *K. melanthera* var. *tahopaica*

16a. var. *melanthera*

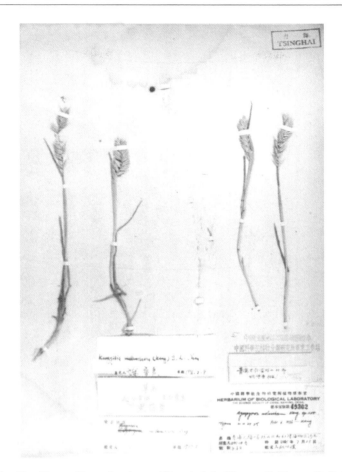

图 1 - 66 *Kengyilia melanthera*（Keng）J. L. Yang，C. Yen et B. R. Baum
主模式照片（现藏于 **NAS!**）

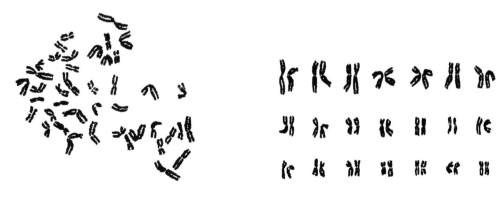

图 1 - 67 *Kengyilia melanthera*（Keng）J. L. Yang，C. Yen et B. R. Baum 的核型
（引自张莉，2003）

同种的描述。

16b. var. *tahopaica*（Keng）S. L. Chen，1994. 植物研究 14：131（图 1 - 69）

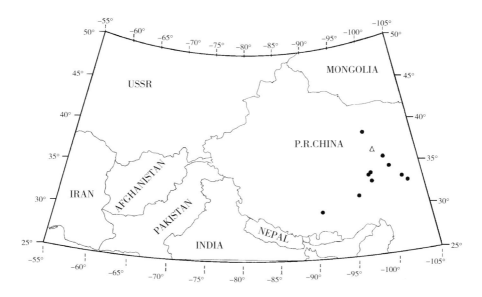

图 1 - 68　*Kengyilia melanthera*（Keng）J. L. Yang，C. Yen et B. R. Baum 的地理分布示意图

（圆点为 var. *melanthera*；三角点为 var. *tahopaica*）

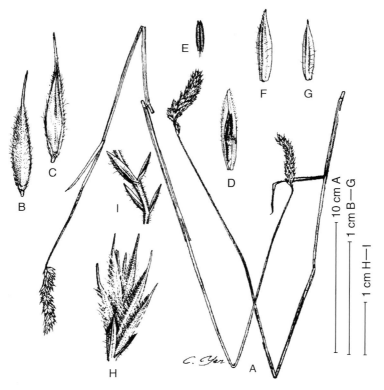

图 1 - 69　*K. melanthera* var. *tahopaica*（Keng）S. L. Chen

A. 穗、旗叶及茎秆　B. 小花背面观　C. 小花腹面观　D. 内稃

E. 雄蕊　F. 第 2 颖　G. 第 1 颖　H. 小穗　I. 穗轴及颖

模式标本：中国：青海兴海、大河坝，**NAS**!（图 1 - 70）。

基础名：*Roegneria melanthera* var. *tahopaica* Keng，耿以礼、陈守良，1963。南京大学学报（生物学）3：78。

同模式异名：*Roegneria melanthera* var. *tahopaica* Keng，耿以礼、陈守良，1963。南京大学学报（生物学）3：78。

形态特征：本变种与原变种的区别在于穗轴节与颖被毛，外稃无芒。

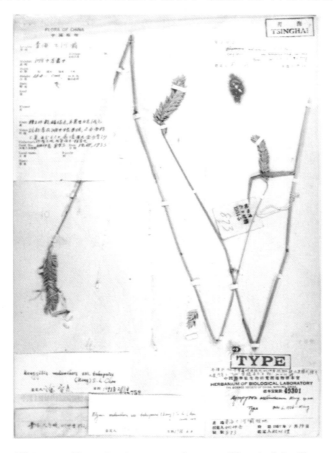

图 1 - 70　*K. melanthera* var. *tahopaica* (Keng) S. L. Chen
的主模式照片（这份标本现藏于 **NAS**!）

（17）*Kengyilia mutica*（Keng）J. L. Yang，C. Yen et B. R. Baum，1992. Hereditas 116：28（图 1 - 71）

模式标本：中国：青海贵德军马场，第 4 号标本，生长于高山草甸为主要建群种。模式标本遗失。指定模式：耿以礼，1959，中国主要植物图说·禾本科，图 337。颜济、杨俊良、B. R. Baum 指定，（1995a）. Novon 3：297～300。

基础名：*Roegneria mutica* Keng，耿以礼、陈守良，1963。南京大学学报（生物学）3：87。

同模式异名：*Roegneria mutica* Keng，耿以礼、陈守良，1963。南京大学学报（生

物学）3：87（耿以礼，1957，中国主要禾本植物属种检索表：408，
裸名）；

Agropyron muticum（Keng）Tzvelev，1968. Rast. Tsentr. Azii 4：189
（不合法组合）；

Elymus retusus Á. Löve，1984. Feddes Repert. 95：455。

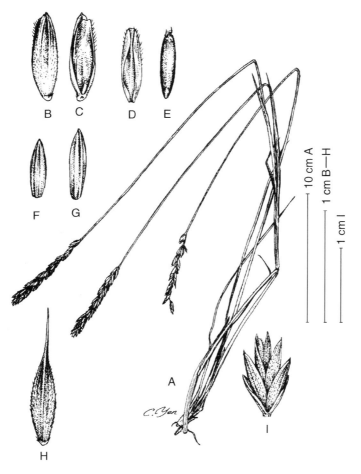

图 1 - 71　*Kengyilia mutica*（Keng）J. L. Yang，C. Yen et B. R. Baum
A. 全植株　B. 小花背面观　C. 小花腹面观　D. 内稃　E. 颖果
F. 第 1 颖　G. 第 2 颖　H. 具芒小花外稃　I. 小穗

形态学特征：多年生禾草，须根具白色毡状根毛，丛生，株高 60cm 左右，穗下节间
被短柔毛。叶鞘无毛；叶片窄硬锐尖，长 5～10cm，宽 3～5mm，分蘖节叶片可长达
29cm，上下表面无毛，叶缘糙涩。穗直立，黄绿色，长 6～7cm，宽 8mm 左右，穗轴节
间疏生短柔毛，上部节间长 3～4mm，下部节间长 8～9mm。小穗含 4～5 小花，小穗轴
长 1.5mm 左右，疏生短柔毛。颖长圆形或卵圆形，两颖不等长或近等长，第 1 颖长 4～
6mm，3 脉；第 2 颖长 5～6mm，3 脉；背面无毛，颖端渐尖，或具短尖头。外稃长
9.5mm 左右，稃背密被短毛，稃端无芒锐尖，或具 7mm 直芒。内稃与外稃等长，或稍长

于外稃，两脊上部 1/3 部分着生纤毛，稃尖微凹。花药长 3mm，黄色或紫黑色。

　　细胞学特征：2n＝6x＝42；**P**、**St** 与 **Y** 染色体组（图 1-72）。

10 μm

　　图 1-72　*Kengyilia mutica*（Keng）J. L. Yang，C. Yen et B. R. Baum 的核型

　　分布区：中国：青海贵德。生长于高山草甸—草原，海拔 3 100～3 200m（图 1-73）。

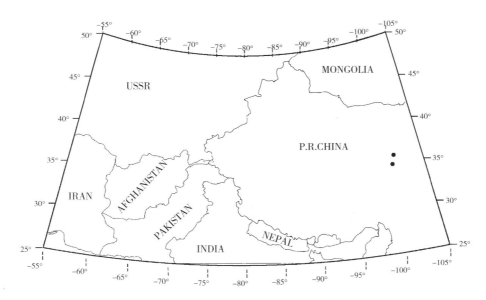

　　图 1-73　*Kengyilia mutica*（Keng）J. L. Yang，C. Yen et B. R. Baum 的地理分布示意图

(18) ***Kengyilia pamirica*** **J. L. Yang et C. Yen，1993. 四川农业大学学报 10：567-569**（图 1-74）

　　模式标本：中国：新疆帕米尔高原、乌恰—托云公路 128km。生长于草原，海拔 2 870m。1987 年 9 月 9 日，颜济、徐朗然等 870536（主模式标本 **SAUTI!**；等模式标本 **DAO!**）（图 1-75）。

　　形态学特征：多年生禾草，密丛，须根，株高 60～70cm，穗下节间被白色短柔毛。叶鞘无毛；叶片内卷，长 9～10cm，宽 3～7mm，上表面被长柔毛或白色短柔毛，下表面无毛，叶缘光滑。穗直立，长 8～10cm，宽 8～12mm，穗轴节间密被短柔毛，上部节间长 2～3.5mm，下部节间长 4～7mm。小穗卵圆形，偏于一侧，或稍偏于一侧，含 5～8 小花，小穗轴节间长 0.5～2mm，密被短毛。颖长圆形，两颖近等长，最上部小穗的颖显

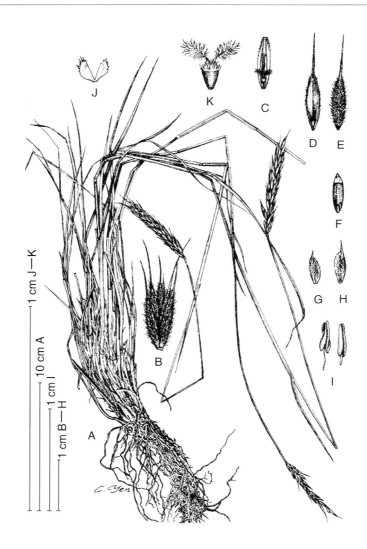

图 1-74 *Kengyilia pamirica* J. L. Yang et C. Yen
A. 全植株　B. 小穗　C. 内稃及雌蕊　D. 小花腹面观　E. 小花背面观
F. 颖果　G. 第 1 颖　H. 第 2 颖　I. 雄蕊　J. 鳞被　K. 雌蕊

著不等并呈 2～3 裂，第 1 颖长 5～6mm，3～5 脉；第 2 颖长 6～7mm，3～5 脉；颖背密被短白毛，颖端渐尖，具喙，或具长 1mm 左右短芒。外稃长 7～9mm，被长 1～1.5mm竖立白毛。外稃具芒，芒长 10～15mm。内稃与外稃等长或稍长，两脊上半部或中下部以上具纤毛，稃端截平或微凹。花药长 3mm 左右，黄色或紫色。

细胞学特征：2n＝6x＝42；**P**、**St** 与 **Y** 染色体组（1-76）。

分布区：中国：新疆乌恰—托云、帕米尔高原。草原丘坡，海拔 2 600～2 870m（图1-77）。

(19) *Kengyilia pulcherrima* （Grossh.）**C. Yen，J. L. Yang et B. R. Baum，1998. Novon 8：100**（图 1-78）

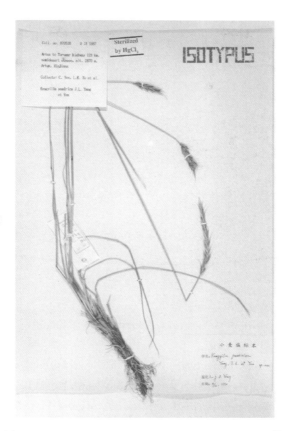

图 1 - 75 *Kengyilia pamirica* J. L. Yang et C. Yen 的
同模式标本照片（现藏于 **DAO!**）

图 1 - 76 *Kengyilia pamirica* J. L. Yang et C. Yen 的核型

模式标本：土耳其：喀尔什省，"Ardahan prope Guljabert，in locis stepposis"，1914
年 7 月 25 日，А. Гросшим［主模式 **LE!**（图 1 - 79）；等模式 **LE!**］。

基础名：*Agrpyron pulcherrimum* Grossh.，1910. Vestn. Tiflis Bot. Sada 46 - 47：42
（图版 4，图 1 - 5）。

同模式异名：*Agrpyron pulcherrimum* Grossh.，1910. Vestn. Tiflis Bot. Sada 46 -
47：42（图版 4，图 1 - 5）；

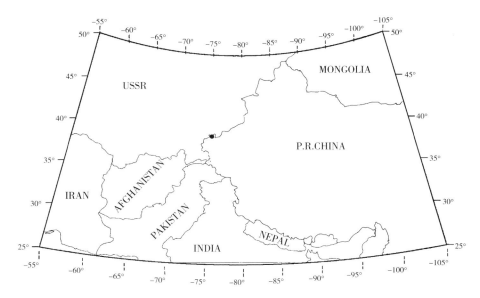

图 1-77 *Kengyilia pamirica* J. L. Yang et C. Yen 的地理分布示意图

Elytrigia pulcherrima（Grossh.）Nevski，1934. Trud. Sredneaz. Ser. 17：51；

Elytrigia intermedia（Host）Nevski subsp. *pulcherrima*（Grossh.）Tzvelev，1973. Novost. Sist. Vyssh. Rast. 10：31。

异模式异名：*Agropyron intermedium* var. *ambigens* Hausskn. ex Halacsy，1904. Comp. Fl. Gracc. 3：437；

Agropyron popovii Drob.，1925. Feddes Repert. 21：44；

Agropyron ambigens（Hausskn. ex Halacsy）Roshev.，1932. Fl. Turcom. 1：191。

形态学特征：多年生禾草，粗壮，疏生须根，具短根茎，疏丛，株高 50～70cm，秆无毛。叶鞘绝大部分无毛，只在最上部两缘簇生纤毛；叶片平展，长 6～14cm，宽 3.5～6（～7）mm，上下叶表面无毛，叶缘光滑。穗直立，绿色，长 11.5～20cm。穗轴节间绝大部分无毛，只在紧邻节下处有短柔毛，两脊糙涩，上部节间长 10mm 左右，下部节间长 15mm 左右。小穗卵圆形，含 5～7（～10）小花，小穗轴密被短毛。颖披针形，两颖不等长，第 1 颖长 7～8mm，5～7 脉；第 2 颖长 8～9（～10）mm，3～5 脉；颖背部密被白色长毛，颖端渐尖或具短尖头，或偏斜截平。外稃长 9～11mm，除下部 1/5 部分无毛外，密被长毛；外稃具芒，芒长（5～）6～10mm，芒下部具硬毛。内稃短于外稃，内稃长（5～）6～10mm，两缘着生特殊的三角形透明膜质构造，两脊上半部或下中部以上具纤毛，内稃顶端微凹。

分布区：俄罗斯：高加索、外高加索东南部、天山、塞尔达尔亚；土库曼斯坦；巴尔干；伊朗（图 1-80）。生长在草原丘坡。

(20) *Kengyilia rigidula*（Keng）J. L. Yang, C. Yen et B. R. Baum, 1992. Hereditas 116：27（图 1-81）

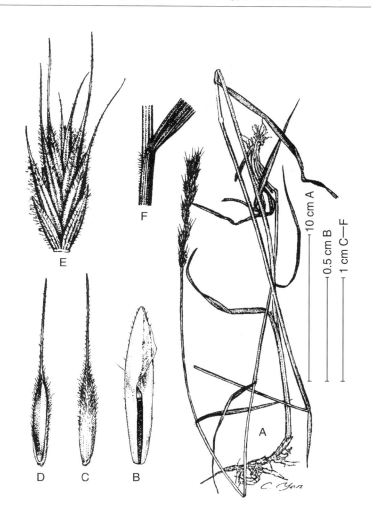

图 1 - 78　*Kengylia pulcherrima*（Grossh.）C. Yen，J. L. Yang et B. R. Baum
A. 全植株　B. 内稃，上缘具膜质三角形构造　C. 小花背面观　D. 小花腹面观
E. 小穗　F. 叶鞘上段、叶片下段与节间一段，示叶鞘上缘簇生纤毛

　　模式标本：中国：甘肃，夏河，拉卜楞寺。高山草甸丘坡，海拔 3 150m，1937 年 7 月 19 日，傅坤俊，1248（图 1 - 82）。

　　基础名：*Roegneria rigidula* Keng，耿以礼、陈守良，1963。南京大学学报（生物学）3：77。

　　同模式异名：*Roegneria rigidula* Keng，耿以礼、陈守良，1963。南京大学学报（生物学）3：77；

　　　　　　　Elynus rigidulus（Keng）Á. Löve，1984. Feddes Repert. 95：455（不合法组合）。

　　异模式异名：*Kengyilia rigidula* var. *trichocolea* L. B. Cai，1995。植物研究 15：427。

　　形态学特征：多年生疏丛禾草，疏生较粗须根，株高 50～75cm，秆无毛，稀被短柔

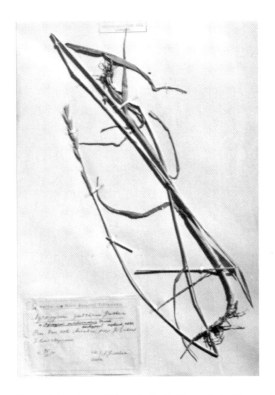

图 1-79 *Kengylia pulcherrima* (Grossh.) C. Yen, J. L. Yang et B. R. Baum 的
主模式标本照片（这一标本现藏于 **LE!**）

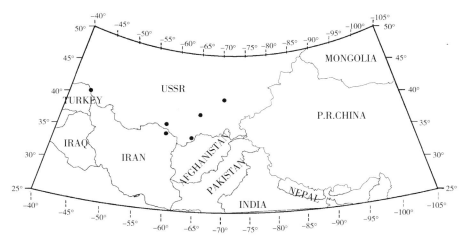

图 1-80 *Kengylia pulcherrima* (Grossh.) C. Yen, J. L. Yang et B. R. Baum 的地理分布示意图

毛，基节常膝曲。叶鞘无毛，或下部叶鞘有时可见倒生柔毛；叶片常稍内卷，长 3～
10cm，分蘖节叶片可长达 15cm，宽 2～4mm，上表面疏生长柔毛，下表面无毛或上端被
微毛，叶缘具纤毛。穗弯垂，稀直立，绿—紫色，长 7～8cm，宽 8～10mm，穗轴背腹无
毛，两棱糙涩或具短纤毛，上部穗轴节间长 3mm，下部穗轴节间长可达 9mm。小穗含

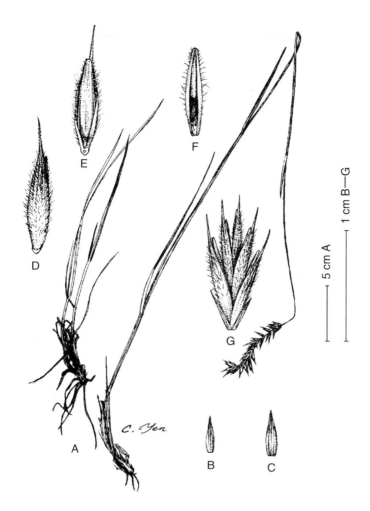

图 1 - 81　*Kengyilia rigidula*（Keng）J. L. Yang，C. Yen et B. R. Baum
A. 全植株　B. 第 1 颖　C. 第 2 颖　D. 小花背面观　E. 小花腹面观　F. 内稃　G. 小穗

（2～）4～6 小花，顶端小穗常含 3 小花，小穗轴长 1mm 左右，密被短毛。颖卵圆形，或披针形，两颖不等长，第 1 颖长 2～4.5mm，3～4 脉，稀 1～2 脉；第 2 颖长 3～6mm，3～4 脉；颖背无毛，颖端渐尖或具小尖头。外稃长 7～8mm，被贴生短毛，或疏生柔毛；外稃具直芒，芒长 2～3mm。内稃与外稃等长或稍长，被贴生微毛，两脊上 4/5 密生刚毛或纤毛，顶端微凹。花药长 2～2.5mm，黄色或紫黑色。

细胞学特征：$2n=3x=42$；**P**、**St** 与 **Y** 染色体组（图 1 - 83）。

分布区：中国：甘肃、青海、四川、西藏。草甸丘坡及临时性泛流地，海拔 2 900～4 100m（图 1 - 84）。

（21）*Kengyilia tahelacana* J. L. Yang，C. Yen et B. R. Baum，1993. Can. J. Bot. 71：339（图 1 - 85）

模式标本：中国：新疆温宿、塔合拉克（阿库孔纳夏尔）。生长于山坡锦鸡儿灌丛中，

图 1-82 *Kengyilia rigidula*（Keng）J. L. Yang，C. Yen et B. R. Baum 的
主模式标本照片（现藏于 **PE!**）

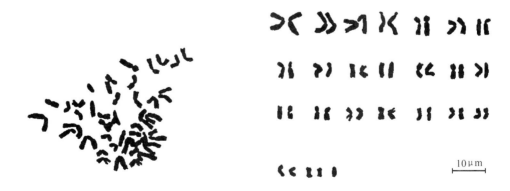

图 1-83 *Kengyilia rigidula*（Keng）J. L. Yang，C. Yen et B. R. Baum 的核型（含 5 条 **B** 染色体）

海拔 2 450m，1987 年 9 月 2 日，颜济等，870473（主模式标本 **SAUTI!**；同模式 **DAO!**）
（图 1-86）。

形态学特征：多年生疏丛禾草，具疏生粗壮须根，无根茎，株高 90～110cm，穗下节

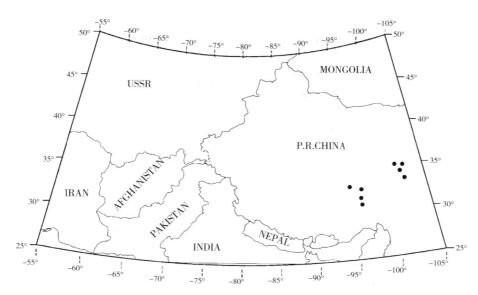

图 1-84 *Kengyilia rigidula*（Keng）J. L. Yang，C. Yen et B. R. Baum 的地理分布示意图

间被短柔毛。叶鞘无毛；叶片平展，长 15～32cm，宽 5～8mm，上表面糙涩，下表面无毛，叶缘光滑。穗弯曲，绿色，长 8～10cm，宽 15mm 左右，穗轴节间疏生短柔毛，上部节间长 4～5mm，下部节间长 8～9mm。小穗不偏于一侧，小穗轴节间长 1.5～2mm，密被微毛。颖长圆形，两颖近等长，第 1 颖长 6～7mm，3～5（～6）脉；第 2 颖长 7～8mm，3～5 脉；颖背疏生白色长柔毛，腹面密生短柔毛，颖端具小尖头或具短芒，芒长1～2mm。外稃长 6～9mm，稃背与边沿被长 1～1.5mm 贴生柔毛，稃端具直芒，芒长10～15mm。内稃与外稃等长或稍长，两脊 1/3 以上或上半部疏生纤毛，稃端微凹。花药长 2.5～3mm，黄色。

细胞学特征：$2n=6x=42$；**P**、**St** 与 **Y** 染色体组。

分布区：中国：新疆温宿、天山（图 1-87）。山坡锦鸡儿灌<u>丛</u>，海拔 2 450m。

（22）*Kengyilia thoroldiana*（Oliver）J. L. Yang，C. Yen et B. R. Baum，1992. Heredi-tas 116：27（图 1-88）

模式标本：中国：西藏，5 030m，Thorold，108（主模式标本 **K！**）（图 1-89）。

基础名：*Agropyron thoroldianum* Oliver，1893. Hooker. Ic. Pl. Tab. 2262。

同模式异名：*Agropyron thoroldianum* Oliver，1893. Hooker. Ic. Pl. Tab. 2262；

Roegneria thoroldiana（Oliver）Keng，1957。中国主要禾本科植物属
　　检索表 76，188；

Elymus thoroldianus（Oliver）G. Singh，1985. Taxon 32：640。

形态学特征：多年生匍匐矮生禾草，密丛，纤细须根非常稠密，有时具长匍匐茎，株高 12～15cm，秆无毛。叶鞘有时稍膨大，无毛，或密被短柔毛；叶片钻形，内卷，长 2～5cm，宽 2～3.5mm，上表面糙涩或被短柔毛（分布于青海可可西里的群体），下表面大部分无毛，仅在叶片基部疏生短柔毛。穗直立，有时稍弯曲，长 3～4cm，宽 10～15mm，穗轴节间光滑无毛，上部节间长 1～3mm，下部节间长 6mm 左右。小穗卵圆形或长卵圆

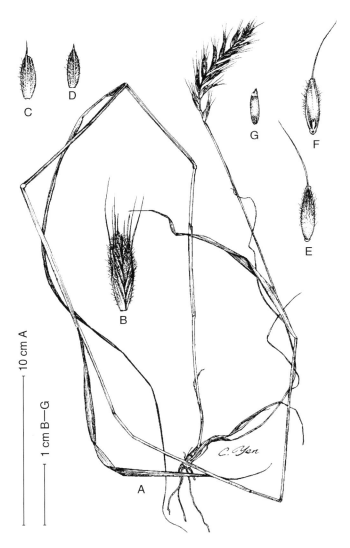

图 1-85　*Kengyilia tahelacana* J. L. Yang，C. Yen et B. R. Baum
A. 全植株　B. 小穗　C. 第 2 颖　D. 第 1 颖　E. 小花背面观　F. 小花腹面观　G. 颖果

形，偏于一侧或稍偏于一侧，含 4～6 小花；小穗轴节间长 0.5mm 左右，密被微毛。颖长圆形或披针形，两颖不相等；第 1 颖长 5～6mm，3 脉，稀 4 脉；第 2 颖长 6～7mm，5 脉，颖背被毛，或光滑无毛仅主脉糙涩，颖端渐尖并具小尖头。外稃长 7～8mm，密被白色长柔毛，稃端具直芒，长 1～1.5mm。内稃稍短于外稃，两脊 2/3 以上着生长硬纤毛，2/3 以下毛的长度渐短，稃端下凹或二裂。花药长 1.8～1.9mm，紫黑色。

　　细胞学特征：2n=6x=42；**P、St** 与 **Y** 染色体组（图 1-90）。

　　分布区：中国：西藏，喜马拉雅山区；青海，昆仑山区东段，唐古拉山区；锡金。高原沙质荒漠草甸（图 1-91），海拔 3 900～5 200m。

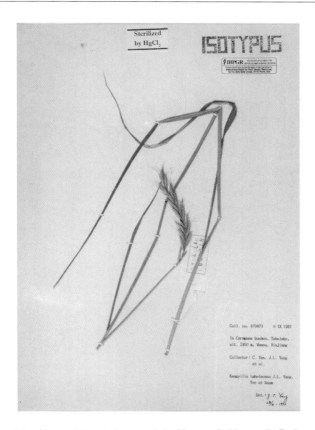

图 1-86 *Kengyilia tahelacana* J. L. Yang，C. Yen et B. R. Baum 的
同模式标本照片（现藏于 **DAO!**）

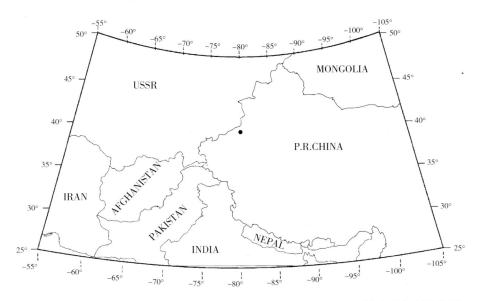

图 1-87 *Kengyilia tahelacana* J. L. Yang，C. Yen et B. R. Baum 的地理分布示意图

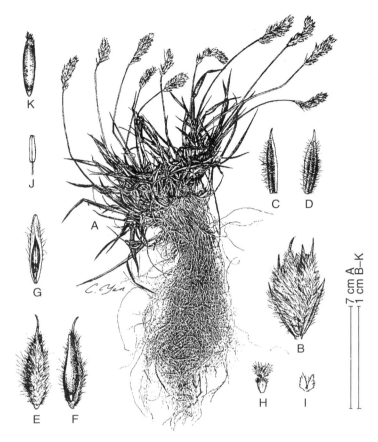

图 1-88　*Kengyilia thoroldiana* (Oliver) J. L. Yang，C. Yen et B. R. Baum
A. 全植株　B. 小穗　C. 第 1 颖　D. 第 2 颖　E. 小花背面观　F. 小花
腹面观　G. 内稃　H. 雌蕊　I. 鳞被　J. 雄蕊　K. 颖果

变 种 检 索 表

1a. 穗密生小穗，呈覆瓦状排列；颖背被长柔毛；外稃芒长 1~1.5mm ……………………………
　　……………………………………………………………………… *K. thoroldiana* var. *thoroldiana*
1b. 穗疏生小穗，不呈覆瓦状排列；颖背不被长柔毛，只有中脉糙涩；外稃芒长 5~7mm ……………
　　………………………………………………………………………… *K. thoroldiana* var. *laxiuscula*

22a. var. *thoroldiana*
同种的描述。

22b. var. *laxiuscula*（Melderis）S. L. Chen，1997. Novon 7（3）：229（图 1-92）
　　模式标本：中国：西藏，坎巴宗（贡嘎，杨锡麟考证，1987，中国植物志，第 9 卷，
第 3 分册：98），1903 年 7 月 11 日，F. E. Younghushand 32（主模式标本 **K!**）。
　　基础名：*Agropyron thoroldianum* var. *laxiusculum* Melderis，in Bor，N. L.，
　　　　　1960. Grasses of Burma，Ceylon，India and Pakistan：696。
　　同模式异名：*Agropyron thoroldianum* var. *laxiusculum* Melderis，in Bor，N. L.，

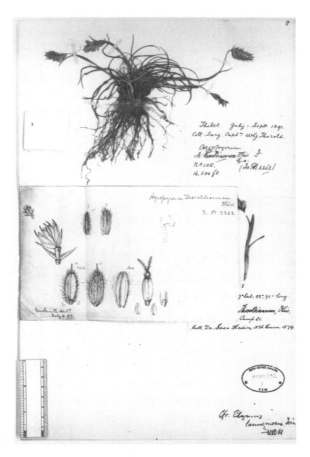

图 1 - 89　*Kengyilia thoroldiana*（Oliver）J. L. Yang，C. Yen et B. R. Baum 的主模式标本照片（现藏于 **K!**）

10μm

图 1 - 90　*Kengyilia thoroldiana*（Oliver）J. L. Yang，C. Yen et B. R. Baum 的核型（一条 **B** 染色体）

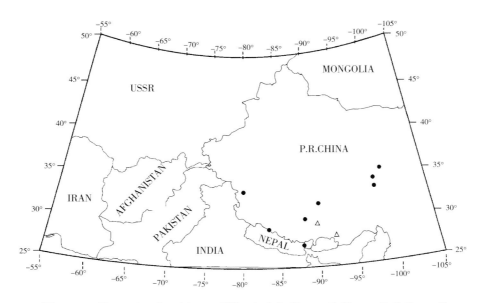

图 1 - 91　*Kengyilia thoroldiana*（Oliver）J. L. Yang，C. Yen et B. R. Baum 的
地理分布示意图（三角点为变种 var. *laxiuscula* 的分布区）

1960. Grasses of Burma，Ceylon，India and Pakistan：696；

Roegneria thoroldiana var. *laxiuscula*（Melderis）H. L. Yang，1987。

中国植物志，第 9 卷，第 3 分册：98。

形态学特征：这一变种与原变种的区别在于穗较长，长 5～7.5cm；小穗排列较稀疏；
颖背无长柔毛，中脉糙涩；外稃芒较长，长达 5～7mm；茎秆节间相对较长。

分布区：中国：西藏，贡嘎河岸、羊八井河岸及当雄纳木湖傍。河、湖岸傍沙质草
甸，海拔 4 150～4 750m（图 1 - 91 三角形点）。

**（23）*Kengyilia zhaosuensis* J. L. Yang，C. Yen et B. R. Baum，1993. Can. J. Bot. 71：
341**（图1 - 93）

模式标本：中国：新疆，昭苏种马场后面峡谷，石质山坡，海拔 1 860m。1987 年 9
月 16 日，杨俊良等，870608（主模式标本 **SAUTI**！同模式 **DAO**！）（图 1 - 94）。

形态学特征：多年生疏丛禾草，须根粗壮疏生，株高 58～86cm，秆无毛，节上具贴
生短柔毛。叶鞘无毛；叶片平展或稍内卷，长 18～20cm，宽 5～7mm，上表面糙涩，下
表面光滑无毛，叶缘光滑。穗直立或稍弯曲，绿色，长 14～20cm，宽 10mm；穗轴节间
光滑无毛或糙涩，或被短柔毛，上部间长 7mm，下部节间长 10mm。小穗不偏于一侧，
含 6～7 小花，小穗轴节间长 1.5～2mm，密被短毛。颖广披针形，两颖不相等；第 1 颖
长 9～11mm，5 脉；第 2 颖长 10～12mm，5 脉；颖背除脉上糙涩或具纤毛外，光滑无
毛，颖端渐尖或具尖头，或具长 1～2 mm 的短芒。外稃长 8～10mm，被长 1～1.5mm 的
白毛，外稃具直芒，芒长 2～6mm。内稃短于外稃 1mm 左右，两脊上半部或中下部以上
具纤毛，内稃顶端平截。花药长 3.5～4mm，白黄色。

细胞学特征：2n＝3x＝42；**P**、**St** 与 **Y** 染色体组（图 1 - 95）。

分布区：中国：新疆，昭苏，西天山，草原地区石质岩坡（图 1-96）。

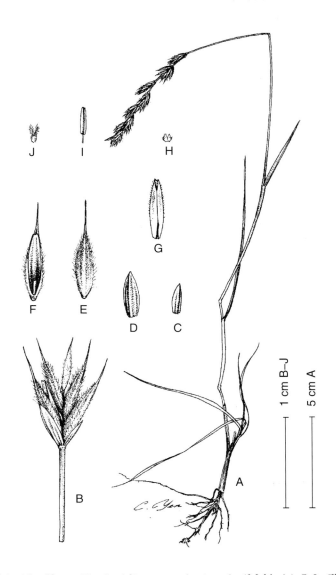

图 1-92　*Kengyilia thorldiana* var. *laxiuscula*（Melderis）S. L. Chen

A. 全植株　B. 小穗及茎秆上段　C. 第 1 颖　D. 第 2 颖　E. 小花背面观

F. 小花腹面观　G. 内稃　H. 鳞被　I. 雄蕊　J. 雌蕊

(24)　× *Kengyilia stenachyra*（Keng）J. L. Yang，C. Yen et B. R. Baum，1992. Hereditas 116：27（图 1-97）

模式标本：中国：甘肃，酒泉，祁连山，草甸丘坡，海拔 3 200m，1941 年 8 月 8 日，何景、王作宾，12443（主模式标本 **WUK!**）（图 1-98）。

基础名：*Roegneria stenachyra* Keng，耿以礼、陈守良，1963。南京大学学报（生物学）3：79。

同模式异名：*Roegneria stenachyra* Keng，耿以礼、陈守良，1963。南京大学学报
　　　　　（生物学）3：79；

　　　　　Agropyron stenachyrum（Keng）Tzvelev，1969. Rast. Tsentr. Azii 4：
　　　　　190（不合法组合）；

　　　　　Elymus stenachyrus（Keng）Á. Löve，1984. Feddes Repert. 95：456
　　　　　（不合法组合）。

异模式异名：*Roegneria geminata* Keng et S. L. Chen，1963。南京大学学报（生物
　　　　　学）3：80，图 6。模式标本参阅注释（4）。

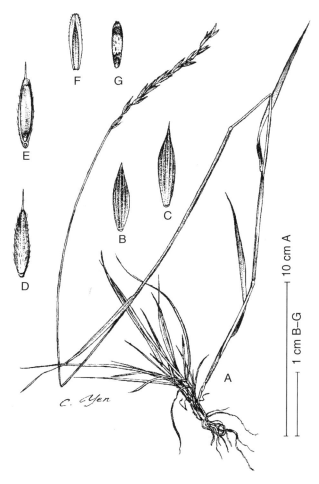

图 1 - 93　*Kengyilia zhaosuensis* J. L. Yang，C. Yen et B. R. Baum
A. 全植株　B. 第 1 颖　C. 第 2 颖　D. 小花背面观
E. 小花腹面观　F. 内稃　G. 颖果

　　形态学特征：多年生疏丛禾草，疏生粗壮须根，无根茎，株高 100cm 左右，秆无毛。
叶鞘无毛；叶片平展，或干旱时内卷，长 7.5～12（～27）cm，宽 3～5mm，上表面被短

柔毛，下表面光滑无毛，叶缘平滑或有纤毛。穗直立或有时下垂，褐黄色，长 10cm 左右，宽 10mm 左右；穗轴节间无毛，两棱有纤毛或短柔毛，上部节间长 2～4mm，下部节间长（4～）5～8mm，每节上着生一小穗（*stenachyra* 型），或每节上着生二小穗（*geminata* 型）。小穗含 4～5（～7）小花，小穗轴节间长 0.5～1mm，疏生短毛。颖披针形，两颖不等长，第 1 颖长 4～5mm，稀达 8mm，1～3 脉，第 2 颖长 5～6mm，稀达 8mm，1～3 脉，稀 4～5 脉；颖背有时具毛，颖端渐尖或具小尖头。外稃长 10mm，疏生或上部密生硬毛，具直芒，长 5～11mm。内稃短于外稃约 1mm，或相等，两脊具刚毛状纤毛，稃端下凹或平截。花药长 2～2.5mm，紫黑色，无花粉粒。

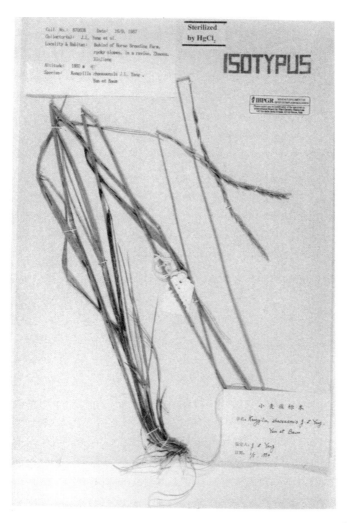

图 1-94　*Kengyilia zhaosuensis* J. L. Yang，C. Yen et B. R. Baum 的
同模式标本照片（现藏于 **DAO!**）

　　分布区：中国：甘肃、青海、四川、西藏。分布于草原丘坡，海拔 3 200～5 100m。*geminata* 型发现于青海省门源县河南牧地杂马图沟河滩沙地，海拔 3 000m（图 1-99，三角形点）。

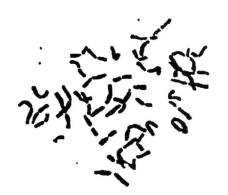

10 μm

图 1 - 95　*Kengyilia zhaosuensis* J. L. Yang，C. Yen et B. R. Baum 的核型

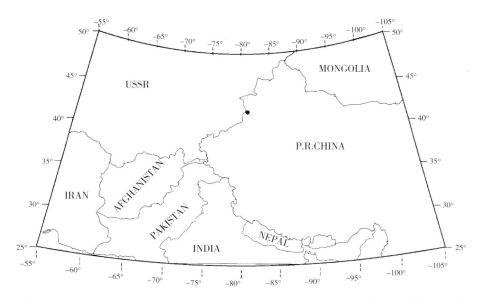

图 1 - 96　*Kengyilia zhaosuensis* J. L. Yang，C. Yen et B. R. Baum 的地理分布示意图

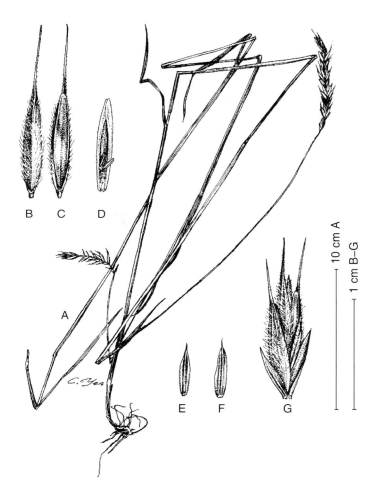

图 1 - 97　*Kengyilia stenachyra*（Keng）J. L. Yang，C. Yen et B. R. Baum
A. 全植株　B. 小穗背面观　C. 小穗腹面观　D. 内稃、雄蕊、
雌蕊及鳞被　E. 第 1 颖　F. 第 2 颖　G. 小穗

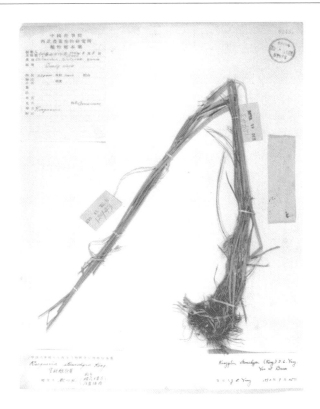

图 1-98　*Kengyilia stenachyra*（Keng）J. L. Yang，C. Yen et B. R. Baum
主模式标本照片（这一标本藏于 **WUK!**）

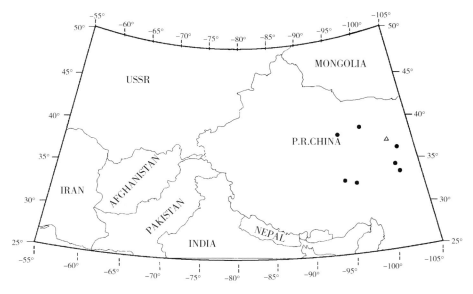

图 1-99　*Kengyilia stenachyra*（Keng）J. L. Yang，C. Yen et B. R. Baum 的
地理分布示意图（三角形点为 *geminata* 型发现地）

注释：

（1）虽然耿以礼（耿以礼、陈守良，1963：80）认为主模式标本藏在 **N!**，但作者在 **N!** 却没有找到这份标本。后来作者在武功西北植物研究所标本室（**WUK!**）找到这份标本；耿以礼鉴定时书写的"模式标本"标签附贴其上。这份标本属 **WUK!**。

（2）耿以礼在中国主要植物图说·禾本科，404 页上发表种名 *stenachyra*，是一个裸名。在耿以礼、陈守良，1963，国产鹅观草属 *Roegneria* C. Koch 之订正，一文中用拉丁描述使它合法。

（3）×*K. stenachyra* 是一个天然杂种，可能是以 *K. rigidula* 与 *Campeiostachys nutans* (Grisch.) J. L. Yang, B. R. Baum et C. Yen 为父母本形成的。在野外采集到的标本确属 *K. stenachyra*，但都是不育的。而 *K. stenachyra* 的性状也是 *K. rigidula* 与 *Elymus nutans* 性状的中间型。张莉在其论文中所做 *K. stenachyra* 的细胞学观察的种子可能鉴定有误，很可能是 *K. rigidula* 的种子。

（4）*Roegneria geminata* 的模式标本，原为一份，耿伯介鉴定为 *Roegneria stenachyra*。后来这份标本被分成两份，并被分别定为 61634 - 1 与 61634 - 2 两号。两号标本都在 1963 年被耿以礼、陈守良定为 *R. geminata*，贴上 *R. geminata* 的标签。在 1983 年，郭本兆与石英把它们又定为 *R. stenachyra*。1984 年，耿伯介再次贴上新标签，重新定为 *R. stenachyra*。这一标本采自青海省渭源（门源县）河南牧地杂马图沟河滩沙地，海拔约 3 000m，耿伯介、李琪、雍际炳，109 号。61634 - 1 定为指定模式（lectotype）；61634 - 2 为同指定模式（isolectotype）。该标本穗中部穗轴节上具两个小穗正是杂种亲本之一 *Campeiostachys nutans* 的遗传特性的表现。这种表型也常在人工杂种中出现。

4. 电脑制作的种与变种检索表及数理形态学亲缘系统分析

这些性状及其陈述译制为 DELTA 格式（Dallwitz，1980），同时按程式 DELTA© 项目编制（Dallwiotz et al.，1998）。那些性状选自检索程式，它们列于表 1 - 4，同时用星号标明。检索表如下：

1（0）. 颖背无毛 ……………………………………………………………………………… 2
　　　　颖背被毛 …………………………………………………………………………… 20
2（1）. 两颖相等 ……………………………………………………………………………… 3
　　　　两颖不等 ……………………………………………………………………………… 7
3（2）. 穗轴节间无毛 ………………………………………………………………………… 4
　　　　穗轴节间有毛 ………………………………………………………………………… 5
4（3）. 穗轴节间两棱不糙涩；下部穗轴节间长 10mm 或更长 ………………… 7. *K. grandiglumis*
　　　　穗轴节间两棱糙涩；下部穗轴节间长 9mm 或更短 ………………………… 2. *K. alatavica*
5（3）. 叶鞘无毛；内稃顶端微凹 …………………………………………………………… 6
　　　　叶鞘有毛；内稃顶端平截 …………………………………………………… 6. *K. gobicola*
6（5）. 穗下秆有毛；穗轴节间有毛 ………………………………………………… 16. *K. mutica*
　　　　穗下秆无毛；穗轴节间糙涩 ……………………………… 2b. *K. alatavica* var. *longiglumis*
7（2）. 小穗偏于一侧或稍偏于一侧 ………………………………………………………… 8
　　　　小穗不偏于一侧 …………………………………………………………………… 10
8（7）. 穗轴节间无毛；秆在穗下无毛 ……………………………………………………… 9
　　　　穗轴节间被短柔毛；秆在穗下被短柔毛 ………………… S. *Kengyilia evemopyroides*
9（8）. 小穗轴节间被密毛；穗轴节间两棱不糙涩 …………… 21b. *K. thoroldiana* var. *la.riuscula*
　　　　小穗轴节间被疏毛；穗轴节间两棱糙涩 ……………… 15. *K. melanthera* var. *melanthera*
10（7）. 叶鞘无毛 …………………………………………………………………………… 11
　　　　叶鞘有毛 …………………………………………………………………………… 18

11（10）. 外稃毛贴生 ·· 13. *K. laxiflora*
外稃毛竖立 ··· 12

12（11）. 秆高达 80（～85）cm ··· 13
秆高达 80～120cm ·· 9. *K. habahenensis*

13（12）. 穗轴节间无毛 ··· 14
穗轴节间有毛 ··· 15

14（13）. 小穗轴密被毛；穗轴节间糙涩 ······························· 22. *K. zhaosuensis*
小穗轴疏被毛；穗轴节间光滑 ································· 7. *K. grandiglumis*

15（13）. 穗下秆节间被毛 ··· 16
穗下秆节间无毛 ··· 17

16（15）. 小穗轴节间密被毛；叶片边缘疏生长柔毛 ······················· 1. *K. alaica*
小穗轴节间疏被毛；叶片边缘生纤毛 ··························· 10. *K. hirsuta*

17（15）. 下部穗间长 5～9mm；具纤细须根 ··················· 14. *K. laxistachya*
下部穗间长 10mm 以上；不具纤细须根 ··········· 22. *K. zhaosuensis*

18（10）. 小穗轴密毛不贴生；叶缘疏生长柔毛 ··················· 9. *K. habahenensis*
小穗轴密毛贴生；叶缘生纤毛 ··· 19

19（18）. 穗轴节间无毛；下部节间长 5～9mm ··················· 19. *K. rigidula*
穗轴节间有毛；下部节间长 5mm ··························· 12. *K. kryloviana*

20（1）. 穗轴节间无毛 ··· 21
穗轴节间有毛 ··· 23

21（20）. 秆高 30 cm 以上；小穗不偏于一侧 ··· 22
秆高 30（～35）cm 以下；小穗偏于一侧，或稍偏于一侧 ··································
·· 21. *K. thoroldiana* var. *thoroldiana*

22（21）. 秆高达 80（～85）cm；小穗轴密被毛 ··················· 18. *K. pulcherrima*
秆高 80～120cm；小穗轴疏被毛 ··························· 23. *K. stenachyra*

23（20）. 两颖相等 ·· 24
两颖不相等 ··· 26

24（23）. 外稃背部毛贴生；秆高 80～120cm ··················· 20. *K. tahelacana*
外稃背部毛不贴生；秆高 80（～85）cm 以下 ··· 25

25（24）. 小穗偏于一侧或稍偏于一侧；叶缘光滑 ··················· 17. *K. pamirica*
小穗不偏于一侧；叶缘糙涩 ··································· 11. *K. kokonorica*

26（23）. 叶鞘无毛 ·· 27
叶鞘被短柔毛 ··································· 3b. *K. batalinii* var. *nana*

27（26）. 小穗偏于一侧或稍偏于一侧；小穗轴节间被疏毛 ··· 15b. *K. melanthera* var. *tahopaica*
小穗不偏于一侧；小穗轴节间密被毛 ··· 28

28（27）. 内稃顶端微凹，具纤细须根 ·· 29
内稃顶端平截，不具纤细须根 ································· 4. *K. carinata*

29（28）. 颖长圆形 ·· 30
颖披针形 ··· 8. *K. guidenensis*

30（29）. 叶片上表面光滑无毛或糙涩 ··························· 3. *K. batalinii* var. *batalinii*
叶片上表面被长或短柔毛 ··················· 3c. *K. batalinii* var. *villossima*

系统发育分析：对系统发育分析用了另外一些不同的性状（表1-4）。由DELTA产生数据基础用TOHEN程序输入Hennig86系统发育分析程式（Farris，1988）。这些数据不是按Hennig86格式列如表1-4。用于系统发育分析的策略是逐步衡量，这就是说由 m* 选择而继之以树状分切选择（bb*）以及"xsteps w"控制，在逐步进行直到得到性状代码没有更多的改变。根据Farris（1988），这一研究是对复杂数据组群俾能一方面得到可信赖的性状而没有以前的偏重，另一方面少数树状图具有最短的长度，比之无任何性状重复。我们数据的复杂性也由于缺少数据（参阅表1-4），这些性状译成无序代码。因为它在形态上接近一个属的假定亲本 *Agropyron*，我们用 *K. habahenensis* 作为可操作的外群。由于理论（Baum and Estabrook，1996）与实际的原因（难于寻找恰当的选择外群），我们在分析中决定不用外群。逐步衡量程序稳定地产生906次同样的非常简练的树状图，在一个一致的指数81（CI）与一个存留指数87（RI），同是连同非常重要的性状诸如4、6、7、8、10、15、16、17、23、24、25、26、29与31。用Hennig86中的"nelsen"程序得到精确的公认的树状图。为可见的树状图以及性状状态的变化保有精确公认的树状图是受制于CLADOS程序（Nixon，1993）。

对这样高数量的树状图引起多重树状分割拓扑学的一个主要的原因是由于一定数量的缺失数据。有一些种已知只是用蜡叶标本而没有提供比较数据，而译作省略数据。对省略数据另一个原因是我们自己对少数相关联的性状的译制设计，如13在表1-4中列为♯14。在这一事例中只有当穗轴节间无毛才用这种描述。这些性状，例如♯4、♯19与♯20（表1-4）虽然重要，如判断检索出不同的分类群，成为不适用则关系到所定性状的描述，例如当性状♯3是无毛性状♯4成为不用（参阅表1-4）。

表1-4 用于计算机检索的性状一览表

♯1. 多年生	*	+01
0. 具纤细须根/1. 不具纤细须根		
♯2. 存在根茎		+02
0. 具短根茎/1. 不具短根茎		
♯3. 穗下节间	*	+03
0. 穗下节间被短柔毛/1. 穗下间无毛		
♯4. 穗下节间短柔毛的种类与程度		+04
0. 微毛/1. 密被/2. 白色		
♯5. 叶鞘	*	+05
0. 无毛（稀只在基部具短柔毛）/1. 短柔毛		
♯6. 叶片长，cm		+06
0. 15.9cm或更短/1. 16.0cm或更长		
♯7. 叶片宽，mm		+07
0. 4.9mm或更窄/1. 5.0mm或更宽		
♯8. 叶片上表面	*	
0. 光滑无毛或糙涩/1. 具长柔毛或白色短柔毛		
♯9. 叶缘	*	+08
0. 疏生柔毛/1. 具纤毛/2. 糙涩/3. 光滑		
♯10. 穗		+09

（续）

0. 直立/1. 弯曲		
♯11. 穗长，cm		+10
0. 11.9cm 或更短/1. 12.0cm 或更长		
♯12. 穗宽，mm		+11
0. 7.9mm 更窄/1. 8.0mm 更宽		
♯13. 穗轴节间	*	+12
0. 无毛/1. 被短柔毛		
♯14. 穗轴节间无毛	*	+13
0. 不糙涩/1. 糙涩/2. 棱脊糙涩		
♯15. 下部穗轴节间长，mm	*	
0. 10.9mm 或更短/1. 11mm 或更长		
♯16. 穗	*	+14
0. 小穗偏于一侧或稍偏于一侧/1. 小穗不偏于一侧		
♯17. 小穗小花数		+15
0. 6 或更少/1. 7 或更多		
♯18. 小穗轴节间	*	+16
0. 被毛/1. 糙涩		
♯19. 小穗轴节间被毛	*	
0. 密被毛/1. 疏生毛		
♯20. 小穗轴节间密被毛	*	
0. 不贴生/1. 贴生		
♯21. 小穗轴节间长，mm		+17
0. 4.0mm 或更短/1. 4.1mm 或更长		
♯22. 颖的形状	*	
0. 长圆形/1. 三角形/2. 卵圆形/3. 披针形		
♯23. 两颖相对大小	*	+18
0. 相等/1. 不相等		
♯24. 第 1 颖长，mm		+19
0. 6.0mm 或更短/1. 6.1mm 或更长		
♯25. 第 1 颖脉数		+20
0. 3 或更少/1. 4 或更多		
♯26. 第 2 颖脉数		+21
0. 3 或更少/1. 4 或更多		
♯27. 颖被毛情况	*	+22
0. 无毛/1. 有毛		
♯28. 颖端		+23
0. 渐尖或具小尖头/1. 具芒		
♯29. 外稃长，mm		+24
0. 8.5mm 或更短/1. 8.6mm 或更长		
♯30. 外稃被毛情况		+25
0. 被毛/1. 无毛		
♯31. 外稃背面被毛	*	
0. 贴生/1. 不贴生		
♯32. 外稃芒情况		+26
0. 具芒/1. 无芒，钝尖或具小尖头		
♯33. 内外稃比长		+27
0. 内稃短于外稃/1. 内稃与外稃等长或内稃稍长于外稃		
♯34. 内稃顶端形态	*	+28

（续）

0. 微缺或下凹/1. 平截/2. 两齿到二裂			
♯35. 内稃长，mm			+29
0. 5.9mm 或更短 1. 6.0mm 或更长			
♯36. 花药长，mm			+30
0. 2.9mm 或更短/1. 3.0mm 或更长			
♯37. 秆高			+31
0. 高于 30（～35）cm/1. 矮于 30cm			
♯38. 秆高		＊	+32
0. 高达 80（～85）cm/1. 80～120cm			

用于 DELTA。为检索由程序选择的性状带有星号（＊），用于系统发育分析的性状用加号（＋）指出并附有连续的代号。

表 1-5　提供系统发育分析的数据矩阵（其性状见表 1-4 最后一列数到右，缺失数据用？表示）

Species and Variety	Characters 0 0 0 0 0 0 0 0 0 1 1 1 1 1 1 1 1 1 1 2 2 2 2 2 2 2 2 2 2 3 3 3 1 2 3 4 5 6 7 8 9 0 1 2 3 4 5 6 7 8 9 0 1 2 3 4 5 6 7 8 9 0 1 2
alaica	1 1 0 0 0 0 0 0 0 0 1 ? 1 0 0 0 1 ? ? ? 0 ? ? 0 0 ? 1 1 0 0 0
alatavica var. *alatavica*	1 1 1 ? 0 ? 0 ? 0 0 1 0 2 1 ? 1 0 0 1 ? ? ? 0 0 ? 0 0 ? 0 1 1 0 0
alatavica var. *longiglumis*	1 1 1 ? 0 ? 0 ? 0 0 1 1 ? 1 1 ? 1 0 0 1 ? ? ? 0 0 ? 0 0 ? 0 1 1 ?
batalinii var. *batalinii*	0 ? 0 ? 0 0 0 ? 0 0 2 1 ? 1 0 0 0 1 ? 1 1 1 0 0 ? 0 ? 0 1 0 0 0
batalinii var. *nana*	0 ? 0 2 1 0 ? 0 0 0 1 ? 1 0 0 1 ? 1 0 0 0 ? 1 0 0 0 0 0 1 0 1 ?
batalinii var. *villosissima*	0 ? 0 ? 0 0 0 ? 0 0 2 1 ? 1 0 0 1 ? 1 1 1 0 0 ? 0 ? 0 ? 0 1 0 ?
carinata	1 1 0 0 0 0 0 0 0 1 ? 1 0 0 1 ? ? ? 1 ? ? 0 ? 1 1 0 0 0
eremopyroides	1 1 0 ? 0 ? 0 0 1 1 ? 0 0 0 1 ? ? 0 0 0 0 0 0 0 0 0 0
gobicola	0 ? 0 2 1 0 0 3 0 ? 0 1 ? 1 ? 0 ? 0 1 ? 1 0 0 ? 0 0 0 1 1 0 0 0
grandiglumis	0 ? 1 ? 0 ? 0 3 0 0 0 0 ? 1 0 1 0 0 1 0 0 0 0 1 1 0 0
guidenensis	0 ? 1 ? 0 0 0 2 0 0 1 ? 1 ? 0 1 0 0 1 0 ? 0 0 1 0 1 1 0 0
habahenensis	1 0 1 ? ? 0 ? 0 0 0 ? ? ? 1 ? 0 0 0 0 0 0 0 0 ? 0 1 0 0 1
hirsuta	1 0 0 ? 0 ? 0 ? 1 0 0 ? 1 ? 1 0 0 0 0 0 0 0 0 0 0 0 0 0
kokonorica	0 ? 0 0 0 2 0 0 ? 1 ? 1 0 0 0 0 0 1 1 0 0 0 1 0 1 0 0 0
kryloviana	1 1 1 ? 1 ? 1 ? 1 0 ? 1 0 ? ? ? 0 0 ? 2 0 ? 0 1 2 1 1 0 ?
laxiflora	0 ? 1 ? 0 0 0 2 1 ? ? 0 2 1 ? 0 0 1 0 0 1 0 0 1 0 0 1 1 ? 1 0 0
laxistachya	0 ? 1 ? 0 0 ? 0 0 0 1 ? 1 0 ? ? 1 ? 1 0 0 0 0 0 0 ? 1 ? 0 0 0
melanthera var. *melanthera*	1 0 1 ? 0 0 0 0 0 0 0 2 0 0 0 0 ? ? ? 0 0 0 0 0 0 1 0 1 ?
melanthera var. *tahopaica*	1 0 1 ? 0 0 0 0 0 0 0 ? 0 0 0 ? ? ? 1 0 0 0 1 0 0 0 1 0 ? ?
mutica	0 ? 0 ? 0 0 2 0 0 1 1 ? 1 0 0 0 0 0 0 0 ? 0 1 0 1 1 0 0
pamirica	0 ? 0 2 0 0 ? 3 0 0 1 1 ? 0 0 0 0 ? ? ? 1 ? ? 0 0 1 0 1 1 0 0
pulcherrima	1 0 1 ? 0 0 ? ? 3 0 ? ? 0 2 1 ? 0 ? ? 1 1 ? 1 0 1 0 0 0 0 1 ? 0 0
rigidula	1 0 1 ? 1 0 0 1 ? 0 1 0 ? 1 0 0 0 0 0 0 0 0 0 0 1 0 1 0 0 0
tahelacana	1 1 0 ? 0 ? 1 3 1 0 1 ? 1 0 0 1 1 ? ? ? 0 ? 0 1 0 1 ? 0 1
thoroldiana var. *thoroldiana*	? ? 1 ? ? 0 ? 0 ? 0 1 0 0 0 0 1 ? 1 0 0 0 1 0 0 0 0 1 0 1 ?
thoroldiana var. *laxiuscula*	? ? 1 ? ? 0 ? ? 0 1 0 0 0 0 1 ? 1 0 0 0 0 0 0 0 1 0 ? ?
zhaosuensis	1 ? 1 ? 0 1 1 3 ? 1 1 1 1 1 ? 1 0 0 0 1 1 1 1 0 ? ? 0 0 1 1 1 0 0
stenachyra	1 1 1 ? 0 0 1 3 0 0 1 0 ? 1 0 0 0 1 0 0 0 1 0 1 0 1 0 0 0 0 1 0 0 1

根据表 1-5 的数据矩阵得来的这一严格共有树状图（图 1-100），正如预期的一个共有树状图，含有一些多分枝。它是长 99 级次与 CI＝35 及 RI＝53。然而，一些类群可以推论。*K. batalinii* var. *nana*、*K. melanthera* 与 *K. thoroldiana* 类群与它们的变种由两个

图 1-100   仲彬草属（*Kengyilia*）种与变种的严格共有序列树状图

[空白方块指示向前改变；疏点方块指示反转改变；密点方块指示向前平行演化；黑色方块指示反向平行演化。性状数在
每一方块上方（在 Henning 86 格式，例如从表 1-4 的数字扣除 1），性状说明代码位于方块下方（参阅表 1-4）]

共同衍征为特征，例如性状 2 与 31（性状标记在 Henning86 的输出信号从 0 起始，因此需要加 1 使它与表 1-4 相适合）。性状 31 是一个走向改变同时是一个重要性状（参阅上述），而性状 2 是一个反转同形质。第二类群包括 *K. alaica*、*K. carinata* 与 *K. laxistachya*，以三个共同衍征为特征，在它们当中性状 4 是鉴定的性状中分量最重的同时是一个反转的；11 是一个反转的同形质而 27 是一个向前同形质。第 3 个也是最大的类群是以两个向前改变 8 与 27 为特征，它们以前是那些性状间颇具分量的。这一类群含一个亚群由四个共同衍征所确定，性状 1，8，24，30。性状 8 与 24 都是向前改变并且具有最大分量，而 1 是一个反转的同形质而 30 则是一个向前的同形质。较小的演化枝都进一步得到决定。*K. pamirica* - *K. zhaosuensis*，以性状 8 与 19 为特征向前改变以及由性状 18 成为一个反转平行演化。其他小的演化枝可以向前鉴定出来同时把它的特征表现出来（图 1-100）。由于我们还不能提供足够的性状来充分确证它，目前在仲彬草属中它可能不适合用精确共有序列树状图去推断祖先相关联的亲缘关系。但这个严格共有序列树状图还是可以说明这些类群的一般亲缘关系。这解释是适当的因为我们相信那是一系列鹅观草与冰草属的不同分类群之间在不同地区的独立平行杂交。

主 要 参 考 文 献

Assadi M，H Runemark. 1995. Hybridization，genomic constitution and generic delimitation in *Elymus* s. l. (Poaceae，Triticeae). Pl. Syst. Evol. 194：189 - 205.

Baum B R，L G Bailey. 1997. The molecular diversity of the 5S rRNA gene in *Kengyilia alatavica* (Drobov) J. L. Yang，Yen et Baum（Poaceae：Triticeae）: potential genomic assignment of different rDNA units. Genome，40：215 - 228.

Baum B R，L G Bailey. 2000. The 5S rDNA units in *Kengyilia*（Poaceae：triticeae）: diversity of the non-transcribed spacer and genomic relationships. Can. J. Bot.，78：1571 - 1579.

Baum B R and G F Estabrook. 1996. Impact of outgroup in clusion on estimates by parsimony of undirected branching of ingroup phylogenetic lines. Taxon，45，243 - 257.

Baum B R，Yen C and J L Yang. 1991. *Kengyilia habahenensis*（Poaceae：Triticeae）- a new species from the Altai mountains，China. Plant Syst. Evol.，174：103 - 108.

Baum B R，J L Yang and C Yen. 1995. Taxonomic separation of *Kengyilia*（Poaceae：Triticeae）in relation to nearest related *Roegneria Elymus* and *Agropyron*，based on some morphological characters. Pl. Syst. Evol.，194：123 - 132.

Cai L B. 1996. Three new species of Gramineae from China. Guihaia，16：199 - 202.

Cai L B. 1999. A Phylogenetic analysis of *Kengyilia*（Poacedae）. Acta Bot. Boral. -Occident. Sin.，19：707 -714.

Cai L B. 2001. Geographical distribution of *Kengyila* Yen et J. L. Yang（Poaceae）. Acta Phytotax. Sinica，39：248 - 259.

Cai L B and D F Cui. 1995. New taxa of the genus *Kengyilia* from China. Bull. Bot. Research，15：422 - 427.

Cai L B，L Zhi. 1999a. Taxonomical study on the genus *Kengyilia* Yen et J. L. Yang. Acta Phytotax. Sinica，37：451 - 467.

Cui D F. 1990. New taxa of *Elymus* L. from Xinjiang. Bull. Bot Research，10：25 - 38.

Clayton W D and S A Renvoize. 1986. Genera Graminum. Kew Bull. Add. Series，13：389.

Dallwitz M J，1980. Coding system and characters descriptions that captures traditional descriptions. An editor 'CONFOR' converts data into other format. Taxon，29：41 - 46.

Dallwitz M J，T A Paine and E J Zurcher. 1998. User's guide to the DELTA system. A general system for processing taxonomic descriptions. Edition 4. 01. CSIRO publications，Australia.

Dewey D R. 1984. The genomic system of classification as a guide to intergeneric hybridization with the perennial Triticeae.，pp. 209 - 279 In Gustafson，J. P. （ed.）Gene manipulation in plant improvement. Plenum.

Farris J S. 1988. Hennig86 reference，version 1. 5. Copyright J. S. Farris.

Hsiao C，R-R C Wang and D R Dewey. 1986. Karyotype analysis and genome relationships of 22 diploid species in the tribe Triticeae. Can. J. Genet. Cytol.，28：109 - 120.

Jaaska V. 1992. Isoenzyme variation in the grass genus *Elymus* （Poaceae）. Hereditas，117：11 - 22.

Jensen K B. 1990a. Cytology，fertility and morphology of *Elymus kengii* （Keng）Tzvelev and *E. grandiglumis* （Keng）Á. Löve （Poaceae：Triticeae）. Genome，33：563 - 570.

Jensen K B. 1990b. Cytology and taxonomy of *Elymus kengii*，*E. grandiglumis*，*E. alatavicus* and *E. batalinii* （Triticeae：Poaceae）. Genome，33：668 - 673.

Jensen K B. 1996. Genome analysis of Eurasian *Elymus thoroldianus*，*E. melantherus* and *E. kokonoricus* （Triticeae：Poaceae）. Int. J. Plant Sci.，157：136 - 141.

Jensen K B，D R Dewey and K H Asay. 1986. Genome analysis of *Elymus alatavicus* and *E. batalinii*. Can. J. Genet. Cytol.，28：770 - 776.

Keng Y L （editor），P C Keng，Y C Tang，et al. 1957. Claves generum et specierum graminearum primarum sinicarum，Appendice nomenclatione systematica. Science Press，Beijing ［in Chinese］.

Keng Y L （editor），S L Chen，J R Feng，et al. 1959. Flora illustrata plantarum primarum sinicarum，gramineae. Science Press，Beijing ［in Chinese］.

Keng Y L and S L Chen. 1963. A revision of the genus *Roegneria* C. Koch of China. Acta Nanking Univ.，3：1 - 92.

Kihara H. 1959. Fertility and morphological variation in the substitution and restoration backcrosses of the hybrid *Triticum vulgare* ×*Aegilops caudata*. Proc. 10th Congr. Genet.，Montreal，1：142 - 171.

Löve Á. 1984. Conspectus of the Triticeae. Feddes Repertorium，95：425 - 521.

Liu Z W and R R - C Wang. 1989. Genomic analysis of *Thinopyrum caespitosum*. Genome，32：141 - 145.

Liu Z W and R R-C Wang. 1992. Genomic analysis of *Thinopyrum junceiforme* and *T. sartorii*. Genome，35：758 - 764.

Liu Z W and R R - C Wang. 1993a. Genome constitution of *Thinopyrum curvifolium*，*T. scirpeum*，*T. distichum*，*T. junceum* （Triticeae：Gramineae）. Genome，36：641 - 651.

Liu Z W and R R - C Wang. 1993b. Genomic analysis of *Elytrigia caespitosa*，*Lophopyrum nodosum*，*Pseudoroegneria geniculata* ssp. *scythica* and *Thinopyrum intermedium*. Genome，36：102 - 111.

Lu B R. 1994. The genus *Elymus* L. in Asia. Taxonomy and biosystematics with special reference to genomic relationships. Proc. 2nd Intern. Triticeae Symp. Logan，Utah，U. S. A.，219 - 233.

Melderis A. 1978. Taxonomic notes on the tribe Triticeae （Gramineae），with special reference to the genera *Elymus* L. *sensu lato* and *Agropyron* Gaertner *sensu lato*. Bot. J. Linn. Soc.，London，76：369 - 384.

Melderis A. 1980. Tribe Triticeae Dumort. pp. 190 - 206 *In* Tutin，T. G.，V. H. Heywood，N. A. Burges，

D. M. Moore，D. H. Valentine，S. M. Walters & D. A. Webb，editors Flora Europaea. Cambridge，Cambridge Univ. Press. vol 5.

Morrison J W. 1953. Chromosome behaviour in wheat monosomics. Heredity 7：203‑217.

Nevski S A（Невский С А）. 1934. Tribe XIV. Hordeae Benth. pp. 469‑579 *In* Komarov，V. L. editor，Flora of the U. S. S. R.，Leningrad，Akademia Nauk SSSR. vol. 2 ［in Russian，translated in English by the Israel Program for Scientific Translation 1963］.

Nixon K C. 1992. CLADOS Version 1. 2. Cladocumentation. Cornell University，Ithaca，New York.

Oliver D. 1893. Plate 2262. *Agropyrum thoroldianum*，*Oliv.* Hooker's Icones Plantarum，Part Ⅲ. London.

Runemark H and W K Heneen. 1968. *Elymus* and *Agropyron*，a problem of generic delimitation. Bot. Not.，121：51‑79.

Sun G L，C Yen and J L Yang. 1993. Karyotypic studies in *Kengyilia* and *Roegneria*. Acta Phytotaxonomica Sinica，31（6）：560‑564.

Sun G L，C Yen and J L Yang. 1994. Morphology and cytology of intergeneric hybrids of *Kengyilia gobicola* and *K. zhaosuensis* crossed with *Roegneria tsukushiensis*. Wheat Information Service，78：28‑33.

Torabinejad J and R J Mueller. 1993. Genome analysis of the Australian hexaploid grass *Elymus scabrus*（Poaceae：Triticeae）. Genome，36：147‑151.

Цвелев Н Н. 1968. Растене Центральная Азия vol. 4. Наука，Ленинград.

ЦвелевН Н. 1976. Злаки СССР. Академия Наук СССР，Лениград（English translation：Grasses of the Soviet Union，Smithsonian Institution，Washington 1984）.

Vershinin A，S Svitashev，S P O Gummesson，et al. 1994. Characterization of a family of tandemly repeated DNA sequences in the Triticeae. Theor. Appl. Genet，89：217‑225.

Wang R‑C R. 1985. Genome analysis of *Thinopyrum bessarabicum* and *T. elongatum*. Can. J. Genet. Cytol.，27：722‑728.

Xu J and R L Conner. 1994. Intravarietal variation in satellites and C‑banded chromosomes of *Agropyron intermedium* ssp. *trichophorum* cv. Greenleaf. Genome，37：305‑310.

Yang J L and C Yen. 1993. A new species of the genus *Kengyilia*（Poaceae：Triticeae）from west China. Jour. Sichuan Agric. Univ.，10：567‑569.

Yang J L and C Yen. 1994. Ecogeographic regions and related Triticeae distribution of China. Proc. 2nd Intern. Triticeae Symp.，Logan，Utah，U. S. A.，144‑149.

Yang J L，C Yen and B R Baum. 1992. *Kengyilia*：synopsis and key to species. Hereditas，116：25‑28.

Yang J L，C Yen and B R Baum. 1993. Three new species of the genus *Kengyilia*（Poaceae：Triticeae）from west China and new combinations of related species. Can. J. Bot.，71：339‑345.

Yang X L. 1987. *Roegneria* C. Koch. In：P. C. Kuo（ed.），Flora Republicae Popularis Sinica，vol. 9（3），Beijing：Science Press：51‑104.

Yen C and J L Yang. 1990. *Kengyilia gobicola*，a new taxon from west China. Can. J. Bot.，68：1 894‑1 897.

Yen C and J L Yang. 1990. Biosystematics of *Elymus*，*Roegneria*，*Kengyilia* and their relatives.（Abstract）. Amer. J. Bot.（Suppl.），77：167‑168.

Yen C，J L Yang and B R Baum. 1995a. *Kengyilia mutica*（Keng ex Keng & S. L. Chen）J. L. Yang，Yen & Baum（Poaceae），and change of circumscription. Novon，5：297‑300.

Yen C，J L Yang and B R Baum. 1995b. *Kengyilia guidenensis*（Poaceae：Triticeae），a new species from Western China. Novon，5：395‑397.

Yen C, J L Yang and B R Baum. 1998. New taxa, new combinations, and observations in *Kengyilia* (Poaceae: Triticeae) . Novon, 8: 94 - 100.

Zhang L. 2003. Studies on cytology and molecular systematics in *Kengyilia* (Poaceae: Triticeae) . Doctorial thesis, Sichuan University, Chengdu, China.

Zhang X Q, C Yen, J L Yang and Y Yen. 1998. Cytogenetic and systematic analyses of *Kengyilia laxiflora* (Keng) J. L. Yang Yen & Baum (Poaceae: Triticeae) . Pl. Syst. Evol. , 212: 79 - 86.

Zhou Y H. 1994. Karyotypic studies of five species in genus *Kengyilia*. Guihaia, 14 (2): 163 - 169.

二、杜威草属(Genus *Douglasdeweya*)的生物系统学

（一）杜威草属的研究历程

　　杜威草属是一个新属，它是基于细胞遗传学的数据建立的，属名是为纪念著名科学家 Douglas R. Dewey，他研究多年生小麦族禾草的生物系统学与牧草育种，同时他在伊朗采集了这一四倍体分类群。1986 年，美国农业部研究服务司，犹他大学牧草与草原实验室的汪瑞其（Richard R. － C. Wang）、Douglas R. Dewey 与凯萨琳·萧（Catherine Hsiao）在美国《作物科学（Crop Science）》26 卷发表了一篇重要文章，这篇文章题为《四倍体 *Pseudoroegneria tauri* 的染色体组分析》。细胞遗传学研究结果表明，这个多年生禾草是一个异源四倍体，含有 **P** 及 **St** 染色体组。它应当是一个杂种，起源于二倍体 **P** 染色体组供体冰草属（*Agropyron*）与二倍体 **St** 染色体组供体拟鹅观草属（*Pseudoroegneria*）之间属间杂交，经染色体天然加倍形成的。在形态学上，它具有光滑无毛而呈细长圆柱形的穗，与仲彬草属的特征完全不同。这种表型显示其母本种冰草的穗是无毛的而看起来像 *A. mongolicum*，无论如何与仲彬草属的母本是不一样的。

　　这里有一种四倍体分类群在形态上与它相近似，它是由俄罗斯植物学家 Carl Anton von Meyer 首先发现。在 1831 年他把这种高加索的分类群命名为 *Triticum intermedium* var. *pertenue* C. A. Meyer，发表在《1829 与 1830 年高加索与里海西岸诸省采集植物（Verzeichniss der Pflanzen，welche während der，auf Allerhöchsten Befehl，un den Jahren 1829 and 1830 unternonmmen Reise in Caucasus und in den Provinzen am westlichen Ufer des Caspischen Meeres gefunden und eigesammelt worden sind.）》25 页上。

　　1934 年，С. А. Невский 把这个分类群组合到冰草属中而成为一个独立的种 *Agropyron pertenue*（C. A. Meyer）Nevski，发表在《苏联植物志Ⅱ（Флора СССР，Том. Ⅱ）》640 页。同时他认为 *A. tauri* Boiss. et Bal. 是 *A. pertenue* 的异名。

　　1973 年，Н. Н. Цевлев 把这个分类群又组合到偃麦草属（*Elytrigia*）中作为亚种，名为 *E. tauri* subsp. *pertenuis*（C. A. Meyer）N. N. Tzvelev。

　　1974 年，Douglas R. Dewey 对 *Elymus sibiricus* 与 *Agropyron tauri*、*Elymus canadensis* 以及 *Agropyron caninum*（= *Elymus caninus*）等分类群之间的杂种进行了细胞遗传学的研究，鉴定出 *A. tauri*（PI 343188）是一个二倍体并含有 **St** 染色体组。

　　1984 年，Áskell Löve 把 *Triticum intermedium* var. *pertenuis* C. A. Meyer 组合到 *Pseudoroegneria* 属成为一个独立的种，名为 *Pseudoroegneria pertenuis*（C. A. Meyer）Á. Löve；同时他指出它是一个四倍体。Á. Löve 承认 *Agropyron tauri* Boiss. et Bal. 是一个独立的种，并且指出它是一个二倍体，同时把它组合到 *Pseudoroegneria* 属成为 *Pseu-*

doroegneria tauri（Boiss. et Bal.）Á. Löve。他承认 *Agropyron libanoticum* Hackel 是 *P. tauri* 的亚种，组合到 *Pseudoroegneria* 属成为 *P. tauri* subsp. *libanotica*（Hackel）Á. Löve，也指出它是一个二倍体。

1985 年，A. Melderis 把 *Agropyron tauri* Boiss. et Bal. 组合到 *Elymus* 属成为 *Elymus tauri*（Boiss. et Bal.）Melderis，发表在 Davis，P. H.，R. R. Mill 与 K. Tan 编辑的《土耳其及东爱琴海诸岛植物志（Flora of Turkey and East Aegean Islands)》一书中。他认为 *A. pertenue* 是 *E. tauri* 的一个亚种，成为 *Elymus tauri* subsp. *pertenuis*（C. A. Meyer）Melderis。他说："这是伊拉克、伊朗北部—西部、叙利亚荒漠、伊朗—土耳其的植物区系的组分。在高加索的是 subsp. *pertenuis*（C. A. Meyer）Melderis，它与 subsp. *tauri* 的区别在于 subsp. *tauri* 具有较小的小穗与糙涩的穗轴。它们与 *E. koshaninii* 及 *E. libanoticus* 的关系相近。这一群物种需要进一步包括细胞遗传学的研究以及原产地的观察"。

1982 年 6 月 30 日，C. Nowak 与 Douglas R. Dewey 在伊朗进行小麦族种质资源的采集。在采集的材料中，PI 401328 与 PI 401330 被 Dewey 鉴定为 *Pseudoroegneria tauri*（Boiss et Bal.）Á. Löve。后来它们被鉴定为四倍体。Dewey 在伊朗采集的这些 *Pseudoroegneria tauri* 居群的地点是大不里士（Tabriz）去阿哈尔（Ahar）东北 16km 处，就在 Bor（1970）找到四倍体 *Agropyron tauri* 的产地附近。这些四倍体 *Pseudoroegneria tauri* 居群的减数分裂的行为像是异源四倍体。Richard R. - C. Wang，Douglas R. Dewey 与 Catherine Hsiao 研究了这一分类群的染色体组组成。他们对四倍体的 *P. tauri* 与 *P. libanotica*（Hackel）D. R. Dewey（2n＝2x＝14，**StSt**）、二倍体（2n＝2x＝14，**StSt**）与异源四倍体（2n＝4x＝28，**StStXX**）的 *P. spicata*，以及二倍体（2n＝2x＝14，**PP**）与四倍体（2n＝4x＝28，**PPPP**）的 *Agropyron cristatum*（L.）Gaertn. 之间杂交的杂种进行减数分裂染色体行为的观察，同时进行染色体组型分析。另外，*P. tauri* 与 *P. libanotica* 以及 *A. cristatum* 之间的杂种也作了有丝分裂分析。对两个亲本与五个杂种包括四倍体的 *Pseudoroegneria tauri* 的观察结果见表 2-1、图 2-1 与图 2-2。四倍体的 *P. tauri* 与二倍体的 *P. libanotica* 杂交形成的三倍体杂种，以及四倍体的 *P. tauri* 与二倍体的 *P. spicata* 杂交形成的三倍体杂种显示出它们含有的三组染色体组中有两组是相同的染色体。因为二倍体的 *P. libanotica* 与二倍体的 *P. spicata* 都是含的 **St** 染色体组（Stebbins 与 Pun，1953），四倍体 *P. tauri* 含有成对的两组 **StSt** 染色体。另两组则不明。*P. tauri* × *P. libanotica* 的染色体配对率比 *P. tauri* × *P. spicata* 稍高，说明 *P. tauri* 的 **St** 染色体组比之 *P. spicata* 的染色体组，则更近于 *P. libanotica* 的 **St** 染色体组。

四倍体 *P. tauri* 与二倍体的 *Pseudoroegneria* 物种间的杂种中单价体都比 **St** 染色体组形成的二价体长（图 2-1 A）。因此，在这些杂种中许多三价体大多呈汤勺状（图 2-1 B、C），是一条长染色体连上一对短的环状二价体形成的。虽然不那么显著，在四倍体的 *P. tauri* × *P. spicata* - 2x（图 2-1 D）杂种的根尖有丝分裂中期-Ⅰ细胞中的异形二价体鉴定出长染色体，它是短的 **St** 染色体与未知的长染色体配对构成。

四倍体的 *P. tauri*×*A. cristatum* - 4x 杂交形成的杂种显示出有三组染色体是相同的。因为四倍体 *A. cristatum* 是同源四倍体，含有 **PPPP** 染色体组（Dewey，1969）。第三个染色体组必然是四倍体 *P. tauri* 提供的。因此，四倍体 *P. tauri* 的染色体组的构成应当是

PPStSt。这个结论为 *P. tauri* - 4x × *A. cristatum* - 2x 杂种 F_1 减数分裂配对数据 3.89 Ⅰ ＋ 5.07 Ⅱ ＋ 2.17 Ⅲ ＋ 0.11 Ⅳ（表 2 - 1）所证实，从而指出杂种染色体组的组成是 **StPPPP**。他们也得出结论认为四倍体的 *P. spicata* 的不明染色体组 **X**，不同于 **St** 染色体组，也不同于 **P** 染色体组，可能是 **H** 染色体组。

表 2 - 1　两个亲本与 5 个 F_1 杂种包括四倍体 *Pseudoroegneria tauri* 的减数分裂染色体
行为（括弧中为变幅）

（引自 Wang et al. , 1986）

亲本或杂种	2n	植株数	细胞数	中期Ⅰ 单价体	二价体 环型	二价体 棒型	二价体 总计	三价体
P. tauri	28	4	154	0.02 (0～2)	—	—	12.82 (10～14)	0.01 (0～1)
P. spicata - 4x	28	1	104	0.02 (0～2)	13.46 (12～14)	0.52 (0～2)	13.98 (13～14)	—
P. tauri × *P. libanotica* 2x	21	5	138	5.17 (1～9)	5.07 (0～7)	5.67 (0～5)	5.74 (1～9)	1.43 (0～6)
P. tauri × *P. spicata* 2x	21	1	132	7.05 (3～13)	2.85 (0～7)	2.41 (0～7)	5.26 (2～8)	1.14 (0～4)
P. tauri × *P. spicata* 4x	28	2	135	11.27 (5～16)	2.77 (0～7)	2.42 (0～6)	5.19 (0～9)	2.11 (0～6)
P. tauri × *A. cristatum* 2x	21	1	53	3.89 (1～7)	3.43 (0～7)	1.64 (0～5)	5.07 (2～9)	2.17 (0～4)
P. tauri × *A. cristatum* 4x	28		102	5.98 (1～12)	2.48 (0～7)	3.41 (0～9)	5.89 (1～11)	2.25 (0～7)

亲本或杂种	中期Ⅰ 四价体	中期Ⅰ 五价体	后期Ⅰ 落后染色体/细胞	微核/四分子
P. tauri	0.58 (0～2)	—	0.29 (0～2)	—
P. spicata 4x	—	—	0	0
P. tauri × *P. libanotica* 2x	0.02 (0～1)	—	1.20 (0～5)	2.27 (0～6)
P. tauri × *P. spicata* 2x	0.02 (0～1)	—	2.80 (0～8)	1.63 (0～5)
P. tauri × *P. spicata* 4x	0.02 (0～1)	—	8.51 (3～14)	16.34 (8～26)
P. tauri × *A. cristatum* 2x	0.01 (0～1)	—	1.61 (0～5)	2.80 (0～6)
P. tauri × *A. cristatum* 4x	0.66 (0～3)	0.11 (0～1)	3.49 (0～8)	1.68 (0～7)

在小麦族中，有少数属具有大体积的染色体，例如黑麦属（*Secale*）的 **R** 染色体组、新麦草属（*Psathyrostachys*）的 **Ns** 染色体组与冰草属（*Agropyron*）的 **P** 染色体组。这种染色体作为形态学标记在鉴定异源多倍体与杂种时是非常有用的。在图 2 - 1D，我们用这一标记鉴定异形二价体（箭头所指）；以及在图 2 - 2 中，我们可以分辨出其根尖细胞中的七对较大的 **P** 染色体组的染色体。因此我们可以说这是一种很重要的，也是很简便的方法，用染色体形态学来鉴定某些异源多倍体分类群。

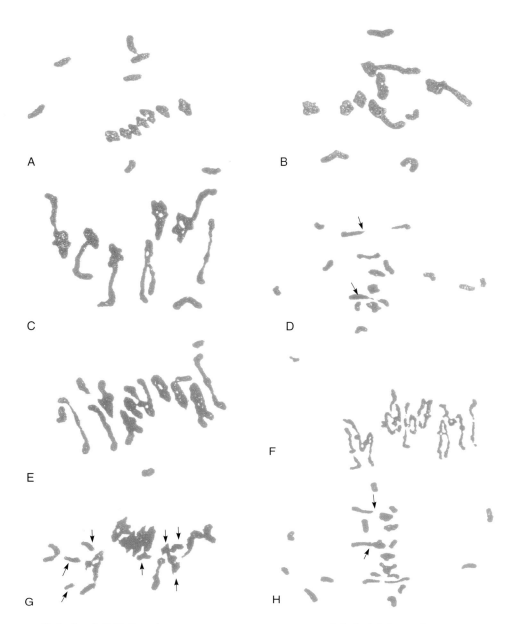

图 2-1　杂种及 *Pseudoroegneria tauri*（2n＝4x＝28）减数分裂中期-Ⅰ［*P. tauri* ×
　　　　　P. libanotica（2n＝2x＝14）］

　　A. 7Ⅰ＋7Ⅱ　　B. 4Ⅰ＋4Ⅱ＋3Ⅲ　　C. 1Ⅰ＋1Ⅱ＋6Ⅲ［*P. tauri* × *P. spicata*（2n＝2x＝14）］
　　D. 9Ⅰ＋6Ⅱ［有两对异形二价体（箭头所指），*P. tauri* × *Agropyron cristatum*］（2n＝4x＝28）
　　E. 4Ⅰ＋6Ⅱ＋4Ⅲ　　F. 1Ⅰ＋5Ⅱ＋3Ⅲ＋2Ⅳ［*P. tauri* × *A. cristatum*（2n＝2x＝14）］　　G. 6Ⅰ＋4Ⅱ＋
1Ⅲ＋1Ⅳ（箭头所指是 **St** 染色体组的短染色体，*P. tauri* × *P. spicata*）　　H. 12Ⅰ＋5Ⅱ＋2Ⅲ（箭头所指）
　　　　　　　　　　　　　　　（引自 Wang et al.，1986，图 1）

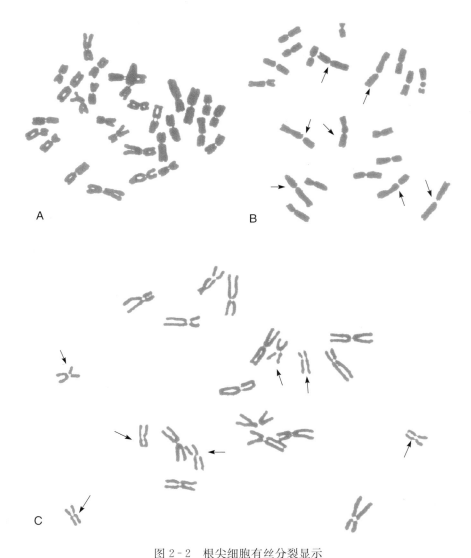

图 2-2　根尖细胞有丝分裂显示

A. *Pseudoroegneria tauri*（2n＝4x＝28）含 14 条长与 14 条短染色体

B. *P. tauri*×*P. libanotica*（2n＝2x＝14）含 7 条长（箭头所指）与 14 短染色体

C. *P. tauri*× *Agropyron cristatum*（2n＝2x＝14）含 7 对短（箭头所指）与 14 条长染色体

（引自 Wang et al.，1986，图 2）

四倍体的 *P. tauri* 与二倍体的 *P. tauri* 在生物系统学上完全不同，基于细胞遗传学的分析，它含有特殊的染色体组组合，**P** 与 **St** 染色体组。按照 Á. Löve "一个染色体组或一个染色体组组合必须定为一个属"的原则，它需要改订。Á. Löve 的原则也正好适合这一分类群，也符合国际植物命名法规。虽然母本种也是含有 **P** 染色体组的冰草属物种，不过，可能不同于 *A. cristatum*，它有形态不同的无毛细长的圆柱形穗。汪瑞琪等（Wang et al.，1986）指出，根据实验结果看母本可能是 *A. mongolicum*。父本必然是只含有 **St** 染色体组的二倍体。所以，应当是一个 *Pseudoroegneria* 属的物种。而仲彬草属

（*Kengyilia*）的父本必须是含有 **St** 与 **Y** 染色体组的一个分类群，应属于 *Roegneria* 属。因此这个四倍体的起源与仲彬草属的物种不同，它们是走一条不同，但平行演化的路线。这个四倍体与二倍体的 *Pseudoroegneria tauri* 也完全不同，因为它含有完全不同染色体组组成。因此，这个四倍体的分类群应当是一个新种，虽然它在形态上与二倍体的 *P. tauri* 之间非常近似。这种显性表型表现在小麦族中非常常见。例如，在第二卷中介绍过的 *Eremopyrum bonaepartis* 非常像它的 **Fs** 染色体组供体就是一个好例证。这个分类群必须与二倍体的 *Pseudoroegneria tauri*（Boiss. et Bal.）Á. Löve 分开，另立新种并隶属于新属。我们推荐用学名 *Douglasdeweya* 来命名这个新属，用新种形容词 wangii 来命名新种，以此纪念汪瑞其博士在小麦族中发现这种染色体组的新组合。

在 1991 年，Kevin B. Jensen，S. L. Hatch 与 J. K. Wipff 在《加拿大植物学杂志（Can. J. Bot.）》，第 70 卷，900～909 页上发表一个新种，它也是由 **PPStSt** 染色体组成的异源四倍体。

当 D. R. Dewey 访问前苏联时，斯塔夫若波尔植物园（Ставропол Ботаниический Сад）的植物学家 Владин Г. Тафиелев 给他一份种子，名称写的是 "*Agropyron pectniforme* Roem. et Schult. × *Elytrigia elongatiformis*（Drob.）Nevski"，拿回美国被编号为 PI 531756。在 1982 年，Kay Asay 与 M. D. Rumbaugh 在斯塔夫若波尔又得到另外两份称为 *Agropyron pectniforme* × *Elytrigia elongatiformis* 的材料，其编号为 PI 502264（AR-95）与 PI502265（AR-100）。所有这三份居群都是来自俄罗斯卡腊查耶夫契尔克斯自治省（Карачаево-черкесская Автономная область）。

表 2-2　用于评估 *Pseudoroegneria deweyi* 及其近缘种差异的形态性状

（引自 Jensen et al.，1992，表 3）

Character	P. deweyi	A. fragile	P. stipifolia	P. spicata	P. libanotica	P. stigosa	P. tauri
Leaf blade length（cm）	18.3（2.7）	13.5（2.4）	16.5（5.1）	14.7（3.6）	11.3（4.5）	13.2（3.0）	9.5（2.7）
Leaf blade width（mm）	3.8（1.3）	4.0（0.5）	4.2（0.8）	2.8（0.4）	1.9（0.6）	3.8（0.4）	3.0（1.0）
Spike length（cm）	16.7（2.0）	9.7（2.2）	20.3（5.0）	14.5（1.0）	11.2（3.0）	13.5（0.7）	10.5（3.0）
No. of spike nodes	20.1（2.4）	42.2（10.2）	14.0（4.0）	13.2（1.5）	10.9（2.2）	8.0（1.4）	8.3（1.9）
First inflorescence internode（mm）	17.3（3.9）	3.3（1.3）	23.2（5.2）	17.5（2.5）	11.6（2.8）	23.0（2.8）	15.5（3.2）
Third inflorescence internode（mm）	9.4（3.6）	2.1（0.5）	16.2（3.7）	10.6（1.7）	10.4（1.9）	13.0（2.8）	11.8（3.0）
Spikelet length（mm）	14.8（3.3）	11.0（1.4）	19.2（1.1）	13.2（1.1）	16.3（1.2）	20.5（0.7）	17.0（2.8）
Spikelet width（mm）	3.4（0.9）	3.8（0.6）	4.2（0.4）	3.4（0.5）	3.4（0.6）	4.3（1.1）	4.0（0.7）
First glume length（mm）	6.9（0.7）	4.5（0.4）	9.5（1.6）	7.6（1.4）	7.8（1.3）	7.6（0.6）	8.1（1.1）
First glume width（mm）	1.2（0.1）	1.4（0.3）	1.5（0.3）	1.1（0.2）	1.1（0.2）	1.7（0.6）	1.2（0.2）
First glume awn length（mm）	0.5（0.4）	1.5（0.9）	0.0（0.0）	0.0（0.0）	0.2（0.2）	0.0（0.0）	0.0（0.0）
No. of first glume veins	3.8（0.7）	3.0（0.0）	5.0（0.0）	4.4（1.1）	4.4（0.6）	5.0（0.0）	4.4（0.6）
Second glume length（mm）	7.5（1.1）	4.9（0.6）	10.9（1.5）	8.2（1.4）	8.9（1.4）	9.0（0.7）	9.4（1.0）
Second glume width（mm）	1.3（0.2）	1.4（0.3）	1.4（0.4）	1.2（0.3）	1.2（0.0）	1.6（0.6）	1.2（0.2）
Second glume awn length（mm）	0.5（0.4）	1.2（1.0）	0.0（0.0）	0.2（0.4）	0.3（0.2）	0.0（0.0）	0.0（0.0）
No. of second glume veins	4.2（0.5）	3.0（0.0）	4.8（0.4）	4.4（0.6）	5.3（1.0）	5.0（0.0）	4.6（0.7）
Lemma length（mm）	9.4（0.9）	6.4（0.4）	11.6（1.1）	9.6（1.3）	9.5（1.2）	11.5（1.4）	9.9（1.1）
Lemma width（mm）	1.5（0.1）	1.3（0.1）	1.6（0.2）	1.3（0.2）	1.5（0.2）	1.9（0.6）	1.6（0.2）
Lemma awn length（mm）	0.3（0.3）	0.3（0.6）	0.0（0.0）	8.3（3.8）	0.1（0.2）	9.3（1.8）	0.0（0.0）
Lemma vestiture	Glabrous	Glabrous	Glabrous	Glabrous	Glabrous	Glabrous	Glabrous
Palea length（mm）	8.6（0.7）	5.8（0.5）	10.3（0.9）	8.4（0.5）	8.7（0.7）	9.6（0.8）	8.5（0.8）

Note：Values are means with SD in pareatheaes.

这些居群的蜡叶标本曾寄给俄罗斯科学院圣彼得堡科马洛夫植物研究所的 H. H. Цвелев 鉴定。Цвелев 把它们鉴定为 *Agropyron fragile*（Roth）Candargy var. *sibiricum*（L.）Tzvelev，一种含 **PPPᵐPᵐ** 染色体组的同源四倍体植物（Dewey，1986）。

这个分类群从细胞学上来看是很稳定的，高度能育（杂交授粉），与 *Pseudoroegneria* 的许多种相比较形态性状独特。这个分类群与相对比种间的不同在于花序的穗轴节多。这个分类群的所有 3 个居群经观察研究都是四倍体（2n＝28），同时它的减数分裂的行为是异源多倍体，具有每个细胞的染色体配对平均值为 0.031Ⅰ＋13.30Ⅱ＋0.03Ⅲ＋0.26Ⅳ。用二倍体的 *Pseudoroegneria stipifolia*（2n＝2x＝14，**StSt**）及二倍体的 *Agropyron cristatum*（2n＝2x＝14，**PP**）作为父本与它杂交，它与 *Pseudoroegneria stipifolia* 杂交的 F₁ 杂种的花粉母细胞平均染色体配对值为 4.98Ⅰ＋5.23Ⅱ＋1.73Ⅲ＋0.04Ⅳ，交叉值 1.07；与 *Agropyron cristatum* 杂交的 F₁ 杂种的花粉母细胞平均染色体配对值为 5.92Ⅰ＋4.55Ⅱ＋1.83Ⅲ＋0.09Ⅳ，交叉值 0.77。这个分类群与 *D. wangii* 是已知自然界仅有的两个具 **PPStSt** 染色体组组合的物种。21 个形态学性状的聚类分析支持这个分类群比之 *Agropyron* 更近于 *Pseudoroegneria*；不过，它与相比较的种来说是一个独立的种，而命名这个新种为 *Pseudoroegneria deweyi* K. B. Jensen，S. L. Hatch et J. K. Wipff（表 2-2，图 2-3、图2-4）。

1995 年，伊朗的 Mostsafa Assadi，在《林奈学会植物学杂志（Botanical Journal of the Linnean Sociity)》177 卷 159～168 页发表一篇题为《一些伊朗 *Elymus* L. 与 *Agropyron* Gaertner（禾本科：小麦族）物种的减数分裂构型与染色体数》的文章。他确定来自阿塞尔拜疆的 3 个 *Elymus pertenuis*（C. A. Meyer）Assadi 居群经核型分析鉴定出含有 **PPStSt** 染色体组。他认为 Dewey 采集的 PI 401328 与 PI 401330 都是属于 *Elymus pertenuis*。我们也比较研究了保存在俄罗斯圣彼得堡科马洛夫植物研究所（LE）的 *Triticum intermedium* var. *pertenue* C. A. Meyer，后来被 Невский 改定为 *Agropyron pertenue*（C. A. Meyer）Nevski 的标本。我们不能确定 PI 401328 与 PI 401330 就是 *Triticum intermedium* var. *pertenue*，因为分类群 *pertenue* 的穗较细小，穗轴节间无微毛，颖较短，只有第一小花长度的 1/2～2/3，内稃两脊着生纤毛；而 PI 401328 与 PI 401330 的穗较粗大，穗轴节间被微毛，颖却长得多，它们是第一小花长度的 4/5～5/6，内稃两脊着生的不是纤毛，却是一种具有流苏边沿的膜质构造。当然，只是这一些差异我们还不能排除它们是同一个种。但是，它们之间有这些差异我们也不能排除它们不是同一个种。是同一个种？还是不同的两个种？还有待二者之间的杂交亲和性的数据来直接说明。

从形态学来看，*Agropyron tauri* Boiss. et Balansa 与 *T. intermedium* var. *pertenue* 之间非常相似。只是 *Agropyron tauri* 有较小的小穗，穗轴节间两棱光滑，内稃短于外稃，内稃两脊只在上半部着生纤毛；而 *T. intermedium* var. *pertenue* 小穗较大，穗轴节间两棱糙涩，内稃两脊着生纤毛由上端直到基部。由于只凭这一点差异，有的植物学者认为它们是同一个种（Невский，1934），或同一个种的两个亚种（Цвелев，1973；Melderis，1985）；有的植物学者认为它们是两个独立的种（Löve，1984）。如果我们注意到遗传性表达时的显隐性定律的作用，就不难知道异源多倍体的物种与它的某一染色体组供体种之

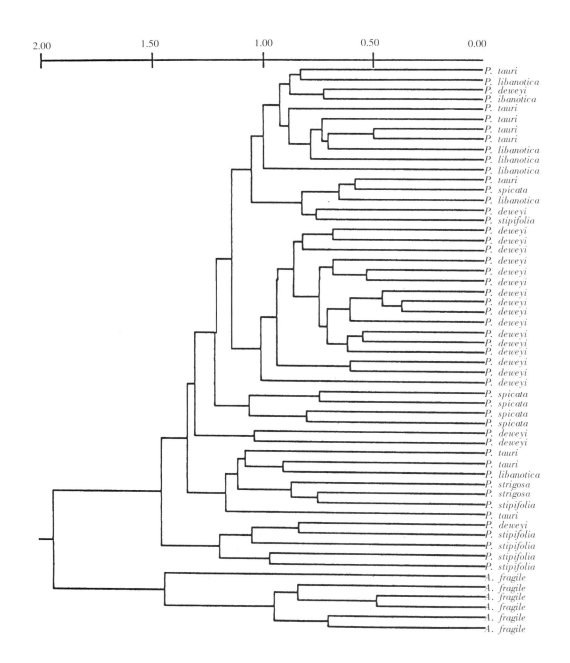

图 2-3　*Pseudoroegneria spicata*、*P. libanotica*、*P. stipifolia*、*P. strigosa*、*P. tauri*、*Agropyron pectiniforme*×*Elytrigia elongatiformis* 与 *A. fragile* 的亲缘关系树状图（来自 OTUs 的 UPGMA 聚类。每一线代表一种植物，距离决定于平均分类距离；Cophenetic correlation coefficient＝0.81）

（引自 Jensen et al.，1992）

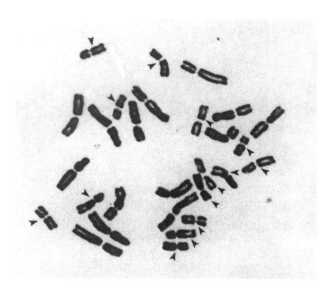

图 2-4　*Agropyron pectiniforme* × *Elytrigia elongatiformis* 的杂
种 F₁ 根尖细胞有丝分裂染色体（箭头所指为 **St** 染色体
组的小型染色体）

（引自 Jensen et al.，1992）

间在形态学上有可能非常近似。我们在本书中介绍的 *Eremopyrum bounapartis* 与 *Eremopyrum sinaicum* 之间就是这种关系的好例证。形态学上差异很小，但遗传演化与系统地位差别却很大。由此可见单凭形态学鉴定是远远不够的，虽然它是认识物种的重要的第一步。

从实验科学研究来看，无论细胞遗传学抑或是分子分析都非常容易分辨它们。因为 *Agropyron tauri* 它含有两组 **St** 染色体（2n=2x=14）（Dewey，1974）；但是，分类群 PI 380644、PI 380645、PI 401328、PI 401329 与 PI 401330，Assadi 的 H3733、H3735b 与 H3788 都含有 **PPStSt** 染色体组。这里一个重要事实那就是它们之间虽然非常相似，但在细胞学上却缺少一个 **P** 染色体组。需要指出的是实验科学是一个重要工具，用它可以把这些问题分辨清楚。如果只用形态比较就会错误鉴定，如像 С. А. Невский（1934）把 *Agropyron tauri* Boiss. et Balansa 看成是 *A. pertenue* Nevski 的异名；Н. Н. Цвелев（1976）把它看成是 *Elytrigia tauri*（Boiss. et Bal.）Tzvelev 的亚种；而 *A. Melderis*（1985）却把它组合到 *Elymus* 属中！

我们可以把以上讨论归纳为以下四个要点：

（1）PI 380644、PI 380645、PI 401328、PI 401329、PI 401330，H3733、H3735b、H3788，以及 PI531756、PI 502264、PI 502265 等居群都含有 **PPStSt** 染色体组，与 *Agropyron*（**PP**）、*Elymus*（**HHStSt**）、*Kengyilia*（**PPStStYY**）及 *Pseudoroegneria*（**StSt**）染色体组组成完全不同，也就是说它们的系统演化关系与地位完全不同，它应当是个新属。我们用 *Douglasdeweya* 来命名这个新属，以纪念发现这个新属有密切关系的 Douglas R. Dewey 教授。

（2）PI 380644、PI 380645、PI 401328、PI 401329、PI 401330 与 *T. intermedium* var. *pertenue* 的模式标本与原始描述有差别，我们不能确定二者是一个相同的种。由于目前还没有杂交亲和性的数据来判断，只好暂时把它定为新"种"。如果将来获得它们之间的杂交亲和性的数据，再来判断它们之间应为种间关系，或亚种间关系，抑或是变种间关系，再来确定它们种一级的分类学地位。这个种我们用汪瑞其先生的姓来命名，以纪念汪先生首先发现 **PPStSt** 染色体组组合的分类群在小麦族中存在。

（3）*Pseudoroegneria deweyi* K. B. Jensen，S. L. Hatch et J. K. Wipff 也是一个含 **PPStSt** 染色体组分类群，它也应当隶属于 *Douglasdeweya* 属。它正确的种一级的分类地位也有待于这些分类群间的亲和性数据来确定。

（4）迄今还没有这些分类群间的杂交亲和性的实验数据，因此 *Douglasdeweya* 属由于它的染色体组组型已鉴定清楚，属的地位已可确立外，所辖分类群"种"的订立都应当是暂定的，有待分类群间的杂交亲和性的实验数据来确定。

（二）杜威草属的分类

1. 属的描述

***Douglasdeweya* C. Yen，J. L. Yang et B. R. Baum，2005. Can. J. Bot. 83：413 - 419**

Douglasdeweya 是以 Douglas R. Dewey 教授的姓名来命名的新属，它与 *Pseudoroegneria* 属相近似。但它具有不同的强壮的根茎；两颖近相等，长圆形，具很强的中脉形成近似脊的构造，上端渐尖，具窄而半透明的边沿；外稃广披针形，上端渐尖，无芒，具很强的中脉形成近似脊的构造，顶端钝或具小尖头。*Douglasdeweya* 含有一组长大的 **P** 染色体组而与 *Pseudoroegneria* 不同。

它与 *Agropyron* 属相近似，但它有强壮的根茎；顶端小穗发育良好，下部小穗排列稀疏，细圆柱形，无毛，穗轴两棱着生非常细小的小刺毛；颖与外稃无芒，顶端钝或具小尖头。*Douglasdeweya* 含有一组短小的 **St** 染色体组而与 *Agropyron* 属不同。

它与 *Kengyilia* 属相近似，但它有强壮的根茎；穗细圆柱形，无毛，下部小穗排列稀疏；颖具窄而半透明的边沿，颖与外稃均无芒，顶端钝或具小尖头。*Douglasdeweya* 是四倍体，不含有 **Y** 染色体组，而与六倍体的 *Kengyilia* 属不同。

模式种：*Douglasdeweya wangii* C. Yen，J. L. Yang & B. R. Baum。

主模式标本：1982 年 6 月 30 日，C. Nowak 与 Douglas R. Dewey 采自伊朗，东阿塞尔拜疆省，大不里士（Tabriz）东北去阿哈尔（Ahar）途中 16km 小丘傍干石岩坡；种子编号 PI 401328。四川省，都江堰市，四川农业大学小麦研究所种植，№ 9109（**SAU-TI!**）。

细胞学特征：2n＝4x＝28；**PPStSt** 染色体组。

分布区：高加索，伊朗西北部。

2. 分种检索表

1. 穗较短，含 5～10 小穗，小穗排列稀疏，多数穗轴节间长于相邻小穗，小穗含 3～5 小花；颖与外稃顶端钝或具小尖头，内稃与外稃等长，内稃两脊具半透明膜质流苏状构造 ················ *D. wangii*

1. 穗较长，含 9～18 小穗，小穗排列较密，穗轴节间等于或短于相邻小穗，小穗含 5～8 小花；颖与外稃顶端锐尖或具长 0.1mm 的小尖头，内稃比外稃稍短或等长，内稃两脊具纤毛 ········· *D. deweyi*

3. 种的描述

（1） ***Douglasdeweya wangii*** **C. Yen，J. L. Yang ＆ B. R. Baum，2005. Can. J. Bot. 83：412‐419**（图 2‐5）

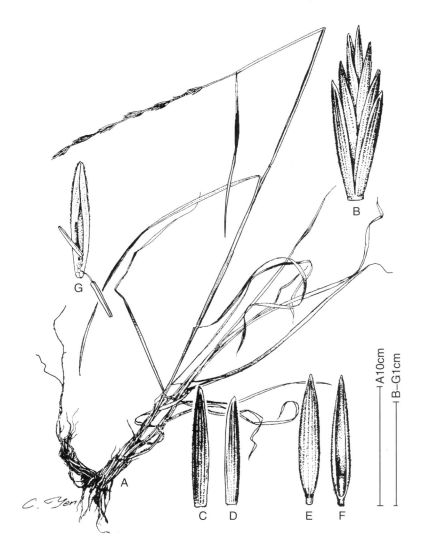

图 2‐5 *Douglasdeweya wangii* C. Yen，J. L. Yang et B. R. Baum
A. 全植株 B. 小穗 C. 第 2 颖 D. 第 1 颖 E. 小花背面观
F. 小花腹面观 G. 内稃、雄蕊、雌蕊及鳞被主模式标本：No 9109（**SAUTI!**）（图 2-6）。

形态学特征：多年生丛生禾草，具分蘖与腋生分枝（图 2-7A），株高 50~70cm，节与节间皆光滑无毛。叶鞘无毛；叶片平展，线型，长 10~25cm，宽 3~5mm，上表面被白色短柔毛（图 2-8B），下表面在叶脉间被极细的白色小刺毛（图 2-8A）。穗直立，含5~10 小穗（图 2-9），排列稀疏，穗轴节间等于或长于相邻小穗，面向小穗一侧微凹，小穗单生于每一穗轴节；小穗通常含 3~5 小花。颖披针形，两颖近相等，长 8~10.5mm，光滑，有少量白色透明细刺毛，5~7 脉，脉近于平行伸向颖端，颖端无芒，顶端钝或具小尖头。外稃披针形，长 7~11mm，宽 2~2.5mm，5~7 脉，无芒，钝尖或具 0.1mm 长的小尖头。内稃与外稃等长，内稃两脊具半透明膜质流苏状构造（图 2-7B）。花药长 3~3.5mm，褐黄色。鳞被透明，二裂，长 0.5mm。颖果长圆形，扁平，淡褐色。

Douglasdeweya wangii C. Yen，J. L. Yang & B. R. Baum 与 *Pseudoroegneria tauri* (Boiss. & Bal.) Á. Löve 在形态上相近似，但颖较长，其长度是第一外稃的 4/5~5/6；中脉粗壮形成近似脊的构造，内稃与外稃等长，稀稍短；内稃两脊从顶端到基部具半透明膜质流苏状构造，而不是仅在上端着生纤毛。

细胞学特征：异源四倍体，2n=4x=28，具有 **P**、**St** 染色体组。

分布区：伊朗西北部，大不里士（Tabriz）东北 16km 去阿哈尔（Ahar）途中（图 2-10，圆形点）。丘陵干石岩坡。

（2）*Douglasdeweya deweyi*（K. B. Jensen，S. L. Hatch & J. K. Wipff）**C. Yen，J. L. Yang et B. R. Baum，2005. Can. J. Bot. 83：412-419**（图 2-11）

主模式标本：俄罗斯卡腊查耶夫契尔克斯自治省（Карачаево-черкесская Автономная область）高加索山北坡。Танфиелев1982 年采集。主模式标本：**US!**，模式标本：**K、LE、TAES!**，副模式标本：**UTC!**（图 2-12）。

形态学特征：多年生丛生禾草，具根茎，株高 68~96cm，节与节间皆光滑无毛。叶鞘无毛；叶舌长 0.8~1.2mm，截平，不规则破裂；叶耳长 1.5mm 或无叶耳，膜质，呈钩状构造，相互不重叠，或退化消失；叶片线形或披针形，平展或内卷，长 11~22cm，宽 2~6mm，上表面具贴生粗毛，下表面光滑无毛（图 2-13）。穗直立，细圆柱形，绿色，长 13~21.5cm，含 16~23 个小穗，小穗单生于节上；最下部穗轴节间长 11~25mm，长于相邻小穗，第三节间以上长度等于或稍短于相邻小穗。小穗无柄，含5~8 小花；第1 与第2 颖稍不相等，长 6.2~9.8mm，宽 0.8~1.5mm，披针形或窄披针形，3~5 脉，顶端渐尖，无芒或具长 0.2~1.7mm 的小尖头；外稃披针形，光滑无毛，长7.5~11.5mm，宽 1.3~1.7mm，顶端渐尖，5 脉，无芒或具长 0.2~1mm 的小尖头；内稃短于外稃，长 7.2~9.8mm，膜质，两脊坚硬具纤毛。花药黄色，长3~5mm。

细胞学特征：2n=4x=28；**PPStSt** 染色体组。

分布区：俄罗斯卡腊查耶夫契尔克斯自治省（Карачаево-черкесская Автономная область）高加索山北坡（见图 2-10，三角形点）。

图 2 - 6　*Douglasdeweya wangii* C. Yen，J. L. Yang et B. R. Baum 的
　　　　主模式照片（现藏于 **SAUTI!**）

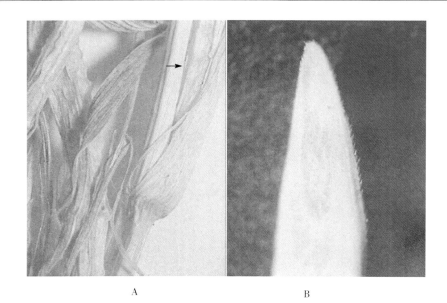

A   B

图 2 - 7　*Douglasdeweya wangii* C. Yen，
J. L. Yang et B. R. Baum 的照片
A. 茎秆下部，示腋生分枝（箭头所指）
B. 内稃上半部，示两脊着生的膜质流苏状构造

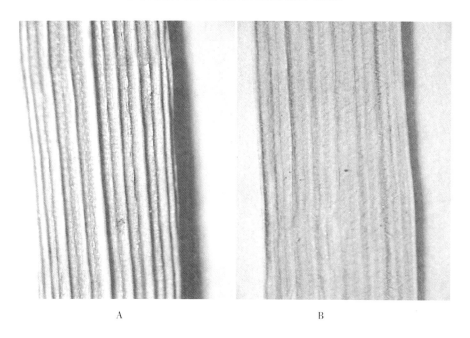

A   B

图 2 - 8　*Douglasdeweya wangii* C. Yen，J. L. Yang et B. R. Baum 叶片中段的照片
A. 叶片下表面，示叶脉间被极细的白色小刺毛　B. 叶片上表面，示被白色短柔毛

图 2 - 9　*Douglasdeweya wangii* C. Yen，J. L. Yang et B. R. Baum 小穗的照片

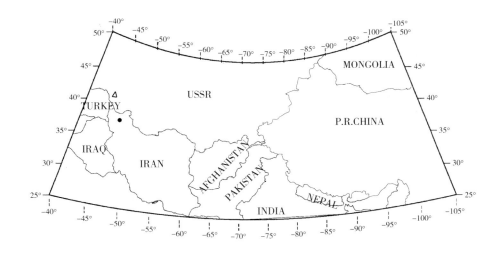

图 2 - 10　*Douglasdeweya* 属的地理分布示意图（圆形点为 *D. wangii*，
　　　　　三角形点为 *D. deweyi*）

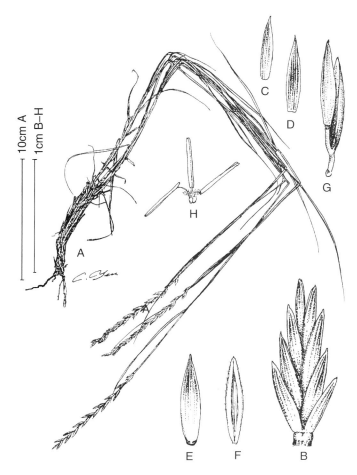

图 2‑11 *Douglasdeweya deweyi* (K. B. Jensen, S. L. Hatch et J. K. Wipff)
C. Yen, J. L. Yang et B. R. Baum

A. 全植株 B. 小穗 C. 第 1 颖 D. 第 2 颖 E. 小花背面观
F. 内稃 G. 小穗最上两小花并示长节间的小穗轴 H. 雄蕊、雌蕊及鳞被

图 2-12　*Douglasdeweya deweyi*（K. B. Jensen，S. L. Hatch et J. K. Wipff）
副模式的照片（现藏于美国犹他大学生物系标本室 **UTC**!）

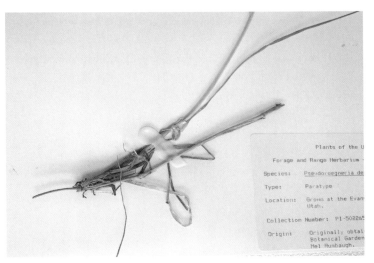

图 2-13　*Douglasdeweya deweyi*（K. B. Jensen，S. L. Hatch et J. K. Wipff）
Yen，J. L. Yang et Baum 的一部分（示一个植株从根茎节上长出）

主 要 参 考 文 献

Assadi M. 1994. Experimental hybridization and genome analysis in *Elymus* L. Sect. *Caespitosae* and Sect. *Elytrigia* (Poaceae; Triticeae). Proced. 2nd Intern. Triticeae Symp. : 23 - 28. Logan, Utah, USA.

Assadi M. 1995. Meiotic configurations and chromosome number in some species of *Elymus* L. and *Agropyron* Gaertner (Poaceae; Triticeae) in Iran. Bot. J. Linn. Soc. , 117; 159 - 168.

Bor N L. 1970. Gramineae. Tribus Triticeae, In K. H. Rechinger (ed.) Flora Iranica; 147 - 244. Akademische Druck - und Veriagsanstalt, Graz, Austria.

Dewey D R. 1974. Cytogenetics of *Elymus sibiricus* and its hybrids with *Agropyron tauri*, *Elymus canadensis* and *Agropyron caninum*. Bot. Gaz. , 135; 80 - 87.

Jensen K B, S L Hatch and J K Wipff. 1992. Cytology and morphology of *Pseudoroegneria deweyi* (Poaceae; Triticeae): a new species from the foot hills of the Caucasus Mountains (Russia). Can. J. Bot. , 70; 900 - 909.

Löve Á. 1984. Conspectus of the Triticeae. Feddes Repert. Bd. , 95; 425 - 521.

Melderis A. 1985. *Elymus* L. . in Davis, P. H. , R. B. Mill and Kit Tan, Flora of Turkey and the East Aegean Islands; 213. The University Press, Edinburgh.

Tzvelev N N (Цвелев Н Н). 1976. Grasses of the Soviet Union, part I. Russian Translations 8 (Translated by B. R. Sharma. 1984); 193. A. A. Balkema/Rotterdam, India.

Wang R R - C. 1985. Identification of intergeneric hybrids in the tribe Triticeae by karyotype analysis. Agron. Abstr. American Soc. Agronomy, p. 74 (Abstr.). Madison, WI. , USA.

Wang R R - C. 1986. Diploid perennial intergeneric hybrids in the tribe Triticeae. I. *Agropyron cristatum* × *Pseudoroegneria libanotica* and *Critesion violaceum* × *Psathyrostachys juncea*. Crop Sci. , 26; 75 - 78.

Wang R R - C, D R Dewey and C Hsiao. 1985. Intergeneric hybrids of *Agropyron* and *Pseudoroegneria*. Bot. Gaz. , 146; 268 - 274.

Wang R R - C, D R Dewey and C Hsiao. 1986. Genome analysis of the tetraploid *Pseudoroegneria tauri*. Crop Sci. , 26; 723 - 727.

Yen C, J L Yang and B R Baum. 2005. *Douglasdeweya*; A new genus with a new species and a new combination (Triticeae; Poaceae). Can. J. Bot. , 83; 413 - 419.

Невский С А. 1934. Флора СССР, II; 640. Москва.

后　记

仲彬草属（*Kengyilia*）这个中文的属名是因已故的耿伯介先生的建议，用耿以礼先生的号来命名的。我们尊重耿老先生的长子伯介先生的建议，伯介先生也是卓有成就的植物学家，特别是对禾本科的研究。

近年来，蔡联炳（1996）、蔡联炳与崔大方（1995）、蔡联炳与智力（1999）发表了一些 *Kengyilia* 属的新种，如 *Kengyilia hejingensis* L. B. Cai et D. F. Cui、*K. pendula* L. B. Cai 与 *K. shawanensis* L. B. Cai。又将 *Roegneria* 属的物种组合到 *Kengyilia* 属中成为 *K. leiantha*（Keng et S. L. Chen）L. B. Cai 与 *K. obviaristata*（L. B. Cai）L. B. Cai。这些分类群是否属于 *Kengyilia* 属还有待于实验科学的鉴定，鉴定它们是否含有 **PPStStYY** 染色体组。仅从形态学特征来看，与 *Kengyilia* 属主要特征不太相同。例如从 *Agropyron* 来的显性遗传性状——外稃被毛，在其他仲彬草属的各个分类群中都显然具有，而在 *K. leiantha*（Keng et S. L. Chen）L. B. Cai 中就没有表达。

在 *Douglasdeweya* 属中也还存在一些问题需要研究，首先是这些分类群间的杂交亲和率的实验数据。有了这些数据才能正确确定它们之间的相互关系与确切的系统地位，是种间关系、亚种间关系，还是变种间关系。本篇中把 *Douglasdeweya wangii* 与 *D. deweyi* 分别描述为种（Species）也只能是暂定的，还有待获得亲和率数据后再来确定。

对 *Pseudoroegneria pertenuis*（C. A. May.）Á. Löve，也需要分析，看它是否含 **StStPP** 染色体组组合，确定它是否属于 *Douglasdeweya* 属。

第二篇

颜 济 杨俊良 编著

三、冰草属（Genus *Agropyron*）的生物系统学

（一）冰草属的古典形态分类学简史

1753 年，瑞典植物学家 Carl von Linné 在他的《植物志种（Species Platarum）》一书中发表一个名为 *Bromus cristatus* L. 的新种。

1769 年，德国植物学家 Johann Christian Daniel von Schreber 把 Linné 的 *Bromus cristatus* 组合到 *Triticum* 属中，成为 *T. cristatum*（L.）Schreber 发表在《Beschreibung der Gräser》第 2 卷，12 页。

1770 年，德国植物学家 Joseph Gaertner 认为 Linné 定名为 *Bromus cristatus* L. 的分类群不应当属于 *Bromus* 属。因为它的小穗不是长在开展的圆锥花序的纤枝上，而是无柄的小穗单生于穗状花序的穗轴节上，并紧密排列呈篦齿状；叶鞘也不像 *Bromus* 属成闭合管状，而是两缘相互交叠；颖与外稃皆明显具脊，与众不同，应另建新属。他用拉丁化的希腊语，野的或田野的（agrios-αγρτωδ）与麦（pyros-πυροδ）两个词组合成野麦（*Agropyron*）作为属名（这种植物中国早已被称为"冰草"，因而中文属名称为冰草属是很恰当的，也是符合习惯称谓的）。他把这个属发表在《Novi Comment Acad. Sci. Imp. Petropol.》14 卷，1 540 页。包括两个种，即：

Agropyron cristatum（L.）J. Gaertner；

Agropyron triticeum J. Gaertner。

［1934 年，苏联的 C. A. Невский 以前一个种是多年生与后一个种是一年生有区别将后者组合为 *Eremopyrum triticeum*（Gaertn.）Nevski，发表在《苏联植物志（Fl. SSSR）》第 2 卷，662 页，从现今实验生物学的检测结果看，C. A. Невский 的组合处理是正确的］。

1775 年，出生德国在俄罗斯圣彼得堡工作的植物学家 Johann Gettlieb Georgi 也在 *Bromus* 属中发表一个新种，名为 *Bromus distichus* Georgi。发表在《Bemerkkungen einer Reise im Russischen Reich》1 卷，197 页。这个分类群与两年前 Linné 发表的 *B. cristatus* 实际上是一个种。

1800 年，德国植物学家 Albrecht Wilhelm Roth 在《植物名录（Catalecta Botanica）》2 卷，7 页发表一个小麦属的新种，名为 *Triticum fragile* Roth。

1808 年，德国植物学家 Friedrich August Marschall von Bieberstein 在《托瑞科—高加索植物志（Flora Taurico - Caucasica）》一书中发表一个名为 *Triticum imbricatum* M. Bieb 的新种，刊载在 88 页。这个应属于冰草属的分类群在 1817 年为 Johann Jacob Roemer 与 Julius Hermann Schultes 把它以他们的定名改为 *Agropyron imbricatum* Roem. et Schult.。1908 年，俄罗斯植物学家 Б. A. федченко 把它降级为 *Ag. cristatum* var. *imbricatum* B. Fedsch . et Fler. 。1984 年，Á. Löve 又把它升级为亚种，名为 *Ag. cristatum* subsp. *imbricatum* Á. Löve。

1812 年，法国植物学家 Ambroise Marie Francois Joseph Palisot de Beauvois 在《新禾草学论文集（Essai d'une Nouvelle Agrostographie)》中发表冰草属 23 个种名，其中 5 个是他新定的，但都是无效的裸名；18 个新组合中只有 *Agropyron sibiricum*（Willd.）P. Beauv. 是属于冰草属外，其余的都不应当属于冰草属。他发表的 23 个种介绍如下：

Agropyron brevissisum P. Beauv. nom. nud. ;

Agropyron capillare P. Beauv.（146 页）nom. nud. ;

Agropyron caninum（L.）P. Beauv.（146 页）= *Elymus caninus*（L.）L. ;

Agropyron caudatum（Pers.）Beauv.（146 页）= *Triticum caudatum* Pers. ;

Agropyron densiflorum Beauv.（146 页）；

Agropyron distichum（Thunb.）P. Beauv.（102 页）= *Thinopyrum distichum*（Thunb.）Á. Löve;

Agropyron elongatum（Host）P. Beauv.（102 页）= *Lophopyrum elongatum*（Host）Á. Löve;

Agropyron intermedium（Host）P. Beauv.（102，146 页）= *Elytrigia intermedia*（Host）Nevski;

Agropyron junceum（L.）P. Beauv.（102，146 页）= *Thinopyrum junceum*（L.）Á. Löve;

Agropyron laevisissimum Beauv.（146 页）nom. nud. = *Truticum turgidum* concv. polonicum;

Agropyron maritimum（L.）Beauv.（102，146，180 页）= *Triticum maritimum* L. = *Cutandia maritima*（L.）Bicht. ;

Agropyron multiflorum Beauv.（102，146，180 页）nom. nud. = *Elymus repens*（L.）Gould;

Agropyron pectinatum（Labil.）P. Beauv.（102，146，180 页）= *Australopyrum pectinatum*（Labil.）Á. Löve;

Agropyron pumilum（L.）Beauv.（102，146，180 页）= *Triticum pumilum* L. f. ;

Agropyron repens（L.）P. Beauv.（102 页）= *Elymus repens*（L.）Gould;

Agropyron rigidum（Schrad.）Beauv.（102，146 页）= *Lophopyrum. elongatum*（Host）Á. Löve;

Agropyron scabrum（Labill.）Beauv.（102，146，181 页）= *Anthosachne australasica* var. *scabra*（Labill.）Yen et J. L. Yang;

Agropyron scabrum（R. Br.）P. Beauv.（102 页）= *Anthosachne australasica* var. *scabra*（Labill.）Yen et J. L. Yang;

Agropyron sepium（Lam.）Beauv.（102，146，181 页）= *Elymus caninus*（L.）L;

Agropyron tenuiculum Beauv.（146 页）nom. nud. = *Festuca poa*（DC.）Raspail;

Agropyron sibiricum（Willd.）P. Beauv.（146 页）＝*Agropyron cristatum* subsp. *desertorum* var. *sibiricum*（Willd.）C. Yen et J. L. Yang；

Agropyron unilaterale（L.）Beauv.（102，146 页）＝*Festuca tenuiflora* Schrad.；

Agropyron vaginans（Pers.）Beauv.（102，146，181 页）＝*Triticum vaginans* Pers.。

1817 年，瑞士植物学家 Johann Jakob Roemer 与 奥地利植物学家 Joseph August Schultes 在《植物系统学（Systema Vegetabilium)》第 2 卷，758 页，发表两个冰草属新种，它们是：

Agropyron imbricatum Stev. ex Roem. et Schult. ＝ *Ag. cristatum* ssp. *pectinatum*（M. Bieb.）Tzvel.，1970. Список Раст. Гербарий Фл. СССР，18：25；

Agropyron pectiniforme Roem. et Schult.。

1822 年，旅居俄罗斯的奥地利—波兰植物学家 Wilibald Swibert Joseph Gottlieb von Besser 在《植物名录（Enumeratio Plantarum)》发表两个冰草的新变种与新种，但他代德国植物学家 J. C. D. von Schreber 发表的新种不应该属于冰草属。另外，它也是个无效的裸名。

Agropyron cristatum var. *ciliatum* Besser（41 页）；

Agropyron cristatum var. *hirsutum* Besser（41 页）；

Agropyron vaillantianum Schreb. ex Besser（41 页）nom. nud.；（Wulf. et Schreb.）Trautv.，1884. Act. Hort. Petrop. 9：329. ＝ *Triticum vaillantianum* Wulf. et Schreb.，1811. in Schweigger，Fl. Erlang. ed. 2（1）：143 ＝ *Elytrigia repens*（L.）Nevski＝*Elymus repens*（L.）Gould。

1824 年，奥地利植物学家 Joseph August Schultes 在《植物系统学增补（Systema vegetabilium Mantissa)》第 2 卷中发表了 4 个冰草属新组合，它们是：

Agropyron angustifolium（Link）Schult.（412 页）＝ *Triticum angustifolium* Link，1821. Enum. Pl. Horti Berol. 1：97 ＝ Ag. *cristatum* ssp. *fragile*（Roth）Á. Löve，1984. Feddes Repert. 95（7～8）：431；

Agropyron desertorum（Fischer ex Link）Schultes（412 页）；

Agropyron rupestre（Link）Schult.（409 页）＝ *Triticum rupestre* Link，1821. Enum. Pl. Horti Berol. 1：98＝*Elymus caninus*（L.）L.；

Agropyron muricatum（Link）Schult.（414 页）＝ *Triticum muricatum* Link，1821. Enum. Pl. 1：97。

这 4 个种的前面两个种从现在的检测数据看来，的确是属于冰草属的。

1827 年，Joseph August Schultes 又在《植物系统学增补（Systema vegetabilium Mantissa)》第 3 卷（附 1）中，655 页，又发表 1 个冰草属新组合，它是把两年前（1825）德国植物学家 Kurt Sprengel 在《植物系统学（Systema Vegetabilium)》第 1 卷，326 页上发表的新种 *Triticum geminatum* Spreng. 组合成为 *Agropyron geminatum*（Spreng.）Schult.。

1844 年，瑞士植物学家 Pierre Edmond Boissier 在《东方新植物特征简介（Diagonses Plantarum Orientalium Novarum)》第 15 卷，75 页上发表两个冰草属新种，它们是：

Agropyron bulbosum Boiss. ；

Agropyron aucheri Boiss. 。

前者 Á. Löve 在 1984 年他的《小麦族大纲（Conspectus of the Triticeae）》中把它降级为亚种，即：*Ag. cristatum* ssp. *bulbosum*（Boiss.）Á. Löve，1984. Feddes Repert. 95（7～8）：431。而后者应当是 *Triticum speltoides* var. *aucheri*（Boiss.）Aschers 的异名。

1854 年，Boissier 在《东方新植物特征简介（Diagonses Plantarum Orientalium Novarum)》第 213 卷，67 页上发表一个新变种，名为 *Agropyron cristatum* var. *puberulum* Boiss.，它是产于伊朗的一种冰草。1972 年，俄罗斯植物学家 Н. Н. Цвелев 把它升级为亚种，即：*Agropyron cristatum* ssp. *puberulum*（Boiss. ex Steud.）Tzvelev。从现今分析资料来看，Н. Н. Цвелев 把它升级为亚种是不妥当的。

1901 年，希腊植物学家 Paleologos C. Candargy 在《Monogr. tēs phyls tōn krithō dōn》一书 58 页，把德国植物学家 Albrocht Wilhelm Roth 定立的 *Triticum fragile* Roth，组合为 *Agropyron fragile*（Roth）Candargy。

1924 年，罗马尼亚布加勒斯特植物研究所的植物学家 Zacharia C. Pantu 与布加勒斯特大学的 Th. Solacolu 在《罗马尼亚科学院公报自然科学分册（Bull. Sect. Sci. Acad. Roum.）》9 卷，28 页，发表一个冰草属新种，即：*Agropyron brandzae* Pantu et Solacolu＝*A. pectiniforme* subsp. *brandzae*（Pantu et Solac.）Á. Löve，1984. Feddes Repert. 95：430.

1925 年，苏联植物学家 Вассилий Петроович Дробов 在德国的《费德植物新种汇编（Feddes Repert.）》21 卷，44 页，发表 7 个新种，它们是：

Agropyron abolini Drobov，（42 页）＝ *Roegneria abolinii*（Drob.）Nevski，1934. Tr. Sredneaz. Univ. ser. 8B，17：68；

Agropyron alatavicum Drobov（43 页）＝ *Kengyilia alatavica*（Drob.）J. L. Yang，Yen et Baum，1993. Canad. J. Bot. 71：343；

Agropyron badamense Drobov（44 页）＝ *Ag. cristatum* ssp. *badamense*（Drob.）Á. Löve，1984. Feddes Repert. 95（7～8）：431；

Agropyron czilikense Drobov（43 页）＝ *Roegneria tianschanica*（Drob.）Nevaki，1934. Tr. sredneaz. Univ. ser. 8B，17：71；

Agropyron czimganicum Drobov（40 页）＝ *Roegneria tchimganica*（Drob.）Nevski，1934. Tr. Sredneaz. Univ. ser. 8B，17：68；

Agropyron macrolepis Drobov（41 页）pro parte ＝ *Roegneria curvata*（Nevski）Nevski，1934. Tr. Sredneaz. Univ.，ser. 8B，17：68；

Agropyron popovii Drobov（44 页）＝ *Kengyilia pulcherrima*（Grossh.）Yen，J. L. Yang et Baum，1998. Novon 8：100。

Дробов 在 1914—1931 年的 17 年间，总共发表了 26 个冰草属的种，11 个变种，只有 1 个 *Agropyron badamense* 是属于冰草属。

1928 年，苏联植物学家 Р. Ю. Рожевиц 在《彼得堡植物园学报（Acta Horti Petropolitani)》40 卷，229 页，发表沙生冰草的两个变种，它们是：

Agropyron desertorum var. *dasyphyllum* Roshev；

Agropyron desertorum var. *muticum* Roshev。

1929 年，Р. Ю. Рожевиц 又在《苏联主要植物园通报（Известия Главн. Ботанический Сада СССР）》28 卷，384 页，发表一个新种，定名为 *Agropyron michnoi* Roshev.。这个新种与 *Agropyron cristatum*（L.）J. Gaertner 主要区别是它具有根茎。

他在同卷 385 页还发表一个新变种，定名为 *Agropyron michnoi* var. *subglabrum* Roshev.。它与原变种不同在于毛较稀少。

1929 年，Р. Ю. Рожевиц 又在 Борис Алексыевич Федченко 主编的《土库曼植物志（Фл. Тукмени.）》一书中发表 1 个冰草属用俄文描述的新变种，名为 *Agropyron sibiricum* var. *villosum* Roshev.。

1931 年，乌克兰植物学家 Е. М. Лавренко 在《基辅植物园公报（Вестник Киев Бот. Сада）》12 - 13 合刊上发表了 4 个冰草属的分类群，它们是：

Agropyron cristatum ssp. *sabulosum* Lavrenko（148 页）＝ *Ag. pictiniforme* ssp. *sabulosum*（Lavr.）Á. Löve，1984. Feddes Repert. 95（7～8）：431；

Agropyron elongatum var. *littorale* Lavrenko（147 页）non verified；

Agropyron dasyanthum var. *birjutczense* Lavrenko（148 页）＝ *Ag. cimmericum* Nevski＝*Ag. cristatum* ssp. *birjutczense*（Lavr.）Á. Löve；

Agropyron elongatum ssp. *ruthenicum* var. *littorale* Lavr.（148 页）。

这 4 个分类群中定名为 *Ag. elongatum* 的两个分类群显然不属于冰草属。

1934 年，苏联植物学家 С. А. Невский 在《中亚大学学报（Тр. Среднеаз. Унив.）》系列 8В，17 期，发表 2 个冰草属新种，它们是：

Agropyron ponticum Nevski（58 页）。这个新种在 1972 年被 Н. Н. Цвелев 降级为 *Agropyron cristatum* ssp. *ponticum*（Nevski）Tzvelev；

Agropyron cimmericum Nevski（56 页）。这个新种在 1984 年被 Á. Löve 降级为 *Agropyron cristatum* ssp. *cimmericum*（Nevski）Á. Löve。

在《中亚大学学报》53 页上发表一个新组合，它是把德国植物学家 Albrecht Wilhelm Roth 在 1800 年发表的 *Triticum fragile* Roth 组合为 *Agropyron fragile*（Roth）Nevski。这个新组合又在 1984 年被 Á. Löve 降级为 *Agropyron cristatum* ssp. *fragile*（Roth）Á. Löve。

С. А. Невский 在 1930—1934 年，发表了 55 个种、亚种与变种，只有上述 3 个分类群是属于冰草属的。

1934 年，С. А. Невский 又在 В. Л. Комаров 主编的《苏联植物志（Флора СССР）》第 2 卷中提出了冰草属的小属概念，包括 13 个种。他的分类处理如下检索表：

1. 疏丛，具匍匐分枝的长根茎 ·· 2

  2. 穗线型，0.5～0.7cm 宽，近篦齿形 ················· *Ag. tanaiticum* Nevski

  2. 穗宽线型，（0.8～）1～2cm 宽 ·· 3

   3. 小穗较稀疏，下部穗轴节间长 0.5～1.2cm，外稃无芒 ········· *Ag. dasyanthum* Ldb.

这个小属的概念对处理冰草属来说是一个很大的进步，已很接近自然系统，虽然由于形态学带来的主观偏见使种的划分与自然系统还有不小的差距。

同年，法国植物学家 Aimee Camus 在《法兰西植物学会公报（Bull. Soc. Bot. Fr.）》80 卷，74 页，发表一个名为 *Agropyron pachyrrhizum* A. Camus 的新种。1984 年，Á. Löve 把它降级为 *Ag. cristatum* ssp. *pachyrrhizum*（A. Camus）Á. Löve。

1935 年，И. В. Новопокровский 在《罗斯托夫大学论文集（Учёные Записки Ростовск. Унив.）》第 6 期，39 页，把他自己定的亚种 *Agropyron cristatum* ssp. *sclerophyllum* Novopokrovski 升级为种，名为 *Agropyron sclerophyllum* Novopokrovski。

1938 年，耿以礼在美国《华盛顿科学院杂志（Journal of Washington Academy of Science）》28 卷，305 页，发表一个采自内蒙古百灵庙的新种，命名为 *Agropyron mongolicum* Keng。

1939 年，苏联植物学家 Александр Альфонсович Гроссгейм 在《高加索植物志（Флора Кавказа）》，第 2 卷，1 分册，340 页，发表一个名为 *Agropyron puberulium*（Boiss. ex Steud.）Grossh. 的新组合。1972 年 Н. Н. Цвелев 在《维管束植物新系统学》9 卷 58 页把它降级为 *Ag. cristatum* ssp. *puberulium*（Boiss. ex Steud.）Tzvelev。

1940 年，苏联植物学家 Ю. Н. Прокудин 在 Е. М. Лавренко 主编的《乌克兰苏维埃社会主义共和国植物志（Флора УРСР）》第 Ⅱ 卷中，把 1931 年 Е. М. Лавренко 定名的 *Agropyron cristatum* subsp. *sabulosum* Lavrenko 升级为种，定名为 *Agropyron lavrenko-*

anum Prokudin。并把两个变型 *A. cristatum* subsp. *sabulosum* f. *inbricatum* Kleop. 与 *A. cristatum subsp. sabulosum* f. *pectinatum* Kleop. 升级为变种，成为 *A. lavrenkoanum* var. *imbricatum*（Kleopov）Prokudin 与 *A. lavrenkoanum* var. *pectinatum*（Kleopov）Prokudin。实际上都是多形性的 *A. cristatum* 的一些性状稍有差异的个体或个体群（不同基因组合）。

1946 年，苏联的 Н. А. Плотников 在《鄂木斯克农业研究所学报（Труды Омск Сельскохозяйственный Институт)》20 卷，131、143 页发表一个新种，名为 *Agropyron tarbagataicum* Plotnikov。1973 年 Н. Н. Цвелев 把它降级为 *Ag. cristatum* 的亚种。

1949 年，A. Melderis 在 T. Nordlindh 主编的《蒙古草原与荒漠植物志·中国西北诸省科学考察(Fl. Mongol. Steppe et Des. Areas，Rep. Sci. Exped. N. W. Prov. China)》Seven Hedin，Publ. 31：118 页发表一个冰草属新种，定名为 *Agropyron erikssonii* Melderis。1984 年，Á. Löve 把它降级为 *Agropyron cristatum* subsp. erikssonii（Meld.）Á. Löve。

1959 年，中国植物学家耿以礼主编的《中国主要植物图说·禾本科》一书中，记录了中国产与引进的冰草属植物共计 4 种。它们是：

Agropyron sibiricum（Willd.）Beauv. 西伯利亚冰草。模式标本产于西伯利亚。引种于俄罗斯西伯利亚。

Agropyron mongolicum Keng 沙芦草。产内蒙古及陕西，模式标本产于内蒙古百灵庙。

Agropyron desertorum（Fisch.）Schult. 沙生冰草。分布于我国山西与内蒙古等地，以及欧亚大陆之温带。模式标本产于苏联库马河沿岸草原。

Agropyron cristatum（L.）Gaertn. 冰草。分布于我国甘肃、青海。前绥远、华北、东北与新疆诸省及西伯利亚、中亚细亚以至欧洲；模式标本产于东部西伯利亚。

耿以礼教授对冰草属种的划分与现代实验生物学的测试结果是相吻合的。

1968 年，苏联植物学家 В. Н. Сипливинский 在《维管束植物新系统学（Новости Систематики Высших Растений)》5 卷，13 页发表名为 *Agropyron nathaliae* Sipl. 的新种。1973 年 Н. Н. Цвелев 把它降级为 *Agropyron michnoi* ssp. nathaliae（Sipl.）Tzvelev，Nov. Sist. Vyssch，Rast. 10：34；1984 年 Á. Löve 又把它降级组合为 *Agropyron cristatum* ssp. *nathaliae*（Sipl.）Á. Löve，1984. Feddes Repert. 95：432。

1968 年，俄罗斯植物学家 Н. Н. Цвелев 把耿以礼教授发表的几个鹅观草属拟冰草组的新种组合到冰草属中，发表在《中亚植物（Раст. Чентр. Азий)》第 4 卷，188～190 页上，它们是：

Agropyron grandiglume（Keng）Tzvelev；

Agropyron kokonoricum（Keng）Tzvelev；

Agropyron muticum（Keng）Tzvelev；

Agropyron stenachyrum（Keng）Tzvelev。

而把 *Roegneria hirsuta* Keng 改名为 *Agropyron kengii* Tzvelev，以纪念耿以礼教授。

显然这些组合与改名都是错误的，因为这些含 **P**、**St**、**Y** 染色体组的物种都应属于仲彬草属，在本书第一章中已有详尽的分析讨论。

1969 年，T. B. Егорова 与 B. H. Сипливинский 在《维管束植物新系统学（Новости Систематикй Высших Расттений）》6 卷，227 页发表 1 个冰草的新亚种，即：*Agropyron cristatum* ssp. *baicalense* Egor. et Sipl. 。1984 年，Á. Löve 把这个分类群改组合为 *Ag. pectiniforme* ssp. *baicalense*（Egor. et Sipl.）Á. Löve。

1970 年，H. H. Цвелев 又在《苏联植物志植物标本目录（Список Раст. Герба. Фл. СССР）》18 卷，24～25 页，发表了 4 个冰草属的新组合。其中 3 个都应当属于拟鹅观草属，它们是：

> *Agropyron strigosum* ssp. *aegilopoides*（Drob.）Tzvel.（24 页）＝ *Pseudoroegneria strigosa* ssp. *aegilopoides*（Drob.）Á. Löve；
>
> *Agropyron strigosum* ssp. *amgumense*（Nevski）Tzvel.（24 页）＝ *Pseudoroegneria strigosa* ssp. *amgumensis*（Nevski）Á. Löve；
>
> *Agropyron strigosum* ssp. *jacutorum*（Nevski）Tzvel.（24 页）＝ *Pseudoroegneria strigosa* ssp. *jacutorum*（Nevski）Á. Löve。

只有一个亚种组合是冰草属的分类群，它是：

> *Agropyron cristatum* ssp. *pectinatum*（M. Bieb.）Tzvel.（25 页）。

1972 年，H. H. Цвелев 在《维管束植物新系统学（Новости Система-ики Высших Расте-ний）》9 卷上发表了冰草 4 个亚种，除哈萨克斯坦亚种是他新定的外，其他 3 个亚种都是新组合，它们是：

> *Agropyron cristatum* ssp. *kazachstanicum* Tzvel.（57 页）；
>
> *Agropyron cristatum* ssp. *tarbagataicum*（Plotnikov）Tzvel.（58 页）＝ *Ag. tarbagataicum* Plotnikov；
>
> *Agropyron cristatum* ssp. *ponticum*（Nevski）Tzvel.（58 页）＝ *Ag. ponticum* Nevski；
>
> *Agropyron cristatum* ssp. *puberulum*（Boiss. ex Steud.）Tzvel.（58 页）＝ *Triticum puberulum* Boiss. ex Steud. ，1854. Syn. Pl. Glum. 1：345。

1973 年，H. H. Цвелев 在《维管束植物新系统学（Нов. Сист. Высш. Раст.）》10 卷上发表了两个新组合，其中一个 *Agropyron brownii* 显然不属于冰草属。这两个新组合是：

> *Agropyron michnoi* subsp. *nathaliae*（Stil.）Tzvel.（34 页）＝ *Ag. nathaliae* Stil. ＝ *Ag. nathaliae* Sipl. ；
>
> *Agropyron brownii*（Kundt）Tzvel.（35 页）＝ *Australopyrum pectinatum*（Labil.）Á. Löve。

1976 年，H. H. Цвелев 在他的《苏联禾草（Злаки СССР）》一书中，对冰草属分为 10 个种，11 个亚种。这些种与亚种的划分，完全是按传统形态学分类，以主观的形态标准来划分。这里特别是指亚种一级的划分。当然依据表型来推断是必要的第一步。不过 Цвелев 在这一书中与他过去对冰草属的处理有很大的不同，他把许多应属于南麦属、仲彬草属、拟鹅观草属的，都删除更正了，虽然还不完全。属与种的分类与实验生物学的结果比较符合，但单纯按主观形态标准来分类，不可避免也有少数与实验生物学的结果不相一致的。他对冰草属的分类介绍如下：

Genus 17 *Agropyron* Gaertn.，1770. Nov. Comm. Acad. Sci. Petropol. 14（1）：539，s，str.

1. *A. krylovianum* Schischk.，1928. Sist. zam. Gerb. Tomsk. univ. 2：2。

   Elytrigia kryloviana（Schischk.）Nevski，1936. Tr. Bot. Inst. Akad. Nauk SSSR，ser. 1，2：84。

2. *A. pumilum* Candargy，1901. Arch. Biol. Veg. Athenes，1：29，49。

   Triticum pumilum Steud.，1854. Syn. Pl. Glum. 1：334，non L. f. 1781；

   Elytrigia praetermissa Nevski，1936. Syn. Pl. Glum. 1：841，non illeg.。

3. *A. badamense* Drobov，1925. Feddes Repert. 21：44。

   A. desertorum auct. non Schult. et Schult. f.；Sidor. 1957，in Fl. Taj SSR（Flora of Tajk SSR）1：311。

4. *A. desertorum*（Fisch. et Link）Schult.，1824. Mant. 2：412。

   Triticum desertorum Fisch. et Link，1821. Enum. Pl. Horti. Berol. 1：97；

   A. sibiricum var. *desertorum*（Fisch. et Link）Boiss. 1884. Fl. Or. 5：667。

5. *A. fragile*（Roth）Candargy，1901. Monogr. tēs phyls tōn krithōdōn ：58。

   Triticum fragile Roth，1800. Catal. Bot. 2：7；

   T. sibiricum Willd.，1809. Enum. Pl. Horti. Berol. 1：135；

   A. sibiricum（Willd.）Beauv.，1812. Ess. Agrost. ：146；

   T. variegatum Fisch. et Spreng.，1815. Pl. Pugill. 2：24；

   A. variegatum（Fisch. et Spreng.）Roem. et Schult.，1817. Syst. Veg. 2：759；

   T. angustifolium Link，1821. Enum. Pl. Horti. Berol. 1：97；

   A. angustifolium（Link）Schult.，1824. Mant. 2：412；

   T. dasyphyllum Schrenk，1842. Bull. Scient. Acad. Sci Petersb. 10：356。

6. *A. tanaiticum* Nevski，1934. Tr. Sredneaz. Univ. ser. 8C，17：56，in clave。

7. *A. dasyanthum* Ledeb.，1820. Ind. Sem. Horti. Dorpat. ：3。

   Triticum dasyanthum（Ledeb.）Spreng.，1824. Syst. Veg. 1：326。

8. *A. cimmericum* Nevski，1934. Tr. Sredneaz. Univ. ser. 8C，17：56，in clave。

   A. dasyanthum var. *birjutczense* Lavr.，1931. Visn. Kiiv. Bot. sada，12 ～ 13：148；

   A. dasyanthum subsp. *birjutczense*（Lavr.）Lavr.，1935. in Fl. USSR，Vizn.，1：214。

9. *A. michnoi* Roshev. s. l. 。

   9a. *A. michnoi* subsp. *michnoi*-*A. michnoi* Roshev.，1929. Izv. Glavn. Bot. Sada SSSR，28：384；

   9b. *A. michnoi* subsp. *nathaliae*（Sipl.）Tzvel.，1973. Nov. Sist. Vyssch. Rast. 10：34。

   A. michnoi Sipl.，1968. Novosti Sist. Vyssh. Rast. ：13。

10. *A. cristatum*（L.）Beauv. s. l.。

    10a. *A. cristatum* subsp. *tarbagataicum*（Plotn.）Tzvel.，1972. Novosti Sist. Vyssh. Rast. 9：58；

        A. tarbagataicum Plotn.，1941—1946. Tr. Omsk. Selskokhitz. inst. 20：143，131。

    10b. *A. cristatum* subsp. *pectinatum*（Bieb.）Tzvel.，1970. Spisok Rast. gerb. Fl. SSSR，18：25。

        Triticum pectinatum Bieb.，1808. Fl. Taur. -Cauc. 1：87；

        T. caucasicum Spreng.，1807. Nov. Pl. Cent. in Mant. Fl. Hal. 1：35；

        T. imbricatum Bieb.，1808. Fl. Taur. -Cauc. 1：88；

        A. pectinatum（Bieb.）Beauv.，1812. Ess. Agrostol. ：146；

        A. pectiniforme Roem. et Schult.，1817. Syst. Veget. 1：757；

        T. muricatum Link，1821. Enum. Fl. 1：97；

        A. dagnae Grossh.，1919. Vestn. Tifl. Bot. Sada，46～47：44，Plate 4，Fig. 6～10；

        A. karataviense Pavl.，1938. Bull. Mosk. Obshch，isp. prir.，Otd. biol. 47（1）：80；

        A. litvinovii Prokud.，1939. Tr. Inst. Bot. Kharkiv. Univ. 3：202。

    10c. *A. cristatum* subsp. *kazachstanicum* Tzvel.，1972. Nov. Sist. Vyssch. Rast. 9；57。

        A. badamense auct. non Drob.，1925。

    10d. *A. cristatum* subsp. *puberulum*（Boiss. ex Steud.）Tzvel.，1972. Nov. Sist. Vyssch. Rast. 9：58。

        Triticum puberulum Boiss. ex Steud.，1854. Syn. Pl. Glum. 1：345；

        A. puberulum（Boiss. ex Steud.）Grossh.，1939. Fl. Kavk. 2，1：430。

    10e. *A. cristatum* subsp. *baicalense* Egor. et Sipl.，1970. Nov. Sist. Vyssh. Rast. 6：227。

    10f. *A. cristatum* subsp. *cristatum*。

        Bromus cristatus L.，1753. Sp. Pl. ：78；

        Bromus distichus Georgi，1775. Bemerk. Reise Russ. Reich. 1：197；

        Triticum pumilum L. f.，1781. Suppl. Pl. ：115；

        A. cristatum（L.）Beauv.，1812. Ess. Agrostol. ：146。

    10g. *A. cristatum* subsp. *sabulosum* Lavr.，1931. Visn. Kiiv Bot. Sada 12～13：148。

        A. lavrenkoanum Prokud.，1939. Tr. Inst. Bot. Kharkiv. Univ. 3：198。

    10h. *A. cristatum* subsp. *ponticum*（Nevski）Tzvel.，1972. Nov. Sist. Vyssch. Rast. 9：58。

        A. ponticum Nevski，1934. Tr. Sredneaz. Univ. ser. 8C，17：57，in clave。

    10i. *A. cristatum* subsp. *selerophyllum* Novopokr.，1935. Uchen. zap. Rostovsk. Univ. 6：39。

       A. *selerophyllum* Novopokr.，1935. Uchen. zap. Rostovsk. Univ. 6：39，
       Fig. 1，2，4；

       A. *pinifolium* Nevski，1934. Tr. Sredneaz. Univ. ser. 8C，17：57，in
       clave；

       A. *karadaghense* Kotov，1948. Bot. Zhurn. Akad. Nauk URSR，5，
       1：32；

       A. *ponticum* auct. non Nevski，1934。

　　1981 年，О. Н. Дубовик 在《维管束与低等植物新系统学（Новости Систематики Высших и Низших Растений）》1979 期，12 页，发表一个新种，名为 *Agropyron stepposum* Dubovik。这个分类群在 1984 年 Á. Löve 把它降级为 *A. cristatum* 的亚种。

　　1984 年，Á. Löve 基于细胞遗传学的研究成果，在他的《小麦族大纲（Conspectus of the Triticeae）》一文中，把冰草属（*Agropyron*）界定为小麦族含 **P** 染色体组的一个属。其中他认为含 3 个种，24 个亚种。他的分类系统如下：

Agropyron J. Gaertner，1770. Nov. Comm. Acad. Sci. Petrop. 14：540

Agropyron pectiniforme Roem. et Schult.，1817. Syst. Veget. 2：758。

Triticum pectinatum M. Bieb.，1808. Fl. Taur. -Cauc. 1：87，non Agropyron pecti-
    batum (Labillardière) P. Beauv.，1812。

Agropyron dagnae Grossh.，1919. Vestn. Tiflis Bot. Sada 46－47：44。

Agropyron cristatiforme Sardar，1956. Canad. J. Bot. 34：333。

Agropyron cristatum ssp. *pectinatum* Tzvelev，1970. Spisok Rast. Herb. Fl. SSSR
    18：25。

Elymus pectinatus （M. Bieb.）Laínz，1970. Bol. Inst. Estud. Astur.，Supl. Ciene.
    15：44，in adnot。

Agropyron pectiniforme ssp. *pectiniforme*。

    （2n＝2x＝14）

Agropyron pectiniforme ssp. *baicalense* （Egor. et Supl.）Á. Löve，1984. Feddes
    Repert. 95 （7－8）：430。

Agropyron cristatum ssp. *baicalense* Egor. et Supl.，1970. Nov. Sist. Vyssch.
    Rast. 6：227。

Agropyron pectiniforme ssp. *brandzae* （Pantu et Solacolu）Á. Löve，1984. Feddes
    Repert. 95 （7－8）：430。

Agropyron brandzae Pantu et Solacolu，1924. Bull. Sect. Sci. Acad. Roum. 9：28。

Agropyron pectiniforme ssp. *sabulosum* （Lavr.）Á. Löve，1984. Feddes Repert. 95
    （7－8）：431。

Agropyron cristatum ssp. *sabulosum* Lavr.，1931. Visn. Kiïv Bot. Sada 12－13：148。

Agropyron lavrenkoanum Prokudin，1939. Tr. Inst. Bot. Kharkiv Univ. 3：198。

Agropyron cristatum（L.）J. Gaertner，1770. Nov. Comm. Acad. Sci. Petrop. 14：540。
（2n＝4x＝28）

Agropyron cristatum ssp. *badamense*（Drob.）Á. Löve，1984. Feddes Repert. 95
（7‐8）：431。

Agropyron badamense Drob.，1925. Feddes Repert. 21：44。

Agropyron cristatum ssp. *birjutczense*（Lavr.）Á. Löve，1984. Feddes Repert. 95
（7‐8）：431。

Agropyron cimmericum Nevski，1934. Tr. Sredneaz. Univ.，ser. 8B，17：56。

Agropyron dasyanthum var. *birjutczense* Lavr.，1931. Visn. Kiiv Bot. Sada 12‐
13：148。

Agropyron cristatum ssp. *bulbosum*（Boiss.）Á. Löve，1984. Feddes Repert. 95（7‐
8）：431。

Agropyron bulbosum Boiss.，1844. Diagn. Pl. Or. 1，5：75。

Agropyron cristatum ssp. *dasyanthum*（Ledeb.）Á. Löve，1984. Feddes Repert. 95
（7‐8）：431。

Agropyron desertorum（Fischer ex Link）Schultes，1824. Mant. 2：412。

Agropyron dasyanthum Ledeb.，1820. Ind. Sem. Horti Dorpat. 3。

Agropyron cristatum ssp. *desertorum*（Fischer et Link）Á. Löve，1984. Feddes
Repert. 95（7‐8）：431。

Triticum desertorum Fischer et Link，1821. Enum. Pl. Horti Berol. 1：97。

Agropyron desertorum（Fischer et Link）Schultes，1824. Mant. 2：412。

Agropyron sibiricum var. *desertorum*（Fischer et Link）Boiss.，1884. Fl. Or.
5：667。

Agropyron cristatum ssp. *erikssoni*（Meld.）Á. Löve，1984. Feddes Repert. 95（7‐
8）：431。

Agropyron cristatum var. *erikssonii* Meld.，1949. in Norlindh，Rep. Sino Swed.
Exp. 31：118。

Agropyron cristatum ssp. *fragile*（Roth）Á. Löve，1984. Feddes Repert. 95（7‐8）：
431。

Agropyron fragile（Roth）Candargy，1901. Arch. Biol. Veg. Athenes 1：29，49；
Monogr. tes phyls ton krithodon 58。

Triticum fragile Roth，1800. Catal. Bot. 2：7。

Agropyron cristatum ssp. *imbricatum*（M. Bieb.）Á. Löve，1984. Feddes Repert. 95
（7‐8）：431。

Triticum imbricatum M. Bieb.，1801. Fl. Taur. -Cauc. 1：88. non Lam. 1791。

Agropyron imbricatum Roem. et Schrlt.，1817. Syst. Veget. 1：757。

Agropyron cristatum var. *imbricatum*（Roem. et Schult.）B. Fedsch. et Fler.，

1908. Fl. Eur. Ross. 1：146。

Agropyron cristatum ssp. *kazachstanicum* Tzvelev，1972. Nov. Sist. vyssch. Rast. 9：57。

Agropyron badamense auct.，non Drobov，1925。

Agropyron cristatum ssp. *michnoi* （Roshev.） Á. Löve，1984. Feddes Repert. 95 （7 - 8）：432。

Agropyron michnoi Roshev.，1929. Izv. Glavn. Bot. Sada SSSR 28：384。

Agropyron cristatum ssp. *mongolicum* （Keng） Á. Löve，1984. Feddes Repert. 95 （7 - 8）：432。

Agropyron mongolicum Keng，1938. J. Wash. Acad. Sci. 28：305。

Agropyron cristatum ssp. *nathaliae* （Sipl.） Á. Löve，1984. Feddes Repert. 95 （7 - 8）：432。

Agropyron michnoi ssp. *nathaliae* （Sipl.） Tzvel.，1973. Nov. Sist. Vyssch. Rast. 10：34。

Agropyron nathaliae Sipl.，1968. Nov. Sist. Vyssch. Rast. 5：13。

Agropyron cristatum ssp. *pachyrrhizum* （A. Camus） Á. Löve，1984. Feddes Repert. 95 （7 - 8）：432。

Agropyron pachyrrhizum A. Camus，1934. Bull. Soc. Bot. Fr. 80：74。

Agropyron cristatum ssp. *ponticum* （Nevski） Tzvelev，1972. Nov. Sist. Vyssch. Rast. 9：58。

Agropyron ponticum Nevski，1934. Tr. Sredneaz. Univ.，ser. 8B，17：57，in clave。

Agropyron cristatum ssp. *puberulum* （Boiss. ex Steud.） Tzvelev，1972. Nov. Sist. Vyssch. Rast. 9：58。

Triticum puberulum Boiss. ex Steud.，1854. Syn. Pl. Glum，1：345。

Agropyron puberulum （Boiss. ex Steud.） Grossh.，1939. Fl. Kavk. 2，2：340。

Agropyron cristatum ssp. *pumilum* （Steud.） Á. Löve，1984. Feddes Repert. 95 （7 - 8）：432。

Triticrm pumilum Steud.，1854. Syn. Pl. Glum. 1：334，non L. f. 1781。

Agropyron pumilum （Steud.） Candargy，1901. Monogr, tēs phyls tōn krithōdōn：29；

Elytrigia praetermissa Nevski，1936. Tr. Bot. Inst. AN SSSR，ser. 1，2：84。

Agropyron cristatum ssp. *sclerophyllum* Novopokr，1935. Uchen. Zap. Rostovsk. Univ. 6：39，n. altern. 。

Agropyron sclerophyllum Novopokr，1935. Uchen. Zap. Rostovsk. Univ. 6：39。

Agropyron pinifolium Nevski，1934. Tr. Sredneaz. Univ.，ser. 8B，17：57 in clave。

Agropyron karadaghense Kotov，1948. Bot. Zhum. 5：32。

Agropyron ponticum auct.，non Nevski，1934。

Agropyron cristatum ssp. *sibiricum* （Willd.） Á. Löve，1984. Feddes Repert. 95 （7 -

8）：432。

Triticum sibiricum Willd.，1809. Enum. Pl. Horti. Berol. 1：135。

Agropyron cristatum ssp. *stepposum*（Dubovik）Á. Löve，1984. Feddes Repert. 95
（7 - 8）：432。

Agropyron stepposum Dubovik，1981. Nov. Sist. Vyssch. i Nizschikh Rast. 1979：12。

Agropyron cristatum ssp. *tarbagataicum*（Plotnikov）Tzvelev，Nov. Sist. Vyssch.
Rast. 9：58。

Agropyron tarbagataicum Plotnikov，1941—1946. Tr. Omsk. Sel'sk. Inst. 20：
143，131。

Agropyron deweyi Á. Löve，1984. Feddes Repert. 95（7 - 8）：432。

（2n＝6x＝42）

以上 Á. Löve 的系统，在亚种的划分上显然不是根据实验生物学的亲和性数据，而是
把过去纷杂的种划分为亚种，凭估计压缩在 3 个不同的染色体组组合水平的种之中。因为
当时其中一些分类群的染色体数都还未观察清楚。例如：*kazachstanicum*、*michnoi*、
mongolicum、*nathaliae*、*pachyrrhizum*、*puberulum*、*pumilum*、*sclerophyllum* 与 *tar-
bagataicum* 等分类群。冰草分布在欧亚大陆温带、北亚热带广大地区，从西北欧直到东
北亚，地理环境差异非常之大，因而在自然选择与地理隔离的条件下必然形成种群的多形
性。这就为造成在形态分类上的混乱创造了条件。Á. Löve 排除在形态上的差异造成的假
象，把冰草属划分为 3 个染色体组倍性不同的种显然是一个巨大的进步，虽然当时实验生
物学的成果的积累还不足以解决这样一些系统学的问题。例如他当时还不了解
Ag. mongolicum 的染色体组的倍性，而把这种二倍体植物作为四倍体种的亚种。今天看
来，显然是历史局限带来的错误。

1984 年，苏联的 Г. А. Пешкова 在苏联《植物学杂志（Ботанический Журнал）》69
卷，第 8 期，1 088～1 099 页，发表一个采自西伯利亚、名为 *Agropyron angarense*
Peshkova 的新种。

1987 年，在郭本兆主编的《中国植物志》第 9 卷，3 分册中，编写的 "11 冰草属
——*Agropyron* Gaert."，仍承袭耿以礼对中国冰草属分类，但承认 5 个种，即：
Ag. cristatum Gaert.、*Ag. sibiricum*（Willd.）Beauv.、*Ag. mongolicum* Keng、*Ag. de-
sertorum*（Fisch.）Schult.，以及在耿以礼基础上增加了一个 *Ag. michnoi* Roshev.，并增
加 4 个变种、1 个变型。他的分类如下：

Ag. cristatum Gaert.。

var. *cristatum*；

var. *pluriflorum* H. L. Yang，植物研究 4（4）：88. 1984；

var. *pectiniforme*（Roem. et Schult.）H. L. Yang，com. nov.。

Ag. desertorum（Fisch.）Schult. in Mant. 2：412. 1824。

var. *desertorum*；

var. *pilosiusculum* Meld. in Norlindh，Fl. Mong. Steppe. I：121. 1949。

Ag. mongolicum Keng in Journ. Wash. Acad. Sci. 28：305. f. 4. 1938。

var. *mongolicum*；

var. *villosum* H. L. Yang，植物研究 4（4）：89，1984。

Ag. sibiricum（Willd.）Beauv.。

f. *sibiricum*；

f. *pubiflorum* Roshev.，in Фл. Юго-Вост. 2：156. 1928。

Ag. michnoi Roshev. in Bull. Jard. Bot. Princ. URSS. 28：384. 1929。

1990 年，俄罗斯植物学家 Л. И. Малышев 与 Г. А. Пешкова 在他们主编的《西伯利亚植物志（ФлораСибирь）》第 2 卷禾本科一书中，他们对冰草属记录了 11 个种，它们是：

1. *Ag. angarense* Peschkova。

2. *Ag. cristatum*（L.）Gaertner。

3. *Ag. desertorum*（Fischer ex Link）Schultes。

4. *Ag. distichum*（Georgi）Peschkova，基于 *Bromus distichus* Georgi。

  Ag. cristatum var. *macrantha* Roshev.；

  Ag. cristatum subsp. *baicalense* Egor. et Sipl.。

5. *Ag. erickssonii*（Meld.）Peschkova。

  Ag. cristatum var. *erickssonii* Meld.。

6. *Ag. fragile*（Roth）Candargy。

  Ag. sibiricum Willd.。

7. *Ag. kazachstanicum*（Tzvelev）Peschkova。

  Ag. cristatum subsp. *kazachstanicum* Tzvelev；

  Ag. cristatum acut. p. p.。

8. *Ag. michnoi* Roshev.。

9. *Ag. nataliae* Sipl.。

  Ag. michnoi subsp. *nataliae*（Sipl.）Tzvelev；

  Ag. michnoi acut. non Roshev.。

10. *Ag. pectinatum*（Bieb.）Beauv.。

  Ag. cristatum var. *pectinatum*（Bieb.）Krylov；

  Ag. pectiniforme Roemer et Schultes；

  Ag. cristatum subsp. *pectinatum*（Bieb.）Tzvelev。

11. *Ag. pumilum* Candargy。

  Ag. krylovianum Schischkin；

  Ag. ciliolatum acut. non Nevski。

以上 11 个种中 *Ag. krylovianum* Schischkin＝*Ag. pumilum* Candargy 不属于冰草属，应当是属于 *Kengyilia* 属的一个分类群。

1998 年，新疆师范大学崔大方与他父亲崔乃然共同在《西北植物学报》18 卷，2 期，284～286 页，发表一篇名为《新疆小麦族新植物》的文章。其中崔大方将他两年前在《新疆植物志》6 卷，602 页上发表的 *Agropyron sinkiangense* D. F. Cui，补上拉丁文描述再次正式发表。

（二）冰草属的实验生物系统学研究

1930 年，F. H. Peto 对冰草进行了细胞学的观察研究，确定冰草 *Agropyron crista-tum* 有二倍体与四倍体两种不同倍性的群体，2n＝14 与 2n＝28。他的观察研究发表在《加拿大研究杂志（Canadian Journal of Research）》第 3 卷，428～448 页上。

1940 年，W. M. Myers 与 H. D. Hill 在《植物学公报（Botanical Gazette）》192 卷，发表一篇题为 "Studies of chromosome association and behavior and occurrence of aneuploidy in autotetraploid grass species, orchard grass, tall oat grass, and crested wheatgrass" 的报告。对冰草，他观察的是四倍体植物。从中期 I 的染色体构型来看，12 II ＋1 IV 占 4%，10 II ＋2 IV 占 12%，8 II ＋3 IV 占 15%，6 II ＋4 IV 占 17%，4 II ＋5 IV 占 15%，2 II ＋6 IV 占 5%，7 IV 有 1%。含四价体的细胞为观察细胞总数的 69%，平均含四价体 3.7。可以确定它是同源四倍体。

1955 年，R. P. Knowles 在《加拿大植物学杂志（Canadian Journal Botany）》33 卷，发表一篇题为 "A study of variability in crested wheatgrass" 的文章，证明 *Agro-pyron cristatum*（L.）Gaertner 是冰草，即欧美人称为 "冠状小麦草（crested- wheatgrass）" 复合群的一员，它是个多形性的种，染色体倍性相同的类群间杂交育性很高。

他用了 6 种形态类型的材料做实验，它们是：*Ag. cristatum*（L.）Gaertn.、*Ag. desertorum*（Fisch.）Roem et Schult.、*Ag. sibiricum*（Willd.）P. B.、*Ag. fragile*（Roth）Nevski、*Ag. michnoi* Roshev. 与 *Ag. imbricatum*（M. B.）Roem et Schult.。代表了卵圆型小穗平展呈篦齿状的密穗；中间型，小穗斜生近篦齿状的长线型穗；到圆柱形，小穗呈覆瓦状的疏穗。有根茎与无根茎。具短芒或无芒。叶和外稃被毛或无毛。不同的倍性：2n＝14 与 2n＝28。所用实验材料介绍如表 3 - 1。

表 3 - 1　Knowles 实验观察所用材料

（根据 Knowles，1955，表 I 与表 III 合并）

种	品 系 及 其 来 源	染色体数（2n）	植株数
Ag. cristatum	Fairway 品种（S. P. I. 19536）	14	37
	"Tall" 选系（Fairway 品种）	14	15
	S - 1552（Erevan，苏联）	14	3
	S - 1555（Kompolt，匈牙利）	14	3
	S - 1566（Gorki，苏联）	14	4
	S - 2657（Krakow，波兰）	14	2
	S - 2662（Budapest，匈牙利）	14	1
	S - 3113（Paris，法国）	28	3
	S - 3541（Uppsala，瑞典）	14	3
	S - 3543（Baarn，荷兰）	28	1
	S - 3651（Berlin，德国）	14	3

（续）

种	品 系 及 其 来 源	染色体数（2n）	植株数
Ag. imbricatum	S - 841（Pullman，美国，No. 3063 - 37）	28	5
	S - 2284（Moscow，苏联）	28	11
	S - 3652（Paris，法国）	28	3
Ag. michnoi	S - 294（Omusk，苏联）	21	1
	S - 294（Omusk，苏联）	28	7
	S - 1515（Mandan，N. D.，P. I. 110152）	28	3
Ag. desertorum	商业品种（Saskatoon，加拿大）	28	7
	S - 131（Omusk，苏联）	28	14
	S - 1063（U. S. D. A. -W2412）	28	5
	S - 1272（Mandan，N. D.，S. P. I. 19537）	28	11
	S - 1289（保加利亚）	28	2
	S - 1328（U. S. D. A. -P. I. 111482）	28	1
	S - 1333（Logan，Utah，A1117）	28	3
	S - 1556（Sverdlovsk，苏联）	28	3
	S - 1580（Alma，Ata，苏联）	28	1
	S - 2259（Alma，Ata，苏联）	28，29	2
	Nordan 品种（Mandan，N. D.）	28	3
Ag. sibiricum	S - 1298（Kustanof，苏联）	28	2
	S - 1299（U. S. D. A. -W-22）	28	5
Ag. fragile	S - 1325（Mandan，N. D.，P. I. 108417）	28	2
	S - 1332（Loga，Utah）	28	2

Knowles 对这 6 种冰草的减数分裂中期 I 的染色体配对行为进行了观察研究。观察的结果如表 3 - 2 所示。

表 3 - 2　不同冰草种花粉母细胞减数分裂第一中期染色体配对情况

（引自 Knowles，1955. 表Ⅳ）

种及其品系	2n	植株数	观察细胞数	平 均 配 对 数				
				I	II	III	IV	V
Ag. cristatum								
Fairway	14	13	130		7.0			
Ag. imbricatum								
S - 841	28	1	20	0.4	8.2	0.2	2.7	
S - 841	29	1	3	0.5	9.5	0.5	2.0	
S - 841	30	2	12	1.3	10.8	0.1	1.6	
S - 841	31	1	7	1.1	9.6	0.3	2.3	0.1
S - 841	34	1	7	2.0	10.6	0.2	2.4	0.1
S - 2284	28	6	57		10.6		1.9	
Ag. michnoi								
S - 264	28	10	91	0.1	8.8		2.6	
S - 264	29	1	19	1.0	10.5	0.1	1.6	0.1
Ag. desertorum								
全部品系	28	6	58	0.3	9.1	0.2	2.2	
全部品系	29	4	38	1.0	10.3	0.1	1.6	0.1
全部品系	30	3	21	0.1	9.3	0.3	2.4	0.1
全部品系	32	1	11	0.4	13.4		1.2	
Ag. sibiricum								
全部品系	28	4	26	0.8	10.0		1.8	
Ag. fragile								
全部品系	28	2	10	0.1	8.5	0.2	2.5	

Knowles 又对它们的杂种 F_1 的染色体在减数分裂中期 I 的配对进行了观察研究。观察的结果记录如表 3-3。

表 3-3 冰草种间杂种 F_1 减数分裂中期 I 染色体配对情况

(引自 Knowles，1955，表 Ⅵ)

杂交组合	2n	植株数	细胞数	I	II	III	IV	V	VI	VII	VIII
四倍体与二倍体杂交											
mic×cri	21	8	79	5.3	5.4	1.5					
mic×cri	22	1	10	4.4	6.2	1.6					
mic×cri	23	1	10	6.0	6.3	1.3		0.1			
des×cri	21	5	55	3.0	3.6	3.2	0.2				
sib×cri	21	1	10	2.2	3.1	3.2	0.5	0.2			
四倍体间杂交											
imb×des	30	1	5	0.4	11.2		1.8				
imb×sib	28	1	6	1.8	10.8	0.8	0.5				
imb×fra	28	1	5	0.8	9.0		2.0		0.2		
imb×mic	29	1	10	2.9	10.2	1.1	0.5				
imb×mic	28~30	1	10	0.6	13.8	0.1	0.2				
imb×mic	30	1	10	0.2	13.7		0.6				
mic×des	28	5	68	0.1	12.3		0.8				
mic×des	29	2	14	0.9	9.9	0.4	1.4	0.1	0.1		
mic×sib	28	4	40	0.5	11.0	0.1	1.3				
mic×sib	30	1	10		11.8		1.6				
mic×fra	28	2	20		11.5		1.2				
des×sib	28	1	10	2.2	7.0	0.2	2.5	0.2	0.1	0.2	
sib×fra	32	1	5	0.4	10.8		1.8		0.2		0.2

注：表中种名作了如下缩写：cri＝*Ag. cristatum*，des＝*Ag. desertorum*，fra＝*Ag. fragile*，mic＝*Ag. michnoi*，sib＝*Ag. sibiricum*。

Knowles 的试验表明二倍体的种系不容易与四倍体杂交。四倍体的宽穗类型，本试验涉及的 *Ag. imbricatum*，也有人（Swalien 与 Rogler）定为 *Ag. cristatum*，以及 *Ag. fragile*、*Ag. michnoi*、*Ag. sibiricum* 与 *Ag. desertorum* 之间的杂交都得到充分能育杂种。Knowles 还认为从杂种充分能育来看把它们定为不同的种是缺乏根据的。

二倍体的 *Ag. cristatum* 与四倍体的 *Ag. desertorum* 的杂种显示出减数分裂具有高频率的三价体。说明这两个种的染色体之间具有很高的同源性。

本试验中看到额外多出的染色体与正常染色体之间没有同源性，它们是 **B** 染色体。这种额外染色体在四倍体中观察到而在二倍体中没有的事实，说明它们的形成与存在同四倍体减数分裂配对复杂关系有关。

1961 年，D. R. Dewey 在美国《遗传学杂志（Journal of Heredity）》发表一篇对 *Agropyron repens* 与 *Agropyron desertorum* 之间的杂种的细胞学观察的报告。*Ag. repens* 是六倍体，含 42 条小染色体；*Ag. desertorum* 是四倍体，含 28 条大染色体，它的染色体大约是 *Ag. repens* 的染色体的两倍大。在 54 个观察细胞中，都含有 1 个以上的四价体，平均 2.37；减数分裂过程表现正常。

所有杂种都含有 35 条染色体。在 235 个观察花粉母细胞中，在终变期有 56.6% 的细胞含有 14 个二价体，7 个单价体。二价体中有 7 个显著比另 7 个大得多。7 对大二价体显

然是 *Ag. desertorum* 的染色体同源联会。有 22.6％ 的细胞含有 13 个二价体，9 个单价体。9 个单价体中有两个应属于 *Ag. desertorum* 的大染色体。13.2％ 的细胞具有三价体。有两个细胞具有四价体。在后期 I，每个细胞都有落后染色体。虽然大多数具有 7 条落后染色体，平均 6.15，但比中期 I 要少一些。说明少数单价体也正常移向两极。后期 II 落后染色体也非常普遍存在，平均含有 4.88。四分子中微核也普遍存在，平均达 9.76。4 000 粒观察花粉中能染色、正常大小的花粉占 17.3％。杂种高度不育。

从观察数据来看 *Ag. desertorum* 与 *Ag. repens* 之间没有共同的染色体组。而 *Ag. desertorum* 的两组染色体却是同源性非常高。

同年，D. R. Dewey 又在《作物科学（Crop Science）》第 1 卷上发表一篇题为 "Polyhaploids of crested wheatgrass" 的文章，作者从 *Agropyron desertorium* 种子中发现 4 粒在萌芽时长出孪生苗。这 4 对孪生苗，对其减数分裂观察发现其中 3 对每对都是一株是非整倍体，另一株是二倍体，其体细胞染色体数为 14。而剩余一对孪生苗，则两株都是非整倍体。观察结果如下：

孪生苗编号	染色体数
1 - a	31
- b	15
2 - a	32
- b	14
3 - a	30
- b	14
4 - a	32
- b	14

与它们作对照的是二倍体的品种 Fairway。

4 株染色体数超过 28 的孪生苗，在终变期正常地形成 1～7 个四价体，显示出同源四倍体的性质。

多元单倍体（polyhaploid）1 - b，含 15 条染色体，平均每个细胞二价体 6.56，62％ 的细胞形成 7 对二价体与一个单价体。没有一个细胞二价体在 5 对以下的。含一个三价体的占 26％。一个额外染色体是正常染色体，因为是多余的染色体，不与正常的染色体配对。后期也非常正常，仅在赤道板偶尔有单价体。多余染色体也正常分向两极成 7～8 模式的分离。后期 I 一些细胞出现单个片段，虽然没有桥。余下的分裂过程基本上是正常的。减数分裂虽然百分之百正常，而花粉却是皱瘪不能染色。

多元单倍体 2 - b，直到终变期染色体高度配对非常正常。但减数分裂继续下去就不正常。所有细胞在粗线期与双线期是完整的配对，95％ 的终变期花粉母细胞中含有 7 个二价体。虽然在终变期紧密配对，许多这些二价体开始在中期 I 分开成为单价体，后期 I 反映出中期 I 的反常性是出现落后染色体以及过早的分离并且不均等分向两极。在中期 II 通常观察到的半-染色体是中期 I 过早分离的结果。在一个中期 II 的花粉母细胞中可以看到 6 个领结状的染色体与 3 个半-染色体。一半以上的四分体含有一个或更多的微核。在 5 000 个花粉粒中找到一个正常的。

多元单倍体 3 - b，在终变期与中期 I 染色体配对情况各不相同，细胞中含有一个四价体。这个四价体看来是异源易位构成的结果，它们是从终变期直接承传下来的。这个植株染色体配对非常好，171 个花粉母细胞中没有一个单价体。接下来的分裂过程也非常正常，只是在后期 I 有染色体片段以及偶尔出现染色体桥。

多元单倍体 4 - b，除在后期 I 出现桥及染色体片段外，减数分裂整个过程都很正常。看来是异源倒位造成的结果。96％的花粉母细胞中含有 7 对二价体。大部分二价体是环型二价体，但是在中期 I 总是含有一个棒型二价体。这个棒型二价体可能含有一段倒位。它干扰联会使交叉只形成在染色体的一个臂上。花粉粒完全是空壳，不能染色。

二倍体品种 Fairway 虽然同样有相似的异常性，包括落后染色体、单价体、桥、染色体片段与微核，但通常都形成 7 个二价体。后期 I 染色体分向两极通常也是正常的，虽然有时也有少数不均等分裂或一极或两极缺少染色体。它的花粉 95％是正常可以染色的。

这种多元单倍体表现出的减数分裂行为与正常二倍体 Fairway 相比较，构成育性不同，说明它是多元单倍体，而不是正常的二倍体，虽然它含有 7 对二价体，但同 Hanson 与 Carnahan（1956）报道的"果园草（orchardgrass）"的事例相似，因为果园草是部分异源多倍体（segemental allopolyploid）。这就意味着四倍体 *Agropyron desertorun*（Fisch.）Schult. 的两组染色体组虽然同是 **P** 染色体组，但是它们在结构上是不完全相同的，因此来自不同 **P** 染色体组的染色体削减构成 7 对染色体，貌似二倍体，而实质上是多倍单倍体。

1963 年，J. Schulz-Schaeffer、P. Allderdice 与 G. C. Creel 在《作物科学（Crop Science）》第 3 卷，发表题为 "segmental allopolyploidy in tetraploid and hexaploid *Agropyron species* of crested wheatgrass complex（section *Agropyron*）"的文章，证明它们含有二倍体、四倍体与六倍体不同的细胞型（图 3 - 1）。他们这一研究主要是观察分析 *Agropyron cristatum* 与 *Ag. desertorum*。他们比较观察了二倍体的 *Agropyron cristatum*、四倍体的 *Ag. desertorum* 与六倍体 *Ag. desertorum* 的核型与它们减数分裂染色体配对构型（编著者注：这里他们把二倍体的分类群称为 *Ag. cristatum*，而正确的学名应当是 *Agropyron pectini-forme* Roem. et Schult.；六倍体 *Ag. cristatum* 的正确学名应当是 *Ag. deweyi* Á. Löve）（图 3 - 2）。

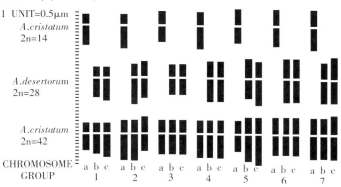

图 3 - 1　*A. cristatum*（2n＝14）、*A. desertorum*（2n＝28）与 *A. cristatum*（2n＝42）的核型模式图比较（除易位染色体 c 外，都是按短臂长度顺序排列）
（引自 Schulz-Schaeffer 等，1963，图 1）

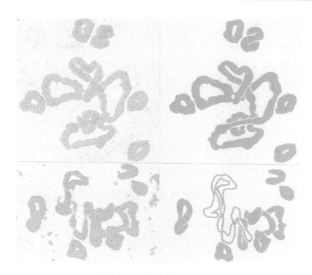

图 3-2 四价体的冰草减数分裂终变期染色体的
构型（左为照片，右为同一照片的绘图）

a. 6 个二价体以外；箭头所指一个四价体以顶端交叉与一个十二价体相连接成为 16 条染色体相连的构型 b. 8 个二价体、1 个四价体与 1 个八价体。八价体呈链状构型（引自 Schulz-Schaeffer 等，1963）。［编著者注：原文说明写的是"tetraploid *A. criatatum*，strain 80a,"他们在"材料与方法"一节中记录的观察研究材料"80a"是 E. E. Smith 1955 年采自伊朗，阿塞拜疆，米席肯萨尔（Meshkinshahr）去阿哈尔途中的材料 P. I. 223323 是六倍体，2n＝28，n＝14。他们观察研究的四倍体只有 *Agropyron desertorum*。"tetraploid *A. criatatum*，strain 80a,"显然是错写的］

他们从核型比较与减数分裂染色体配对的多价体构型分析来看，认为 *Agropyron desertorum* 的两组染色体组是因其中一组的染色体 1、2、5、7 之间发生相互易位，而造成两组染色体组不同。易位的形成如图 3-3 所示。

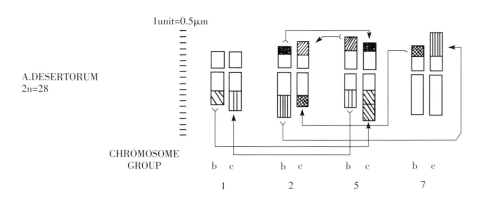

图 3-3 可能的易位交换形式图

（假定 b 与 c 染色体原来是个似的，易位改变成为 c 型。这种改变主要是通过相互移位。可能的易位交换形式如图所示。染色体 2b 短臂的一段与染色体 5b 相互交换，而染色体 2b 长臂的一段又与染色体 7b 的短臂发生了相互交换。相似的易位又发生在 1b 与 5b 的长臂之间，染色体 1b 长臂的一段随后又发重型缺失丢失，从而形成不同于原来 1b、2b、5b 与 7b 的 1c、2c、5c 与 7c）

（引自 Schulz-Schaeffer 等，1963，图 2）

他们把二倍体 *A. cristatum* 的原型染色体组标记为 A_1A_1，把因易位改变了的标记为 A_2A_2。他们认为 *A. desertorum* 的两组染色体组是由 A_1A_1 A_2A_2 组成；而六倍体的 *A. cristatum* 应当是 A_1A_1 A_1A_1 A_2A_2 染色体组组合。

1964 年，D. R. Dewey 在《美国植物学杂志（American Journal of Botany）》发表了他对两种冰草属植物 *Agropyron spicatum*（Pursh）Scribn. et Smith 与 *Agropyron cristatum*（L.）Gaertn. 的染色体组测试分析的结果。这篇题为 "Synthetic hybrids of new world and old world Agropyrons I. Tetraploid *Agroipyron spicatum* × diploid *Agropyron cristatum*" 的文章发表了以下的数据（表 3 - 4）。

表 3 - 4 **A. spicatum、A. cristatum** 及其种间杂种的终变期与中期 I 染色体联会

（引自 Dewey，1964a，表 2）

种与杂种	染色体联会				细胞观察数	总合（%）
	I	II	III	IV		
A. spicatum	—	12	—	1	5	4.8
(2n=28)	—	10	—	2	26	25.2
	—	8	—	3	37	35.9
	—	6	—	4	21	20.4
	—	4	—	5	8	7.8
	1	6	1	3	2	1.9
	2	7	—	3	3	2.9
	1	12	1	—	1	1.0
总　　合	9	819	3	307	103	99.9
百 分 率	0.09	7.95	0.03	2.98		
A. crstatum	—	7	—	—	160	98.2
(2n=14)	2	6	—	—	3	1.8
总　　合	6	1 138			163	100.0
百 分 率	0.04	6.98				
杂　　种	7	7	—	—	237	90.0
(2n = 21)	5	8	—	—	11	4.2
	9	6	—	—	2	0.8
	6	6	1	—	9	3.4
	5	5	2	—	2	0.8
	4	7	1	—	1	0.4
总　　合	1 800	1 830	14		262	100.1
百 分 率	6.87	6.98	0.05			

从表 3 - 4 数据来看，*A. spicatum* 是一个同源四倍体，它与 *A. cristatum* 没有相同的染色体组。在这篇文章中把 *A. cristatum*、*A. spicatum* 及其杂种的染色体组组式写成 **AA**、**BBBB** 与 **ABB**。这在当时还没有统一议定的小麦族染色体组组名的情况下是合理合法的。按 1994 年小麦族染色体组国际命名委员会公布的染色体组的命名，*A. cristatum* 应写为 **PP**，四倍体的 *A. spicatum* 应写为 **StStStSt**，它们之间的杂种应写为 **PStSt**。*A. spicatum* 应当是 *Pseudoroegneria spicara*。

同年，D. R. Dewey 在同一期刊上又发表了 *Agropyron repens*、*A. cristatum* 与它们之间的杂种的染色体组分析研究的结果。从这一研究的结果（表 3 - 5）看，这两个种之间

没有任何的亲缘关系，系统相距甚远，不应该是同一个属的物种。

表 3-5 *A. repens*、*A. cristatum* 以及它们之间的杂种在中期 I 染色体的联会。

（引自 Dewey，1964b，表 2）

种与杂种	染色体联会				细胞观察数	总合（%）
	I	II	III	V		
A. repens	—	21	—	—	78	58.2
（2n＝42）	—	19	—	1	41	30.6
	—	17	—	2	8	6.0
	2	20	—	—	7	5.2
总　　合	14	2 693		57	134	100.0
百　分　率	0.10	20.10		0.43		
A. cristatum	—	7	—	—	120	96.8
（2n＝14）	2	6	—	—	4	3.2
总　　合	8	864			124	100.0
百　分　率	0.07	6.97				
杂　　种	11	7	1	—	39	20.9
（2n＝28）	11	7	—	—	33	17.6
	12	8	—	—	33	17.6
	10	9	—	—	27	14.4
	9	8	1	—	14	7.5
	8	10		—	11	5.9
	13	6	1	—	10	5.3
	16	6	—	—	7	3.7
	12	5	2	—	2	1.1
	8	7	2	—	2	1.1
	6	11	—	—	1	0.5
	7	9	1	—	1	0.5
	11	4	3	—	1	0.5
	6	8	2	—	1	0.5
	9	5	3	—	1	0.5
	15	5	1	—	1	0.5
	12	3	2	1	1	0.5
	12	6	—	1	1	0.5
	10	7	—	1	1	0.5
总　　合	2 141	1 417	83	3	187	99.6
百　分　率	11.45	7.58	0.44	0.02		

　　在这篇文章中，Dewey 报道说：六倍体的 *A. repens* 与二倍体的 *A. cristatum* 正反杂交的杂种表现不同，虽然它们都是含有 28 条染色体。*A. repens* 为母本，结实较好；*A. cristatum* 为母本则较差。*A. repens* 为母本的杂种，表现强壮，根茎发达；而 *A. cristatum* 为母本的杂种则纤弱，无根茎。*A. repens* 在 134 个观察的花粉母细胞中（包括正反交），减数分裂中期 I 的平均配对是 0.10 单价体，20.10 二价体与 0.13 四价体。除少数细胞在后期 I 与后期 II 有落后染色体与染色体桥外，在中期 I 以后各期都表现正常。在 124 个 *A. cristatum* 的花粉母细胞中，中期 I 染色体平均配对为 0.07 单价体，

6.97 二价体。杂种花粉母细胞中，中期 I 染色体配对变幅非常大，在 187 个花粉母细胞中，平均 11.45 单价体，7.58 二价体，0.44 三价体与 0.02 四价体。在每一个杂种花粉母细胞中后期 I 都有 5 到 14 个落后染色体；25% 后期 I 杂种花粉母细胞中观察到染色体桥。也就是说 A. repens 与 A. cristatum 的 **P** 染色体组没有亲缘关系。

1965 年，McCoy 与 Law 发表一篇短文报道沙生冰草 Ag. desertorum 的随体染色体，并对前人的观察又作了论证。他们用田间宽间距生长的植株的壮根根尖为材料，作涂片观察，确定 2n＝28 并具 4 个随体。从随体染色体的核型来看它们之间非常相似。他们认为 Ag. desertorum 是个四倍体，这四条短染色体具同源性，只有短臂或长臂稍有长度差异。

1967 年，Douglas R. Dewey 与 P. C. Pendse 发表一篇题为《三倍体冰草的细胞遗传学》的文章。在这一研究中他们对二倍体的 Ag. cristatum（2n＝14）、Ag. desertorum（2n＝28）及 Ag. cristatum×Ag. desertorum 形成的三倍体的减数分裂与育性进行分析研究。对三倍体的观察研究的结果如表 3-6 所示。

表 3-6　冰草三倍体的染色体配对、花粉染色及育性

（根据 Dewey 与 Pendse，1967。表 2）

三　倍　体	染色体数	染色体联会[a]								细胞数	花粉染色（%）[b]	单穗平均结实数[c]
		I	II	III	IV	V	VI	VII	VIII			
Ag. cristatum												
合成 4n×2n	21	4.43	4.43	2.57	0.00	0.00	0.00	0.00	0.00	141	87	1.2
（孪生苗）	21	4.35	4.59	2.49	0.00	0.00	0.00	0.00	0.00	137	69	0.1
Ag. desertorum	21	3.88	4.20	2.91	0.00	0.00	0.00	0.00	0.00	116	31	0.05
	22	4.98	3.92	3.00	0.03	0.01	0.00	0.00	0.00	150	21	0.02
Ag. cristatum×	21	2.43	3.50	3.10	0.53	0.03	0.00	0.00	0.00	70	23	0.005
Ag. desertorum	23	2.28	4.71	2.25	0.60	0.25	0.09	0.04	0.01	72	45	0.1

注：a. 除 23-染色体植株外都是中期 I，23-染色体植株则是终变期；b. 基于 1000 粒花粉；c. 10 穗平均。

同源四倍体 Ag. cristatum 的染色体配对在 278 个中期 I 细胞中，平均 4.39 一价体，4.51 二价体与 2.53 三价体。同源四倍体 Ag. cristatum 的三价染色体配对率比其他禾本科同源四倍体的都低。三倍体的 Ag. desertorum 的 116 个细胞中期 I 的染色体平均配对为 3.88 一价体，4.20 二价体，2.91 三价体。Ag. desertorum 染色体组表现出基本的同源性，除一条染色体可能有一段倒位与潜在的结构差异。与 Ag. cristatum×Ag. desertorum 形成的三倍体的染色体的平均配对（2.43 一价体，3.50 二价体，3.10 三价体，0.53 四价体，0.03 五价体）相比较，表现出相互有染色体组有一些染色体结构重组包括相互交换与倒位。二倍体的 Ag. cristatum 的染色体组是 **CC**，三倍体的 Ag. cristatum 的染色体组是 **CCC**，四倍体的 Ag. cristatum 的染色体组是 **CCCC**，四倍体的 Ag. desertorum 的染色体组是 $C_1C_1C_1C_1$，三倍体的 Ag. desertorum 的染色体组是 $C_1C_1C_1$。Ag. cristatum×Ag. desertorum 的染色体组是 CC_1C_1。**Dewey** 当时称为 "**C**" 染色体组即为国际命名委员会命名的 "**P**" 染色体组。

1973 年，Ronald J. Taylor 与 Gene A. McCoy 在《美国植物学杂志（American Journal of Botany）》发表题为 "Proposed origin of tetraploid species of crested wheatgrass based on chromatographic and karyotypic analyses" 的文章。用层析技术对 5 个四倍体的冰草，即 *Agropyron desertorum*、*A. fragile*、*A. imbricatum*、*A. sibiricum* 与 *A. pectiniforme* 进行分析，其结果联系核型分析尝试确定这 5 个种的起源。所有 5 个四倍体分类群与两个二倍体 *A. imbricatum* 及 *A. pectiniforme*（栽培品种 Fairway）的酚基提取物的层析谱、两个双向纸层析，同时进行比较分析。从层析谱得来的数据作了三个独立的分析。每一个都表达冰草种与种内无性系的酚基相似程度。第 1 种分析是非重点比较非水解色素的一些剖面。例如，酚基化合物存在或不存在。由相似性指数值（SV）来表达。

$$SV = \frac{相似性}{相似性 + 不相似性}$$

第二种分析的不同只是含有酚基化合物来自于水解的提取物。第三种分析包括一种高侧重试验系统基于数量变异的化合物的特性。在这事例中，一种化合物的存在给 3 分值，而化合物浓度则分为 "浓"、"中"、"淡"。这些决定由组合吸收波谱与主观估价来形成。

他们报道说：从核型来看，*A. pectiniforme* 与 *A. imbricatum* 有所差异，前者具两对小随体，后者是一对小随体，一对大随体。染色体相对长度与臂比，也就是着丝粒的位置也有所不同。它们之间的杂种经染色体加倍形成的四倍体，染色体经分离组合形成的核型、随体染色体来自 *A. pectiniforme*。二倍体的 *A. pectiniforme* 经人工染色体加倍形成的四倍体与天然的四倍体 *A. pectinifor-me* 以及 *A. desertorum*、*A. fragile*、*A. sibiricum* 的核型都非常相似（图 3-4）。

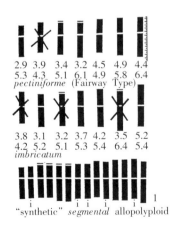
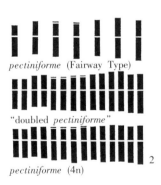
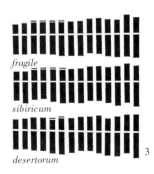

图 3-4　几种冰草属分类群的核型模式图

1. *Ag. pectiniforme*（2n）、*Ag. imbricatum*（2n）与合成部分异源多倍体。染色体臂长已用 μm 为单位标明。部分异源多倍体通过 x 标记的染色体（i＝imbricatum 型）的削除而形成的　2. *Ag. pectiniforme*（2n）、秋水仙碱引变的四倍体以及 *Ag. pectiniforme*（4n）。表明人工合成的同源四倍体与天然的同源四倍体之间的高度一致性　3. 三个天然多倍体的核型，示与人工合成多倍体的相似性

［引自 Taylor 与 McCoy，1973，图 1-3（McCoy 与 Law 未发表工作）］

层析试验的结果如表 3-7 与图 3-5 所示。

表 3-7 色素特性以及在种间的分布

（根据 Taylor 与 McCoy，1973，表2）

色素[a]（非水解）	Rf 值×100 BAW[b]/15%AC[c]	UV	UV+NH$_3$ 与/或 AlCl$_3$	种间分布[d]
1	27/56	Ab	Y	I，D，F，I$_1$，S，P
2	30/46	Ab	Y	I，D，F，I$_1$，S，P
3	71/4	Ab	Y	I，D，F，I$_1$，S，P
4	38/57	Ab	YO	I，D，F，I$_1$，S，P
5	30/25	Ab	Y	I，D，F，I$_1$，S，P
6	11/86	BFI	BFI	I，D，F，I$_1$，S，P
7	36/8	Ab	Y	I，D，F，I$_1$，S，P
8	20/40	Ab	YO	I，D，F，I$_1$，S，P
9	44/35	Ab	p. Y	I，D，F，I$_1$，S，P
10	45/71	BFI	BFI	I，D，F，I$_1$，S，P
11	11/76	Ab	YO	I$_1$，P
12	23/19	Ab	Y	I，D，F，I$_1$，S，P
13	79/19	Ab	YBrFI	I，D，F，I$_1$，S，P
14	84/19	BFI	BFI	I，D，F，I$_1$，S，P
15	34/79	Ab	BGFI	I，D，F，I$_1$，S，P
16	16/70	Ab	YOFI	D，I$_1$，S，P
17	22/31	Ab	Y	F，I$_1$，S，P
18	50/47	Ab	p. Y	I，D，F，I$_1$，S，P
19	40/80	BFI	b. BFI	I，D，F，I$_1$，S，P
20	26/81	BFI	b. BGFI	I，D，F，I$_1$，S，P
21	33/71	Ab	YO	I，F，I$_1$，S，P
22	80/51	BFI	BGFI	I，D，F，I$_1$，S，P
23	63/41	Ab	YOFI	S，P
24	18/17	Ab	YOFI	I，D，F，I$_1$，S，P
25	48/62	Ab	YFI	I，D，I$_1$，S，P
26	27/70	Ab	YOFI	D，S，P
27	38/33	Ab	p. YFI	D，F，I$_1$，S，P
28	20/79	FI	p. BYFI	F，P
29	37/40	Ab	YOFI	D，F，P
30	37/10	Ab	YFI	F，I$_1$，S，P
31	49/68	Ab	YOFI	D，F，P
32	44/12	Ab	YFI	D，F，I$_1$，S，P
33	29/9	Ab	YOFI	D，S，P
34	23/55	Ab	p. YO	I，D
35	18/52	Ab	p. YOFI	I$_1$，S
36	40/64	Ab	OFI	I，F，S
37	38/74	Ab	YO	I，D，F，S
38	64/49	Ab	YO	I，F，S
39	52/43	Ab	YOFI	S
40	55/53	Ab	YOFI	I，D，S
41	64/61	Ab	YO	I，D，S
42	82/65	YGFI	b. YGFI	I，D，F，I$_1$，S
43	63/78	BGFI	v. b. BGFI	I，F，I$_1$，S
44	19/76	BGFI	BGFI	I，D，F，I$_1$，S
45	15/27	Ab	YOFI	F，S
46	62/35	YOFI	p. YO	S
47	14/43	Ab	YOFI	S
48	26/22	Ab	YFI	S

（续）

色素 （非水解）	Rf 值×100 BAW[b]/15%AC[c]	UV	UV+NH₃ 与/或 AlCl₃	种间 分布[d]
49	48/70	Ab	YFI	D，F
50	43/77	p. BGFI	BGFI	I， I₁
51	58/77	YG	p. BG	D，F， S
52	40/53	Ab	p. YFI	D
53	41/21	Ab	p. YFI	D
54	22/17	Ab	p. YO	D
55	24/5	Ab	YGFI	I₁
56	8/4	Ab	YGFI	I₁

$$\sum{}^e = 31\ 38\ 35\ 35\ 46\ 33$$

色素 （水解）	Rf 值×100 BAW[b]/15%AC[c]	UV	UV+NH₃ 与/或 AlCl₃	种间 分布[d]
1	30/57	Ab	b. YOFI	I，D，F，I₁，S，P
2	21/55	Ab	b. YFI	D，F，I₁，S，P
3	22/44	Ab	b. YFI	I，D，F，I₁，S，P
4	27/42	Ab	YOFI	P
5	22/27	Ab	YOFI	I，D，F，I₁，S，P
6	87/63	BFI	b. BFI	I，D，F，I₁，S，P
7	85/60	BFI	b. BGFI	I，D，F，I₁，S，P
8	17/16	Ab	YOFI	D，F，I₁，S，P
9	94/01	Ab	d. YBrFI	I，D，F，I₁，S，P
10	71/04	Ab	b. YFI	I，D，F， S，P
11	29/12	Ab	p. YFI	I，D，F， S，P
12	81/51	BFI	BGFI	I，D，F，I₁，S，P
13	77/45	BFI	BGFI	D，F， S，P
14	79/75	p. BFI	b. BWFI	D
15	79/81	WFI	WFI	D，F，I₁，S，P
16	88/74	p. BWFI	p. BWFI	D，F，I₁，S，P
17	43/32	Ab	p. YOFI	I，D，F，I₁，S
18	42/41	Ab	p. YOFI	I， F， S
19	11/39	Ab	b. YOFI	F，I₁，S，P
20	13/20	Ab	p. YFI	S
21	41/58	Ab	p. b. YFI	I，D，F，I₁
22	85/15	Ab	d. OFI	D， I₁，S，P
23	68/60	Ab	YOFI	I， F， S
24	58/51	Ab	YOFI	I，D，F
25	60/42	Ab	YOFI	I，D
26	40/15	Ab	p. YFI	S

$$\sum{}^e = 15\ 20\ 20\ 15\ 21\ 17$$

a. 解说：b. 光亮；v. b. 非常光亮；p. 苍白；B. 蓝色；Br. 褐色；G. 绿色；O. 橙色；W. 白色；Y. 黄色；Ab. 吸收；FI. 荧光。

b. n-butanol（n-丁醇）- acetic acid（醋酸）-水，62∶12∶26（v/v/v）。

c. 15%醋酸。

d. I. *Ag. imbricatum*（2n ＝ 14）；D. *Ag. desertorum*；F. *Ag. fragile*；I₁. *Ag. imbricatum*（2n ＝ 28）；S. *Ag. sibiricum*；P. *Ag. pectiniforme*。

e. $\sum$ ＝每一个种的色素总含量。

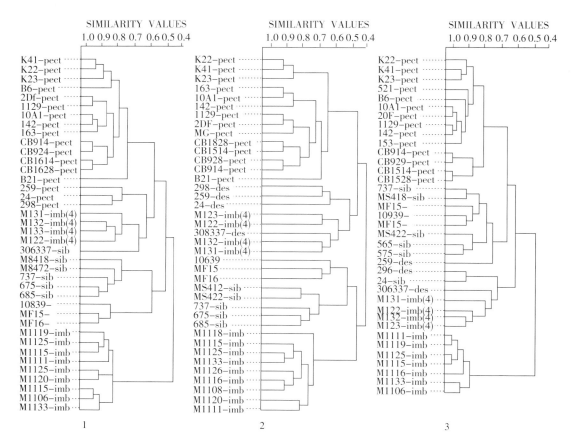

图 3-5　基于酚类化合物的冰草种系相似性值亲缘树状图〔des＝*Ag. desertorum*（4n），frag＝*Ag. fragile*（4n），imb＝*Ag. im-bricatum*（2n），imb（4）＝*Ag. imbricatum*（4n），pect＝*Ag. pectiniforme*（2n，下面注释的除外），sib＝*Ag. sibiricum*（4n）。无性系 CB-9-14 与 CB-16-14 都是二倍体，而 CB-9-28 与 CB-16-28 都是秋水仙碱引变的四倍体。无性系 521-pect 是 *Ag. pec-tiniforme* 的天然四倍体。相似性（SV）的确定已如前述公式说明，同时已反映把无性系的平均配合值包括在内。无性系个体序列已由电脑的最近相邻原则分配〕

1. 基于非水解酚类化合物（非侧重）的存在与不存在作出的相似性值亲缘树状图　2. 由酚类化合物的数量与侧重衍生的相似性值亲缘树状图　3. 基于水解酚类化合物（非侧重）的存在与不存在做出的相似性值亲缘树状图。由于材料缺失，无性系 M1120 与 M1126 都未包括在内

（引自 Taylor 与 McCoy，1973，图 4-6，文字说明稍加修改）

　　根据以上实验观察结果，他们得出以下一些结论：层析谱试验分析研究以及 McCoy 与 Law 的核型模式图相互补充的证据表明除天然四倍体以及人工秋水仙碱引变的 *Ag. pectiniforme* 是同源四倍体外，这一实验观察的其余的四倍体都是异源起源（或部分异源多倍体）。以前的研究者曾认为四倍体冰草间的遗传变异性超过了单一核基因组范畴，可能是异源杂交的产物。由于没有找到可能的供体而导致缺乏强有力的证据。这个虚幻的二倍体被 *Ag. imbricatum* 解决了。

　　名词异源多倍体与同源多倍体用于冰草所有的四倍体分类群可能有争议，包括二倍

体，构成一个庞大的多形性种。前人由于它们的可杂交性以及杂种的可育性而对"种"的真实性引起争议。或者更恰当地说四倍体冰草起源于异源或同源四倍体兼具的构成。概括层析分析与核型分析的数据作如下的分类处理：

Agropyron pectiniforme Roem. et Schult.（2n＝14，28-同源四倍体）

　　包括 *Ag. cristatiforme* Sarkar、*Ag. dagnae* Grossh.、Ag. cristatum（L.）Gaertn.（2n＝14）Fairway 品种。

Agropyron imbricatum（M. B.）Roem et Schult.（2n＝14）。

Agropyron cristatum（L.）Gaertn.（2n＝28）

　　异源四倍体起源于 *Ag. pectiniforme* × *Ag. imbricatum*。包括 *Ag. desertorum*（Fisch.）Schult.、*Ag. imbricatum*（M. B.）Roem. et Schult.、*Ag. sibiricum*（Willd.）P. B.，以及 *Ag. fragile*（Roth）Nevski。

这个分类方案与杂交数据不矛盾。

1986 年，凯萨琳·萧（Catherine Hsiao）、汪瑞其（Richard R. - C. Wang）与 Douglas R. Dewey 在《加拿大遗传学与细胞学杂志（Can. J. Genet. Cytol.）》28 卷，109～120 页，发表一篇题为《小麦族 22 个二倍体种的核型分析与染色体组相互关系》的文章。对两个冰草属的种 *Agropyron cristatum* 与 *Ag. mongolicum* 的分析结果看来，它们的核型基本相似，但也有一些微小的区别。其观察的结果摘录如表 3-8。

表 3-8　小麦族二倍体种染色体相对长度（百分率）与臂比（S/L）Σ

［根据 Hsiao et al.，1986，表 2（只摘录两个冰草属种的数据）］

种		染 色 体 序 号							染色体组长度（μm）
		1	2	3	4	5	6	7	
Ag. crstatum	全长	15.51	14.74	14.32	14.24(m)*	14.24	13.84(m)*	12.81	58.01±0.22
	S/L	0.95	0.83	0.69	0.60	0.75	0.64	0.94	
Ag. mongolicum	全长	16.26	15.04	14.83	14.40(m)*	13.71	13.27(m)*	12.49	58.68±0.24
	S/L	0.94	0.76	0.82	0.57	0.92	0.66	0.59	

注释：括弧中的数值为随体相对长度；m 为微随体。

*　随体位于短臂（S）。

这两个都是异花授粉植物，只是形态上有所差异。*Ag. cristatum*（一种欧亚大陆的种）具有宽而篦齿状小穗排列的穗；而 *Ag. mongolicum*（一种东亚的种）具有窄线形的穗。这两个种都有较大的染色体，7.33～9.53μm，平均染色体组长度 58.35μm。大多数染色体都是中央着丝点或亚中央着丝点，有两对微随体位于第 4 与第 6 染色体的短臂上。它们的区别在于第 5 与第 7 染色体的中央着丝点的位置稍有不同。它们有相似的核型与染色体组全长。这两个种形态差异虽然较大，但杂交容易。F_1 杂种减数分裂染色体配对很好，平均每细胞有 5～6 个二价体。可能的区别只是某些染色体有结构性的排列不同，这也表现在 F_1 杂种的核型分析上（C. Hsiao 未发表数据）。

这两个种的核型如图 3-6 所示。

凯萨琳·萧、汪瑞其与 Douglas R. Dewey 在这篇文章中所用的学名 *Ag. cristatum*，应当是 Á. Löve 认定的二倍体种 *Ag. pectiniforme*。

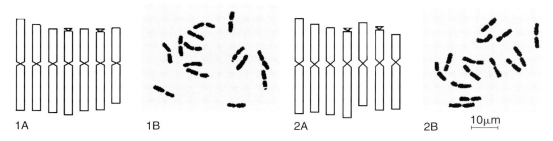

图 3-6　冰草属两个种的核型

1. *Agropyron cristatum*（A. 模式核型，B. 体细胞中期染色体）

2. *Agropyron mongolicum*（A. 模式核型，B. 体细胞中期染色体）

（引自 Hsiao et al.，1986，图 1-2）

1989 年，Hsiao，C.（凯萨琳·萧）、K. H. Asay 与 Douglas R. Dewey 发表一篇关于 *Ag. mongolicum* 与二倍体 *Ag. cristatum* 之间的杂种的细胞遗传学分析及其双二倍体的观察研究报告。他们用两个来自中国的 *Ag. mongolicum* 居群 D-2553 与 D-2555 与二倍体的 *Ag. cristatum* 的栽培品种 Fairway 杂交。对二倍体的 F_1 与 F_2 子代进行了细胞遗传学的观察研究。对杂种 F_1 一部分植株用秋水仙碱进行染色体加倍处理；对四倍体的 C_0 代也进行了减数分裂染色体行为的观察研究。发现在形态学上这个种间杂种与 *Ag. desertorum* 非常相似（图 3-7）。细胞遗传学的观察数据如表 3-9 所示。

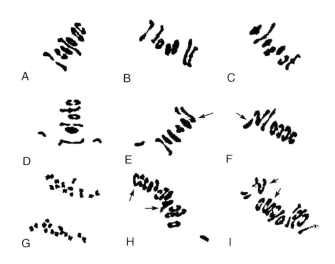

图 3-7　M I 染色体配对构型

A. *Ag. mongolicum* 7 II　　B. *Ag. cristatum* 7 II　　C～F. F_1 杂种［C. 7 II，D. 2 I +6 II，E. 1 I +5 II +1 III，

F. 5 II +1 IV（Z-型，箭头所指）；G～I. C_0 双二倍体［G. 后期 I 2n＝28，H. 1 I +10 II +1 III

（煎锅型，箭头所指），I. 10 II +2 IV（Z-型与 8-型）］

（引自 C. Hsiao et al.，1989，Fig. 2）

表 3-9　***Ag. mongolicum***、***Ag. cristatum*** 及杂种与双二倍体的减数分裂中期 I 的染色体行为

种与杂种	植株数	2n	细胞数	M I 染色体平均联会（变幅）								C-值
				I	II			III	IV			
					棒型	环型	总计		开放	闭合	总计	
mongo	2	14	104	0.04 (0~2)	1.35 (0~4)	5.63 (3~7)	6.98 (6~7)					0.90
crista	2	14	104	0.02 (0~2)	1.67 (0~3)	5.32 (3~7)	6.99 (6~7)					0.88
F_1	6	14	184	1.40 (0~6)	2.81 (0~6)	2.76 (0~5)	5.59 (3~7)	0.35 (0~1)	0.09 (0~1)		0.0 (0~1)	0.67
F_2												
1	1	14	104	0	4.12 (2~6)	2.88 (1~5)	7.0 (7)					0.71
2	1	14	104	0	1.03 (0~4)	5.79 (3~7)	7.0 (7)					0.93
3	1	14	104	0.17 (0~4)	2.21 (0~6)	4.70 (1~7)	6.91 (5~7)					0.83
4	1	14	104	0.18 (0~2)	1.31 (0~5)	3.87 (1~5)	5.18 (4~7)	0.13 (0~1)	0.77 (0~1)		0.77 (0~1)	0.83
5	1	14	208	0.67 (0~2)	0.58 (0~2)	4.50 (3~6)	5.08 (5~7)	0.63 (0~1)	0.32 (0~1)		0.32 (0~1)	0.84
C_0 双二倍体												
1	1	28	104	1.22 (0~6)	3.63 (0~9)	8.17 (4~12)	11.80 (7~14)	0.28 (0~2)	0.45 (0~2)	0.13 (0~2)	0.58 (0~3)	0.80
2	1	28	175	0.32 (0~4)	1.64 (0~6)	10.59 (5~14)	12.23 (6~14)	0.10 (0~1)	0.36 (0~2)	0.37 (0~2)	0.73 (0~4)	0.91
3	1	28	120	1.17 (0~4)	4.03 (0~9)	6.20 (1~11)	10.23 (6~14)	0.36 (0~2)	0.79 (0~3)	0.53 (0~3)	1.32 (0~3)	0.77

注：C-值＝臂交平均次数。F_2 杂种 1~3 是同质结合易位；杂种 4 与 5 是异质结合。

从表 3-9 中可以看到，C_0 双二倍体中期 I 的染色体配合构型变幅是每细胞 0~6 一价体、6~14 二价体、0~2 三价体与 0~3 四价体。多价体联会的频率比同源四倍体低。后期一有 0~4 落后染色体；在四分子中有 0~8 个微核。说明减数分裂有一些不完全正常。但双二倍体植株在开放授粉情况下完全正常结实。双二倍体在形态上呈中间型，与天然四倍体 *Ag. desertorum* 非常近似。F_2 群体形态分离从 *Ag. mongolicum* 的小穗稀疏上升的窄穗到 *Ag. cristatum* 小穗密集篦齿状排列的宽穗，不同程度的中间型变幅甚大。单穗结实率从 0~84，表明充分能育的群体可以在不多的选育周期获得。从细胞学来看，从总 M I 细胞中 44％有一个三价体或四价体，表明两个二倍体之间的主要区别一些染色体有结构上的重组。在 F_2 杂种中，一些二价体十分清楚具有异形性（图 3-8），表明两条大小不相等的染色体间发生易位。而在 2 500 个 M I 细胞中的四价体都不是闭合环状四价体，这可能说明不相等的易位发生在一个长与一个非常短的远侧段。那样一个短易位段可能不能与它的同质染色体形成一个稳固的交叉，只能形成链状四价体。非比寻常的频率高得多的煎锅状三价体（0.8％~7.7％）与四价体（7.5％~12.5％）显示中位中节染色体与另外两个远端交会的臂存在居间交叉。基于多价体构型，分离出同质易位与异质易位，F_1 杂种部分能育，这些证明一种正反易位就是这两种二倍体的主要区别所在。其他染色体重组，例如臂内倒位与小段缺失，都可能发生，但在 M I 时期没有观察到。他们认为这两个二倍体种虽然形态差异很大，但生物学上还不到两个不同种的水平，只能是亚种间的关系。

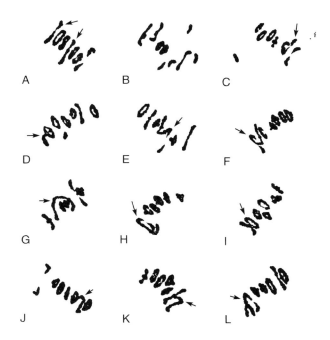

图 3-8 *Ag. mongolicum* × *Ag. cristatum* F$_2$ 世代 M I 染色体构型的变异

A. 7 II （两对异形二价体，箭头所指） B. 4 I ＋5 II C. 4 I ＋5 II ＋1 III （V-型，箭头所指） D. 1 I ＋5II＋1
III （煎锅型，箭头所指） E～I. 5 II ＋1 IV （链型 IV 价体的变形，箭头所指） J. 5 II ＋1 IV （煎锅型，
箭头所指） K～L. 5 II ＋1 IV （煎锅形四价体的变形，箭头所指）

（引自 C. Hsiao，et al.，1989，Fig. 3）

1992 年，K. H. Asay. K. B. Jensen、C. Hsiao（凯萨琳·萧）与 Douglas R. Dewey 对 *Ag. desertorum* 的起源进行了论证分析。从形态学与细胞遗传学来看，*Ag. desertorum* 就是来自 *Ag. cristatum* 与 *Ag. mongolicum* 之间杂交的双二倍体。*Ag. fragile* 是由 *Ag. mongolicum* 染色体加倍形成的同源四倍体。

2002 年，加拿大农业与农业食品部萨斯卡通研究中心的 Angus Mellish、Bruce Coulman 与 Yasas Ferdinandez 用分子遗传学技术，即 DNA 的多态性片段长度扩增（AFLP）标志来分析冰草种及其品种相互间的遗传关系。测试材料如表 3-10 所示。

表 3-10 用于 AFLP 分析的材料

[根据 Mellish 等，2002，表 1（编排与注释稍作修改）]

种	品 种 或品系	说 明	用 于 AMOVA[f]
Ag. cristatum	Fairway	二倍体，栽培品种，于 1937 年发放（Elliott et al.[a]）	＋
	Parkway	二倍体，栽培品种，16 个无性系选自 Fairway（Elliott et al.[a]）	＋
	Kirk	天然四倍体，引自芬兰的栽培品种（Knowles，1990[b]）	＋
	S9240	由 Parkway 人工秋水仙碱引变的四倍体	＋
	Ephraim	来自土耳其、安哥拉一个居群选出的具根茎的四倍体	
	Douglas	由来自前苏联、土耳其与伊朗的六倍体居群间复合杂交育成 （Asay et al.，1995[c]）	

（续）

种	品 种 或品系	说 明	用 于 AMOVA[f]
Ag. desertorum	Nordan	标准冰草四倍体栽培品种（Elliott et al. [a]）	+
Ag. fragile	Vavilov	由 16 个西伯利亚冰草无性系合成的栽培品种（Asay et al.，1995[d]）	
Ag. mongolicum			
杂交种		二倍体，来自中国的野生种	
	Hycrest	由 *Ag. cristatum*×*Ag. desertorum* 杂交子代 18 个无性系合成的四倍体栽培品种（Asay et al.，1985[e]）	+
	CD-Ⅱ	由栽培品种 Hycrest 选出的 10 个四倍体无性系合成的栽培品种	
未知种	S-8959	来自前苏联的未知四倍体冰草系	

注：a. Elliott et al. ＝ Elliott，C. R. and J. L. Bolton，1970. Licensed variaties of cultivated grasses and legumes. Canada Dep. of Agric. Publ. 1405. Ottawa，ON.

　　b. Knowles，R. P.，1990. Crop. Sci. 30：749。

　　c. Asay，K. H. et al.，1995a. Crop Sci. 35：1510~1511。

　　d. Asay，K. H. et al.，1995a. Crop Sci. 35：1510。

　　e. Asay et al.，1985. Crop Sci. 25：368~369。

　　f. AMOVA＝Analisis of Molecular Variance（分子方差分析）。

AFLP 分析的 DNA 提取样本用 *Eco*R Ⅰ 与 *Mse* Ⅰ 限制性内切酶消化。衔接头把消化了的 DNA 与 T4DNA 连接酶连接起来。连接物的序列是：

*Eco*RI：

5′- CTCGTAGACTGCGTACC

　　　　　CATCTGACGCATGGTTAA -5′

*Mse*I：

5′- GACGATGAGTCCTGAG

　　　　　TACTCAGGACTCAT -5′

测试的结果反映在图 3 - 9。

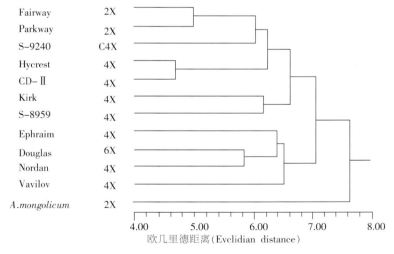

图 3 - 9　基于从 114 个 DNA 的多态性片段长度扩增（AFLP）标志得来的欧几里德距离决定的冰草属 12 个居群的树状图

（引自 Mellish、Coulman 与 Ferdinandez，2002，图 1）

从图 3-9 中可以看到由 114 个标记构成。这聚类分析用 57 与 114 个标志都相似，但一些系相互关系间也有些差异（Nordan、Douglas、Ephraim、Kirk，S-8959）。用 85 个标志，找到少数差异，而 97 个标志构成的树状图显示出 114 个标志的相等聚集。从增加的标志的聚敛说明本试验找到的遗传距离是准确判断的真遗传距离。基于 67 个 AFLP 标记（marker）的分子方差分析（AMOVA），从 90 个个体代表 6 个群体，每个群体 15 个个体。群体间 df 为 5，平方和为 187，向量方差为 1.70（12%），P-值<0.001；群体内 df 为 89，平方和为 1 016，向量方差为 12.1（88%），P-值<0.001。

Ag. mongolicum 的聚类与其他分类群相分离。如果所有冰草属的染色体组都是 **P** 组（Dewey et Pendse，1967），我们可以说 *Ag. cristatum* 是含 **P^c** 染色体组，*Ag. mongolicum* 则含 **P^m** 染色体组。

Nordan 是一个属于 *Ag. desertorum* 的栽培品种。从聚类来看，Nordan 比起 *Ag. mongolicum*，它更近于 *Ag. cristatum*。但与每一个种都不相近。分子数据确证形态学与细胞学证据，*Ag. desertorum* 是起源于 *Ag. cristatum* 与 *Ag. mongolicum* 杂交的一个异源多倍体（Hsiao et al.，1986，1989；Asay et al.，1992）。这就表明 *Ag. desertorum* 的染色体组应当是 **P^{c}P^{c}P^{m}P^m**。

Douglas 认为是六倍体的 *Ag. cristatum*，但却聚类与 Nordan 在一起。Schultez-Schaeffer 等（1963）就从核型分析认为六倍体的 *Ag. cristatum*，是二倍体的 *Ag. cristatum* 与四倍体的 *Ag. desertorum* 杂交经染色体加倍形成的。品种 Douglas 的染色体组应当是 **P^{c}P^{c}P^{c}P^{c}P^{m}P^m**。

Hycrest、CD-II、Kirk、与 S-8959 的聚类比之 *Ag. desertorum* 更近于 *Ag. cristatum*。Hycrest 与 CD-II 彼此的聚类比其他群体的聚类更近，因为 CD-II 是由 Hycrest 无性系合成的栽培品种。它虽然来源于 *Ag. cristatum*（**PPPP**）与 *Ag. desertorum*（**PPP^{m}P^m**）后代，应含有（**PPPP^m**）染色体组。而 Hycrest 与 CD-II 及 *Ag. cristatum* 聚类在一起说明这两个品种的染色体组是（**PPPP**），而不再含 **P^m** 染色体组。

Kirk 与 S-8959 聚类在一起。Kirk 在分类上常定为 *Ag. cristatum*，在聚类中比两个杂种 Hycrest 与 CD-II 距 *Ag. cristatum* 更远。Kirk 选自邻近 *Ag. desertorum* 的种植圃（根据 R. P. Knowles），由于开放传粉，后者的遗传种质可能渗入。S-8959 可能具有相似的背景。

Ephraim 虽然在分类上定为 *Ag. cristatum*，它是唯一具有根茎的栽培品种。Цвелев（1976）曾经描述过一个名为 *Ag. cimmericum* 的种，与 *Ag. cristatum* 的不同只是具有长根茎。在这个测试中，把 Ephraim 松散地与 Nordan 及 Douglas 聚类在一起。他们认为 Ephraim 可能是这个种的一个群体。

品种 Vavilov 是 *Ag. fragile* 的一个代表。如果它是 *Ag. mongolicum* 的一个同源四倍体（Asay. et al.，1992），但从品种描述表明品种 Vavilov 是来自与 *Ag. desertorum* 间发生过异交传粉的 *Ag. fragile*。所以 Vavilov 与 *Ag. mongolicum* 没有聚类在一起，而与 Nordan 聚类在一起。

综合以上近一个世纪的实验生物学的研究，冰草属的 **P** 染色体组，虽然也有分化形成亚型，但却没有形成生殖隔离，相互亲和，育性很高，不构成各自独立的基因库。由于它在欧亚大陆的北亚热带与温带地区分布很广，不同的生态环境构成的自然选择形成形态差异显著的一些种群，被形态分类学家定为许多个"种"。但从遗传学来看，无非是一些成对基因间不同的简单基因组合，例如：由于穗轴节间长短变异构成的密穗—疏穗、小穗着生角度大小不同而构成的篦齿状—覆瓦状排列，从而造成卵圆形穗，到长线形穗，再到圆柱形穗等一系列的穗形差异。另外，有毛—无毛、有根茎—无根茎等也是一些简单的基因组合差异。这样的形态差异在普通小麦（*Triticum aestivum*）一个种的不同品种（或品种族）间都可以找得出来。过去的形态分类学者也曾经把普通小麦的品种定为好一些的种，如：*T. aestivum* L.、*T. compactum* Host、*T. macha* Dekaprel et Nenabde、*T. petropavlovskyi* Udacz. et Migusch.、*T. spelta* L.、*T. sphaerococcum* Percival、*T. yunnanense* King、*T. vavilovii*（Tum.）Jakubz. 等，但它们都是染色体组相同的同一基因库的同一个种。也就是说过去形态分类学家定的许多冰草种与普通小麦的品种（品种族）间差异是相似的，只是一些染色体组相同、相互间没有生殖隔离的不同基因组合，并没有构成独立基因库的物种水平，只有在不同染色体倍性间杂交才形成不育。这个情况与大麦属的 *Hordeum violaceum* — *H. brevisubulatum* — *H. turkestanicum* 复合群非常相似。我们认为也应当以相同的分类处理办法来处理冰草属的问题。而这也正是 Á. Löve（1984）对冰草属处理的方案。前面我们已经谈到，虽然由于历史的局限性使他在亚种的划分上凭主观臆断，有许多不切合客观实际的错误。但在种一级的处理上 Á. Löve 是正确的。

（三）冰草属的分类

Agropyron J. Gaertn.

Gaertner，J.，1770. Nov. comm. Acad. Sci. Petropol. 14（1）：539，s. str.

Nevski，S. A.，1934. Fl. SSSR 2：627.

多年生，丛生，不具或具根茎，如具根茎，根茎向外伸展萌生新的株丛，株高10～90cm。叶鞘下部闭合，上部开裂（通常全长2/3以上），两缘相互叠被；通常具叶耳；叶舌膜质，长0.1～1mm；叶片线形，常内卷，有时卷合呈针管状。穗状花序顶生，卵圆形、长椭圆形或长柱形；小穗无柄单生，小穗密集呈篦齿状或呈覆瓦状，顶端小穗常不发育。小穗含3～11小花；成熟时脱节于颖之上；颖有脊，具膜质边沿，上端具短尖头或短芒；外稃具脊，上半部特别明显，与颖端一样，具短尖头或短芒；内稃与外稃等长或稍长于外稃，尖端常呈二齿；颖果黏稃。

模式种：*Agropyron cristatum*（L.）Gaertner。

属名来自拉丁化的希腊文 *agrios*，野生，田间；与 *pyros*，小麦；两个词的组合。

染色体组：**P** 及其变型，即：**PP**、**P^{m}P^m**、**PPP^{m}P^m**、**PPPPP^{m}P^m**。

1. Agropyron pectiniforme（M. Bieb.）**Roem. et Schult.，1817. Syst. Veget. 2：258**（图 3 -10）

模式标本：采自乌克兰，克里米亚；主模式（"Tauria"）与同模式标本现藏于 **LE**！

异名：*Triticum pectiniforme* M. Bieb. 1808. Taur. - Cauc. I：87，non Brown；

　　　Agropyron pectinatum P. B. 1812. Agrost.：102；

　　　Triticum pectiniforme Steud.，1841. Nom.：855；

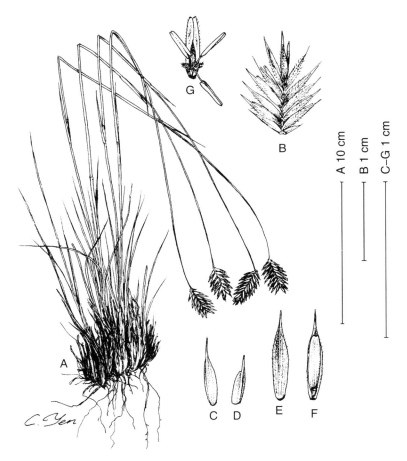

图 3-10　*Agropyron pectiniforme* Roem. et Schult.

A. 全植株　B. 小穗　C. 第二颖　D. 第一颖　E. 小花背面观示外稃

F. 小花腹面观　G. 内稃、鳞被、雌蕊及雄蕊

T. cristatum α typicum Rgl. 1880. in A. H. P. Ⅷ：589；

T. cristatum β pectinatum Rgl. 1880. in A. H. P. Ⅷ：589；

Agropyron dagnae Grossh.，1919. in Manit. Jard. Bot. Tifils 46-47：44，表4；

A. cristatum（L.）Gaertn. auct. pl. 。

形态学特征：多年生禾草，密丛，株高25～75cm，秆被毛或无毛。下部叶鞘被毛或无毛，叶窄线型，内卷或平展，具内卷叶缘，宽1.5～5（～10）mm，下表面光滑无毛，上表面糙涩或被毛。穗卵圆至长卵圆形，灰绿色或微带紫黑色，12～30小穗，小穗平伸排列，呈篦齿状，长1.5～6.5cm，宽10～20（～25）mm；穗轴被微柔毛。小穗广披针形，3～12小花，长8～15mm；颖卵圆形至披针形，长3～5mm，芒长2～3mm，不对称，具脊，脊糙涩或具纤毛；外稃披针形，长5～7mm，芒长（1.5～）3～4mm，无毛或被短柔毛，内稃尖端呈二齿，两脊具纤毛。花药长4～5mm。颖果黏稃。

细胞学特征：2n＝2x＝14；染色体组 **PP**。

分布区：中欧，克里米亚，伏尔加及顿河流域，巴尔干，高加索，土库曼，伊朗，中

亚，哈萨克斯坦，塔吉克斯坦，吉尔吉斯斯坦，阿富汗，克什米尔，西伯利亚，蒙古，中国内蒙古、新疆、西藏、青海、甘肃、宁夏、陕北、晋北。石质荒漠、干草原及干草甸。

1a. subsp. *pectiniforme*

1b. subsp. *mongolicum*（Keng）**C. Yen et J. L. Yang，comb. nov. 根据** *Agropyron mongolicum* **Keng，1938. J. Wash. Acad. Sci. 28：305，f. 4**（图 3 - 11）

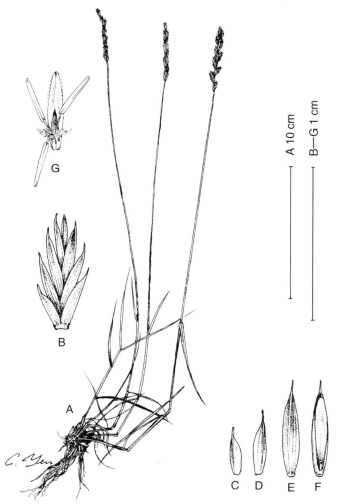

图 3 - 11　*Agropyron pectiniforme* subsp. *mongolicum*（Keng）C. Yen et J. L. Yang
A. 全植株　B. 小穗　C. 第 1 颖　D. 第 2 颖　E. 小花背面观示外稃
F. 小花腹面观　G. 内稃、鳞被、雌蕊及雄蕊

模示标本：主模式标本为耿以礼于 1935 年 8 月 9 日，采自原绥远省（今内蒙古乌兰察布盟），百灵庙东北 45km，沙质岩坡，748 号标本。藏于南京原中央研究院国立生物研究所标本室。未能查到其下落，可能散失。

异名：*Agropyron mongolicum* Keng，1938. J. Wash. Acad. Sci. 28：305，f. 4；

　　　Ag. cristatum subsp. *mongolicum*（Keng）Á. Löve，1984. Feddes Repert. 95：432。

形态学特征：纤细多年生疏丛禾草，常具根茎，须根常具沙套，秆高 20～60cm，可具 2～3（～6）节，直立上伸，基节有时膝曲；秆稀横卧，节上可生根成匍匐茎状。秆生叶叶鞘短于节间；叶舌截平，长 0.5mm，具微毛；叶片长线形，光滑无毛，长 10～15cm，宽 2～3mm，常内卷成针状。穗状花序长 3～9cm，宽 5～7mm，含（5～）8～15 小穗；穗轴节间长 3～5mm，下部节间可达 1cm，颖与外稃无毛或生微毛，稀被长柔毛；小穗广披针形，上举呈覆瓦状排列，长 8～14mm，宽 3～5mm，含 3～8 小花，小穗轴节间长 0.5～1mm，无毛或具微毛；颖两侧不对称，3～5 脉，具膜质边沿，两颖不等大，连同小尖头，第 1 颖长 3～6mm，第 2 颖长 4～7mm；外稃披针形，长 6～7mm，无芒或具长达 2mm 的短芒尖，具 5 脉，具膜质边沿，无毛或具微毛，基盘钝圆；内稃与外稃等长或稍短，两脊着生短纤毛。花药白黄色，长 3～4.5mm；颖果长卵形。

细胞学特征：2n=2x=14；染色体组 **P^m P^m**。

分布区：中国新疆、内蒙古、宁夏、陕西北部。干草原与荒漠草原。

1b - 1. subsp. *mongolicum* var. *imbricatum*（Stev. ex Roem. et Schultes）C. Yen et J. L. Yang，comb. nov. 根据 *Triticum imbricatum* Steven in M. Bieb.，1808. Fl. Taur. - Cauc. Ⅰ：88nom Nud.；1819，Ⅲ：95（图 3 - 12）

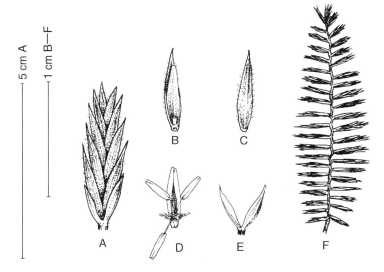

图 3 - 12 *Agropyron pectiniforme* subsp. *mongolicum* var. *imbricatum*
（M. B.）C. Yen et J. L. Yang

A. 小穗　B. 小花腹面观，示内稃及小穗轴节间　C. 小花腹面观，示外稃　D. 鳞被、雌蕊、雄蕊及内稃
E. 第 1 颖及第 2 颖　F. 全穗，示篦齿状排列的小穗间有明显的间距

模式标本：Д. Литвинов，1886 年 6 月 29 日，采自俄罗斯，顿河盆地，罗斯托夫地区，皮雅提伊兹比偃斯卡娅（Pyatiizbyanskaya）岩石峭壁。主模式现藏于 **LE！**。

异名：*Triticum imbricatum* Steven in M. Bieb.，1808. Fl. Taur. - Cauc. Ⅰ：88；
1819，Ⅲ：95；

　　　Agropyron imbricatum Stev. ex Roem. et Schultes，1817. Syst. Veget. 1：757。

形态学特征：多年禾草，高 25～70cm，秆无毛，稀在穗下节间密生短柔毛。下部叶鞘无毛，稀被毛；叶片窄线型，内卷或近平展，下表面光滑，上表面稍被毛。穗明显上窄下宽，呈长卵圆形，灰绿色，非常稀有带紫黑色，小穗较密，但小穗间有明显的间距，呈篦齿状排列；长 2～5（～6）cm，宽 1～2.3cm；小穗含 3～10 小花，长 8～15mm，颖卵圆形至披针形，长 3～5mm，芒长 2～3mm，不对称，脊显著，脊上着生长纤毛；外稃披针形，长 5～7mm，芒长 3～5mm，稃背疏生白色长毛，内稃长 5～7mm，两脊具纤毛，稃尖呈二齿。花药长 4.5mm 左右。

细胞学特征：$2n=2x=14$；染色体组 P^mP^m。

分布区：地中海西部，中欧南部，克里米亚，伏尔加与顿河流域，巴尔干，高加索，佐治亚，伊朗。石质草原及石质岩坡。

2. *Agropyron cristatum*（L.）Gaertner，1770. Nov. Comm. Acad. Sci. Petrop. 14：540（图 3-13）

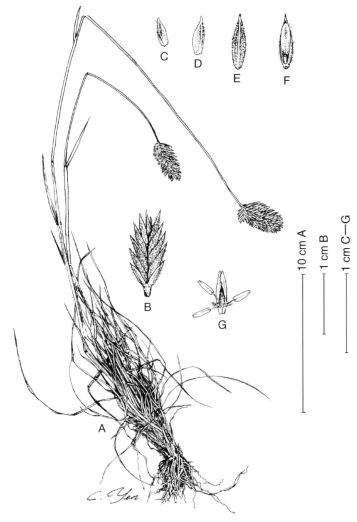

图 3-13 *Agropyron cristaum*（L.）Gaertner
A. 全植株 B. 小穗 C. 第 1 颖 D. 第 2 颖 E. 小花背面观 F. 小花腹面观 G. 鳞被、雄蕊、雌蕊及内稃

模式标本：东西伯利亚，指定模式（vide Nash in N. L. Britton et A. Brown，Ⅲ. Fl. N. U. S. ed. 2. 1：283. 7 Jun. 1913）。

异名：*Bromus cristatum* L. 1753. Sp. Pl.：78；

        Agropyron cristatum var. *imbricatum* Kryl.，1928. Fl. Zap. Sib.：358。

形态学特征：多年生禾草，秆高 25～60(～70)cm，穗下节间通常被短柔毛，稀无毛。下部叶鞘密被毛或无毛；叶片长线形，内卷或平展，叶缘向内卷裹，宽（1.5～）2～5mm，稀达 9mm，下表面无毛，上表面多少被毛。穗卵圆形至长卵圆形，上端稍窄（图 3-14），灰绿色或带紫黑色，含 18～34 小穗，顶端小穗不发育，小穗排列紧密，呈篦齿状，长 1.5～5（～6）cm，宽 1～2（～2.7）cm；穗轴节通常被短柔毛。小穗长卵圆形或广披针形，3～10 小花；颖卵圆形至广披针形，不对称，长 3～5mm，上端渐窄成芒，芒长 2～3mm，明显具脊，脊上着生长纤毛；外稃披针形，长 5～7mm，芒长 1.7～2.5（～4）mm，无毛或被短柔毛；内稃上端呈二齿，两脊具纤毛或长纤毛。花药长 4mm。

图 3-14　*Agropyron cristatum* 穗形的差异

细胞学特征：2n＝4x＝28；染色体组 **PPPP**。

分布区：西伯利亚，中亚，帕米尔，克什米尔，中国西藏、新疆、内蒙古、青海、甘肃、宁夏、陕北、晋北。石质草原、干草甸。

2a. subsp. cristatum

2a - 1. var. *cristatum*

2a - 2. var. *michnoi*（Roshev.）。**C. Yen et J. L. Yang，comb. nov. 根据 *Ag. michnoi* Roshev.，1929. Izv. Glavn. Bot. Sada SSSR 28：384** （图 3 - 15）

模式标本：采于东西伯利亚，楚伊采科萨夫斯克（Troitskosavsk）地区以东约 43km，皮先洛伊湖（Peschanoe Lake），库缅山（Kumyn mountain），ЛМихнов，1924 年 7 月 3 日。主模式及副模式（Cotype）标本现藏于 **LE**!

异名：*Ag. michnoi* Roshev.，1929. Izv. Glavn. Bot. Sada SSSR 28：384；

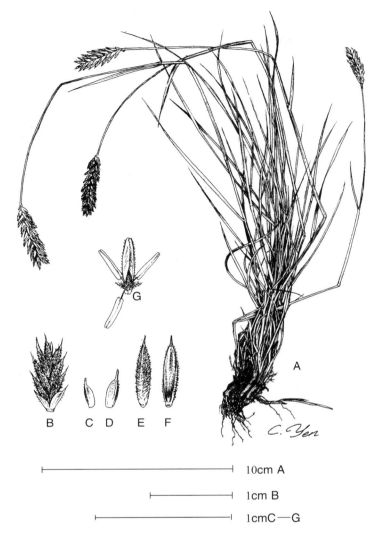

图 3 - 15　*Agropyron cristaum* var. *michnoi* (Roshev.) C. Yen et J. L. Yang
A. 全植株并示根茎　B. 小穗　C. 第 1 颖　D. 第 2 颖　E. 小花背面观
F. 小花腹面观　G. 鳞被、雄蕊、雌蕊及内稃

Ag. pachyrrhizum A. Camus, 1934. Bull. Soc. Bot. Fr. 80：74。

形态学特征：多年生禾草，具根茎，秆高 50～90cm，光滑无毛。下部叶鞘密被毛或无毛；叶片长线形，平展，叶缘向内卷裹，宽 5mm，下表面无毛，上表面被极短柔毛。穗卵圆形至长卵圆形，上端稍窄，白绿色至灰绿色，含 18～34 小穗，顶端小穗不发育，小穗排列紧密，呈篦齿状，长 5～10cm，宽 1.2cm；穗轴节通常被短柔毛。小穗长卵圆形或广披针形，排列较稀，5～7 小花，长 10～15mm；颖卵圆形至广披针形，不对称，长 3～5mm，上端渐窄成喙尖，长 1mm，明显具脊，脊糙涩或着生纤毛；外稃披针形，长 6～8mm，芒长 2mm，无毛或被短刚毛；内稃与外稃近等长，两脊具纤毛。花药长 5～5.5mm。

细胞学特征：2n＝4x＝28；染色体组 **PPPP**。

分布区：东西伯利亚，蒙古，中国内蒙古、宁夏、陕北、晋北。沙质草原、干草甸。

2b. subsp. *desertorum*（Fischer ex Link）Á. Löve，1984. Feddes Repert. 95：431（图 3 -16）

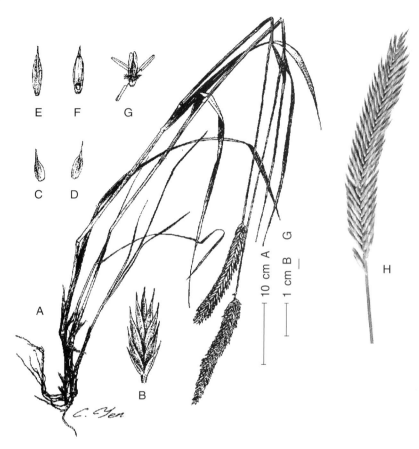

图 3 - 16　*Agropyron cristatum* subsp. *desertorum*（Fischer ex Link）Á. Löve
A. 全植株　B. 小穗　C. 第 1 颖　D. 第 2 颖　E. 小花背面观，示外稃
F. 小花腹面观，示内稃及小穗轴节间　G. 内稃、鳞被、雄蕊及羽毛状的柱头
H. 全穗侧面观，示密集斜伸的小穗

模式标本：采于北高加索（in deserto Cumano，Fisher），主模式标本现藏于 **LE**!（图 3 -17）。

异名：*Triticum desertorum* Fischer ex Link，1821. Enum. Hort. Berol. I：97；
　　　　Agropyron desertorum（Fischer ex Link）Schultes，1824. Mant. 2：412；
　　　　Agropyron sibiricum var. *desertorum*（Fischer ex Link）Boiss.，1884. Fl.
　　　　Or. 5：667。

形态学特征：多年生禾草，密丛，秆高 25～50（～60）cm，外部茎秆基节膝曲，无毛，穗下节间糙涩。下部叶鞘被白色柔毛或无毛，叶片粉绿色，线形，宽 2～3 mm，较硬直，向内卷或平展，无毛，下面光滑，上面糙涩。穗短线形至近圆柱形，长 2.5～7

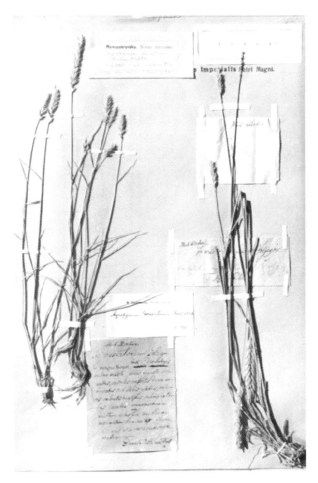

图 3 - 17　*Agropyron cristatum* subsp. *desertorum*（Fischer ex
Link） Á. Löve 主模式标本（现藏于 **LE!**）

cm，宽 5 ～ 9 mm，含 40 ～ 60 小穗，覆瓦状排列，穗轴节被毛。小穗广披针形，长 7 ～
12 mm，含（3～）5 ～ 7 小花；颖卵圆形至披针形，长 3 ～ 4 mm，光滑无毛或稍糙涩，
稀在芒下脊上具纤毛，芒长 2 ～ 3 mm。外稃披针形，长 5 ～ 6 mm，光滑无毛，稀被短
柔毛，芒长 2 ～ 3 mm，内稃尖端呈二锐齿，两脊具纤毛。花药长 4 mm。

细胞学特征：2n＝4x＝28；染色体组 **PPP^{m}P^{m}**。

分布区：俄罗斯：顿河与伏尔加河下游、高加索、西西伯利亚、中亚、上土库曼；中
国：喀喇昆仑、新疆、内蒙古。黏土草原。

2b - 1. subsp. ***desertorum* var. *fragile*** （Roth） **C. Yen et J. L. Yang, comb. nov. 根据
Triticum fragile Roth，1800. Catalecta Bot. Ⅱ：7** （图 3 - 18）

模式标本：模式标本来自栽培材料，原产地不详。两份副模式（Cotype）现藏于 **LE!**。

异名：*Triticum fragile* Roth，1800. Catalecta Bot. Ⅱ：7；

　　　Triticum dasyphyllum Schrenk，1842. Bull. Acad. Sci. Petersb. Ⅹ：356；

图 3 - 18 *Agropyron cristatum* subsp. *desertorum* var. *fragile*（Roth）C.
Yen et J. L. Yang 副模式照片（现藏于 **LE!**）

Agropyron fragile（Roth）Candargy，1901. Arch. Biol. Veg. Athenes 1：
29，49；Monogr. tēs phyls tōn krithōdōn 58；

Agropyron cristatum ssp. *fragile*（Roth）Á. Löve，1984. Feddes Repert. 95
（7 -8）：431；

Agropyron cristatum var. *fragile*（Roth）R. D. Dorn，1988. Vasc. Wyo-
ming：298。

形态学特征：多年生禾草，密丛，秆高 50～75 cm，株丛外部茎秆基节膝曲，被灰色毛。叶鞘密被短柔毛，并具倒生毛，叶片灰绿色，线形，宽 3～5 mm，平展，上下叶面皆密生短柔毛，或上表面毛较少或无毛糙涩。穗线形至近圆柱形，白绿色，长 6～12 cm，宽 5～9 mm，含 40～60 小穗，上举成锐角，覆瓦状排列，穗轴节被毛。小穗长披针形，长 8～18 mm，含 5～9 小花；颖披针形，长 5～7 mm，具脊及不显著的 1～2 侧脉，上端渐尖成芒尖，长 1 mm；外稃披针形，长 5～6 mm，光滑无毛或糙涩；内稃与外稃等长，尖端呈二齿，两脊具长纤毛。花药长 4 mm。

细胞学特征：2n＝4x＝28；染色体组 **PPP^m P^m**。

分布区：中亚特有种，沙质盐生草甸。

2b‑2. subsp. *desertorum* var. *sibiricum*（Willd.）C. Yen et J. L. Yang, comb. nov. 根据 *Triticum sibiricum* Willd.，1809. Enum. Pl. Horti. Berol. 1：135（图 3‑19）

模式标本：采自西伯利亚，主模式标本藏于柏林 **B**! 同模式标本"*Tritcum variegatum* Herb. Gorenk."现藏于 **LE**!。

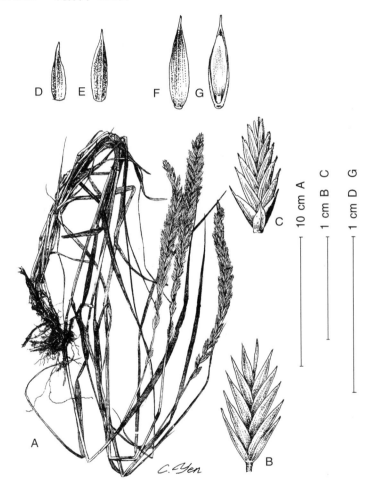

图 3‑19　*Agropyron cristatum* subsp. *desertorum* var. *sibiricum*（Willd.）C. Yen et J. L. Yang
A. 全植株　B. 小穗　C. 小穗，示稀有的变异，小穗下苞片发育生长（引自
耿以礼，1959）　D. 第 1 颖　E. 第 2 颖　F. 小花背面观，示外稃
G. 小花腹面观，示内稃及小穗轴节间。颖与外稃常具膜质边沿

异名：*Triticum sibiricum* Willd.，1809. Enum. Pl. Horti. Berol. 1：135；
　　　T. variegatum Fisch. ex Spreng.，1815. Pugill. Ⅱ：24；
　　　Agropyron sibiricum（Willd.）P. Beauv.，1812. Agrost.：102；

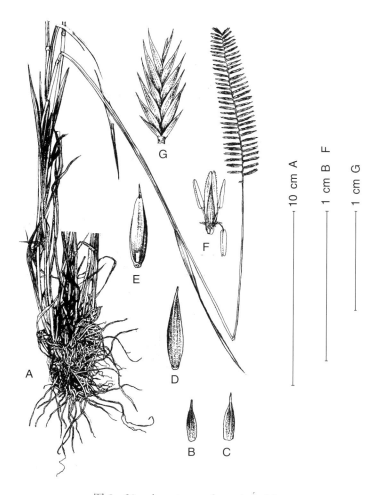

图 3 - 20 *Agropyron deweyi* Á. Löve

A. 全株　B. 第1颖　C. 第2颖　D. 小花背面观，示外稃

E. 小花腹面观，示内稃及小穗轴一段节间　F. 鳞被、雌蕊、雄蕊及内稃　G. 小穗

Ag. cristatum ssp. *sibiricum*（Willd.）Á. Löve，1984. Feddes Repert. 95（7 - 8）：432。

形态学特征：多年生疏丛禾草，具沙质根鞘，秆直立，株丛周沿茎秆基节膝曲，高 30～80 cm，无毛，穗下节间糙涩，叶鞘光滑无毛或糙涩；叶片长线形，宽 4～6 mm，上卷或平展，下表面光滑无毛，上表面糙涩。穗长柱形，白绿色，长（5～）7～10（～15）cm，宽 7～10（～15）mm，含 30～40 小穗，覆瓦状排列。小穗披针形，长 7～10（～15）mm，含 4～9 小花，颖卵圆形至披针形，长 5～7 mm，两颖不等大，具脊，脊通常无毛，稀有疏生纤毛，侧脉不明显，上端渐尖成长 1.5 mm 的短芒尖；外稃披针形，长 6～8.5 mm，光滑无毛，顶端呈短尖头；内稃与外稃近等长，上端成二齿，两脊具纤毛。花药长 3.5～4 mm。

细胞学特征：2n＝4x＝28；染色体组 **PPP^m P^m**。

分布区：伏尔加河下游，高加索，中亚，西西伯利亚，喀喇昆仑，上土库曼。生长于沙质草原与沙岸。

3. *Agropyron deweyi* Á. Löve，1984. Feddes Repert. 95：432～433（图 3 - 20）

模式标本：根据 Á. Löve（1984），holotype 应藏于美国犹他州，洛甘，**UTC!**。种子由 J. R. Harlan 于 1948 年 8 月 27 日采自土耳其，万（Van）以东。美国农业部推广服务处（U. S. Department of Agriculture，Introduction service），No. PⅠ 173622，CS - 3 - 87，栽培于美国，犹他州，卡齐县（Cache County），伊万斯农场（Evans Farm）。标本由 Douglas R. Dewey 于 1979 年 6 月采自伊万斯农场。但经查寻，该标本现已不存于 **UTC!**，需另建新模式（neotype）。

异名：*Agropyron cristatum* auct. pl. 。

形态学特征：多年生丛生禾草，秆高 50～75 cm，穗下节间被苍白色长柔毛。叶鞘近无毛；叶片窄线形，稍内卷，两面皆疏生刚毛，长 10～25 cm，宽 4～6 mm，渐尖。穗长圆形至披针形，长 5～7 cm，宽 1.5 cm，含小穗 40～64，密集，篦齿状二列，小穗间有间距，穗轴疏生柔毛。小穗近扁压，含 3～7 小花，无毛，长 12～15 mm；颖披针形或卵圆形至披针形、舟形，具脊，无毛，长 5～8 mm，短芒尖糙涩；内稃披针形，长 5～7 mm，顶端呈二齿，脊糙涩。花药黄色，长 3～4 mm。

细胞学特征：2n＝6x＝42；染色体组 **PPPPP^{m}P^m**。

分布区：土耳其，海拔 640 m，岩坡。

后　记

以下分类群因缺少实验生物学研究数据，其系统分类地位目前尚难确定。今附录如下：

1. *Agropyron angarense* Peschkova，1984. Бот. Журн. 69：1088 - 1089（图 3 - 21）

模式标本：主模式标本现藏于 **LE!**，同模式标本现藏于新西伯利亚 **NS!**。1981 年 8 月 9 日，А. Чепурнов，Н. Ковтонюк，Мотова 采自伊尔库腾斯卡娅（Иркутская）地区，乌什提-伊里穆斯克（Усть илимска）分水岭近山顶的草原。

形态学特征：丛生禾草，株高 30～75 cm，通常茎秆 2～5 根或更多，无毛或穗下节间密被短柔毛。稀有基生叶，秆生叶叶片内卷，稀平展，上举贴近茎秆，上表面疏生短刚毛与长柔毛，下表面无毛或糙涩。穗圆柱形，小穗覆瓦状排列，不呈篦齿状；颖无毛或在脉上具长纤毛，上端具长 2～4 mm 的芒；外稃被微毛，上端具长 4 mm 的芒，芒外展；内稃两脊具不等长的纤毛，上端较稀疏。

分布区：俄罗斯：中西伯利亚与东西伯利亚。生长在针叶林带含碳酸盐的草坡上。

2. *Agropyron bulbosum* Boiss.，1844. Diagn. Pl. Or. Nov. Ser. 1，5：75

模式标本：in Persia Aucher no. 3065。

形态学特征：多年生丛生禾草，秆直立或膝曲斜升，高约 20cm，平滑无毛，在基部增厚呈鳞茎状。分蘖节老叶鞘深褐色形成鳞茎状基部的皮膜；叶片短，窄线形渐尖，通常长 10cm 左右，宽 1～3mm，脉粗壮，上表面被微毛与柔毛，叶缘糙涩，下表面平滑无毛。

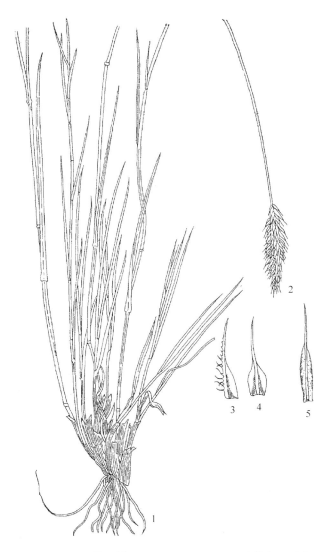

图 3 - 21 *Agropyron angarense* Peschkova，Г. А. Пешкова（原图）（引自 Пешкова，1984）

1. 植株下部　2. 穗部　3. 颖侧面观　4. 颖背面观　5. 外稃

穗卵圆形，扁压，长 2～3cm，宽 12mm 左右（芒除外）小穗着生密集，穗轴"Z"字形曲折，节间扁平，长约 2mm，棱脊糙涩。小穗长 8～9mm，含（3～）6～7 小花；颖披针形，背部光滑无毛，两颖近等长，不等大，长 5～6mm，第 1 颖具 3 脉，第 2 颖具 5 脉，边沿透明膜质，顶端急尖，具长 8～10mm 的直芒，芒糙涩；外稃椭圆形，长 9mm 左右，背面光滑无毛，具不明显的 5 脉，上端急尖成芒，芒长 6～9.5mm，糙涩；内稃与外稃近等长，顶端呈二齿，两脊糙涩。

分布区：伊朗。生长在海拔 2 300m 左右的山坡上。

3. *Agropyron cimmericum* Nevski，1934. Tr. Sredneaz. Univ.，ser. 8B，17：56，in clave；1936. Acta Inst. Bot. AN URSS，ser. 1，2：87（图 3 - 22）

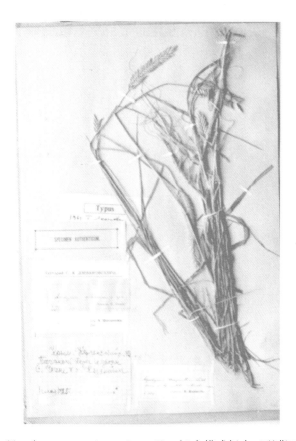

图 3 - 22　*Agropyron cimmericum* Nevski 主模式标本（现藏于 **LE!**）

模式标本：乌克兰：克里米亚，"刻赤半岛契契里村与卡赞提普村之间海岸沙丘，C。Дзевановский，1925 年 6 月 1 日"。主模式与同模式标本现藏于 **LE!**。

异名：*Agropyron dasyanthum* var. *birjutczense*

　　　　Lavr.，1931. Visn. Kiiv. Bot. Sada，

　　　　12～13：148；

　　　Ag. *dasyanthum* subsp. *birjutczense*

　　　　（Lavr.）Lavr.，1935. in Fl. USSR，Vizn.，1：214；

　　　Ag. *cristatum* subsp. *birjuczense*

　　　　（Lavr.）Á. Löve，1984. Feddes Repert. 95(7 - 8)：431。

形态学特征：多年生禾草。秆高 50～80cm，穗下节间被短柔毛外，茎秆无毛。叶片长线形，粉绿色，平展，叶缘内卷，宽可达 5mm，上表面被微毛，下表面光滑无毛。穗宽线形，淡绿色，长 6～11cm，宽 1～1.8cm，小穗呈篦齿状至覆瓦状排列，穗轴被微毛。小穗长（8～）10～13mm，含 6～7 小花；颖披针形至钻形，光滑无毛，长 4～6mm，上端渐尖，具小尖头或长 1～2mm 的短芒，主脉突起成脊，两侧不对称，侧脉 1～2 条，微细不明显；外稃披针形，长 7～8mm，密被白色长柔毛，上端渐尖，具长约 1mm 的短尖头；内稃两脊疏生（少于 10 根）纤毛，顶端成二齿，两齿间凹陷。花药长 3.5～4mm。

分布区：乌克兰：克里米亚及黑海沿岸，海岸沙地及峭壁。

4. *Agropyron cristatum* subsp. *kazachstanicum* Tzvelev，1972. Nov. Sist. Vyssch Rast. 9：57

模式标本：哈萨克斯坦：卡拉甘达区（Karaganda district），中央哈萨克斯坦丘陵地，克孜拉伊丘陵，东北坡。А Мишкова，no. 303，1969 年 6 月 27 日。主模式与同模式标本现藏于 **LE**!。

异名：*Agropyron badamense* Karamysh et Rachkovsk，1971. Bot. Zhurn. 56（4）：465；non Drobov，1925；

　　　Agropyron kazachstanicum（Tzvelev）Peschkova，1985. Nov. Sist. Vyssch. Rast. 22：37。

形态学特征：多年生密丛禾草，秆高 15～50cm，直立，基节常膝曲，无毛，稀上部节间被微毛。叶坚硬，内卷，常弯曲呈弓形，上表面被微毛，脉显著，下表面平滑无毛。穗卵圆形，小穗间有间距，但仍密集；颖无毛或脊上具长纤毛，顶端具长 2～4mm 的芒；外稃被柔毛，稀糙涩或平滑无毛，顶端芒长 2～4mm。

细胞学特征：2n＝4x＝28。

分布区：哈萨克斯坦；俄罗斯西西伯利亚与中西伯利亚；蒙古西部；中国西部。戈壁荒漠、碎石草原、岩坡、草原灌丛。很少生长在沙地与沙质草原。分布上限可达海拔 2 000m。

5. *Agropyron cristatum* var. *erickssonii* Melderis，1949. Fl. Mongol. Steppe et Des. Areas，Rep. Sci. Exped. N. W. Prov. China. Seven Hedin，Publ. 31：118

模式标本：蒙古，古尔-卡甘（Gul - Chaghan），Ericksson no. 151. 1924 年 7 月 25 日；莱曼-乌尔（Naiman - ul），Ericksson no. 451，1928 年 6 月 25 日，主模式 **LD**!。

异名：*Agropyron cristatum* subsp. *erickssonii*（Melderis）Á. Löve，1984. Feddes Repert. 95：471；

　　　Agropyron erickssonii（Melderis）Peschkova，1990. Fl. Sibirica II：33。

形态学特征：多年生丛生禾草；秆高 20～40cm，直立，或基节膝曲，秆上部或上下都密被微毛，间生长毛。分蘖节叶内卷，稀平展，上下表面均密被微毛并间生长柔毛；秆生叶平展或内卷，上表面密被短柔毛，下表面无毛或糙涩。穗卵圆形至长卵圆形，长 1.5～4cm，宽 1～1.5cm，颖与外稃均密生卷毛。小穗轴疏生短刺毛。

分布区：蒙古、俄罗斯西伯利亚。生长在山地草原、岩坡、草原化草甸。

6. *Agropyron dasyanthum* Ledeb.，1820. Ind. Horti. Dorpat.：3（图 3 - 23）

模式标本：乌克兰第聂伯河下游，去波瑞斯塞里木（Borysthenem）邻近奥里斯基（Oleschky）的沙地。主模式与同模式标本现藏于 **LE**!。

异名：*Triticum dasyanthum*（Ledeb.）Spreng，1824，Syst. veg. 1：326。

形态学特征：多年生密丛禾草，株高 40～75cm，秆直立或基节膝曲，光滑无毛。叶片长线形或窄披针形，长 5～18cm，宽约 3mm，内卷或平展，粉白绿色，上表面被短柔毛，下表面光滑无毛。穗线形，淡绿色，长（7～）8～15cm，宽（8～）10～20mm，含 12～18 小穗，小穗排列较稀疏，穗轴被短柔毛。小穗长 7～12mm，含 5～7 小花；颖披针形至钻形，长 5～8mm，具脊，脊上无毛或具纤毛，颖缘成干膜质边沿，顶端渐尖成短尖

图 3-23　*Agropyron dasyatherum* Ledeb. 主模式标本（现藏于 **LE!**）

头；外稃披针形，长 7～8.5mm，密被长柔毛，稀无毛，尖端无芒而成一短尖头；内稃与外稃等长，窄披针形，上端渐尖成二齿，齿间呈窄凹槽，两脊疏生微细纤毛。花药长 5mm 左右。

细胞学特征：2n＝4x＝28。

分布区：乌克兰：第聂伯河中下游。河岸沙地与沙质草原。

7. *Agropyron nathaliae* Sipl.，1968. Nov. Sist. Vyssch. Rast. 5：13

模式标本：采自俄罗斯，东西伯利亚，卡拉（Чара）盆地，齐塔（Читинскаяя）省，卡拉尔斯基（Каларский）地区，萨库坎（Сакукан）河中游的河岸沙丘。A. Peteюm，1964 年 7 月 1 日。主模式与同模式标本现藏于 **LE!**。

异名：*Agropyron michnoi* subsp. *nathaliae*（Sipl.）Tzvelev，1973. Nov. Sist.

Vyssch. Rast. 10：34；

Agropyron cristatum subsp. *nathaliae*（Sipl.）Á. Löve，1984. Feddes Rep-

ert. 95（7～8）：432。

形态学特征：多年生禾草，具长根茎；秆高 40～70cm，被白色蜡粉，穗下节间被柔毛。秆生叶平展或内卷，上表面疏生细刺毛或微毛，下表面平滑无毛。穗长卵圆形，长 3～5cm，宽 1.5～2cm，小穗篦齿状排列紧密，颖密被柔毛，顶端具芒；外稃被柔毛，顶端具芒，芒长 3.5mm。

分布区：俄罗斯，东西伯利亚。生长于沙丘上。

8. *Agropyron sclerophyllum* Novopokrovsky，1935. Uchen. Zap. Rostovsk. Univ. 6：39
（图 3 - 24）

图 3 - 24　*Agropyron sclerophyllum* Novopokrovsky
（引自 И. В. Новопокровский，1935，图 4）

模式标本：1976 年 Н. Н. Цвелев 指定模式（Lectotype）标本，И. В. Новопокровский，no. 283。1932 年 7 月 20 日，采于 Новороссийск 附近。现藏于 **LE!**。

异名：*Agropyron pinifolium* Nevski，1934. Tr. Sredneaz. Univ. ser. 8B，17：57，in
clave；

Ag. karadaghense Kotov，1948. Bot. Zhurn. 5：32；

Ag. ponyicum auct. non Nevski，1943；

A. cristatum subsp. *sclerophyllum* Novopokr.，1935. Uchen. Zap. Rostovsk.
Univ. 6：39，n. altern.。

形态学特征：多年生，丛生，秆下部节通常膝曲，株高 25～45cm。叶片长 2～6
（～8)cm，宽 5～6mm，常内卷成管状，中脉不突出，脉上厚壁组织发育增厚，使上表面
叶脉突起成深的纵沟纹，下表面近平滑；叶舌短，长 0.5mm，具纤毛；叶耳钻形至镰刀

形，长 0.5mm。穗卵圆形，除芒外，长 3.5～4.5（～5）cm，宽 6～10（～15）mm，含 12～16 小穗，呈篦齿状排列，穗轴被柔毛。小穗长 1cm 左右，含 4～6 小花，颖长卵形至广披针形，颖下部具短纤毛，长 2～3mm，急尖成芒，芒长 1.5～3mm；外稃广披针形，长 8～10mm，背面上半部疏生柔毛或硬毛，顶端渐尖成芒，芒长 1～3mm。

分布区：克里米亚南部，高加索西部。石质岩坡。

9. *Agropyron sinkiangense* D. F. Cui, 1998. Acta Bot. Boreal. - Occident. Sin. 18：284～285
（图 3 - 25）

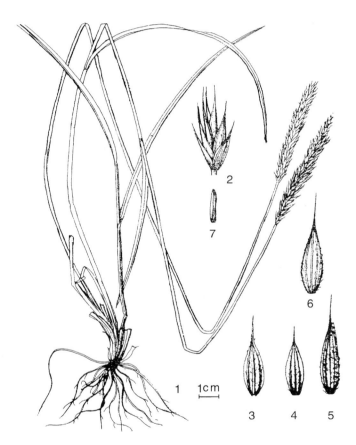

图 3 - 25　*Agropyron sinkiangense* D. F. Cui

1. 植株　2. 小穗　3. 第 2 颖　4. 第 1 颖　5. 小花　6. 外稃　7. 花药

（引自 崔大方、崔乃然，1998）

模式标本：崔大方，No. 02 - 227。于 1982 年 7 月 18 日，采自新疆和硕县哈尔格提，海拔 2 700m。主模式标本现藏于 **XJA - IAC!**

形态学特征：多年生疏丛禾草，株高 40～50cm，具横走或下伸根茎，根具沙套。秆直立，光滑无毛，或在穗下节间被柔毛。叶鞘短于节间，光滑无毛或稍糙涩；叶舌短小，长约 0.5mm；叶片平展，长 5～15cm，宽 3～4mm，上面糙涩，下面近于平滑。穗状花序直立，长约 7cm，宽 7～9mm；穗轴节间长约 2mm，被短柔毛；小穗长 7～10mm，宽 3～5mm，含 4～5 小花，小穗轴节间长约 1mm，被微毛；颖舟形，长 5～7mm，具 3 脉，脊上具纤毛，具宽膜质边缘，芒长 1～2mm；外稃舟形，长 6～8mm，被长柔毛，具 5 脉，基盘钝圆，芒长 2～4mm；内稃稍短于外稃，两脊上具纤毛。花药长 3mm 左右，黄色。花果期 7～8 月。

分布区：中国新疆。

10. *Agropyron tanaiticum* Nevski，1934．Tr．Sredneaz．Univ．ser．8B，17：56，in clave（图 3-26）

图 3-26 *Agropyron tanaiticum* Nevski
(引自 Е. Лавренко，1940，Фл. УРСР Ⅱ，图 22)

模式标本：A. Gael，1926 年 7 月 29 日采自顿河盆地，契尔河（Chir river）河岸，邻近奥布里夫斯卡亚站瑟利瑞提夫的农舍旁沙质圆丘。主模式与同模式标本现藏于 **LE**！。

形态学特征：多年生，株高 35～90cm。叶长线形，长 10～28cm，宽 1～2mm，内卷，粉白绿色，上表面被微柔毛，下表面光滑无毛。穗线形，淡绿色，长 4～16cm，宽（4～）5～7mm，小穗 12～16 枚，排列稀疏；穗轴无毛或被微柔毛。小穗长 7～10mm，4～6 小花；颖披针形至钻形，具宽膜质边沿，长 3～7（～8）mm，具脊；外稃披针形，长 6～8mm，被白色长柔毛，稀近于无毛；内稃与外稃等长，上端渐尖，具二齿，两脊无毛或疏生少于 10 根的纤毛。

分布区：俄罗斯欧洲部分：伏尔加河—顿河流域南部，顿河盆地。生长于河边沙地。

11. *Agropyuron tarbagataicum* N. Plotnikov，1941—1946. Tr. Omsk. Selskokhitz. Inst. 20：133，tab. 131（图 3 - 27）

模式标本：H. A. Плотников，1936 年 7 月 20 日，采自哈萨克斯坦，阿拉木图（Алма-Ата），塔尔巴嘎台（Тарбагатая）峰，邻近乌尔德夏尔（Урлжар），800～1 500m，灌丛干坡。模式标本可能藏于俄罗斯鄂木斯克农业研究所标本室。

异名：*Agropyron cristatun* subsp. *tarbagataicum*（Plotn.）Tzvelev，1972. Nov. Sist. Vyssh. Rast. 9：58。

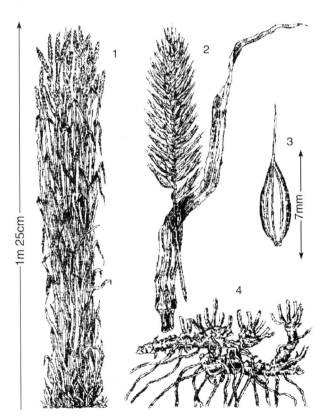

Agropyrum tarbagatateum sp.*nova*.1–Rycr;2–иолосилнсr;3–наружнах пралвстная 𝑞ещуикё;4–иорнсиищэ

图 3 - 27　*Agropyron tarbagataicum* N. Plotnikov

1. 株丛　2. 穗　3. 外稃　4. 根茎

（引自 H. Плотников，1941—1946，131 页原图）

形态学特征：多年生密丛禾草，秆高 70～145cm，灰绿色。具短而粗壮的匍匐根茎，除穗下节间外，茎秆无毛。叶鞘无毛；叶片宽线形，平展，长 12～27cm，宽 14mm 左右，上表面疏生柔毛，下表面无毛。穗长 5～8cm，宽 1.5～2cm，小穗排列紧密。小穗卵圆形，无柄，长 14～15mm（除芒外），宽 5～7mm，含 6～7 小花。颖披针形，长 3.5～5mm（除芒外），具 3 脉，中脉成脊，脊上部具纤毛，渐尖成长 2～4mm 的芒；外稃披针形，无毛，长 7～8mm（除芒外），芒长 2～4mm；内稃长 7mm 左右，尖端具二齿，两脊具纤毛。

主 要 参 考 文 献

Asay K H and D R Dewey. 1979. Bridging ploidy differences in crested wheatgrass with hexaploid×diploid hybrids. Crop Sci.，19：519‐523.

Asay K H and D R Dewey. 1983. Pooling the genetic resources of the crested wheatgrass species‐complex. Proc. ⅩⅣ Intern. grassland Congr. Westview Press，Boulder. pp. 124‐127.

Asay K H，K B Jensen，C Hsiao and D R Dewey，1992. Probable origin of standard crested wheatgrass，*Agropyron desertorum* Fisch. ex Link，Schultes. Can. J. Plant Sci.，72：763‐772.

Bowden，Wray M，1965. Cytotaxonomy of the species and interspecific hybrids of the genus *Agropyron* in Canada and neighboring area. Can. J. Bot.，45：1 421‐1 447.

Dewey D R. 1961a. Polyhaploids of crested wheatgrass. Crop Sci.，1：249‐254.

Dewey D R. 1961b. Hybrids between *Agropyron repens* and *Agropyron desertorum*. J. Hered.，52：13‐21.

Dewey D R. 1962. The genome structure of intermediat wheatgrass. J. Hered.，53：282‐290.

Dewey D R. 1964a. Synthetic hybrids of new world and old world Agropyrons I. Tetraploid *Agropyron spicatum*×diploid *Agropyron cristatum*. Amer. J. Bot.，51：763‐769.

Dewey D R. 1964b. Genome analysis of *Agropyron repens*×*Agropyron cristatum* hybrids. Amer. J. Bot.，51：1 062‐1 068.

Dewey D R. 1969. Hybrids between tetraploid and hexaploid crested wheatgrasses. Crop. Sci.，9：787‐791.

Dewey D R. 1974. Cytogenetics of a polyhaploid *Agropyron repens*. Bull. Torrey Bot. Club.，101：266‐271.

Dewey D R. 1983. Historical and current taxonomic perspective of *Agropyron*，*Elymus* and related genera. Crop Sci.，23：637‐642.

Dewey D R. 1984. The genomic system of classification as a guide to intergeneric hybridization with the perennial Triticeae. In J. P. Gustafson（editor）. Gene manipulation in plant improvement，pp. 209‐279.

Dewey D R. 1984. Wide-hybridization and induced-polyploid breeding strategies for perennial grasses of the Triticeae tribe. Iowa State J. Res.，58：383‐399.

Dewey D R and K H Asay. 1975. The crested wheatgrasses of Iran. Crop Sci.，15：844‐849.

Dewey D R and C Hsiao. 1984. The source of variation in tetraploid crested wheatgrass. Agron. Abstr. American Sociey of Agronomy，Madison，WI. p. 64（Abstr.）.

Dewey D R and P C Pendse. 1967. Cytogenetics of crested wheatgrass tripliods. Crop Sci.，7：345‐349.

Gillett J M and H A Sean. 1960. Cytotaxonomy and infraspecific variation of *Agropyron smithii* Ryds.

Can. J. Bot.，38：747 - 760.

Hsiao C，Richard R-C Wang and D R Dewey，1986. Karyotype analysis and genome relationships of 22 diploid species in the tribe Triticeae. Can. J. Genet. Cytol，28：109 - 120.

Hsiao C，K H Asay and D R Dewey. 1989. Cytogenetic analysis of interspecific hybrids and amphiploids between two diploid crested wheatgrass，*A. mongolicum* and *A. cristatum*. Genome，32：1 079 -1 084.

Knowles R P. 1955. A study of variability in crested wheatgrass. Canad. J. Bot.，33：534 - 546.

Matsumura S. 1942. Interspecific hybrids in *Agropyron*，Ⅱ. Jap. J. Genet，18：133 - 135.

McCoy G A and A G Law. 1965. Satellite Chromosomes in crested wheatgrass ［*Agropyron desertorum* (Fisch.) Schult］. Crop Sci.，5：283.

Mellish A，B Coulman and Y Ferdinandez. 2002. Genetic relationships among selected crested wheated cultivars and species determined on basis of AELP markers. Crop Sci.，42：1 662 - 1 668.

Myers W M and H D Hill. 1940. Studies of chromosome association and behavior and occurrence of aneuploidy in autotetraploid grass，orchard - grass，tall oatgrass，and crested wheatgrass. Bot. Gaz.，192：236 - 255.

Peto F H. 1930. Cytological studies in the genus *Agropyron*. Canad. J. Res.，3：428 - 448

Sakamoto S. 1964. Cytogenetic problems in *Agropyron* hybrids Seiken Zihô，16：38 - 74.

Schulz-Schaeffer J，P Allderdice and G C Creel. 1963. Segmental allopolyploidy in tetraploid and hexaploid *Agropyron* species of crested wheatgrass complix (Section *Agropyron*). Crop Sci.，3：525 -530.

Taylor，Roland J and Gene A McCoy. 1972. Proposed origin tetraploid species of crested wheatgrass based on chromatographic and karyotypic analyses. Amer. J. Bot.，60：576 - 583.

四、南麦属（Genus *Australopyrum*）的生物系统学

南麦属（*Australopyrum*）是 Á. Löve 于 1984 年，根据 H. H. Цвелев 于 1973 年在冰草属中建立的一个组，即：*Agropyron* sect. *Australopyrum* Tzvelev 升级为属的。它是澳洲特有属，含有独特的 **W** 染色体组。

（一）南麦属的古典形态分类学简史

1805 年，法国植物学家 Jacques Lulien Houtton de Labillardière 在《新荷属植物标本（Novæ Hollandiæ Plantarum Specimen)》，1 卷，21 页，以及图版 25，发表名为 *Festuca pectinata* Labill. 的澳洲特有的多年生禾草。

1810 年，英国植物学家 Robert Brown 在《新荷属及万-德门岛植物志初编（Prodromus florae novae Hollaniae et insulae Vae-Diemen)》，179 页，将 *Festuca pectinata* Labill. 组合在小麦属中成为 *Triticum pectinatum*（Labill.）R. Brown。

1812 年，法国植物学家 Ambroise Marie Francois Joseph de Beauvois 在《Essai d'une nouvelle Agrostographie》102 页，又把它组合在冰草属中，成为 *Agropyron pectinatum*（Labill.）P. Beauv.。

1829 年，Emanuel Kundt 在《禾本科等的订正（Révision des Graminées, etc.)》，1 卷，145 页，发表一个名为 *Triticum brownii* Kundt 的新种。实际上这个分类群就是 *Festuca pectinata* Labill.。

1840 年，德国植物学家 Christian Gottfries Nees 在 W. J. Hooker 的《植物学杂志（Journal of Botany)》，第 2 卷，417 页，发表一个名为 *Agropyron velutimum* Nees 的澳洲特有新种。

1901 年，希腊植物学家 Paleologos C. Candargy 在《Monogr. tēs phyls tōn krithōdōn》一书 62 页上将 Kundt 在 1829 年定名的 *Triticum browni* Kundt 组合到旱麦草属中，成为 *Eremopyrum browni*（Nees）Candargy。

1950 年，澳大利亚植物学家 J. W. Vickery 在《新南威尔士草本植物文献（Contributions to New South Wales Herb.)》，第 1 卷，340 页，发表一个名为 *Agropyron retrofractum* J. W. Vickery 的澳洲特有种。

1973 年，俄罗斯植物学家 H. H. Цвелев 在《新维管束植物系统学（Новости Систематика Высших Растений)》，第 10 卷，35 页，将 Kundt 在 1829 年发表的 *Triticum brownii* Kundt 组合在冰草属中，成为 *Agropyron brownii*（Kundt）Tzvelev。并为它建立一个组，即：section *Australopyrum* Tzvelev。

1984 年，Áskell. Löve 的《小麦族大纲（Conspectus of the Triticeae)》一文（发表在 Feddes Repertorium，Band 95，Heft 7～8，Seite 442～443) 中将 H. H. Цвелев 在冰草属中的

sect. *Ausatralopyrum*组升级为属，并将其染色体组命名为 **W** 组。他承认 2 个种与一个亚种，即：

  Australopyrum pectinatum（Labill.）Á. Löve；

  Australopyrum retrofractum（J. W. Vickery）Á. Löve；

   subsp. *velutinum*（Nees）Á. Löve。

1989 年，荷兰植物学家 J. F. Veldkamp 在他与 H. J. van Scheindelen 合写的一篇题为"马来西亚的南麦、短柄草、披碱草（禾本科）"的文章中，发表一个名为 *Australopyrum uncinatum* Veldk. 的南麦属新种，它生长在新几内亚北区坎里维山（Mt. Kanive）3 000m 的亚高山草甸中。

1993 年，新西兰植物学家 H. E. Connor、B. P. Molloy 与 M. I. Dawson 在《新西兰植物学杂志（New Zealand Journal of Botany)》，31 卷，1～10 页，发表一篇题为 *Australopyrum*（Triticeae：Gramineae) in New Zealand 的文章。其中描述了一个新种与一个新亚种，即：

  Australopyrum calcis H. E. Connor，B. P. Molloy et M. I. Dawson；

  Australopyrum calcis subsp. *optatum* H. E. Connor，B. P. Molloy et M. I. Dawson。

（二）南麦属的实验生物系统学研究

Australopyrum 是个小属，也是大洋洲的特有属。它与旧大陆以及新大陆的小麦族植物都没有直接的亲缘关系。只有亚洲的含 **St** 及 **Y** 染色体组的 *Roegneria* 的物种与它杂交在大洋洲形成一个含 **St**、**Y** 与 **W** 染色体组的非常特殊的花鳞草属（*Anthosachne*），以及与含 H 染色体组的二倍体大麦属（*Hordeum*）植物天然杂交形成含 **HW** 染色体组组合的窄穗草属（*Stenostachys*），这个小属也是大洋洲特有植物。

1984 年，T. Ryu Endo（远藤 隆）与 Bikram S. Gill 对 *Agropyron velutinum* Nees 采用 C-带技术作了核型观察。它是一个完全自花授粉结实的植物，几乎完全没有 C-带显示。表明染色体上存在 C-带异染色质非常之少，也说明重复序列 DNA 份数较少。他们所作的 C-带核型如图 4-1 所示。

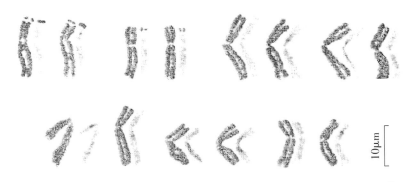

图 4-1　Agropyron velutinum Nees 的 C-带核型（显示染色体缺乏 C-带）

（引自 Endo 与 Gill，1984，图 11）

1986 年，Catherine Hsiao（凯萨琳·萧）. R. R. -C. Wang（汪瑞其）与 D. R. Dewey 发表一篇对小麦族 22 个二倍体种的核型观察分析的报告。观察到含 **W** 染色体组的二倍体种 *Australopyrum pectinatum* subsp. *velutinum* 与 *Au. pectinatum* subsp. *retrofractum* 的核型形态上非常一致，没有什么差别。它们是所观察的 22 个分类群中最小的染色体，染色体总长 *velutinum* 为 40.85 μm，而 *retrofractum* 则只有 39.59 μm。这些染色体是中央着丝点或亚中央着丝点，有两对随体染色体，随体小，位于第 4 与第 6 染色体的短臂上。它们的臂比及随体形态与 **P** 染色体组相似，虽然在长度上二者相差非常悬殊。她们认为从染色体形态学以及植物形态学来看，它们的相似性可能显示系统演化上具有相关性。她们测绘的核型如图 4 - 2 所示。

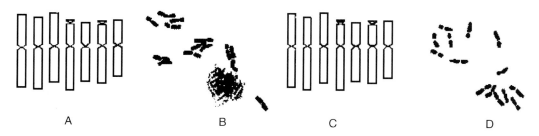

图 4 - 2　*Australopyrum pectinatum* var. *velutinum*（A、B）与 var. *retrofractum*（C、D）
（引自 Hsiao、Wang 与 Dewey. 1986，图 19 - 20 ）

1993 年，H. E. Connor、B. P. J. Molloy 与 M. I. Dawson 观察了 *Australopyrum calcis* H. E. Connor，B. P. J. Molloy et M. I. Dawson 与 *Au. pectinatum*（Labill.）Á. Löve 的核型。他们观察到 *Au. calcis* 及 *Au. calcis* subsp. *optatum* H. E. Connor，B. P. J. Molloy et M. I. Dawson 与 *Au. pectinatum* 都具有相似的核型，2n＝14。他们拍摄的终变期的照片及绘制的核型模式如图 4 - 3、图 4 - 4、图 4 - 5 所示。

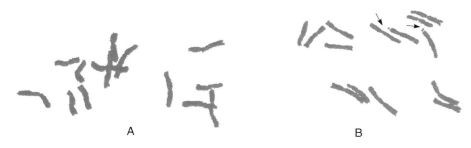

图 4 - 3　根尖终变期染色体（箭头指随体染色体）
A. *Australopyrum calcis* B. *Au. pectinatum*
（引自 Connor 等，1993，图 5）

图 4 - 4　*Australopyrum pectinatum* 的核型（根据图 4 - 3 B 照片编排）

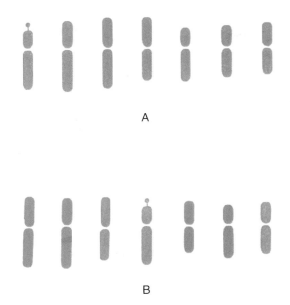

图 4 - 5 *Australopyrum calcis* 核型模式图

A. H. E. Connor，B. P. J. Mooly 与 M. I. Dawson 的原图（引自 H. E. Connor、B. P. J. Mooly 与 M. I. Dawson，1993，图 6）B. 将 H. E. Connor、B. P. J. Mooly 与 M. I. Dawson 的原图按通用核型模式图制图原则，即依照染色体长度、臂比顺序重新排列的模式图〔重新排列的核型模式图与 C. Hsiao et al.（1986）测绘的 **W** 染色体组模式图基本一致，只是染色体 6**W** 的随体可能因观察时期稍晚已经消失。这是没有经验的观察者常常可能遇见的事。这也可能是 Connor 等在 *Au. calcis* 终变期稍晚的时期的照片中只有一条随体染色体的原因〕

　　从以上核型来看，*Australopyrum calcis* 与 *Au. pectinatum* 是十分相似的，随体在第 4 染色体的短臂上。由于 H. E. Connor、B. P. J. Molloy 与 M. I. Dawson 的照片显示的有丝分裂已进入终变期较晚的时期，已错过观察随体的最佳时期。在 *Au. calcis* 的照片上只看到一对随体，另一对可能是已经消失不见。而在 *Au. pectinatum* 的照片上应当有两对随体，但是也只看到一对。而他们把照片上的时期说成是"Metaphase（中期）"！显然是不正确的。中期是更晚一点的时期，染色体排列在赤道板上的时期。虽然这些照片不是很理想，但是还能鉴别出来它们的核型的一致性，它们都应当属于 **W** 染色体组。

　　1995 年，C. Hsiao、N. J. Chatterton、K. H. Asay 与 K. B. Jensen 对代表小麦族各个不同染色体组的 30 个二倍体物种进行了分子遗传学的分析，其中包括代表 **P** 染色体组的 *Agropyron cristatum*（L.）Gaertner〔应为 *Ag. pectiniforme*（M. Bieb.）Roem. et Schult.〕、*Ag. puberulum*（Boiss. ex Steudel）Grossh，以及 *Ag. mongolicum* Keng；代表 **W** 染色体组的 *Australopyrum pectinatum*（Labill.）Á. Löve subsp. *pectinatum* 与 *Australopyrum pectinatum*（Labill.）Á. Löve subsp. *retrofractum*（J. W. Vickery）Á. Löve。她们选择过去在小麦族中系统演化研究中没有分析过的核 rDNA，转录隔离物区段（ITS）内进行分析研究。分析结果表明，大洋洲特有的 *Australopyrum pectinatum*（Labill.）Á. Löve subsp. *pectinatum* 与 *Australopyrum pectinatum*（Labill.）Á. Löve subsp. *retrofractum*（J. W. Vickery）Á. Löve（**W** 染色体组）在转录隔离物区段（ITS）

树中与 *Agropyron cristatum*、*Ag. puberulum*、*Ag. mongolicum*（**P** 染色体组）非常相近。早前的研究已显示 **W** 染色体组的物种与 **P** 染色体组的物种之间在形态学上与细胞形态学上具有近似的特征，虽然在大小上两个染色体组各走极端，**P** 染色体组的染色体特别大，而 **W** 染色体组的染色体却又特别小（Hsiao et al.，1986）。染色体体积小可能是因重复序列 DNA 复份较少，*Australopyrum pectinatum* subsp. *velutinum* 的 C-带异染色质显然少于 *Agropyron cristatum*（Endo 与 Gill，1984）。根据分子演化遗传分析衍生的相邻连合树状图（图 4-6），可以看出这两个染色体组的相近关系。

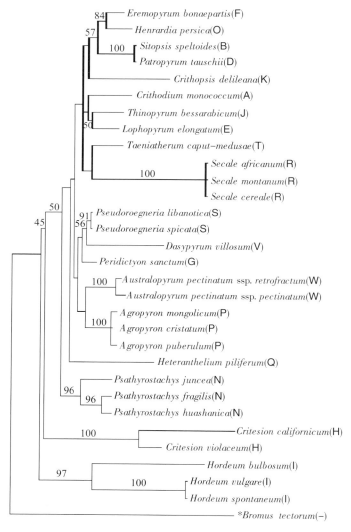

图 4-6　基于分子演化遗传分析的相邻连接树状图，具成对方式间隙缺失选择［分枝线上的数目为用引导程序法（bootstrap）呈现数值；分枝线长为距离比值；星号注明测试种以外的对照种；粗纵线表示地中海演化枝］

（引自 Hsiao et al.，1995，图 4）

同年，Jun-Zhi Wei 与 Richard R.‐C. Wang 也在 Genome 上发表一篇用随机扩增多样性 DNA（RAPD）技术对小麦族多年生二倍体种染色体组进行分子遗传学分析的文章，讨论染色体组与种的标志以及染色体组关系。他们采用了 22 个种代表八种不同的染色体组与 6 个亚型，它们是：代表 **P** 染色体组的 *Agropyron cristatum*、*Ag. mongolicum*、*Ag. puberulum*；代表 **St** 染色体组的 *Pseudoroegneria spicata*、*Psu. libanotica*、*Psu. inermis*、*Psu. stipifolia*；代表 **Ns** 染色体组的 *Psathyrostachys fragile*、*Psa. huashanica*、*Psa. stoloniformis*、*Psa. juncea*；代表 **H** 染色体组的 *Hordeum bogdanii*、*H. chilense*、*H. violaceum*、*H. marinum*；代表 **I** 染色体组的 *Hordeum bulbosum*、*H. vulgare*；代表 **R** 染色体组的 *Secale montanum*、*S. cereale*；代表 **E** 染色体组的 *Thinopyrum elongatum*、*Thinopyrum bessarabicum*；代表 **W** 染色体组的 *Australopyrum retrafractum*。

分析结果显示：4 个新麦草种的 **Ns** 染色体组亚型（**Ns**^f、**Ns**^h、**Ns**^s、**Ns**^j）聚类在一起，而与其他的染色体组保持相当的距离；两个 **E**^e 与 **E**^b 亚型，具有相近似的关系，同时与其他的染色体组保持相当的距离；冰草属的 **P** 染色体组、黑麦属的 **R** 染色体组、拟鹅观草属的 **St** 染色体组，具有相近的关系而聚类在一起；大麦属的 **H** 与 **I** 染色体组有相近的关系，在一共同聚类枝上；而 **W** 染色体组则与其他染色体组保持较远的距离。他们的 RAPD 分析的结果如图 4‐7 与图 4‐8 以及表 4‐1 所示。

表 4‐1　基于 RAPD 数据的遗传相似性贾卡德氏系数（Jaccard's coefficient）矩阵

（引自 Jun‐Zhi Wei 与 Richard R.‐C. Wang，1995）

	E^e	E^b	H	I	P	R	St	W	Ns^f	Ns^h	Ns^s	Ns^j
E^e	1.000											
E^b	0.752	1.000										
H	0.588	0.652	1.000									
I	0.620	0.609	0.698	1.000								
P	0.660	0.687	0.658	0.679	1.000							
R	0.674	0.701	0.687	0.682	0.728	1.000						
St	0.612	0.660	0.695	0.663	0.720	0.690	1.000					
W	0.606	0.617	0.636	0.652	0.677	0.647	0.671	1.000				
Ns^f	0.617	0.655	0.636	0.642	0.671	0.674	0.644	0.617	1.000			
Ns^h	0.601	0.628	0.604	0.615	0.655	0.658	0.644	0.612	0.876	1.000		
Ns^s	0.593	0.658	0.633	0.650	0.712	0.693	0.663	0.658	0.841	0.841	1.000	
Ns^j	0.633	0.655	0.652	0.636	0.698	0.695	0.687	0.655	0.774	0.763	0.819	1.000

由于目前还没有这些分类群间的杂交亲和率的实验数据，因此它们之间是种间关系？亚种间关系？还是变种间关系？还不能下结论。而目前把有关分类群定为种、亚种，比较混乱，又没有实验数据的根据，都只是主观臆断。暂时把它们看成是变种间关系比较妥当，待有实验亲和率的数据再来酌定。

M Eᵉ Eᵇ H I P R S W N Nᶠ Nʰ Nˢ Nʲ M

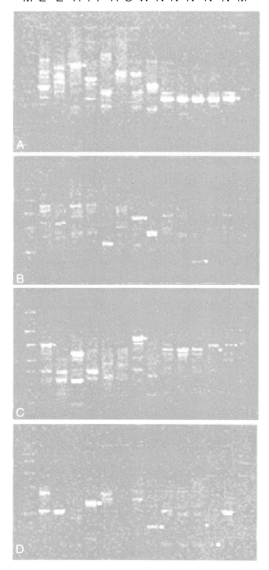

图 4 - 7　不同染色体组与引物 OPW - 5（A）、OPD - 14（B）、OPR - 5（C）、OPB - 3（D）的 RAPD 电泳结果［M 为 DNA 分子大小标记（从上到下分别为 2 000、1 500、1 000、700、500、400、300、200、100 与 50 bp）；**E**、**H**、**I**、**P**、**R**、**S**、**W**、**N** 八种基本染色体组；**Nᶠ**、**Nʰ**、**Nˢ**、**Nʲ** 分别为 *Psathyrostachys fragilis*、*Ps. huashanica*、*Ps. stolonformis*、*Ps. juncea* 的 **N** 染色体组的亚型；**Eᵉ** 与 **Eᵇ** 则为 *Thinopyrum elongatum* 与 *Th. bessarabicum* 的 **E** 染色体组的亚型。电泳标记带是染色体组或种特有带］

（引自 Wei 与 Wang，1995，图 1）

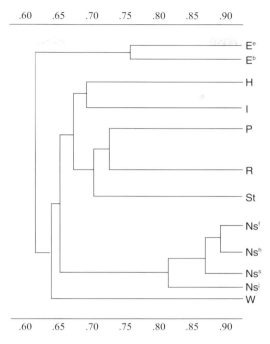

图 4-8 基于 RAPD 数据的不同染色体组树状图［标尺为遗传
相似性贾卡德氏系数（Jaccard's coefficient）］
（引自 Wei 与 Wang，1995）

（三）南麦属的分类

Australopyrum（Tzvelev）Á. Löve 南麦属

Australopyrum（Tzvelev）Á. Löve 是 1984 年 Áskell Löve 在《费德汇编》（Feddes Repertorium），95 卷，442 页，根据俄罗斯植物学家 H. H. Цвелев 在《新维管束植物系统学》（Новости Систематика Высших Растений），第 10 卷，35 页所定的冰草属南麦组（*Agropyron* section *Australopyrum* Tzvelev），升级为属的分类群。它含有独特的 **W** 染色体组。它也是大洋洲特有的属。其形态特征如下：

形态特征：密丛或疏丛，多年生，开花时穗尚未完全抽出叶鞘，自花授粉禾草。秆直立，或生于株丛周沿的秆基节膝曲，节间无毛或被倒生短柔毛。叶鞘光滑无毛或被短柔毛、长柔毛，或疏生柔毛；叶舌短，长 0.5～1.5mm，全缘或啮蚀状，或撕裂状；叶片细长直立较硬，平展或向上内卷，无毛或着生稀疏硬毛，或被短柔毛；穗直立，小穗密集上举全穗成卵圆形，或稀疏横伸成篦齿排列，下部小穗多少下垂；穗轴被短毛，毛向上或倒生，坚韧。小穗长卵形，5～8 小花，排列稀疏；颖坚硬，披针形或锥状三角形，通常 3 脉，大角度张开或不张开；外稃披针形，顶端渐尖成短芒，无毛糙涩或被短硬毛，5～7脉；内稃具两脊。花药长 2～5mm。

模式种：*Australopyrum pectinatum*（Labill.）Á. Löve。

属名来自拉丁文 australis（南方）与拉丁化的希腊文 pyros（小麦）两字的组合。

细胞学特征：2n＝ 2x＝14；**W** 染色体组，染色体组组合 **WW**。

南麦属种与变种检索表

1. 有顶端小穗，穗轴尖端不成细尾状构造，颖与外稃尖端成锐尖短芒，不成小钩 ·············· 2
  2. 穗长方形或广披针形，小穗排列稀疏，横伸或下垂，呈箆齿状排列 ················· 3
    3. 叶片背面着生粗硬毛，颖张开，外稃芒尖、光滑、光亮 ········ *Australopyrum pectinatum* var. *typicum*
    3. 叶片除叶尖有刺齿外，背面无毛，颖不张开，外稃芒尖糙涩晦暗 ············· 4
      4. 叶片具细小刺齿，穗轴光滑无毛 ····························· var. *calcis*
      4. 叶片上表面疏生柔毛，穗轴被短毛 ····················· var. *optatum*
  2. 穗卵圆形，小穗密集，上举，呈覆瓦状排列 ···················· 5
    5. 秆在穗下节间被短柔毛外，下部间无毛；颖近三角锥形，大角度张开反折向下 ···········
      ··· var. *retrofractum*
    5. 秆被短毛直到基部；颖广披针形，紧贴小花不张开 ················ var. *velutinum*
1. 无顶端小穗，穗轴尖端成一在最上小穗旁的细尾状构造，颖与外稃尖端成小钩 ··················
··· *Australopyrum uncinatum*

    1. *Australopyrum pectinatum*（Labillardière）Á. Löve，1984. Feddes Repert. 95. 443
（图 4 - 9）

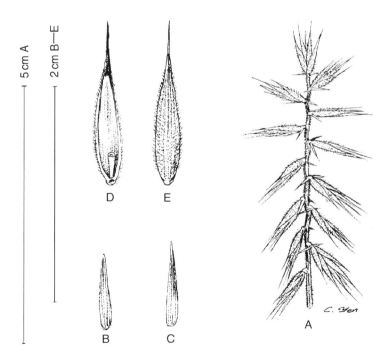

图 4 - 9 *Australopyrum pectinatum*（Labill.）Á. Löve
A. 全穗 B. 第1颖 C. 第2颖 D. 小花腹面观并示
小穗轴一段节间及内稃 E. 小花背面观，示外稃

1a. var *typicum* 南麦（图 4 - 10）

    模式标本：澳大利亚，万达曼（Van - Diemen）。指定模式，Labillardière，1805. Novæ

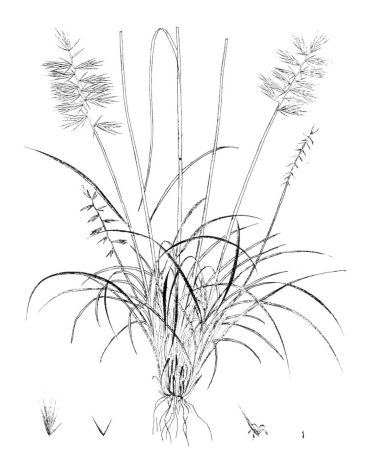

图 4 - 10　J. J. Labillardière 所绘 *Festuca pectinata* Labill. 原图

（引自 Labillardière，1805. Novæ Hollandiæ Plantarum Specimen 1：tabula 25 ，指定模式）

Hollandiæ Plantarum Specimen 1：tabula 25。

　　异名：*Festuca pectinata* Labillardière，1805. Nov. Holl. Pl. Specim. 1：21，t. 25；

　　　　　Triticum pectinatum （Labill.）R. Br.，1810. Prodr. ：179，non M. Bieb.，1808；

　　　　　Triticum brownii Kundt，1829. Rév. Gram. 1：145；

　　　　　Agropyron pectinatum （Labill.）P. Beauv.，1812. Ess. Agrostol. ：102；

　　　　　Eremopyrum brownii （Kundt）Candargy，1901. Monbogr. tēs phyls tōn krithōdōn：62；

　　　　　Agropyron brownii （Kundt）Tzvelev，1973. Nov. Syst. Vyssch. Rast. 10：35。

　　形态学特征：多年生直立丛生禾草，株高 90cm 左右，秆直立或株丛周沿秆基节膝曲，少数秆上有分枝，光滑无毛。叶鞘光滑无毛；叶舌膜质，截形，长 0.2～0.5mm；叶片长线形，扁平，尖端尖锐，宽 3mm，糙涩。穗长 2.5～7.5cm，小穗稀疏。小穗平伸或下部小穗下垂，成篦齿状排列，穗轴被糙毛；小穗含 3～8 小花，颖 3～5 脉，长 8～9mm，渐尖成锐尖头；外稃披针形，长 7～11mm，背面被糙毛，边沿糙涩，上端渐尖成 5mm 左右短芒；内稃光滑，两脊糙涩。花药长 4～5mm。

细胞学特征：2n＝2x ＝14；**W** 染色体组，染色体组组合 **WW**。

分布区：澳大利亚万达曼。

1b. var. _calcis_（H. E. Connor，B. P. J. Molloy et M. I. Dawson）**C. Yen et J. L. Yang, comb. nov.** 根据 **H. E. Connor, B. P. J. Molloy** 与 **M. I. Dawson, 1993. New Zealand J. Bot. 31：2**

钙生南麦（图 4-11）

模式标本：主模式（Holotype）CHR 468517a，马尔波若夫（Marlborough），勒冉木河（Leatham River）；邻近石灰石采石场，600 m；B. P. J. Molloy 与 K. W. Ryan L2，29 Jan. 1991. 主模式标本藏于 **CHR!**。

异名：*Australopyrum calcis* H. E. Connor，B. P. J. Molloy et M. I. Dawson，1993. New Zealand J. Bot. 31：2。

形态学特征：多年生疏丛禾草，具根茎，秆高 17～60cm，基节常膝曲，上下节间皆光滑无毛。叶鞘光滑无毛或被倒生短毛，具透明边沿；叶舌长 0.6～1.25mm，撕裂状；叶耳长 0.1～0.5mm，光滑无毛；叶片长线形，长 6～25cm，宽 0.5～3.5mm，上表面脉

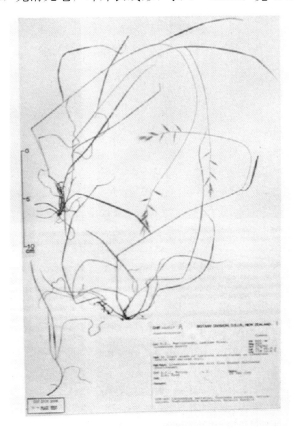

图 4-11 *Australopyrum pectinatum* var. *calcis*（H. E. Connor，B. P. J. Molloy et M. I. Dawson）C. Yen et J. L. Yang 主模式标本照片

（R. Lamberts 摄影，引自 H. E. Connor、B. P. G. Molloy 与 M. I. Dawson，1993，图 1）

上具微小硬毛或糙涩，下表面具显著的白色中脉与两条白色侧脉，脉上具短齿刺。穗长3～13cm，含4～13小穗。小穗含4～6小花，具长0.3mm的被毛短柄，下部小穗从穗轴上向外大角度横伸几与穗轴垂直，小穗轴被白色贴生短毛；两颖不等大，第1颖长2.5～4mm，第2颖长3.7～5.5mm，呈宽三角形，具3～5脉，脊偏于一侧，背面具小刺毛，腹面被白色向上的短毛，具很窄的纸质有齿边沿；外稃披针形，长9～11mm，包括长1.5～4mm的芒，5脉，上部具明显的脊，脊在下部不明显，背部被向上贴生的短白毛；基盘长0.25～0.4mm，被短硬毛；鳞被长0.4～0.6mm，被微小纤毛。花药长0.4～2.75mm；雌蕊长0.8～1mm，具冠毛。颖果细长，长3.5～4mm，与内稃黏连。

细胞学特征：2n＝2x＝14；**W** 染色体组，染色体组组合 **WW**。

分布区：新西兰，马尔波若夫，勒冉木河（Marlborough，Leatham River）。

1c. var. *optatum*（H. E. Connor，B. P. J. Molloy et M. I. Dawson）**C. Yen et J. L. Yang, comb. nov. 根据** *Australopyrum calcis* subsp. *optatum* H. E. Connor，B. P. J. Molloy et M. I. Dawson，**1993.** New Zealand J. Bot. **31：3‐4**

毛轴南麦（图 4‐12）

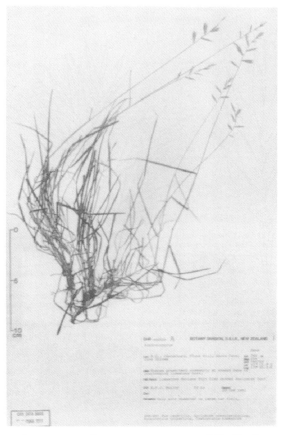

图 4‐12 *Australopyrum pectinatum* var. *optatum*（H. E. Connor，B. P. J. Molloy et M. I. Dawson）C. Yen et J. L. Yang 主模式标本照片

（R. Lamberts摄影，引自 H. E. Connor，B. P. J. Molloy 与 M. I. Dawson，1993，图4）

模式标本：主模式（Holotype）CHR 468526a，坎特伯雷（Canterbury），夫拉克丘陵（Flock Hill），山洞上方，山洞溪（Cave Stream）；780 m；B. P. J. Molloy FH 1a，23 Jan. 1991。主模式标本藏于 **CHR**！。

异名：*Australopyrum calcis* subsp. *optatum* H. E. Connor，B. P. J. Molloy et M. I. Dawson，1993. New Zealand J. Bot. 31：3～4。

形态学特征：本变种与 var. *calcis* 的区别在于本变种叶片上面具 0.3mm 长的柔毛，而不是微小硬毛。本变种穗下节间被短毛，而 var. *calcis* 则光滑无毛。本变种穗轴具向上的短毛，而 var. *calcis* 则无毛。外稃具长 0.3mm 的硬刺毛，而 var. *calcis* 则仅长 0.1mm。

细胞学特征：$2n=2x=14$；**W** 染色体组，染色体组组合 **WW**。

分布区：新西兰：南岛坎特伯雷（Canterbury），白水（White Water），羊群丘陵小溪（Flock Hill Streams），威马卡瑞瑞河（Waimakariri）源头，托尔里塞山（Mt. Torlesse）喀斯特丘陵，蒲瑞博丘坡（Prebble Hill）与卡斯山（Mt. Cass）。石灰岩生境。

1d. var. *retrofractum* （J. W. Vickery）C. Yen et J. L. Yang, comb. nov. 根据 *Agropyron retrofractum* J. W. Vickery, 1951. Contr. N. S. W. Herb. 1：340

反颖南麦（图 4 - 13）

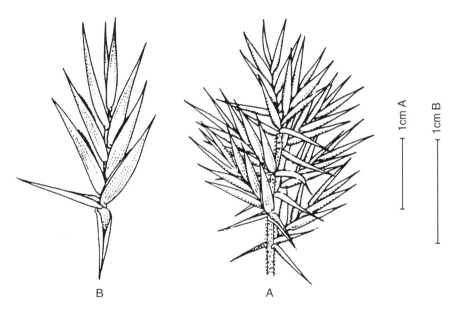

图 4 - 13 *Australopyrum pectinatum* var. *retrofractum* (J. W. Vickery) C. Yen et J. L. Yang
A. 全穗   B. 小穗，示疏生的小花及开张反折下伸的颖
（引自 G. J Harden，1993. Flora of New South Wales，第 4 卷，603 页，稍作修改）

模式标本：E. Betche 采于澳大利亚，南威尔士，科马（Cooma）附近岩石滩。主模式标本藏于 **NSW**！，同模式标本藏于 **K**！。

异名：*Agropyron retrofractum* J. W. Vickery，1951. Contr. N. S. W. Herb. 1：340；
Australopyrum retrofractum (Vickery) Á. Löve，1984. Feddes Repert. 95：443.

形态学特征：多年生疏丛禾草，株高 60cm 左右，秆直立或基节膝曲，除穗下节间具毛外，其余茎秆光滑无毛。叶鞘被短柔毛或微柔毛；叶舌膜质，上端平截，全缘或纤毛状，长 0.2mm；叶片长线形，宽 1～3mm，扁平或内卷，硬质，向上斜伸，具强劲叶脉，上表面糙涩或被短柔毛。穗直立，卵圆形，长 1.5～6cm，宽 7～15mm，含 5～9 小穗，小穗密集，呈覆瓦状排列。小穗无柄，含6～8 小花；颖宿存，两颖近相等，张开反折向下斜伸，长 5～7.5mm，包括长约 1mm 的短芒；外稃披针形，长 8～10mm，包括芒状小尖头，光滑无毛或被微柔毛；内稃两脊具纤毛。

细胞学特征：2n＝2x＝14；**W** 染色体组，染色体组组合 **WW**。

分布区：澳大利亚：维多利亚省，塔斯马尼亚岛；新西兰：北岛纳皮尔（Napier），南岛克拉伦斯，奥马拉马，瓦纳卡，克伦威尔。高山草甸及草原。

1e. var. *velutinum* （Nees）**C. Yen et J. L. Yang, comb. nov. 根据** *Agropyron veluti-num* **Nees，1840. in Hook. Journal of Bot. 2：417**

毛秆南麦（图 4 - 14）

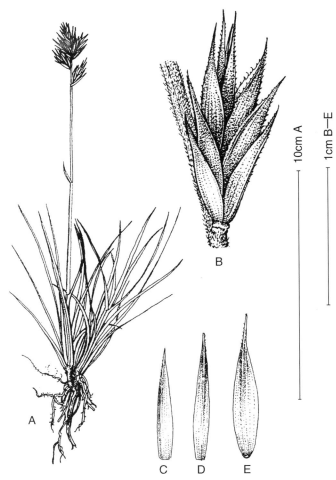

图 4 - 14　*Australopyrum pectinatum* var. *velutinum* (Nees) C. Yen et J. L. Yang

A. 全植株　B. 小穗及穗轴一段　C. 第 1 颖　D. 第 2 颖　E. 外稃背面观

（引自 Walsh and Entwisle，1994，图 100 a 、b，作编排修改及补充）

模式标本：Februario 1837 年采于澳大利亚万德曼（Van Dieman），Cunn，no. 770。**K!**。

异名：*Agropyron velutinum* Nees，1840. in Hook. Journal of Bot. 2：417；

Australopyrum retrofractum subsp. *velutinum*（Nees）Á. Löve，1984. Feddes Repert. 95：443。

形态学特征：多年生丛生禾草，株高 50cm 左右，秆直立，被短毛，叶鞘上部无毛；叶舌膜质，上端平截，长 0.5mm；叶片长线形，宽 2mm 左右，平展，干燥时内卷，下表面被糙毛或短柔毛，上表面叶脉突起，被短柔毛。穗卵圆形，淡绿色，长 1.5～6cm，含 4～10 小穗，小穗密集上举呈覆瓦状排列，常偏于一侧，穗轴常呈之字形曲折，被短硬毛；小穗含 5～9 小花；颖窄三角形，渐尖，成熟时外展下伸；外稃披针形，长 8～10mm，顶端渐尖成 0.5～3mm 长的短芒。

细胞学特征：2n=2x=14；**W** 染色体组，染色体组组合 **WW**。

分布区：澳大利亚：新南威尔士，维多利亚，塔斯马尼亚岛。生长于黏土地区林间开阔地，以及草原。

2. *Australopyrum uncinatum* J. F. Veldk.，1989. Blumea 34：67
钩刺南麦（图 4 - 15）

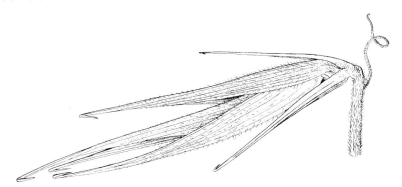

图 4 - 15　*Australopyrum uncinatum* J. F. Veldkamp 的上端小穗以及穗轴上段
（示颖与外稃尖端的钩状构造；穗轴上段退化成细小弯曲鞭状物）
（引自 Veldkamp, J. F. and H. J. Scheindelen，1989，图 1a，方向修改）

模式标本：LAE 65112（Croft et al.）（L，主模式 No. 233077；副模式 No. 233076。藏于 **A!，E!，BRI!，CANB!，K!，LAE!**，n. v.），采于巴布亚新几内亚，北区，坎里维山（Mt. Kanive），海拔 3 000m，1974 年 7 月 30 日。

形态学特征：多年生丛生禾草，直立，株高 30～80cm。基部叶鞘内分枝，穗下节间被短毛，其他节间光滑无毛，节黄褐色，叶鞘开裂直到叶基，被柔毛或疏生柔毛，基部老叶鞘成纤维状；叶舌长 0.5～1mm，啮蚀状或呈细毛状；叶片斜伸，但不硬挺，常呈卷筒状，长可达 25cm，宽 2mm，上下两面被柔毛，上面较密。穗直立，长 3cm，含 3～5 小穗；穗轴向小穗面扁平，被短柔毛，顶端节段极度退化，并由于最上端小穗发育的挤压，使它成为位于侧面再直立向上，长 5～6mm，细小的鞭状构造，直伸或卷曲，因此也就没有顶端小穗。小穗具柄，柄稍扁平；小穗披针形，长 16～18mm（包括芒），花期平贴穗轴，结实期横向张开与穗轴垂直或稍下垂，含4～5小花；小穗轴节被微柔毛，节间长0.5～1mm，光滑无毛，小穗轴顶端为一发育不全不育小花外稃；颖锥形，第1颖长7～9mm，3脉；第2颖长7.7～8mm，4～5脉，渐尖，顶端成一小钩；外稃披针形，长13～16mm，10～14脉，被短柔毛，具明显的白色基盘，上端渐尖，成芒，芒尖倒回成一长约1.1mm钩状构造；内稃披针形，长7.5～10mm，急尖，背面被微柔毛，两脊具刚毛，鳞被二裂，楔形，长约1mm，干膜质，光滑无毛。花药长2～2.5mm，黄色。

细胞学特征：目前尚无研究报道。

分布区：巴布亚新几内亚，北区，坎里维山（Mt. Kanive），海拔3 000m。亚高山草甸。

注：*Australopyrum uncinatum* 这一分类群，由于尚无实验生物学的研究，它的系统地位目前还无法确定。因此，本书引述为种是暂定的。

主 要 参 考 文 献

Connor H E，B P J Molloy and M I Dawson. 1993. *Australopyrum* (Triticeae：Gramineae) in New Zealand. New Zealand J. Bot.，31：1 - 10.

Endo T Ryu，B S Gill. 1984. The heterochromatin distribution and genome evolution in diploid species of *Elymus* and *Agropyron*. Can. J. Genet. Cytol.，26：669 - 678.

Harden G J. 1993. Flora of New South Wales，vol. 4，p. 603. New South Wales Univ. Press. Kensington，NSW，Australia.

Hsiao C，N J Chatterton，K H Asay，et al. 1995. Phylogenetic relationships of the monogenomic species of the wheat tribe，Triticeae（Poaceae），inferred from nuclear rDNA（internal transcribed spacer）sequences. Genome，38：211 - 223.

Hsiao C，R R - C Wang and D R Dewey. 1986. Karyotype analysis and genome relationships of 22 diploid spevies in the tribe Triticeae. Can. J. Genet. Cytol.，28：109 - 120.

Walsh N G and T J Entwisle. 1994. Flora of Victoria，vol. 2，pp. 512，518 - 519，Inkata，Melbourne. Sydney.

Wei J Z，R R - C Wang. 1995. Genome- and species-specific markers and genome relationships of diploid perennial species in Triticeae based on RAPD analyses. Genome，38：1230 - 1236.

Veldkamp J F，H J Scheindelen. 1989. *Australopyrum*，*Brachypodium* and *Elymus*（Gramineae）in Malesia. Blumea，34：61 - 76.

五、花鳞草属(Genus *Anthosachne*)的生物系统学

花鳞草是大洋洲的特有植物，经细胞遗传学研究检测（Torabinejad 与 Mueller，1993）是异源六倍体。它含有特殊的染色体组组合，为大洋洲特有的。含 **W** 染色体组的 *Australopyrum* 属与主要分布在亚洲的含 **St** 与 **Y** 染色体组的 *Roegneria* 属的物种杂交形成的异源六倍体，含有 **St**、**Y** 与 **W** 染色体组的新组合类型。按现代遗传系统学的原则，它应当是一个独立的属，虽然以前的资料来看它是一个单种属，它只含有 *Anthosachne australasica* Steud. 一个种。但从形态与生殖行为上的一些差异，可以分为三个类群。虽然有人把它划分为若干个种，或亚种，或变种，我们将根据实验生物学的试验结果再来讨论确定它的系统划分。

（一）花鳞草属的古典形态分类学简史

1804 年，法国植物学家 Jacques Julien Labillardiière 在《新荷兰植物标本（Novæ Hollandiæ Plantarum Specimen)》1 卷，图 26，描绘一个定名为 *Festuca scabra* Labillardiière 的澳洲植物新种。

1810 年，联合王国植物学家 Robert Brown 在《新荷兰与梵-迪曼植物志初编（Prodromus florae novae Hollandiae et insilae Van-Diemen)》178 页，把 6 年前 Labillardiière 的新种 *Festuca scabra* 组合为 *Triticum scabrum* R. Brown。

1812 年，法国植物学家 Ambroise Marie Francois Joseph Palisot de Beauvois 把上述分类群又组合在冰草属中成为 *Agropyron scabrum*（R. Brown）Beauv. 发表在《新禾本科略志（Essai d'une nouvelle Agrostographie)》102 页。

1844 年，英国植物学家 J. D. Hooker f. 在《Hook. London J. Bot.》3 卷，417 页，发表一个名为 *Triticum squarrosum* Banks et Solander ex Hook. f. 的新种。它也是产于澳洲类似 *Festuca scabra* 的分类群。

1846 年，德国植物学家 Christian Gottfried Daniel Nees，von Esenbeck 在 Johann Ghristain Lehmann 主编的《澳洲西部与西南部植物名录（Plantae Preissianae)》第 2 卷，107 页上发表一个名为 *Vulpia rectiseta* Nees 的新种，它与前述的 *Festuca scabra* Labillardiière 相近似。

1849 年，德国植物学家 Wilhelm Gerhad Walpers 在《系统植物学编年志（Annales Botanices Systematica)》第 1 卷，5 分册，943 页上，把 *Vulpia rectiseta* Nees in Lehm. 组合到狐茅属中成为 *Festuca rectiseta*（Nees in Lehm.）Walp. 。

1853 年，英国植物学家 W. J. Hooker f. 在他编著的《新西兰植物志（Flora of New Zealand)》第 1 卷，311 页上，代 Banks 与 Solander 发表一个新种定名为 *Triticum multiflorum* Banks et Solander ex Hook. f. 。它与 *Triticum scabrum* R. Brown 非常相似，只是芒短一些，

颖小一些，而 *Triticum multiflorum* Banks et Solander ex Hook. f. 的颖只有 3～5 脉。

1854 年，德国植物学家 Ernest Gottlieb Steudel 以模式种 *Anthosachne australasica* Steud. 建立一个名为 *Anthosachne*（花鳞草）的新属。发表在《颖草类植物纲要（Synopsis Plantarum Glumacearum）》，第 1 卷，237 页。在同书 347 页，他又在小麦属中发表一个名为 *Triticum solandri* Steudel 的新种。以上这两个新种都是产于大洋洲与 *Festuca scabra* Labillardiière 十分相似的分类群。

1864 年，W. J. Hooker f. 在《新西兰植物区系手册（Handbook of the New Zealand Flora）》第 1 卷，343 页，发表一个名为 *Triticum youngii* Hook. f. 的新种。它也是产于大洋洲与 *Festuca scabra* Labillardiière 十分相似的分类群。

1901 年，希腊植物学家 Paleologos C. Candargy 在《Monogr. tēs phyls tōn krithōdōn》一书，39 页，将 *Triticum youngii* Hook. f. 组合为 *Agropyron youngii*（Hook. f.）Candargy。

1906 年，T. F. Cheesman 在《新西兰植物区系指南（Manual of New Zealand Flora）》一书，921 页，把 Kirk 组合而未发表的 *Agropyron multiflorum* 代其发表而成为 *Agropyron multiflorum*（Banks et Solander）Kirk ex Cheesman。

1934 年，苏联植物学家 C. A. Невский 把 *Triticum scabrum* R. Brown 组合在 1854 年德国植物学家 Ernest Gottlieb Steudel 以模式种 *Anthosachne australasica* Steud. 建立的 *Anthosachne* 属中，名为 *Anthosachne scabra*（R. Brown）Nevski，发表在《中亚大学学报（Труды Среднеазиатский Университа）》系列 8B，17 卷，65 页，这个组合应当说是很恰当的。但他却从主观拟定的形态学特征出发，把产于非洲的 *Triticum elymoides* Hochst.、产于西藏西部的 *Agropyron jacquemontii* Hook. f.、产于伊朗的 *Brachypodium longearistatum* Boiss.，都组合在花鳞草属中，分别成为 *Anthosachne elymoides*（Hochst.）Nevski、*Anthosachne jacquemontii*（Hook. f.）Nevski、*Anthosachne longearistata*（Boiss.）Nevski。从现代实验生物学的检测的结果来看显然是不正确的。它们与模式种之间亲缘系统关系相距甚远。

1943 年，V. D. Zotov 在《新西兰皇家学会汇编（Transactions of Royal Society of New Zealand）》73 卷，233～238 页上发表一篇题为"新西兰禾本科某些种名的改变（Certain changes in nomenclature of New Zealand species of Gramineae）"的论文，把 *Agropyron multiflorum*（Banks et Solander）Kirk ex Cheesman 改名为 *Agropyron kirkii* Zotov。

1950 年，澳大利亚植物学家 J. W. Vickery 在《新南威尔士本地草本植物文献（Contr. New South Wales Nat. Herb.）》第 1 卷，6 期，342 页，发表一个 *Agropyron scabrum*（R. Br.）Beauv. 新变种，定名为 *Agropyron scabrum* var. *plurinerve* Vickery。它具有长大的颖（1～1.5cm），6～8 脉。

1970 年，英国植物学家 N. L. Bor 在 Rechinger K. H. f. 主编的《伊朗植物志（Fl. Iranica）》108 页，发表了 A. Melderis 把 E. G. Steudel 建立的 *Anthosachne* 属降级为 *Agropyron* 的一个组，即：section *Anthosachne* Melderis。

1973 年，苏联植物学家 H. H. Цвелев 在《维管束植物新系统学（Новости Систематики Высших. Раастений）》10 卷，19～59 页，发表一篇题为"苏联植物志中禾本科小麦族物种大纲（Conspectus specierum tribus Triticeae Dum. familiae Peoceae in flora URSS)"的文章，也把 *Anthosachne* 属降级为组（section），成为 *Elymus* section *An-thosachne*（Steud.）Tzvelev。把 E. G. Steudel 的建属模式种 *Anthosachne australasica* Steud. 组合为 *Elymus australasicus*（Steud.）Tzvelev。

1982年，Áskell Löve 与新西兰植物学家 H. E. Connor 在《新西兰植物学杂志（New Zealand Journal of Botany)》第 20 卷，182 页，发表一个名为 *Elymus apricus* Á. Löve et H. E. Connor 的新种。另外，把 *Vulpia rectiseta* Nees in Lehm. 组合为 *Elymus rectsetus*（Nees in Lehm.）Á. Löve et Connor，并把 *Anthosachne australasica* Steudel 作为它的异名。

1984年，Áskell Löve 发表在《费德斯汇编（Feddes Repertorium)》，95 卷，小麦族大纲（Conspectus of Triticeae）一文中，他又按 H. H. Цвелев 的这个系统，把分类群 *Triticum scabrum* R. Brown 即 *Festuca scabra* Labillardiière 组合在披碱草属的 sect. *Anthosachne* Tzvelev 组中，成为 *Elymus scabrus*（R. Br.）Á. Löve。在这篇文章中他也报道了这个分类群是一个 6 倍体。把它组合在披碱草属中是 Áskell Löve 根据他与 Conner（1982）的观察，认为它是含 **StStStStHH** 染色体组的异源六倍体。

1990年，新西兰的基督堂市坎特布雷大学地理系的 Henry E. Connor 在《邱园公报（Kew Bulletin)》45 卷，第 4 期，680 页，发表一个新组合，名为：*Elymus multiflorus*（Banks et Sol. ex Hook. f.）var. *kingianus*（Endl.）Connor。

1994年，H. E. Connor 又在《新西兰植物学杂志（New Zealand Journal of Botany)》第 32 卷，132，138 与 140 页上，把多形的 *Anthosachne australasica* Steud. 又分定两个新种与一个新组合，它们是：*Elymus falcis* Connor、*Elymus sacandri* Connor 与 *Elymus solandri*（Steudel）Connor。

（二）花鳞草属的实验生物系统学研究

1956年，新西兰植物学家 John Gruce Hair 在美国《遗传（Heredity)》上发表一篇题为"冰草属中的亚有性生殖（Subsexual reproduction in *Agropyron*)"的论文，报道了小麦族中十分稀有的无融合生殖现象。这个材料就是新西兰、诺福克岛与澳大利亚生长的 *Agropyron scabrum*（R. Br.）P. Beauv.，现在应称为粗糙花鳞草（*Anthosachne australasica* var. *scabra*），澳洲俗称为小麦草（wheatgrass）的大洋洲特有的物种。

他对亲本植株的细胞学观察，确定这个种所观察的亲本植株居群都是六倍体，含 42 条染色体。它的染色体都是亚中央着丝点染色体，同时具两对随体染色体。除表 5-1 中 A 以外，所有的其他的群体都有一些细胞学上不正常的植株，而它的不正常性状通常都要在表型上表达出来。染色体的畸变可以分为两个类型：

（a）染色体数量畸变，包括相对三倍体（2n＝57，63）（见图 5-11-1）。

（b）染色体结构畸变，一个染色体出现缺失（图 5-1）。

他说："初步的信息是最接近要点的。它提供了野生群体中几种染色体变异的发现；它提供了可以按染色体分类临时划分亚群；同时它提供了有用的细胞学标志。最后，它导致我们怀疑不同的生殖模式在不同的群体中运作。预期可以用两个简单的方法进行测试：繁育大量的子代与各自的母本植株相比较，以及授粉试验"。

表 5-1　*Agropyron scabrum* 生殖多样性

（引自 Hair，1956，表1）

居群	植株数	2n	花粉母细胞 Meiosis	花粉母细胞 n	卵母细胞 分裂型	卵母细胞 推测 n	内胚乳
北　岛							
A	5	42（6x）	21 Ⅱ	21		同雄性	3n
B1	4	42	I～Ⅳ	20～22		同雄性	±3n
B2	1	43	I～Ⅳ	21～23		同雄性	—
B3	1	63	I～Ⅴ	大约31	减数分裂，二分体与减数分裂	63	
南　岛							
C1	2	42	18～21Ⅱ，稀Ⅳ	±21	减数分裂，二分体，减数分裂	？／42	—
C2	1	57	I～Ⅲ	大约28	二分体，减数分裂	57	—
C3	1	63	I～Ⅲ，稀Ⅴ	大约31	二分体，减数分裂	63	—
D1	2 株正常	42					—
D2	2 株缺失	42	无性细胞 或	42	二分体，减数分裂	42	±6n
D3	10 株正常	42	0～8 Ⅱ	±21			—
D4	1 株缺失	42					—

居群	植株数	亲本染色体数	畸变植株 染色体数	畸变植株 起源推测	畸变植株 百分率（%）	亲本生殖遗传模式
			子　代（隔离与开放授粉）：644 株			
北　岛						
A	25	100%	—	—	—	有性
B1	74	75.7%	n?	（半致死）	6.8	兼
			n，n+1	单倍体 孤雌生殖	4.0	性 无
			2n−1，2n+1 或 2	有性生殖	8.1	融
			3n，3n+3	半有性生殖	5.4	合
B2	46	34.8%	n	单倍体 孤雌生殖	4.4	生 殖
			2n，2n+2 到 3	有性生殖	60.8	
B3	5	0	4.5n，（大约56）	半有性生殖	100	
南　岛						
C1	201	99%	2n−1*	二倍体 孤雌生殖	1.0	优势无融合生
C2	1	（100）	—		—	殖（亚有性生殖）
C3	13	92.3%	4.5n（94）	半有性生殖	7.7	
D1	95	96.8%	2n−1*，2n+1+			专性
D2	60	88.3%	2n+，2n+1，2n+2，4n	二倍体 孤雌生殖		无融
D3	118	96.6%	2n−1，4n			合生
D4	26	96.1%	2n+5§			殖

注：A：Wellington，N. Z.；B：Foxton，N. Z.；C：Dunstan；N. Z.；D：Waiau，N. Z.。本表在编排与文字上稍作修改。

　*　一条染色体双着丝点；＋　一条短染色体；＋　两条短染色体；§　中节环（centric ring）。

在它们的子代中，居群 A，采自 Wellington 的 5 株亲本繁育了 25 株子代供观察比较。所有 5 株亲本的子代在染色体的形态、数目或行为方面全都无任何异常。其后，它们成功地与其他种或变种杂交并得到没有疑问的杂种（表 5-2）。清楚地表明这一群植株全都是正常有性生殖。

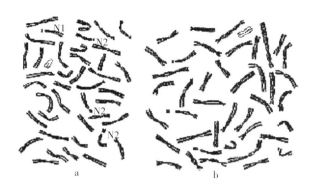

图 5-1　居群 D2（a）与 D4（b）专性无融合生殖植株的体细胞染色体组（2n＝42），示各有一条短的、缺失染色体（N1 与 N2 为两对随体染色体）

（引自 Hair，1956，图 1）

居群 B，采自 Foxton，共 125 株。其中 6 个亲本是野生移植来的同一世代的姊妹系；另外 3 株来自同一居群的两株是雄性不育，而另一株则是单倍体并且不育，全都不结实。再下一代（除 B1 与 B2）都表现同一变异情况。"单倍体"（3x）以及三倍体（9x）正常产生，同样有一个高比率的不均衡类型。减数分裂与育性都趋于失败，但也有另一种途径带来一定的、大大降低的可育性。第三种染色体类群（B3），形成与其他不同的高多倍体，可达 96 条染色体。推测可能来自未减数的卵细胞的受精。在这一世系中，一直不育。这个居群呈现有性生殖非周期性失调；换句话说，它是一种半有性（semi-sexual）或兼性无融合生殖（facultatively apomictic）。

居群 C，采自 Dunstan，共有 215 个植株。每一个亲本亚群都一致，如果是非整倍体，其子代也维持这种状况。唯一一个显著的例外是 C3 的子代，13 植株中的 1 株呈现半有性生殖，即减数分裂失败而没有授精。一个单一的畸变表现在六倍体（C1）的子代中，呈现亚-有性生殖（sub－sexual），即：交换与分离出现后减数分裂被抑制，尽管有性生殖失败，仍形成孤雌生殖。它含有一个等双着丝点核仁染色体（isodicentric nucleolsar chromosome）。综合所有结果显示，不同的 Dubstan 居群都是无融合生殖优势种群。

居群 D，从 15 个亲本来的全部子代中有 284 株完全都像亲本，有 15 株染色体在数目上及形态上有畸变。一个有双着丝点，另一个是由倒位交叉的结果构成的环。因此这种生殖模式就会不稳定，而实际上也是比通常的一个多倍体的有性生殖更缺少稳定性。两个含有一个缺失染色体的亲本（D2、D4）共有 86 个子代植株，除一株含纯合状态的缺失染色体外，其他每一株都与亲本一样带有一条呈杂合状态的缺失染色体。同时有一株"四倍体"（12x）含两条呈杂合状态的缺失染色体。

他用授粉试验进行研究。对强优势以及专性无融合生殖居群进行去雄控制，总计 1 600 去雄小花没有结实。与有性生殖类型控制杂交，则每一种类型都得到一些杂种子代，证明 A 居群有性生殖性状正常。专性无融合生殖居群 D 的自交与杂交子代，完全一致地具有严格的母本性状。在 106 株中只有 4 株有所异常。自花授粉比杂交授粉有效。

　　他对 *Agropyron scabrum* 胚囊的发育也进行了观察研究。*Agropyron scabrum* 胚囊有一个倒生胚珠。它由一个伸长的珠心，上端缩减只有一层，以及两个双层的珠被组成。胚囊母细胞直接由珠心皮下细胞发育而成。在分裂过程中很难找到胚囊母细胞，在大多数胚珠中减数分裂（或已不存在）必须在事后（或事前）推论。以前发生过减数分裂最可靠的根据就是完好的或者退化了的大孢子四分子的存在。如果不存在，也就是说，显示出是非减数分裂（ameiosis）。根据这样的情况，四种生殖类群就划分出来成为两大类：一类为有性生殖或主要是有性生殖或兼性无融合生殖；另一类为强无融合生殖或专性无融合生殖。

　　居群 A 是有性生殖（图 5 - 11 - 1），并且多数胚珠观察到有性生殖过程。

　　居群 B1（6x），减数分裂结构复杂，混合了单价体、二价体与多价体联会。同时观察到三倍体（9x）（表 5 - 1），减数分裂必然有时被抑制。原始的三倍体已不复存在，发育观察试验采用 3 个来自 B1 居群的三倍体子代。10 个胚珠中的 3 个，其间期母细胞高度液胞化并且非常酷似后面将要谈到的无融合生殖有丝分裂间期细胞。剩下的 7 个没有证据表明它们的减数分裂曾经受到过抑制。可能原始三倍体的全部子代（表 5 - 1）都是非减数形成的。三倍体一般地说都具有无融合生殖能力。它们无疑是从相关的二倍体植物自己产生的。它们的兼性无融合生殖把有性生殖与强无融合生殖群体连接了起来形成种连续过渡现象。

　　减数分裂的结果就是形成一个 T-四分子。合点大孢子形成胚囊，它因此是个单孢子（monosporic）（图 5 - 2 - a）。它再经 3 次有丝分裂构成 8 个胚囊核。不久，3 个不育大孢子退化，但它们的残留物附着在胚囊上直到 4 - 核期仍然可见。胚囊生长在 2 - 核期突破珠心包裹层（顶端除外）。原始反足细胞经几次分裂形成 12、24 或更多的细胞。在最初有规律地分生组织化的分裂后，各个细胞快速分生成无序状态，液胞化，膨大组织具有稠密有色内含物，占据合点区很大一部分，或多或少侵入胚囊近珠孔的半部。这部分组织直接存储营养物质，最后为授粉以及内胚乳的发育提供营养。卵器与极核的发育过程正常。极核展现聚合，但在授粉前不形成真正的融合核。

　　强无融合生殖（C）与专性无融合生殖居群（D）的无融合生殖发育的观察研究，他有如下的记述。在居群 C 的 191 个胚珠中只有 4 个有证据证明它们具有减数分裂行为（表5 - 2 - b），而这 4 个胚珠都来自一个单独的无性系 C1 植株。这稀有的减数分裂可能最终还是走向夭折。这个株系以及其他 3 个 C 居群都没有观察到大孢子四分体以及它的残留物存在。非减数分裂约占全部材料的 96%。有两种清楚的步骤（其中第二种更为频繁发生）：一是二分子形成接着就抑制减数分裂并进行复原；二是简单的有丝分裂而没有任何减数分裂前期的痕迹（参阅表 5 - 3 - b）。

　　在其他无融合生殖植株中，二分子的形成，由于两个前提步骤，母核染色体或多或少不配对，即：一种不完全的"假异型分裂"，后期便终止进行，就进入核的复原，接着就是有效的均等分裂；一种"假同型分裂"，其中没有配对的染色体结合起来就像一般的减数分裂一样，直接就进入细胞分裂。他说虽然没有观察到前面几个时期，但直接看到了它的几个较晚时期，这就是说前面各期可能是存在的（表 5 - 2 - b）。复原的主要标准是看珠心压缩状况（图 5 - 2 - b，见图 5 - 12 - 2）。

表 5 - 2　不同居群的有性生殖、有丝分裂及胚囊形成方式

(引自 Hair，1956，表 3)

a. 有性生殖与兼性无融合生殖

居　群	2n	胚珠总数	胚囊母细胞					胚囊带大孢子残留物		估计百分率（%）	
			间期	前期	MⅠ	MⅡ	四分子	1～4核	8核	减数分裂	有丝分裂
A 群：有性生殖	42	52	4	4	1	1	31	9	2	100	0
B 群：兼性生殖											
B1	42	12	3	1	2	—	3	3	—	100	0
B3（1）	63～66	10	3（2）	2	1	—	4			70	30?

b. 强无融合生殖与专性无融合生殖

居　群	2n	胚珠总数	有丝分裂胚囊			复原替代胚囊			胚囊母细胞（有性）终变期-后期Ⅱ	估计百分率（%）		
			间期液胞化	前期-后期（3）	2～4核	复原	二分子	2～4核		减数分裂	二分子	有丝分裂
C 群：强无融合生殖												
C1	41～42	85（4）	15	9	12	1?	30	5	4	4.7	42.4	42.4
C2	57	20	3	1	14	2	—	—		0	10.0	90.0
C3	63	66	20	6	18	8+1?	12	1		0	33.3	66.7
C4 *	94	20	15	1	4	—	—	—		0	0	100
D 群：专性无融合生殖												
D1，2	42～43	149	25	20	20	—	68	16		0	56.4	43.6
D4	42	11	1	5	2	—	3	—		0	27.3	72.7

注：（1）3 个植株；（2）液胞化；（3）两个细胞处于后期；（4）有 9 个细胞无法分类。* 估计有一个专性无融合生殖在强无融合生殖群体中产生。

在所有观察的二分子中除一个外，合点细胞膨大开始形成胚囊，较小的珠孔细胞则退化（图 5 - 2 - d、e）。在那个除外的一个二分子中，顺序恰好颠倒过来（图 5 - 4 - b）。这就足以显示两细胞间的雷纳尔效应（Renner Effect）[①]。在那里一个 2 核或 4 核胚囊带着珠孔细胞残留物，它被划分为"复原替代性"（表 5 - 2 - b），即从二分子期起源（图 5 - 2 - f、g，图 5 - 12 - 4）。在两个群体总计以及群体间二分体发生频率不一样。在 D1 中是 100%，在 C3 的 4 株三倍体中是 33.3%，而在 C4 同一群体中的高倍多倍体则为零。

Hair 观察到母细胞纯粹经几次连续有丝分裂形成胚囊（表 5 - 2 - b）。间期的胚囊母细胞长大，增长，高度液胞化，近珠孔端变宽大，进行有丝分裂（图 5 - 3 - a，图 5 - 12 - 5）。大的核与细胞的外形相一致。母细胞证明是经过较长的生长阶段同时在有丝分裂前液胞化。最后经通常的有丝分裂形成一个单核的胚囊。第二步就是前期晚期、中期，或后期（图 5 - 3 - b、c，图 5 - 12 - 3）。与珠心的有丝分裂相比较，这种胚囊的有丝分裂的染色体收缩要轻微些。第三步就是形成 2 核或 4 核的胚囊。它显示出没有一丝早期二分子构造残

① 雷纳尔效应（Renner Effect）：经减数分列后形成遗传上不同的 4 个大孢子，以竞争的方式决定那个大孢子细胞形成胚囊。

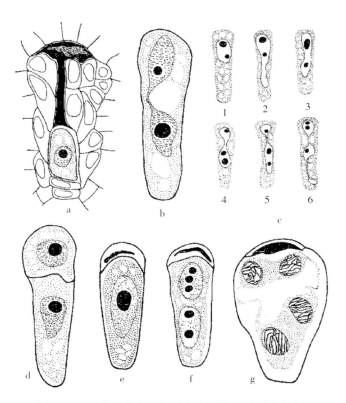

图 5-2　胚囊的发育（上面为珠孔端，下面为合点）

（引自 Hair，1956，图 2）

a. 正常有性胚囊发育　b. 复原胚囊核　c. 在有丝分裂胚囊中 1～2 间期核，3～6 复原胚囊核　d～g. 二分子形成后后继发育阶段　e. 具一核胚囊　f. 具二核胚囊　g. 具四核胚囊，珠孔细胞残留仍然可见［a：来自兼性无融合生殖群 B1（2n＝42）；b：强无融合生殖群 C1（2n＝57）；c：C3（2n＝63）；d，e：C1（2n＝41～42）；f，g：专性无融合生殖群 D2（2n＝43）］

留物的痕迹（图 5-3-d、e、f）。总起来说，在 C 与 D 居群雌器发育过程中，正常减数分裂非常少见，也没有成器的。有效的发育可能由二分子经有丝分裂形成。二分子两个细胞中的一个竞争成为胚囊。由胚囊母细胞经有丝分裂全部产物构成胚囊，没有大孢子形成。由此建立的胚囊与有性生殖的胚囊的发育序列相似，但是有一点显然不同，即在开花前或开花时，未减数的卵细胞常发育成为一个小的原胚，它没有受精。

　　Hair 也观察到在 C 与 D 居群中，有早期反常现象，到开花期即观察到许多胚囊不正常发育（见表 5-3，图 5-4）。其他一些反常发育虽然在花期没有观察到，在以后则充分表现出来。

　　在有性生殖群（A）与兼性无融合生殖群（B）中，在开花期胚囊卵细胞一定是处于静止期，其他都正常。具游离核的内胚乳通常在授粉后 18～24h 开始形成，同时幼小的结合子内进行着细胞分裂。授粉后 72h，开始集中在原胚与合点同时游离核为形成的细胞壁包裹着；到第 6d，内胚乳多数游离核已分化成细胞而胚具 16 个细胞。6d 后除少数游离核还在活跃分裂外，大部分内胚乳开始储存淀粉。反足细胞在授粉后衰退被压在内胚乳与珠心之间，最后破碎而被吸收。

　　在强无融合生殖居群（C）与专性无融合生殖居群（D）中，在开花期，高达50％胚囊都有自发超前形成的1～8个细胞的幼胚存在（见图5-12-6）。这种有效胚囊与那些有性生殖植株的区别仅仅是超前发育的幼胚。一部分无效胚囊却显现出一系列的反常现象。观察到的反常发育如图5-4、图5-5、图5-6所示。

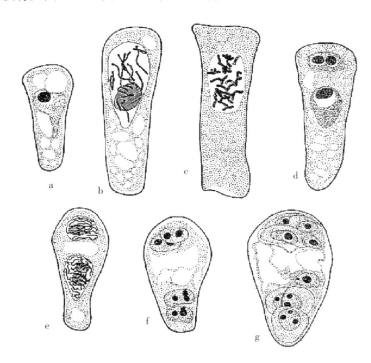

图5-3　在强无融合生殖及专性无融合生殖群体中由有丝分裂形成的胚囊发育（C1，D1，2，3）
（上面为珠孔端，下面为合点）（×800～1 100）

（引自 Hair，1956，图3）

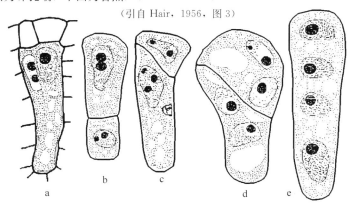

图5-4　强无融合生殖群与专性无融合生殖群胚囊早期不正常发育

a. 两个胚囊母细胞并列排列（C2）　b. 二分子近珠孔细胞成为功能细胞（D2）　c. 二分子具有倾斜的细胞壁，在合点细胞中含有一个具一条染色体的微胞（D1）　d. 两个二分子细胞都同时发育（D1）

e. 四核胚囊四个核纵列排列（C3）（×900）

（引自 Hair，1956，图4）

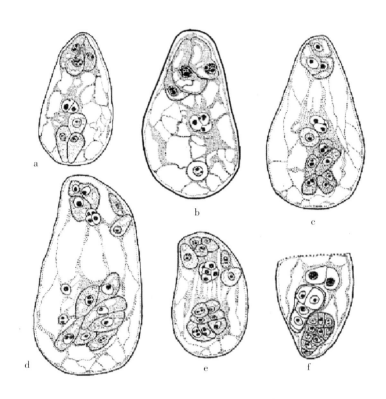

图5-5　兼性与专性无融合生殖群中胚囊的不正常分化

a. 极性颠倒具有卵细胞一样的助细胞［开花后24h。D2，参阅图6-6-3］　　b. 极性颠倒，无助细胞，4个极核（开花后30h，D2，参阅图5-6-13）　c. 中央卵细胞，两组对足细胞位于相对的两极以及3个极核，没有助细胞痕迹（开花后29h，D1，参阅图6-6-12）　d. 移位的卵细胞与一个移位助细胞位于上方,3个极核,两组对足细胞,注意有两个极核状的核近于合点对足细胞［与 *Agropyron elongatum* (2n=70) 杂交后20h，D2，参阅图5-6-11］　e. 两个卵细胞，一个移位，一个助细胞，5个极核，两组对足细胞（开花期，B3）　　f. 一个胚囊中两个胚彼此相邻（开花后24h，D2）（×250）

（引自 Hair，1956，图5）

在花粉母细胞的发育中，有性生殖居群 A，它们是有功能的二倍体，减数分裂无异常（图5-7-a，图5-11-3）。兼性无融合生殖居群 B1 与 B2（2n=42，43），多数减数分裂第一中期呈现一个三价体或一个四价体（图5-7-b），偶尔也有三价体、四价体一齐出现，偶尔也有不配对的染色体。在减数分裂第1次分裂与第2次分裂都有单价体出现。另外，不正常的分配，联系着不均等的三价体分离，毫无疑问其结果就是非整倍体子代失去竞争力。B3（2n=63），典型的 MⅠ染色体构型是6Ⅰ＋6Ⅱ＋15Ⅲ以及高频率的三价体，这一现象就支持"三倍体"产生半有性生殖（semi-sexually）的观点。

在强无融合生殖居群 C1 中，减数分裂第一中期有18～21对二价体（图5-7-c），另外，有一半的花粉母细胞中含1～3对单价体，非常罕见的情况下具一个四价体。在 C2

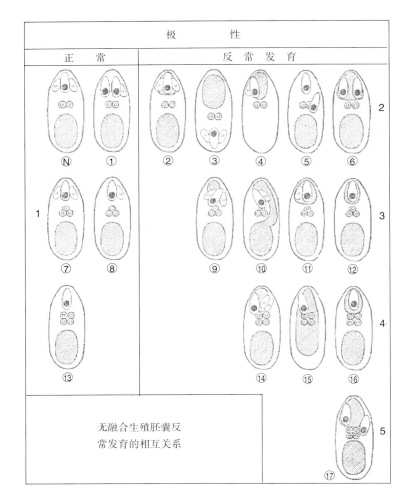

图 5 - 6　正常与无融合生殖胚囊反常发育（卵细胞核为黑色；反足细
胞为斜线）

（引自 Hair，1956，图 6）

与 C3 中，额外染色体主要都呈三价体联会（图 5 - 8 - a），验证了其起源的推测。两个减数分裂变异很大。在一个极端，后期 I 都很正常，可能的结果是形成有功能的雄配子，同时偶尔也观察到受精过程。但是另一个极端，无止境的反常变异（图 5 - 8 - b～g）难于形成花粉粒。

专性无融合生殖居群 D 中，减数分裂部分或全部染色体都不配对。少有的几个二价体通常也只有臂端单一交叉（图 5 - 9 - a、b）。粗线期配对显然是完好的，但在前期晚期显示出来也有一染色体对可能不正常。后来的联会有三种类型：交叉联会；粗线期残存下来的相关染色体的盘绕；以及终变期平行排列的同源染色体没有看到有交叉或没有确实的相关染色体的盘绕。观察到中期二价体减少，或者说半有丝分裂化（semi-mitotic），使人得出专性无融合生殖居群中期染色体完全或大部分不配对的看法。染色体缺乏螺旋形成

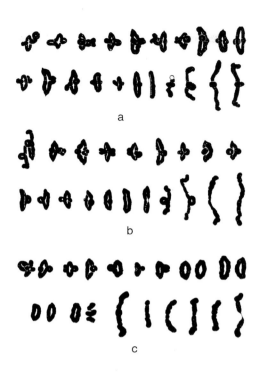

图 5-7　六倍体花粉母细胞减数分裂第一中期染色体组

（由左到右按二价体交叉数递减排列）（×1 600）

a. 有性生殖：21Ⅱ（A）　　b. 兼性无融合生殖：1Ⅳ、19Ⅱ（B1）

c. 强无融合生殖：21Ⅱ（C1）（注释：专性无融合生殖在图 6-12-4

中展示，只有很少的配对）

（引自 Hair，1956，图 7）

（spirakisation）与配对失败是相称的（图 5-9-a-b，图 5-11-4）。专性无融合生殖居群的不配对，是它与有性生殖群、兼性无融合生殖居群、强无融合生殖居群的区别所在，毫无疑问是受基因控制的平行的实验事例。不同的不配对各自的后果完全不同。只有一点是一致的，即不配对的染色体在第 1 次分裂中不分向两极（图 5-9-c）。直晚到第 2 次分裂半单价体才分离或等价进入复原核。这个过程是不变的。两个专性无融合生殖植株的花粉母细胞的减数分裂反常（图 5-10）。

　　Hair 的观察实验为我们对这种大洋洲的独特小麦族禾草的特殊无融合生殖方式与类型作了比较详尽的观察报道（图 5-11、图 5-12）。归纳起来，大洋洲的 *Agropyron sca-brum* 按生殖类型可以划分为四种各不相同的类群。

　　（1）正常有性生殖类群，42 条染色体，减数分裂，系统特征都属正常。

　　（2）兼性无融合生殖类群，由于"单倍体"、"三倍体"及其他不均衡状态导致减数分裂以及授精失败。这个系统可以说是多方面的，即有性生殖、无性生殖、半-有性生殖。这个群体正如预期的育性与系统特征变化极大。在无融合生殖群中，胚囊由母细胞发育形成，其减数分裂减数被抑制，但染色体的交换以及其他染色体改变仍然出现。这种生殖类型他称之为半-有性生殖。

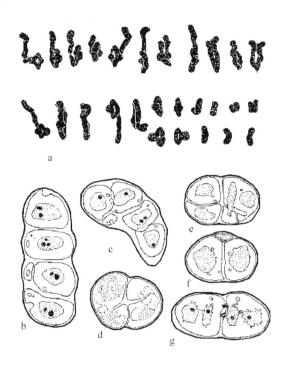

图 5-8　强无融合生殖花粉母细胞减数分裂［C3（2n＝63）］

a. M I：16Ⅲ＋4Ⅱ＋7!（×1600）　b～e、g. 反常四分子，示微核、

微胞及落后染色体（×600）　f. 第一分裂终期（6 个微核，1 个微胞）（×600）

（引自 Hair，1956，图 8）

（3）强无融合生殖群，在雌配子发育中减数分裂大量被抑制，但是在雄配子发育中减数分裂并不像雌配子那样被抑制。

（4）专性无融合生殖群，雌雄双方减数分裂都被抑制，有 5％染色体丢失、增加或断损。

1956 年，H. E. Connor 在《进化（Evolution）》，第 10 卷，发表一篇题为 "Interspecific hybrids in New Zealand *Agropyron*" 的文章。在这篇文章中报道了他对新西兰的 4 种广义冰草属植物进行的杂交试验的结果。这 4 种植物是：*Agropyron enysii*、*A. kirkii*、*A. scabrum* 与 *A. tenue*。它们的杂交组合如下：

　　A. scabrum（n＝21）♀×*A. kirkii*（n＝21）♂

　　A. scabrum（n＝21）♀×*A. tenue*（n＝28）♂

　　A. enysii（n＝14）♀×*A. scabrum*（n＝21）♂

　　A. enysii（n＝14）♀×*A. tenue*（n＝28）♂

F_1 杂种的花粉用甲基绿、phloxine 与丙三醇凝胶混合液染色（Owczarzak，1952），用以检测花粉的育性。只有六倍体间的 F_1 杂种显示有能育花粉，其结果如表 5-3 所示。

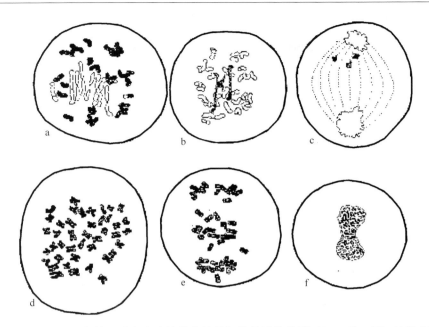

图 5 - 9　两株 D1 专性无融合生殖植株花粉母细胞的减数分裂（2n＝41，42）（×1 000）

a. M I 示 8 II ＋26 I　b. M I 具 2 II ＋36 I 与 1 个新着丝点单价体（Neocentric univalent）　c. 后期晚期，

具 3 个落后染色体　d. 后期 I：核复原前，32 个分散分裂开的单价体　e. 后期 I：42 个单价体分别聚

集在赤道板中心与两极　f. 复原核显示单价体分裂的两半仍然两两相聚

（引自 Hair，1956，图 9）

表 5 - 3　*A. scabrum*×*A. kirkii* F₁ 杂种能育花粉百分率

（引自 Connor，1956，表 1）

	F₁ 杂交组合		能育花粉（%）
	'Otago'	×*A. kirkii*	18.0
	'Wellington I '	×*A. kirkii*	48.1
	'Wellington II'	×*A. kirkii*	29.8
A. scabrum	'Molesworth'	×*A. kirkii*	49.6
	'Tekapo I '	×*A. kirkii*	40.7
	'Teviot'	×*A. kirkii*	14.1

　　自交最高结实率可达 6.5%，但多数不到 1%，观测结果分别为 0.2%、0.3%、0.4%、0.6% 与 0.0%。总体来看，显示自交结实率很低。开放授粉结实率要高一些。其观测结果如表 5 - 4 所示。

表 5 - 4　*A. scabrum* 'Otago' ×*A. kirkii* F₁ 杂种 3 个植株的结实百分率

（引自 Connor，1956，表 2）

株　号	结实百分率（%）	
	自交授粉	开放授粉
3028	0.3	6.7
3029	0.5	8.2
3030	1.3	6.1

　　上述 6 个不同产地的 *A. scabrum* 与 *A. kirkii* 杂交，只有 *A. scabrum* 'Otago' ×

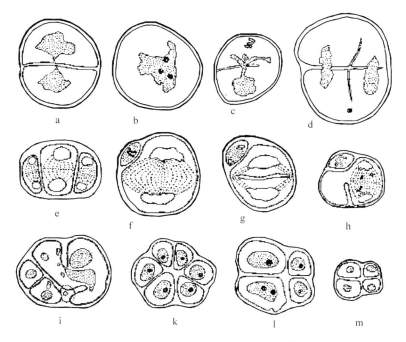

图 5-10 两个专性无融合生殖植株的花粉母细胞的减数分裂 ［D1（2n＝41，42）］

a. 第 1 次分裂成功进行（虽然有个染色体桥，但已断裂） b、c. 第 1 次分裂被抑制，形成复原核 d. 在第 2
次分裂形成复原核 e. 三分子细胞 f～h. 分裂继之部分复原，染色体或逸出染色体形成的微核
再分裂 i～m. 两次减数分裂的反常或不均等产物

（引自 Hair，1956，图 10）

A. kirkii 组合得到种子育出了 4 株 F$_2$ 代植株。虽然 F$_2$ 代植株的花粉有少数染色表明是充实的花粉，自交与开放授粉却都不结实。

　　A. scabrum（n＝21）♀ ×*A. tenue*（n＝28）♂ 组合，只有 *A. scabrum* 'WellingtonI' 作母本的得到一株 F$_1$ 代茁壮植株。它是一个七倍体（2n＝49）杂种，完全不育。

　　四倍体的 *A. enysii* 与六倍体的 *A. scabrum* 的天然杂种，在坎特布雷内陆（inland Canterbury）914m 左右的泊尔特斯山口（Porters Pass）多有发现。都是不育植株。经测试，这些五倍体杂种没有发育充实的花粉。

　　1967 年，J. B. Hair、E. J. Beuzenberg 与 B. Pearson 对新西兰产的 *Agropyron scabrum* 作了细胞学观察。19 个不同产地的居群，一致都是含有 42 条染色体的六倍体植物。

　　1982 年，Áskell Löve 与 H. E. Connor 对新西兰的"小麦草（Wheatgrass）"的相互关系与分类发表一篇研究报告。观察研究的材料包括：新西兰特有的 *Agropyron enysii*、*A. kirkii* 与 *A. tenue*；以及同澳洲共有的 *A. scabrum*；Zotov（1943）建立的 *Cockaynea* 属的两个种：*C. gracilis* 与 *C. laevis*。在这里我们关注的是 *A. scabrum* 的部分。*A. scabrum* 分布于澳大利亚东南部、诺福克岛（Norfolk Island）与新西兰的北岛与南岛北部。在新西兰广泛分布在北岛及南岛北部海岸地区与低地，直到北岛内陆伏尔坎尼克高原（Volcanic Plateau）的低草草原。他们所用材料按无融合生殖（agamospermous）与有性生殖（sexual）的优势（predominantly）或兼性（facultatively）自花授粉（autogamous）分为

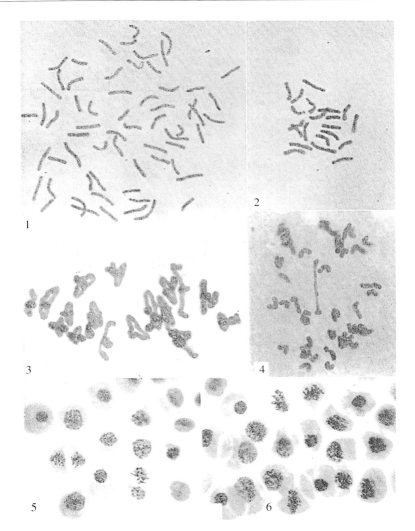

图 5 - 11　各种不同生殖类型居群的 *Agropyron scabrum* 的有丝分裂与减数分裂

1~2 有丝分裂（×1 400）：

1. 三倍体（2n＝63），强无融合生殖居群 C3，6 条随体染色体

2. 单倍体（3x＝21），兼性无融合生殖居群 B1

3~6 减数分裂：

3. M Ⅰ 含 21Ⅱ，有性生殖居群 A（×1 800）

4. M Ⅰ 含 1Ⅱ＋40Ⅰ，专性无融合生殖居群 D1（×1 200）

5、6. 专性无融合生殖居群 D1，同一花药中两次减数分裂与一次减数分裂（×300）（5. 核复原同时具有典型的 MⅡ；6. 核复原，有等量的 MⅡ 紧接其后）

（引自 Hair，1956，图版 Ⅰ）

3 系、15 个不同产地的居群。

第 1 系：包括 Dunstan、Foxton、Waiau 三个群。它们的种子来自不同程度的假配子（pseudogamic）细胞发育形成的无融合结实（agamospermy）。疏丛禾草，株高 100～150cm，成熟时弯垂；小穗窄，与穗轴紧贴；叶绿色，扁平，宽 2～4mm，密被或疏被

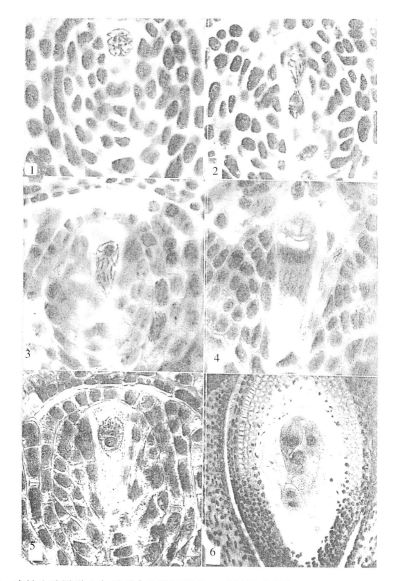

图 5-12　有性生殖居群 A 与无融合生殖居群 C、D 胚囊发育早期阶段（1～5×800，6×160）

1. 胚囊母细胞减数分裂，粗线期　2. 胚囊母细胞核复原　3. 初期的晚期（D4）　4. 两个极核的胚囊示残余的二分子珠孔细胞　5. 液胞化间期胚囊细胞（C1）　6. 处于开花期的两个发育过早的两细胞幼胚（C3）

（引自 Hair，1956，图版Ⅱ）

毛；开花时穗抽出叶鞘。

　　第 2 系：包括 9 个有性生殖群，它们是：Stewart Island、Tawera、TekapoⅠ、TekapoⅡ、Teviot、Waiouru、Waipara、WellingtonⅠ、WellingtonⅡ。这是一些丛生禾草，直立或弯垂，秆被白色蜡霜，高 30～100cm；稀疏的叶片扁平，被蜡霜或绿色，宽 2～5mm；小穗通常窄，贴生穗轴，穗抽出叶鞘之时正值扬花。

　　第 3 系：有性生殖群，只发现有 Otago 一群。植株直挺成束，秆被白色蜡霜，株高

80～100cm，节暗褐色；叶片窄，被白色蜡粉；小穗宽，与穗轴呈较大的角度，穗完全抽出叶鞘后才扬花。

　　Hair（1956）观察到六倍体的 *A. scabrum* 群及其子代，有一个纯正的有性生殖系，有 3 个或多或少兼有、强、到专性无融合生殖系，这些无融合生殖系都显示出显著的染色体数值与结构上的不正常。同时在有丝分裂中观察到无融合生殖系有两对中等大小的随体。在 Áskell Löve 与 H. E. Connor 的观察中也得到证实。

　　A. scabrum 在新西兰有许多不同生态与不同形态的地区性群体，已如上述。主要是自花授粉的第 2 系与第 3 系，显示出花粉高度能育与结实，但也有 2 个有性生殖系间 50 个杂交授粉组合中有 9 个不结实（Connor，1962a）。Waipara×Stewart Island 得到的种子全都不发芽，而 Tekapo I ×Tawera 的植株不开花。15 个杂交组合中有 12 个得到 F_2、F_3 与 F_4 以及一些回交子代。杂种亲和性主要从结实百分率与花粉质量来判断。杂交组合中有 5 个育性好或稍减，其他 10 个较低，在以后世代中，除少数几个组合，包括 Wellington I 、Otago 与 Tekapo I ，育性有所恢复。

　　早期在有性群体间广泛的杂交，包括 Otago（第 3 系）与第 2 系的 Stewart Island、Tawera、Tekapo I 、Teviot 及 Waipara，抑或从第 2 系内的 Tekapo I 与 Stewart Island、Teviot，或 Wellington II，或 Wellington I ×Stewart Island，都没有得到种子。只有 Otago 杂交 Wellington I 或 Wellington II 得到成功，二者都得到育性较低的杂种。相似的结果在第 2 系内某些杂交组合，包括 Wellington I 或 Wellington II 也得到相似的结果。

　　（1）Otago×Tawera　这一组合只有在润湿温暖的温室中，7 个穗子上得到 12 粒种子。5 个反交穗没有结实。其中 10 粒萌芽，4 株成长抽穗，花药不开裂散粉，只含有 5% 充实花粉。在开放授粉情况下也不结实。减数分裂中期 I 形成 21 对二价体，但染色体中段与尖顶端交叉大量减少。因此多达 14 对棒状二价体。没有多价体，同时后期 I 没有大的异常。因此配对很弱可能由于染色体有分子水平的改变。同样的情况也在 Otago×Wellington II 中观察到。

　　（2）Otago×Takapo I 　这一组合在 Connor 以前的试验中没有得到种子。在这次杂交中得到 6 粒种子，其中 5 粒发芽，3 株成长成熟，但植株弱小，少数几根茎秆着生瘦小的穗子，充实的花粉不到 2%，在开放授粉情况下也不结实。减数分裂中期 I 具 21 对二价体，近一半是棒型二价体，交叉都减少。29% 的花粉母细胞中后期 I 显示一个桥与一个小染色体片段。在后期 II 具同样比率的桥。在末期 II 中不少的细胞染色体数发生变异。四分子中具许多微核。

　　（3）Otago×Wellington I 　这一杂交组合按 Connor（1962 年）的结果，杂种平均产生 24% 的花粉，开放授粉结实率平均 2%；自交结实率 0.4%。他们的试验，这一组合的杂种都能成长成熟。平均花粉育性 12%，全都不结实。减数分裂中期 I 具 21 对二价体，与亲本相比较，环型二价体与交叉显著减少。后期 I 表现正常，后期 II 以后出现一些微核。

　　（4）Wellington I ×Tekapo　在 1962 年的试验中，得到一株杂种，花粉育性与结实率都低。以后的试验中得到 10 株杂种，充实花粉平均 65%，而在开放授粉情况下结实近于正常。减数分裂中期 I ，21 对二价体，交叉频率比同源亲本稍低，但不具统计学上的显著性。后期Ⅰ正常。相似情况在 Teviot×Wellington Ⅱ、Stewart Island×Wellington Ⅱ、Tekapo×Waipara、Wellington Ⅰ×Tawera 组合中观察到。

（5）Tawera×Tekapo　这一组合在 Connor（1962 年）的报告中不开花。在蒙特利尔（Montreal）的条件下获得的一些杂种植株，于第二年夏天抽穗，都大量开花，具有<50％的充实花粉。自交与开放授粉都充分结实。减数分裂正常，具 21 对二价体，后期Ⅰ正常。同样的情况在 Tawera×Stewart Island、Tawera×Wellington Ⅱ、Waipara×Stewart Island 等组合中观察到。最后一个组合在 Connor（1962a）的试验中没有发芽。

（6）Tawera×Waipara　按 Connor（1962a）的报道，这个组合的杂种花粉育性与结实率都是最好的。在这一试验中，产生了许多种子，发芽率达80％，10 株成长成熟都很苗壮，90％花粉是充实的，完全结实。花粉母细胞减数分裂中期Ⅰ全都是 21 对二价体，后期Ⅰ正常。同样情况在 Wellington Ⅱ×Waipara、Tawera×Teviot、Wellington Ⅰ×Wellington Ⅱ、Wellington Ⅰ×Teviot、Wellington Ⅰ×Waipara 等组合中也观察到。

从以上居群间杂交试验来看，*A. scabrum* 种内不仅形成无融合生殖的群体，而在有性生殖的群体中已发生染色体组分化，并已形成一定程度的生殖隔离。

他们用 *A. scabrum* 与其他属种作了四个组合：

（1）*A. scabrum* Tawera 群（2n＝42）×*Elytrigia repens*（2n＝42）　以 *A. scabrum* 为母本杂交得到 42 粒种子；反交没有成功。其中 12 粒萌芽，6 株成苗，纤弱；2 株保持营养生长状态达 3 年之久。其余 4 株形成纤细中间型的穗，花药不开裂，其中只有<0.1％充实花粉。观察了 200 个花粉母细胞中大都是单价体，二价体最高达 7 对，一半是闭合二价体，少数细胞观察到有链状三价体。有两个细胞有环状三价体。多价体的存在说明一个亲本含有两组相同染色体。他们首先就认为 *Elytrigia repens* 具有三组完全不同的染色体组，因此得出"从逻辑上讲，只能是新西兰的六倍体种含有两组同一的染色体"的看法〔编著者注：现在早已查明 *Elytrigia repens* 是具有 **StStStStHH** 染色体组的异源六倍体（Assadi 与 Runemark，1994；Vershinin 等，1994），因此，他们的这种看法从逻辑上讲就是不能成立的；恰好相反，新西兰的六倍体种却可能含有三种完全不同的染色体组〕。杂种不育，开放授粉情况下没有种子形成。

（2）*A. scabrum* Tawera 群（2n＝42）×*Critesion marinum*（2n＝14）　以 *A. scabrum* 为母本得到 40 粒种子；反交不结实。22 粒萌发，10 株选作细胞学分析，杂种全都含有 28 条染色体，形态上呈中间性状，但稍偏于 *A. scabrum*。减数分裂中期Ⅰ，200 个花粉母细胞中，有 3 个具 14Ⅱ，其中半数为棒型二价体；有 28 个含 12Ⅱ＋4Ⅰ，其中 5 个二价体为棒型；59 个含 10Ⅱ＋8Ⅰ；110 个含 7～9 个二价体与 10～14 个单价体。他们认为，7 个二价体是 *Agropyron scabrum* 与 *Critesion marinum* 之间的异源联会（allo-syndesis）；7 个以外的二价体应当是 *A. scabrum* 两组相同染色体组之间的同源联会（auto-syndesis），这也是他们认定 *A. scabrum* 含有一组 **H** 染色体组的根据〔根据 Bothmer 等（1986）的研究，*Critesion marinum* 并不含有 **H** 染色体组，而是 **Xa** 染色体组〕。后期Ⅰ具有许多落后染色体，但没有其他异常。只有 1％～2％的花粉表现充实。套袋与开放授粉都不结实。

（3）*A. scabrum* Tawera 群（2n＝42）×*Pseudoroegneria spicata*（2n＝14）　正反交

都结实，但只有正交的 15 粒种子发芽，并长成苗壮的植株，形态偏向父本，杂种含 28 条染色体。来自 4 个植株的 200 个花粉母细胞中有 76 个细胞含 3～7 个三价体。最多的构型是 3Ⅲ＋4Ⅱ＋11Ⅰ以及 4Ⅲ＋3Ⅱ＋10Ⅰ；在 9 个细胞中观察到 7Ⅲ＋7Ⅰ的构型。在后期Ⅰ的一些细胞中观察到多达 11 个落后染色体。杂种花粉高度不育，没有种子形成。*Pseudoroegneria spicata* 的染色体与六倍体种有两组染色体看来同源。大量的三价体可能来自同源与异源联会。

（4）*A. scabrum* Tawera 群（2n＝42）×*Elymus stewartii*（2n＝42）　来自喜马拉雅山区的异源六倍体 *Elymus stewartii* 与新西兰的六倍体正反杂交都得到种子，并成长成为一些苗壮的杂种植株，形态介于两亲之间。形成许多小花，但花粉都是空瘪的，不结实。200 个花粉母细胞减数分裂中期有 146 有二价体，大部分是闭合环型，但与双亲相比较，染色体内交叉有所减少。在 34 个细胞中染色体构型为 1Ⅳ＋19Ⅱ，在 20 个细胞中观察到 1Ⅲ＋19Ⅱ＋1Ⅰ或 1Ⅲ＋18Ⅱ＋3Ⅰ。后期Ⅰ在 200 个花粉母细胞有 14 观察到有一个桥与一个染色体片段，表明有一个倒位的异质构造。在 97 个细胞中有 1～3 条落后染色体。少数花药开裂，近 25％花粉充实。未去雄套袋的穗子结有少量种子，仅有少数萌发形成植株。

这些数据表明这两个六倍体植物各自所含 3 组染色体基本相同，只是一些染色体通过部分同源性改变的发生而有所不同。*Elymus stewartii* 有两组染色体组与 *Pseudoroegneria* 相同，而另一组与 *Critesion* 一致（参阅 Dewey，1972）。这就暗示六倍体 *A. scabrum* 第 2 系的 Tawera 群同样含有这些染色体组。新西兰的六倍体来源于 *Pseudoroegneria*。

在这篇文章中 Á. Löve 与 H. E. Connor 对新西兰的小麦草的分类作了讨论。他们认为，根据遗传学研究的结果来看，新西兰的小麦草毫无疑问可以归为染色体单组（haplome）**H** 与 **St** 的 3 种组合，即四倍体的 **HHStSt**、六倍体的 **HHHHStSt** 与八倍体的 **HHHHStStStSt**。迄今为止，新西兰的小麦草被分类为 *Agropyron*，隶属于 sect. *Anthosachne*（Steud.）Melderis 组；以及 *Cockaynea* 的 sect. *Stenostachys*（Turcz.）。Á. Löve et H. E. Connor 组。section *Anthosachne* 为两个属所认同，Цвелев（1973）的 *Elymus* 及 Melderis（载于 Bor，1970）的 *Agropyron*。而两者都是根据 *Anthosachne australasica* Steud. 来建立的。称为 *E. scabrus* 的六倍体分类群被证明为异质复合体。早期多数这种六倍体被称为 *Vulpia rectiseta* Nees；同样的植物被 Steudel（1854）描述为 *Anthosachne australasica* Steud.。Á. Löve et H. E. Connor。Á. Löve 与 H. E. Connor 把 *Vulpia rectiseta* Nees 组合为 *Elymus rectistus*（Nees in Lehm.）。Невский（1943b）把 *Anthosachne scabra*（R. Br.）Nevski 与 *A. australasica* Steud. 加以区别，分为两个种；Á. Löve 与 H. E. Connor 同意加以区分，但用不同的种名。它包括 Connor 的第 1 与第 2 系。

呈无融合生殖的第 1 系，是 130～140 年前引入新西兰的，它与本土土生土长的不同，它要高一些。第 2 系包括几个生态上与地理上有区别的本土群体，Connor 把它命名为表型偏离群（phenodemes）。这些有性生殖群都是高度自花授粉，它们的种子都完全能育。余下一个分布很少的本土六倍体，第 3 系，只有单独一个 Otago 群，它与其他六倍体具严格的生殖隔离，在形态上也有区别。他们把它描述成一个新种，即 *Elymus apricus* Á. Löve et H. E. Connor。加上两个新组合，他们这个六倍体群分为 3 个独立的种，即：

Elymus apricus Á. Löve et H. E. Connor.

Elymus multiflorus（Banks et Sol. ex Hook. f.）Á. Löve et H. E. Connor。根据 *Triticum multiflorum* Banks et Sol. ex Hook. f.，1853. Fl. N. Z. 1：311。

   Agropyron multiflorum（Banks et Sil. ex Hook. f.）Kirk ex Cheeseman，1906. Man. N. Z. Fl.：922；

   Agropyron kirkii Zotov，1943. Transaction Royal Soc. N. Z. 73：233；

   Agropyron kirkii var. *longisetum*（Hack.）Zotov，1943. Transaction Royal Soc. N. Z. 73：234。

Elymus rectisetus（Nees in Lehm.）Á. Löve et H. E. Connor。根据 *Vulpia rectiseta* Nees in Lehm.，1846. Pl. Preiss. 2：107。

   Triticum squarrosum Banks et Sol.，ex Hook. f.，1844. Lond. J. Bot. 3：417，non Roth，1802；

   Festuca rectiseta（Nees in Lehm.）Walp.，1849. Ann. Bot. 1：943；

   Anthosachne australasica Steud.，1854. Syn. Pl. Glum. 1：237；

   Triticum solandri Steud.，1854. Syn. Pl. Glum. 1：347；

   Triticum youngii Hook. f.，1864. Handb. N. Z. Fl. 1：343；

   Agropyron youngii（Hook. f.）Candargy，1901. Arch. Biol. Végét. Athènes 1：20，39；

   Elymus australasicus（Steud.）Tzvelev，1973. Nov. Sist. Vyeech. Rast. 10：25。

1987年，美国犹他州立大学植物系的 J. Torabinejad、J. G. Carman 与 C. F. Crane 在《染色体组（Genome）》29期，150～155页发表一篇题为"*Elymus scabrus* 种间杂种的形态学与染色体组分析（Morpholgy and genome analyses of interspecific hybrids of *Elymus scabrus*）"的文章。在绪言中，他们对分析材料的分类问题作了介绍。他们说："*Elymus scabrus*（R. Br.）Á. Löve（以前名为 *Agropyron scabrum*）是澳大利亚丛生多年生禾草。它至低限度代表了三种形态型（morpho-types）可以基于颖与外稃性状来区分。其中一个类型是 *E. scabrus* var. *plurinervis*，只限于大量分布于新南威尔士北部以及昆士兰的达林唐斯（Daring Downs）的黑色碱性重黏土地区，它有大的颖（10～15mm），具 6～8脉。同一地区另一种短芒，小颖只具 3～5脉的形态型，也比它分布更广，从南昆士兰到中央维多利亚北部，再向西分布于弗林德斯山脉（Flinders Ranges）"。这两种形态型在同一地区分布，但从未发现有天然杂种形成。这种短芒型与新西兰的 *Elymua multiflorus*（Banks et Sol. ex Hook. f.）Á. Löve 相似，也就是曾定名为 *Agropyron kirkii* Zotov 的分类群。变种 *plurinervis* 与短芒类型都是有性生殖并各自都产生大量种子。

    第三种是澳大利亚的无融合生殖型的 *Elymus scabrus*，以前名为 *Agropyron scabrum*（R. Br.）Beauv.，与新西兰的 *Elymus rectisetus*（Nees in Lehm.）Á. Löve 是同物异名。这个分类群有小颖与长芒，在他们这篇文章中称为 *Elymus rectisetus*。它分布于新南威尔士东北与维多利亚西南的分界线山脉，也分布于塔斯曼利亚（Tasmenia）东部以及南澳大利亚省的洛佛特山（Lofty Mt），也常发现于西澳大利亚省弗林德斯山脉（Flinders Ranges）。除某些生殖类型不明的山地种群外，通常结实率很低。澳大利亚的短芒类群 *E. scabrus* 与新西兰的 *E. multiflorus* 之间的关系还需要作杂交试验与数量分类分析来澄清。

他们所作的杂交结果如表 5-5 所示。

表 5-5　澳大利亚的 **E. rectisetus**（ER）、**E. scabrus var. plurinervis**（ESP）

及 **E. scabrus**（ES）杂交授粉结果

（引自 J. Torabinejad、J. G. Carman 与 C. F. Crane，1987，表 1，为了与常用形式一致，名称与编排稍作改变）

种　　名	栽培或采集号与产地，或品种名称*	2n	年份	杂交花数			胚培数			杂种**
				ER	ESP	ES	ER	ESP	ES	
E. canadensis L.	D-2947，蒙坦纳，美国	28	1983	26	86	349	0	1	37	11
E. tsukushiensis [*A. tsukushiensis* (Honda) Ohwi]	D-2503 与 2709，日本	42	1983	14	388	254	0	8	4	1
E. longearistatus [*A. longearistatum* (Boiss.) Boiss.]	PI 401283，伊朗	28	1983	16	18	79	0	0	5	1
E. semicostatus (*A. semicostatum* Nees ex Steud.)	PI 203242，日本	28	1983	0	4	24	0	0	2	1
E. drobovii (Nevski) Tzvelev (*A. drobovii* Nevski)	PI 314203，苏联	42	1984	64	0	0	2	0	0	0
E. tschimganicus (Drobov) Tzvelev (*A. tschimganicum* Drobov)	Jaaska38-73，苏联	42	1983—1984	90	0	0	0	0	0	0
Triticum aestivum L.	'中国春'	42	1984—1985	1 242	0	0	0	0	0	0
T. aestivum L.	'Fremont'	42	1984	3 081	228	0	5	0	0	0
T. aestivum L.	'Fielder'	42	1984	2 273	96	67	3	0	0	0
T. aestivum L.	'Glennson'	42	1984	2 381	0	0	0	0	0	0
T. turgidum L.	Ph Ph 突变体	28	1984	113	0	0	0	0	0	0
T. durum Desf.	'Rugby'	28	1984	936	0	0	0	0	0	0
T. dicoccum Schrank	'Emmer'	28	1984	52	0	0	0	0	0	0

*　采集号按 D. R. Dewey 的编号；＊＊　所有杂种的父本都是 ES 型。

　　实验观察的结果是：*E. scabrus* 以及它的变种 *plurinervis* 花粉染色率达 80% 以上，*E. rectisetus* 的染色率在 50%～60% 之间。后者无融合居群的花药中花粉甚少，许多花药只有 30 粒左右，而有性居群在 250 粒左右。从充分染色、包含着淀粉的花粉粒，到没有原生质与淀粉完全空瘪的花粉粒的一系列变异类型在无融合居群中比有性居群更多。

　　E. canadensis 与 *E. scabrus* 之间的杂种直接从种子萌发形成没有经过胚培。此外，这一组合也形成了一个母本单倍体。*T. aestivum*×*E. scabrus* 的杂种胚特别瘦小，在组织培养中也不增大与成芽，最后夭亡。

　　用秋水仙碱对 629 个 *E. canadensis*-*E. scabrus* F$_1$、8 个 *E. longearistatus*-*E. scabrus* F$_1$、8 个 *E. semicostatus*-*E. scabrus* F$_1$、241 个 *E. tsukushiensis*-*E. scabrus* F$_1$ 分株进行处理。许多 *E. canadensis*-*E. scabrus* F$_1$ 存活得比较久一些，但未得到双二倍体。除 *E. tsukushiensis*-*E. scabrus* 得到一株双二倍体外，其余两个组合的杂种分株处理后都全部死亡。所有 F$_1$ 杂种全都不育。

亲本与杂种主要形态特征列于表 5 - 6。

表 5 - 6　分类群的形态特征

（引自 J. Torabinejad、J. G. Carman 与 C. F. Crane，1987．表 2）

种名或杂种名称	材料编号	节上小穗数	穗轴节间长度（cm）	最大颖（cm）	外稃被毛	其他性状
E. scabrus - ES	D - 2888	1	2.2 (1.8～2.5)	0.7 (0.5～1.0)	无	仅外稃基部具毛
E. canadensis	D - 2947	3	0.6 (0.2～0.8)	1.8 (1.3～2.6)	有	分蘖基部带红色
E. tsukushiensis	D - 2709	1	0.8 (0.6～1.0)	0.8 (0.6～1.2)	无	内稃边沿被柔毛
E. longearistatus	PI 401283	1	2.0 (1.5～2.9)	1.8 (0.8～4.0)	无	内稃边沿被柔毛
E. semicostatus	PI 203242	1	1.4 (1.0～1.9)	1.3 (0.9～1.7)	无	内稃边沿被柔毛
E. canadensis - ES	J - 7、J - 8、J - 9、J - 10	1	1.1 (0.8～1.8)	1.0 (0.7～1.1)	有	颖、芒、外稃都具紫色
E. tsukushiensis - ES	J - 15、J - 17、J - 26	1	1.1 (0.8～1.9)	0.8 (0.5～1.0)	无	芒与外稃都具紫色
E. semicostatus - ES	J - 23	(1～2)*	1.3 (0.7～1.7)	1.5 (1.0～1.8)	无	穗轴具毛

注：来自澳洲的短芒有性 E. scabrus 缩写为 ES。数值为平均值，括弧内为变幅。

＊　90% 为一个小穗。

各参试物种与杂种的染色体数以及染色体联会的平均数见表 5 - 7。

表 5 - 7　参试物种与杂种的染色体数、染色体联会的平均数及其变幅（括号内）

（引自 J. Torabinejad、J. G. Carman 与 C. F. Crane，1987．表 3）

物种或杂种	植株编号	2n	观察细胞数	I	II（环）	II（棒）	II总和	III	IV（环）	IV（棒）	细胞交叉
E. rectisetus	2891 - 2	42	101	0.15 (0～4)	19.74 (12～21)	1.12 (0～7)	20.86 (19～21)	0.03 (0～1)	—	0.01 (0～1)	40.70 (31～42)
E. scabrus	2887 - 8	42	82	—	20.35 (18～21)	0.65 (0～3)	21.00 (21)	—	—	—	41.35 (39～44)
E. scabrus var. plurinervis	2885 - 5	42	67	—	19.90 (17～21)	1.10 (0～4)	21.00 (21)	—	—	—	40～90 (38～42)
E. canadensis	J3 - F	28	64	—	13.16 (11～14)	0.84 (0～3)	14.00 (14)	—	—	—	27.16 (25～28)
E. canadensis	J4	14	500	12.97 (8～14)	0.002 (0～1)	0.49 (0～3)	0.49 (0～3)	0.014 (0～1)	—	0.002 (0～1)	0.51 (0～3)
E. canad. -ES	J7	35	31	42.87 (29～35)	0.06 (0～2)	1.00 (0～3)	1.06 (0～3)	—	—	—	1.12 (0～5)
E. canad. -ES	J8	35	49	32.02 (25～35)	0.06 (0～1)	1.43 (0～4)	1.49 (0～5)	—	—	—	1.55 (0～6)
E. canad. -ES	J9	35	49	33.25 (29～35)	0.02 (0～1)	0.86 (0～3)	0.88 (0～3)	—	—	—	0.90 (0～4)
E. canad. -ES	J10	35	50	32.88 (27～35)	—	1.02 (0～4)	1.02 (0～4)	—	—	0.02 (0～1)	1.10 (0～4)

（续）

物种或杂种	植株编号	2n	观察细胞数	MⅠ联会							细胞交叉
				Ⅰ	Ⅱ（环）	Ⅱ（棒）	Ⅱ总和	Ⅲ	Ⅳ（环）	Ⅳ（棒）	
E. tsuku. -ES	J15	42	50	22.74	4.40	5.02	9.42	0.14	—	—	14.10
				（15～28）	（2～8）	（2～8）	（7～12）	（0～1）			（9～21）
E. tsuku. -ES	117	42	21	25.14	3.33	4.84	7.81	0.29	0.05	0.05	12.07
				（19～32）	（1～6）	（2～8）	（5～10）	（0～1）	（0～1）	（0～1）	（7～16）
E. tsuku. -ES（温室）	J26	42	20	24.55	5.00	3.20	8.20	0.35			13.90
				（17～38）	（1～8）	（1～6）	（2～12）	（0～2）			（3～20）
E. tsuku. -ES（露地）	J26	42	49	21.47	6.04	3.80	9.84	0.29			16.46
				（13～28）	（1～10）	（1～9）	（6～14）	（0～2）			（10～23）
E. longe. -ES	J18	35	59	27.53	0.39	3.12	3.51	0.15			4.20
				（21～35）	（0～2）	（0～6）	（0～7）	（0～1）			（0～8）
E. semico. -ES	J23	35	50	27.96	0.34	2.86	3.20	0.16	—	0.04	3.98
				（18～33）	（0～2）	（0～6）	（0～6）	（0～1）		（0～1）	（1～11）

注：ES 为澳大利亚短芒有性 *Elymus scabrus* 的缩写。*E. canad.* =*E. canadensis*，*E. tsuku.* =*E. tsukushiensis*，*E. longe.* =*E. longearistatus*，*E. semico.* =*E. semicostatus*。

Elymus rectisetus 与 *E. scabrus* 都是六倍体，减数分裂正常，*E. rectisetus* 由于微量的三价体与四价体与不等距离的中心粒显示出有一小段易位，有可能形成异质性。

在单倍体的 *E. canadensis* 的 **St** 与 **H** 染色体组的染色体间都出现少量的同源配对。*E. canadensis* - *E. scabrus* 也有微量同源配对发生，染色体联会频率最高的是 33Ⅰ＋1Ⅱ（棒型）占 45.9% 的细胞。3 个或 3 个以上的交叉，只占细胞总数的 8.3%。这就证明 *E. scabrus* 的 3 个染色体组只具有很少的同源性，F_1 610 个花粉粒中只有 3 粒能充分染色。单倍体的 *E. canadensis* 有少量三价体与四价体在减数分裂中期Ⅰ出现，说明有一个互换的易位异质性存在。总体来说，配对非常之低。*E. semicostatus* - *E. scabrus* 就排除对大易位多易位的估计，虽然可能只有一个。

在 *E. tsukushiensis* - *E. scabrus* 的三个杂种 F_1 中呈现大量的染色体配对，F_1 减数分裂 MⅠ染色体联会多数是双亲联合形成，22Ⅰ＋3Ⅱ（棒型）＋7Ⅱ（环形），在观察细胞中只占 5.6%。

按 Espinasse 与 Kimber（1981）的 2∶1∶1∶1 染色体组关系模型计算出一个高 X 值与低离差平方和（SSD），这就指明多数配对是来自一个 *E. tsukushiensis* 染色体组的染色体与一个来自 *E. scabrus* 的一个染色体组的染色体相配合（见表 5 - 7）。但是，也有少数三价体超出 2∶1∶1∶1 模型的预计，它显示原来细胞中含有染色体组的第 2 染色体在一个细胞有 3 个二价体中两个再配对。这个试验中，*E. tsukushiensis* - *E. scabrus* 的双二倍体（2n＝84）20 个观察细胞中平均有 0.55 个三价体与四价体，这也显示异源染色体组的大多数同源配对有足够的差异足以阻止多价体的广泛形成。尽管单价体数量很高，但小胞子微核在 500 个观察细胞中平均只有 2.65，900 个花粉粒中只有 1 个能充分染色。

从 *E. longearistatus* - *E. scabrus* 与 *E. semicostatus* - *E. scabrus* 的减数分裂数据来看，二者非常相似（见表 5 - 7，图 5 - 13）。频率最高的联会是 29Ⅰ＋3Ⅱ（棒型），两种组合都是相同，前者占 17%，后者占 28%。二价体在细胞中的变幅（见表 5 - 7）显示两个染色体组之间或三个或更多的染色体组之间具有限的相同性。分布这三个或更多的染色体组凭机遇。Espinasse 与 Kimber（1981）的 2：1：1：1 染色体组关系模型对这些 F_1 杂种的数据的处理清晰地表明比别的模型产生更好的适合性（表 5-8）。二者 F_1 杂种的染色体低交叉频率（表 5-7）突出显示每一个 F_1 杂种中两个相关近缘的染色体组具绝对距离，这些染色体组值得加上亚型标号或重新命名。正如 *E. tsukushiensis - E. scabrus* F_1，三价体的频率低于 2：1：1：1 模型的预期。再者这显示少量的残余配对出现在染色体组的次级配对，它的绝对关系必然非常低。小孢子中的微核平均数在 520 个，*E. longearistatus - E. scabrus* 观察细胞中只有 1.50；而在 500 个 *E. semicostatus - E. scabrus* 观察细胞中只有 1.01，在这一组合中 300 个花粉粒中没有一粒染上色。前一组合的 F_1 植株未能继续存活，未能作花粉染色鉴定。

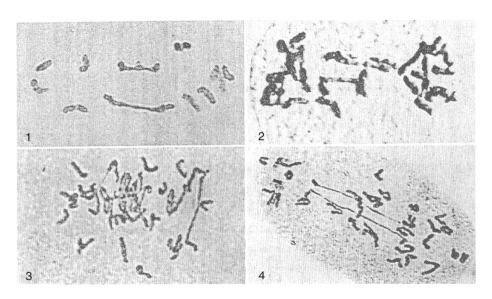

图 5-13　1. 单倍体 *Elymus canadensis* M I 10 I ＋2 II （棒型）；2. *E. canadensis - E. scabrus* M I 29 I ＋3 II （棒型）顶端交叉；3. *E. tsukushiensis - E. scabrus* M I 19 I ＋4 II （棒型）＋6 II （环型）＋1 III ；4. *E. longearistatus - E. scabrus* M I 31 I ＋2 II （棒型）

（引自 J. Torabinejad，J. G. Carman 与 C. F. Crane，1987，图 1）

表 5-8　用于 Espinasse 与 Kimber 染色体组类同模型分析的种间杂种数据的最优化 X 值与离差平方和（SSD）

（引自 J. Torabinejad，J. G. Carman 与 C. F. Crane，1987，表 4）

杂　种	2：2：1		2：1：1：1		3：2		3：1：1		4：1	
	X	SSD	X	SSD	X	SSD	X	SSD	X	SSD
E. longearistatus - ES	0.910	0.243	0.954	0.012	0.946	0.267	0.901	0.160	1.000	0.173
E. semicostatus - ES	0.845	0.336	0.965	0.002	0.735	0.344	0.946	0.105	1.000	0.146
E. tsukushiensis - ES (J15-73)	1.000	8.050	0.986	1.515	1.000	20.498	0.972	17.978	1.000	16.411
E. tsukushiensis - ES (J17-71)	0.993	10.526	0.985	0.265	0.983	16.824	0.985	10.043	1.000	10.329
E. tsukushiensis - ES (J26-71)	1.000	28.869	1.000	0.179	0.965	43.618	1.000	21.352	1.000	26.061

注：来自澳大利亚的短芒 *E. scabrus* 缩写为 ES。

如果 *E. canadensis*、*E. tsukushiensis* 与 *E. semicostatus* 分别含有 **StStHH**、**H′H′StStYY** 与 **St′St′Y′Y′** 染色体组，来自澳大利亚的 *E. scabrus* 则含有 **Y** 染色体组，以及有很大改变的 **St** 与 **H** 染色体组。这一观点的论据是：*E. scabrus* 与 *E. canadensis* 之间不含有共同的染色体组；*E. scabrus* 与 *E. tsukushiensis* 之间有一个共同的染色体组与一个相同但有较大差异的染色体组；同时，在 *E. semicostatus* - *E. scabrus* 的杂种中的染色体配对率低于 *E. tsukushiensis* - *E. scabrus* 的配对率。这种染色体组构造可能具有地理原因。*E. scabrus* 及其澳洲的近缘分类群可能是来自东亚的 *Elymus*（**StStYY**）与来自澳洲本土的 *Australopyrum*（Tzvelev）Á. Löve 属的二倍体之间的双二倍体。他们认为进一步的验证这一假说特别需要作二倍体种的 *Pseudoroegneria*（Nevski）Á. Löve、*Critesion* Rafin.、*Australopyrum*、*Agropyron* 与 *E. scabrus* 之间杂交试验。他们认为澳大利亚的 *E. scabrus* 具有 **??″YYSt″St″** 或 **??YYH″H″** 染色体组构造，这与 Á. Löve 与 Connor（1982）提出的新西兰 *Elymus* 物种染色体组构造是 **StStHH** 或 **StStStStHH** 有很大的矛盾。他们认为这个矛盾很难解释，因为澳大利亚与新西兰的 *Elymus* 无论从形态学或生殖行为都是非常相似的。特别是 Á. Löve 与 Connor（1982）记录的新西兰的 *Elymus* 与 *E. longearistatus* 染色体组之间具有非常密切的关系。Torabinejad 等人认为，*E. longearistatus* 含有 **StStHH** 染色体组，而 Á. Löve 与 Connor（1982）的数据比他们在本文中观察到的数据相差甚远。他们认为 Á. Löve 与 Connor（1982）记录的新西兰的 *E. multiflorus*（Torabinejad 等在他们这篇文章中表明它是 *E. scabrus* 的异名）的同源联会可能性也远比他们在 *E. canadensis* - *E. scabrus* 中观察到的更高。另外，他们认为 Á. Löve 与 Connor（1982）记录的新西兰的 *Elymus* 与 *Critesion* 及 *Pseudoroegneria* 之间有过高的配对率。Torabinejad 等认为，有可能，他们的那些 F_1 杂种较低的染色体配对率是由于配对活性或非活性调节基因的分化以及观察到的配对没有完全反映染色体组的相似性水平。没有恰如其分的单体以及没有染色体收缩大的干扰或每个组合的亲本个体间配对行为的变异，无法测定配对基因的活性值。其结果，它的活性潜能在许多多年生小麦族的染色体组的研究中被忽视。Torabinejad 等认为，也可能是他们的研究结果与 Á. Löve 与 Connor（1982）的结果的差异反映了他们的 *E. scabrus* 具有独特的严格配对控制。而这些假设可以用 *E. canadensis* 或 *E. longearistatus* 与地理不同的 *E. scabrus* 的杂种的减数分裂分析来测试。不过他们认为暂时不会考虑它，因为他们没发现 *E. scabrus* 在形态上、生殖模式上、减数分裂行为上有什么异常。

有可能澳大利亚与新西兰的小麦草发生了演化上的分化。无论如何，在这些种群间分类学上与生殖类型上的相似性却不支持这样的假设。取代这种假设的看法是 Á. Löve 与 Connor（1982）提出的 **StStHH** 或 **StStStStHH** 的染色体组构型是错误的。Dewey（1984）质疑认为，如果不是不可能的话，Á. Löve 与 Connor（1982）记录的新西兰 *Elymus* 与 *Pseudoroegneria spicata*（Pursh）Á. Löve 以及 *Critesion marinum*（Huddson）Á. Löve 与含 **St1St1St2St2XX** 的 *Elytrigia repens*（L.）Nevski 之间的染色体配对的性质也是很难调和的。Dewey（1984）进一步质疑说：那个 *E. enysii*（显然与新西兰其他小麦草共有染色体组）与 *Elytrigia repens* 没有相同的染色体组，Á. Löve 与 Connor（1982）在 F_1 中观察到的二价体看来是 *Elytrigia repens* 的 **St1** 与 **St2** 染色体组之间形成的同源联会。他们

认为对澳大利亚的 *Elymus* 复合群需要进一步研究澄清它们的染色体组构成。

1993 年，美国犹他州立大学草原系的 J. Torabinejad 与生物系的 R. J. Muller 为了对 J. Torabinejad、J. G. Carman 与 C. F. Crane 在 1987 年提出的澳大利亚的 *E. scabrus* 可能

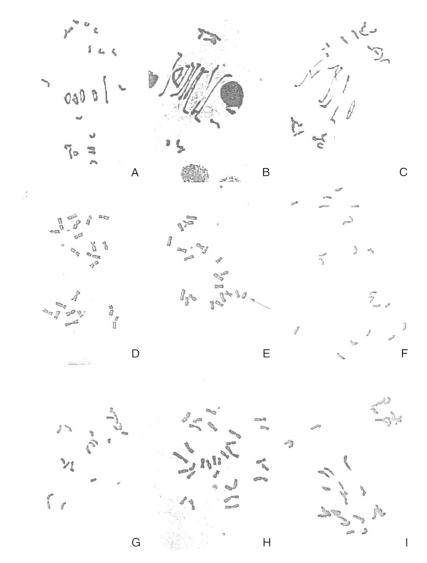

图 5-14　F₁ 减数分裂第 1 中期染色体配对及根尖细胞有丝分裂染色体

A～C. *E. scabrus*×*Au. pectinatum* ssp. *retrofractum*［A. 18 Ⅰ+ 5 Ⅱ（4 个环型二价体）；B. 10 Ⅰ+9 Ⅱ（1 个环型）；C. 16 Ⅰ+4 Ⅱ（1 个环型）＋1 Ⅳ］　　D～E. *E. yezoensis* × *Au. pectinatum* ssp. *pectinatum* 有丝分裂染色体［D. No. 119，21 条染色体；E. No. 120，21 条染色体（1 对端着丝点染色体，箭头所指）　F～G. *E. yezoensis*× *Au. pectinatum* ssp. *pectinatum* 减数分裂第 1 中期染色体没有配对，全为 21 单价体（F＝No. 119；G＝120）　H. *E. scabrus*×*Psa. juncea* 根尖有丝分裂染色体［注意七条大的 N（应为 Ns）染色体组染色体］　I. *E. scabrus*× *Thin. bessarabicum* 减数分裂第 1 中期染色体配对 22 Ⅰ+3 Ⅱ

（引自 Torabinejad 与 Mueller，1993，图 2）

具有?? **YYSt″St″** 或?? **YYH′H′** 染色体组构造的假说，又进一步对这个澳洲特有的 *Elymus scabrus* 进行了染色体组分析。他们采用以下分类群作为测试材料：

Elymus scabrus（R. Br.）Á. Löve，2n＝6x＝42，**SSYY**??（应为 **StStYY**??），J. G. Conner 1007；

Elymus yezoensis Honda，2n＝4x＝28，**SSYY**（应为 **StStYY**），PI275776；

Australopyrum pectinatum ssp. *pectinatum*（Labil.）Á. Löve，2n＝2x＝14，**WW**. D-3438；

Australopyrum pectinatum ssp. *retrofractum*（Victory）Á. Löve，2n＝2x＝14，**WW**，C. F. Crane，86136；

Psathyrostachys juncea（Fisch.）Nevski，2n＝2x＝14，**NN**（应为 **NsNs**），D-2668；

Thinopyrum bessarabicum（Savul. et Rayss）Á. Löve，2n＝2x＝14，**JJ**（应为 **E^{b}E^b**），Jaaska。

他们把 *Elymus scabrus* 与含 **W** 染色体组的二倍体的 *Australopyrum pectinatum* subsp. *retrofractum* 相杂交。另外又作了以下的杂交组合作为旁证材料，它们是：

Elymus yezoensis×*Australopyrum pectinatum* ssp. *pectinatum*

Elymus scabrus×*Psathyrostachys juncea*

Elymus scabrus×*Thinopyrum bessarabicum*

授粉后 18～20d，进行胚培，对根尖体细胞染色体与花粉母细胞染色体进行了染色体组分析。他们观测的数据与图片如表 5-9 及图 5-14 所示。

表 5-9　参试物种与杂种的减数分裂第 1 中期染色体配对情况

（引自 Torabinejad 与 Mueller，1993，表1）

物种或杂种	植株编号	2n	染色体组	观察细胞数	I	II（环）	II（棒）	II总和	III	IV（环）	IV（棒）	平均交叉数
*E. scabrus**	2885-5	42	**StStYY**??	67	—	19.90 (17～21)	1.10 (0～4)	21.00 (21)	—	—	—	40.90 (38～42)
*E. yezoensis***	PI 275776	28	**StStYY**	82	0.12 (0～2)	—	—	13.94 (13～14)	—	—	—	—
Au. pect. ssp. retrof.	86146	14	**WW**	100	0.08 (0～2)	6.50 (4～7)	0.46 (0～3)	6.96 (6～7)	—	—	—	13.46 (11～14)
ES×Au. pect. ssp. retrof.	109	28	**StY? W**	136	16.12 (10～24)	0.88 (0～3)	4.48 (1～8)	5.36 (2～8)	0.32 (0～2)	0.01 (0～1)	0.10 (0～1)	7.04 (2～13)
	108	28		100	17.61 (12～26)	0.75 (0～4)	4.61 (1～7)	4.91 (1～8)	0.15 (0～1)	—	0.03 (0～1)	6.05 (1～10)
	104	28		163	16.45 (10～24)	1.11 (0～5)	4.26 (1～8)	5.37 (2～9)	0.21 (0～2)	—	0.04 (0～1)	7.02 (2～13)
	112	28		75	16.53 (12～22)	0.81 (0～4)	4.56 (1～8)	5.37 (3～8)	0.19 (0～1)	—	0.04 (0～1)	6.68 (4～10)
	105	28		110	17.38 (12～22)	1.00 (0～3)	4.11 (2～7)	5.11 (3～8)	0.11 (0～2)	—	0.02 (0～1)	6.39 (3～11)
	106	28		60	15.77 (11～22)	1.08 (0～5)	4.38 (1～7)	5.46 (2～8)	0.30 (0～3)	—	0.10 (0～2)	7.44 (3～13)
	113	28		60	16.58 (12～22)	1.25 (0～4)	4.08 (1～7)	5.33 (3～8)	0.18 (0～3)	—	0.05 (0～1)	7.09 (3～11)

（续）

物种或杂种	植株编号	2n	染色体组	观察细胞数	MⅠ配对							平均交叉数
					Ⅰ	Ⅱ（环）	Ⅱ（棒）	Ⅱ总和	Ⅲ	Ⅳ（环）	Ⅳ（棒）	
	115	28		60	16.58 (12~22)	0.70 (0~3)	4.72 (2~8)	5.42 (3~8)	0.15 (0~2)	0.03 (0~1)	—	6.51 (4~11)
平　　均					16.63	0.94	4.34	5.29	0.19	0.000 5	0.04	6.77
E. yezoensis× Au. pect. ssp. pect.	119	21	**StYW**	100	20.10 (15~21)	—	0.45 (0~3)	0.45 (0~3)				0.45 (0~3)
	120	21		75	20.68 (17~21)	0.01 (0~1)	0.15 (0~2)	0.16 (0~2)	—			0.32 (0~2)
平　　均					20.39	0.005	0.30	0.31				0.39
ES×Psa. jun.	121	28	**NsStY**?	25	22.32 (14~26)	0.32 (0~3)	2.52 (1~6)	2.84 (1~7)				3.16 (0~8)
ES×Thin. be.	117	28	**EbStY**?	50	26.60 (22~28)	—	0.70 (0~3)	0.70 (0~3)	—			0.70 (0~3)

注：＊ 引自 Torabinejad 等，1987；＊＊ 引自 Dewey，1969。

ES＝*Elymus scabrus*；Au. pect. ssp. retrof. ＝*Australopyrum pectinatum* ssp. *retrofractum*；Au. pect. ssp. pect. ＝*Australopyrum pectinatum* ssp. *rectinatum*；Psa. jun. ＝*Psathyrostachys juncea*；Thin. be. ＝*Thinopyrum bessaricum*。

Dewey（1968）对 *Elymus semicostatus*（Nees ex Steudel）Melderis 与 *E. canadensis* 杂种的研究证明，*E. semicostatus* 含有一组 **S** 染色体组而没有 **H** 染色体组。Torabinejad 等（1989）对 *E. semicostatus*×*E. scabrus* 的试验测出 *E. scabrus* 的染色体组构成可能是 "**StStYY**??" 或 "**HHYY**??" 的假设就可以判定是 "**StStYY**??" 而不是 "**HHYY**??"。他们还引证了两个尚未发表的检测数据，*E. ciliaris*（**StStYY**）×*E. scabrus* 杂种减数分裂第 1 中期交叉数 17.62~17.78；*E. pendulinus*（**StStYY**）×*E. scabrus* 交叉数达 16.01。

在 *Psathyrostachys juncea*×*E. scabrus* 也观察到相对较高的配对。这可能是所有染色体组都发生同源配对。含 **St** 与 **H** 染色体组的 *Elymus* 与 *Psathyrostachys* 杂交后代常观察到不同程度的配对发生（Dewey，1967；Walton 与 Park，1987）。汪瑞其（Wang，1986）记录到 *Cristesion violaceum*×*Psa. juncea* 有 12.18Ⅰ＋0.79Ⅱ＋0.01Ⅲ配对构型。汪还记录到平均交叉 1.72 与 2.55 分别呈现在两个含 **St** 与 **Ns** 染色体组的杂种中。因此他们认为他们在这一试验中观察到的 *Psathyrostachys juncea*×*E. scabrus* 相对较高的染色体配对并不说明 *E. scabrus* 有一个 **Ns** 染色体组存在。

E. canadensis×*E. scabrus* 显示 *E. scabrus* 与 *E. canadensis* 相当，缺少一个 **St** 或 **H** 染色体组（Torabinejad 等，1987）。在 *E. rectisetus* 中存在一个改变了的 St 染色体组，同时在 *E. scabrus* 中缺少 H 染色体组，从这些种与 *Pseudoroegneria spicata* 以及 *Cristesion californicum* 之间的杂种染色体配对多少有所减少而显示出来（Torabinejad 等，1989）。在 *E. scabrus* 与 *Thinopyrum bessarabicum* 的杂种染色体配对率很低，证实 *E. scabrus* 没有 **J**（＝**E**[b]）染色体组。另外，在 *E. yezoensis*×*Australopyrum pectnatum* ssp. *pectinatum* 杂种的 **St**、**Y** 与 **W** 染色体组之间配率很低，这就清楚显示出 *E. scabrus*×*Australopyrum pectinatum* ssp. *retrofractum* 染色体配对率高是由于两个相同染色体组间的染色体异源配对形成的，即两个种都含有 **W** 染色体组。因此，*E. scabrus* 的染色体组组成应当

是 **StStYYWW**。

（三）花鳞草属的分类

花鳞草属 *Anthosachne* 是特产于大洋洲的禾草。自 1804 年，法国植物学家 Jacques Julien Labillardiière 在《新荷兰植物标本（Novæ Hollandiæ Plantarum Specimen）》1 卷，图 26，描绘一个定名为 *Festuca scabra* Labillardiière 的澳洲植物新种以来，由于它的形态、生殖、生态，当然归结起来就是在遗传的多型性上的原因与生态多样性交织形成形态多型性，因此而出现一些不同的看法与分类处理。1854 年德国植物学家 Ernest Gottlieb Steudel 在《颖花科植物纲要（Synopsis Plantarum Glumacearum）》一书中以模式种 *Anthosachne australasica* Steud. 建立一个名为 *Anthosachne*——花鳞草的新属，来处理澳大利亚这一种特殊分类群。按 George Bentham 与 Baron Ferdinand von Mueller 在《澳大利亚植物志（Flora Australiensis）》中的描述，它是"植株高矮变异非常大，有时不到 30cm，叶纤细，具短线形叶；也可高达 120cm 以上，窄而开展，平展或内卷的叶"。密丛；茎秆平卧地面或倾斜松散上升（Connor，1954），到疏丛挺拔直立；穗上小穗变幅达（1～）6～10（～18）枚；颖有 3～4 脉，或 6～8 脉（var. *plurinervisa*）；小穗通常 6～10 小花，也可多达 20 个小花（Bentham 与 Mueller，1878）；芒也有长、短的不同；花药短的 2mm，长的可达 9mm，黄色，也可能呈紫色。也可能是正常有性生殖、兼性无融合生殖、强无融合生殖、到专性无融合生殖。从海岸低地，到 1 219m 以上的山间、内陆草原、开阔林间都有分布。大多数是多年生，也可以是一年生（Cheeseman，1925）。一个野生物种有这样大的变化也是非常罕见的。由于居群间受基因水平，以及染色体结构水平与倍性水平的复杂遗传变异控制，形成各自不尽相同的杂交不亲和效应，加以专性无融合的无性生殖，使系统分类划分变得比较复杂。

George Bentham 在他的《澳大利亚植物志（Flora Australiensis）》中认为，*Anthosachne australasica* Steudel、*Vulpa rectiseta* Nees、*Vulpia browniana* Nees 都是 *Agropyron scabrum* R. Br. 的异名。С. А. Невский（1934）承认 *Anthosachne auatralasica* Steudel 与 *Anthoachne scabra*（R. Br.）Nevski 两个种，而认为 *Agropyron kirkii* Zotov 是 *Agropyron scabrum*（R. Br.）Nevski 的异名。*Agropyron kirkii* Zotov 与 *Agropyron scabrum*（R. Br.）Nevski 的不同，仅仅是前者小穗小花多一些，穗轴更容易断折，芒更短一些，最长的也只有外稃长的一半。虽然 J. D. Hooker f. 认为 *Agropyron multiflorum* Banks et Solander ex Hook. f.（＝*A. kirkii*）与 *A. scabrum* 应该分别成为两个种。而 H. H. Allan（1936）却认为它"太像蓝草（*Agropyron scabrum*），最好把它处理成为变种……"。以芒短为主要标志性状之一来定的 *A. kirkii* Zotov，又不得不再定一个名为 *A. kirkii* var. *longisetum*（Hackel ex Cheeseman）Zotov 来描述一种比 *A. Kirkii* 芒长一些的个体群。从形态分类来看，由于变异很大，互相交错，的确难于处理，以致众说纷纭。

而它有上述形态差异当然是遗传变异引起的表型差异。但它这种差异不像 *Triticum aestivum* L. 那样在人工选择下，由简单的不同基因组合积累形成多式多样的表型差异，虽然形态分类也曾经把普通小麦划分为一系列的"种"，但普通小麦的形态多样性对亲和性、基因流交换不产生隔离阻碍，这些形态差别很大的品种并没有产生生殖隔离。因此现代实验生物学还是把形形色色的普通小麦认定为一个种。这一群大洋洲植物却不同，除因形态差异曾被划分为不同的种以外，而在同一个形态学种内的居群间因特殊基因的作用，染色结构变异（倒位），以及非整倍性变异而造成不亲和，加以无融合生殖形成无配子孤雌无性种系，造成它也不像带芒草（*Taeniatherum*）居群间不亲和那样简单，从而对物种的概念带来新的问题。很难从形态特征来划分种，必须结合亲和性测验来鉴定。从基因流的交换程度来判定独立基因库的确立与否，根据这样的遗传系统学概念出发，Á. Löve 与 Connor（1982）的处理意见很值得参考，虽然他们对 *Anthoachne scabra* 的染色体组组合的鉴定是错误的。他们的意见可以概括为以下三点：

（1）同意 C. A. Невский（1934）承认 *Anthosachne auatralasica* Steudel 与 *Anthoachne scabra*（R. Br.）Nevski 两个种。但是他们认定这两个分类群都是含 **"HHHH-StSt"** 染色体组的六倍体，应当把它们归在 *Elymus* 属中，因此把名字改定为 *Elymus scabrus*（R. Br.）Á. Löve 与 *E. rectisetus*（Nees in Lehm.）Á. Löve et Connor，并且认为包括在他们分析认定的第 1 系与第 2 系居群中。它们包括有性生殖、兼性无融合生殖、强无融合生殖、专性无融合生殖几种不同生殖方式的分类群。它们间可能杂交完全亲和，减数分裂完全正常，能育，没有生殖隔离；也可能因雌性器官无融合化直接发育成无性胚，根本不进行授粉受精。

Löve 与 Connor 赞同上述两个种分开完全是按形态分类学传统，而不是根据遗传生殖隔离机制。这一点我们是不赞同的。C. A. Невский（1934）承认 *Anthosachne auatralasica* Steudel 与 *Anthoachne scabra*（R. Br.）Nevski 是两个种只是根据芒的直与反曲、芒的长短（二倍于外稃或 3～6 倍于外稃）为检索性状来划分的，而这些性状都是变化很大的数量性状，而不是确切的形质性状，界限很难划清。形态的界限就不是很清楚，更无生殖隔离的确切数据，加以前述居群间复杂的遗传变异造成的不育与孤雌生殖，二者很难分开。我们认为它们在系统学上应该是一个种，对不同的类群，无论是形态上的，抑或是生理、生态上的，划分为一些变种可能更为恰当，更有利于资源利用的参考。

（2）第 3 系只有一个居群 Otago，它与第 2 系的 Tawera、Wellington Ⅱ 杂交完全不结实；与 Takapo Ⅰ 杂交，F_1 纤弱，充实花粉不到 2%，M Ⅰ 21 个二价体近半数为棒型，后期 Ⅰ 有一个染色体桥与一个片段的占 29%，末期染色体数偏离常数，四分子具多数微核，不结实，发生显著的生殖隔离；与 Wellington Ⅱ 杂交花粉育性可达 12%，但也完全不结实。虽然在 M Ⅰ 有 21 对二价体，但交叉数减少。后期 Ⅱ 有一些微核。而在形态上，小穗宽大，并与穗轴成较大的夹角，茎节具突出的深黑褐色。因而他们把它定为一个新种，名为 *Elymus apricus* Á. Löve et Connor（Löve 与 Connor，1982）。

（3）由于 *Agropyron kirkii* Zotov 与 *A. scabrum*（R. Br.）Nevski 杂交不亲和，F_1 能育花粉最高只有 49.6%，与居群 Teviot 杂交的 F_1 子代的能育花粉只有 14.1%，与 Otago

只有 18.0％。因此他们也认定 *Agropyron kirkii* Zotov 是一个与 *A. scabrum*（R. Br.）Nevski 有生殖隔离的独立的种。看来与 *Elymus apricus* Á. Löve et Connor 系统关系也是一样的。因此他们根据生殖隔离把这个分类群也看成是一个独立的物种。不过他们错误地认为它是含 "**HHHHStSt**" 染色体组的物种，因而采用 *Elymus multiflorus*（Banks et Solander ex Hook. f.）Kirk ex Cheeseman 作为它的种名。

　　Agropyron kirkii Zotov 是一个不合法的裸名。*Elymus multiflorus*（Banks et Solander ex Hook. f.）Kirk ex Cheeseman 是根据 *Triticum multiflorum* Banks et Solander ex Hook. f.，1853. Fl. N. Z. 1：311 组合到 *Elymus* 属中来的。*Triticum multiflorum* Banks et Solander ex Hook. f. 这个种名本来也是不合法的，因为 Ambrois Marie Francois Joseph Palisot de Beauvois 早在 1812 年，Ernst Gottlieb von Steudel 在 1821 年已用相同的名字发表了另外的分类群。由于优先权而使它不合法。Kirk 把它组合到 *Elymus* 中，优先权问题就不再存在了，因而也就使它合法化了。

　　我们认为 Löve 与 Connor 种的划分，根据生殖隔离状况的部分应该是正确的。同意 С. А. Невский（1934）承认 *Anthosachne australasica* Steudel 与 *Anthoachne scabra*（R. Br.）Nevski 是两个种，却没有实验根据。现在已证明它们都是含有 **StStYYWW** 染色体组组合的独特六倍体分类群（Torabinejad 与 Mueller，1993），而不是含 **HHHHStSt** 染色体组的 *Elymus*。因此 Ernst Gottlieb Steudel 以 *Anthosachne australasica* Steudel 为模式种建立的 *Anthosachne* Steudel（花鳞草属）是合法、恰当的属名。

Anthosachne Steudel，1854. Synopsis Plantarum Glumacearum，1：237.

花鳞草属

模式种：*Anthosachne australasica* Steudel

属名：来自拉丁化希腊文 anthos，花；与 achne，鳞片；两个词的组合。

细胞学特征：2n＝6x＝42；**WWStStYY** 染色体组。

异名：*Elymus* L.，1753. Sp. Pl.：83；

　　　　Festuca L.，1753. Sp. Pl.：73；

　　　　Triticum L.，1753. Sp. Pl.：85；

　　　　Agropyron Gaertn.，1770. Nov. Comm. Acad. Sci. Petrop. 14：530；

　　　　Vulpia Gmel.，1805. Fl. Badens 1：8。

　　多年生疏丛或密丛禾草，偶尔呈一年生。株高（30～）60～100（～150）cm；挺拔直立，或膝曲斜升，或平卧地面。叶片线形，长（10～）30～60（～90）cm，平展或内卷，无毛糙涩或被柔毛。穗长线形或长纺锤形，直立或弯垂；小穗（3～）6～10（～12）枚，疏生穗上或覆瓦状排列；小穗长卵形，含（4～）6～10（～20）小花；两颖不等大，具 3～5 脉，或 5～8 脉；外稃广披针形，通常无毛，上端糙涩，长（7～）9～12mm，上端渐尖成宽长的芒，芒长为外稃的（1.1～）2～3（～7.5）倍；内稃与外稃等长，尖端钝或微凹，两脊糙涩；花药长（3～）4～7（～9）mm。

Anthosachne Steudel 分种及变种检索表

1. 芒长于外稃一倍以上 ·· 2

1. *Anthosachne australasica* Steudel，1854. Syn. Pl. Glum. 1：237

模式标本：采自澳大利亚，指定模式标本，no.384；指定副模式标本 no.385，现藏于 **LE!**

异名：*Fustuca scabra* Labillardière，1804. Novæ Hollandiæ Plantarum Specimen 1：26；

Triticum scabrum R. Br.，1810. Prodr. Fl. Novae Holl.：178；

Agropyron scabrum（R. Br.）P. Beauv.，1812. Agrostol.：102；

Triticum squarrosum Banks et Solander ex Hook. f.，1844. Hook. London J. Bot. 3：417；

Vulpia rectiseta Nees in Lehmann，1846. Pl. Preiss. 2：107；

Festuca rectiseta（Nees in Lehm.）Walp. 1849. Ann. Bot. 1：943；

Triticum solandri Steud.，1854. Syn. Pl. Glum. 1：347；

Triticum youngii Hook. f.，1864. Handb. N. Z. Fl. 1：343；

Agropyron youngii（Hook. f.）Candargy，1901. Monogr. tēs phyls tōn krithōdōn：39；

Anthosachne scabra（R. Br.）Nevski，1934. Tr. Sredneaz. Univ.，ser. 8B，17：65；

Elymus australasicus（Steud.）Tzvelev，1973. Nov. Sist. Vyssch. Rast. 10：25；

Elymus scabrus（R. Br.）Á. Löve，1984. Feddes Repert. 95：468.

Elymus rectisetus（Nees in Lehm.）Á. Löve et Connor，1982. New Zealand J. Bot. 20：183；

Elymus solandri（Steud.）Connor，1994. New Zealand J. Bot. 32：140。

形态学特征：多年生密丛或疏丛禾草，稀一年生，株高（10～）60～100（～150）cm,变幅很大。秆光滑无毛，直立或基节多少膝曲。叶鞘光滑无毛，脉凸起；叶舌短，上端平截；叶片长线形，扁平或内卷，长5～23cm，宽1.5～3mm，上下两面糙涩。穗长7～23cm，2～10上举的小穗，穗轴扁平，棱脊糙涩。小穗长18～24mm（不含芒），芒长20～75mm，6～12小花；颖小，坚硬，长度为相邻外稃的1/3，两颖不等长，披针形，渐尖成短尖头，3～4脉或6～8脉；外稃披针形，长7～13mm，革质，下部光滑无毛，上部具脊，脊糙涩，3～5脉，渐尖成一长芒，芒长达外稃的2～5（～7.5）倍；内稃多与外稃等长，窄长圆形，两脊具纤毛；花药黄色或紫色，长（2～）3～5（6.25）mm；鳞被具刚毛，两裂，长1～2mm；颖果长圆形。

细胞学特征：2n=6x=42；**StStWWYY** 染色体组。

分布区：澳大利亚：昆士兰、新南威尔士、维多利亚、南澳大利亚、西澳大利亚、塔什曼尼亚岛；新西兰：南岛、北岛南部。山间草原、林间隙地，黏土、近海干旱沙土。

1a. var. ***typica***（图 5 - 15、图 5 - 16）

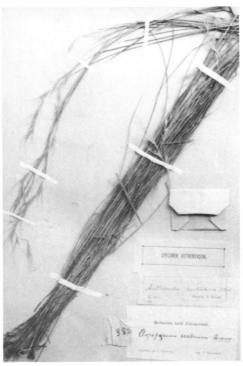

图 5 - 15　*Anthosachne australasica* var. *typica* C. Yen et J. L. Yang
指定模式标本与指定副模式标本（现藏于 **LE!**）

异名：*Triticum squarrosum* Banks et Solander ex Hook. f.，1844. Hook. London J. Bot. 3：417；

　　　Vulpia rectiseta Nees in Lehmann，1846. Pl. Preiss. 2：107；

　　　Festuca rectiseta（Nees in Lehm.）Walp. 1849. Ann. Bot. 1：943；

　　　Triticum solandri Steud.，1854. Syn. Pl. Glum. 1：347；

　　　Triticum youngii Hook. f.，1864. Handb. N. Z. Fl. 1：343；

　　　Agropyron youngii（Hook. f.）Candargy，1901. Monogr. tēs phyls tōn krithōdōn：39；

　　　Elymus australasicus（Steud.）Tzvelev，1973. Nov. Sist. Vyssch. Rast. 10：25；

　　　Elymus rectisetus（Nees in Lehm.）Á. Löve et Connor，1982. New Zealand J. Bot. 20：183；

　　　Elymus falcis Connor，1994，New Zealand J. Bot. 32：132；

　　　Elymus sacandros Connor，1994. New Zealand J. Bot. 32：138；

　　　Elymus solandri（Steud.）Connor，1994. New Zealand J. Bot. 32：140。

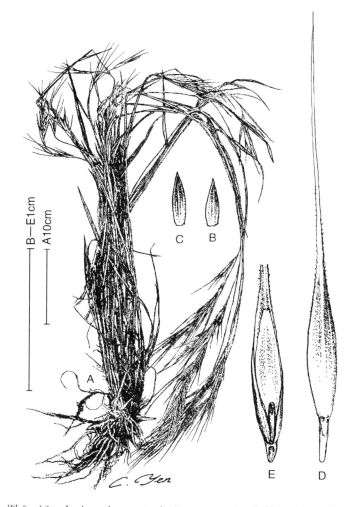

图 5 - 16　*Anthosachne australasica* var. *typica* C. Yen et J. L. Yang
A. 全植株　B. 第 1 颖　C. 第 2 颖
D. 小花背面观，附其下小穗轴节间　E. 小花腹面观，示内稃及小穗轴节间

形态学特征：芒为外稃长的 3～7.5 倍，芒大多向外反曲。

1b. var. *scabra*（R. Br）C. Yen et J. L. Yang，comb. nov 根据 *Triticum scabrum* R. Br.，1810. Prodr. Fl. Novae Holl.：178（图 5 - 17）

模式标本：指定模式 Labillardière，1805. Nov. Holl. Pl. Specim. 1：tabula 26。

异名：*Fustuca scabra* Labillardière，1804. Novæ Hollandiæ Plantarum Specimen 1：26；

　　　Triticum scabrum R. Br.，1810. Prodr. Fl. Novae Holl.：178；

　　　Agropyron scabrum（R. Br.）P. Beauv.，1812. Agrostol.：102；

　　　Anthosachne scabra（R. Br.）Nevski，1934. Tr. Sredneaz. Univ.，ser. 8B，17：65；

　　　Elymus scabrus（R. Br.）Á. Löve，1984. Feddes Repert. 95：468。

FESTUCA scabra

图 5 - 17 *Anthosachne australasica* var. *scabra*（Labillardière）
C. Yen et J. L. Yang（Labillardière 原图）
1. 示颖与曲折小穗轴和小花 2. 外稃、内稃和雄蕊
（引自 Labillardière，1805. Nov. Holl. Pl. Specim. 1：tabula 26）

形态学特征：颖长 6～15mm，3～4 脉，急尖或呈钻形。外稃芒为外稃长的 1～2 倍，芒直伸或稍向外反曲。

分布区：澳大利亚。

1c. var. *plurinervisa*（Vickery）**C. Yen et J. L. Yang，comb. nov.**，根据 *Agropyron* *scabrum*（R. Br. ）**P. Beauv. var.** *plurinerve* **Vickery，1950. Contr. New South Wales Nat. Herb. 1**（6）：**342**（图 5 - 18）

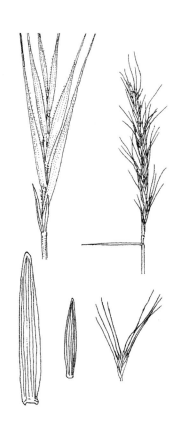

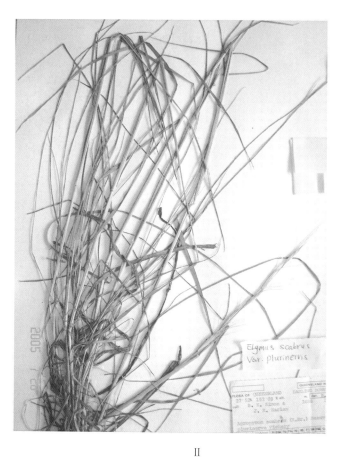

Ⅰ   Ⅱ

图 5-18　Ⅰ. *Anthosachne australasica* var. *scabra*（上）与 *An. australasica* var.
　　　　　plurinervisa（下）示颖的特征（引自 Harden，1993，601 页，稍作修改）
　　　　　Ⅱ. *An. australasica* var. *plurinervisa*（Vickery）C. Yen et J. L. Yang 同模式标本（现藏于 **K!**）

　　模式标本：E. Q. Thomas，no. 8245，1950 年 12 月，采自澳大利亚新南威尔士、英维瑞尔（Inverell）。主模式标本藏于 **NSW!**

　　异名：*Agropyron scabrum*（R. Br.）P. Beauv. var. *plurinerve* Vickery，1950.
　　　　　　Contr. New South Wales Nat. Herb. 1（6）：342；
　　　　　　Elymus scabrus Á. Löve var. *plurinervis* B. K. Simon. 1986. in Austrobaileya
　　　　　　2：242。

　　形态学特征：颖大，长 10～15mm，6～8 脉，钝尖或急尖。

　　分布区：澳大利亚：新南威尔士。

　　根据 H. E. Connor（1954）的报道，有一种茎秆完全平卧地面的类型（图 5-19），其他性状都与原变种相似，只是茎秆平卧地上与其他不同。其分布区很窄，仅见于新西兰威林敦市（Wellington City），哥登岬（Point Gordon）。如果要把它定为一个变种并无不可，编著者认为作为基因组合差异类型对系统学来讲，变种一级定不定不伤大雅。每个个

图 5-19 *Anthosachne australasica* 平卧生长的植株

体都有基因组合差异，对基因库（gene pool）的存在与流向都无关系，可以忽略不计。1994 年 H. E. Connor 定的 *Elymus falcis* Connor、*E. sacandri* Connor 与 *E. solandri*（Stend.）Connor 都可组合为 *Anthosachne australasica* 的变种，基于这一原因，忽略不计，不作降级组合而列为异名。

2. *Anthosachne aprica*（Löve et Connor）C. Yen et J. L. Yang，comb. nov. 根据 *Elymus apricus* Löve et Connor，1982. New Zealand J. Bot. 20：182（图 5-20、图 5-21）

模式标本：主模式标本为 CHR 370822，采自中央沃塔哥（Central Otago），若格斯堡镇（Roxburgh town）以上丘坡坡旁。H. E. Connor，1947 年 2 月 10 日。现藏于 **CHR**！

异名：*Elymus apricus* Löve et Connor，1982. New Zealand J. Bot. 20：182。

形态学特征：多年生，有时具短根茎。植株高可达 1m，直立，被白色蜡质，具十分显眼的红褐色到黑褐色的节。叶鞘具条纹；叶耳短小，叶托边沿具长毛，其他地方都被密毛；叶舌窄，不对称。叶片宽约 3 mm，具蜡质，平展或内卷，下面具短毛，上面无毛。穗直挺，宽大的小穗可达 7 枚，与穗轴大角度开张。小穗含 6～9（～12）小花；两颖不对称，长达 8mm；外稃长 10～13 mm，披针形，渐尖成芒，芒长 25～60 mm；内稃与外稃等长；花药紫色或黄色带紫斑，长 5～9 mm；鳞被具刚毛，长 2～2.5mm。

细胞学特征：2n ＝ 6x ＝ 42；**StStWWYY** 染色体组。

分布区：仅见于新西兰南岛中央奥塔果（Otago）向阳低地及山间开阔草地。

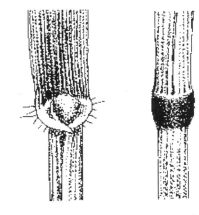

图 5-20 *Anthosachne aprica*（Löve et Connor）
C. Yen et J. L. Yang
叶鞘、叶耳、叶片下段、节间与节
（示叶托具长毛与深黑褐色的节）

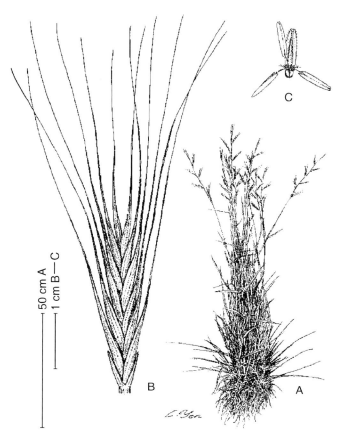

图 5 - 21　*Anthosachne aprica*（Löve et Connor）C. Yen et J. L. Yang
A. 全植株　B. 小穗，并示颖与外稃　C. 内稃、雄蕊、鳞被及柱头

3. *Anthosachne multiflora* （Banks et Solander ex Hook. f. ） **C. Yen et J. L. Yang, comb. nov. 根据 *Triticum multiflorum* Banks et Solander ex Hook. f. ，1853. Fl. N. Z. 1：311** （图 5 - 22、图 5 - 23）

模式标本：Henry E. Connor 1994 年指定模式，“Plants of Captain Cook's First Voyage，1768～1771，Joseph Banks & Daniel Solander 采集于新西兰”，现藏于 **BM!**。

异名：*Triticum multiflorum* Banks et Solander ex Hook. f. ，1853. Fl. N. Z. 1：311；

　　　Agropyron multiflorum （Banks et Solander ex Hook. f. ） Kirk ex Cheeseman，1906. Man. N. Z. Fl. ：921；

　　　Agropyron kirkii Zotov，1943. Trans Royal Soc. N. Z. 73：233；

　　　Elymus multiflorus （Banks et Solander ex Hook. f. ） Á. Löve et Connor，1982. New Zealand J. Bot. 20：183。

形态学特征：多年生，密丛禾草，秆基节膝曲斜升或直立，株高 70cm 左右，光滑无毛，有时被蜡质，叶鞘腋分枝。叶鞘具条纹；叶片宽 3～6 mm，平展，无毛，稍糙涩，较硬；叶舌短，平截，膜质；叶托光滑，常明显偏于一侧。穗长柱形，含 9～14 小穗；穗

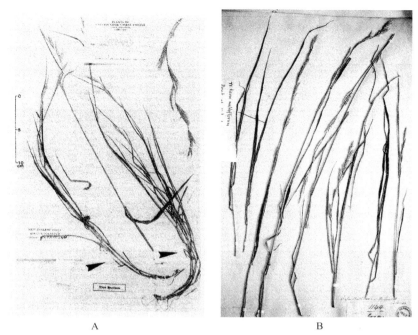

图 5 - 22　*Anthosachne multiflora*（Banks et Solander ex Hook. f.）C. Yen et J. L. Yang
A. 照片为 Connor1994 年指定模式标本（有芒）（现藏于 **BM!**）
B. Banks et Solander（1769 年）采自新西兰的无芒标本（现藏于 **K!**）

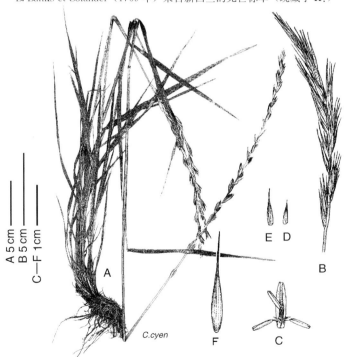

图 5 - 23　*Anthosachne multiflora*（Banks et Solander ex Hook. f.）C，Yen et J. L. Yang
A. 全植株（无芒型）　B. 全穗（有芒密穗型）　C. 内稃、鳞被、雄蕊及雌蕊柱头
D. 第 1 颖　E. 第 2 颖　F. 小花背面观（有芒型）

轴节间扁平，棱脊糙涩；小穗贴生穗轴，覆瓦状排列或疏生，弯垂。小穗含 6～12 小花；两颖不等长，3～7 脉，尖端成芒尖；外稃广披针形，长 13mm，5 脉，光滑无毛，上端糙涩并具脊，急尖成小尖头或一短或长芒，芒长 5（～14）mm；内稃长圆形，与外稃等长，两脊糙涩；小穗轴被长 1～2 mm 的长毛；花药黄色带紫斑或成紫色，长 3～5mm。

　　细胞学特征：2n＝6x＝42，**StStWWYY** 染色体组。

　　分布区：澳大利亚：昆士兰东南部、新南威尔士、维多利亚、塔什曼尼亚岛；新西兰：北岛、南岛北部，北岛南部与南岛北部海滨常见（图 5 - 24）。

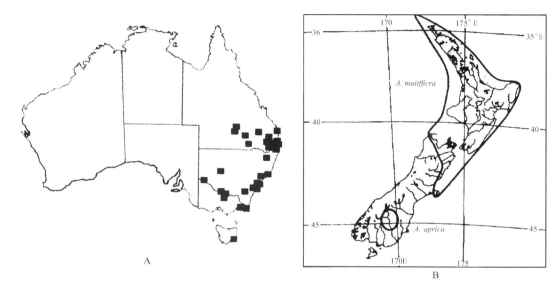

图 5 - 24　A. *Anthosachne multiflora* 在澳大利亚的地理分布示意图（仿 E. A. Kellogg，2002，图 108）
　　　　　　B. *Anthosachne multiflora* 与 A. *aprica* 在新西兰的地理分布示意图（仿 H. E. Connor，1994）

后　记

　　Henry E. Connor 在 1994 年发表两个新西兰的六倍体的新种。Connor 一直按 Á. Löve 的系统把花鳞草属放在披碱草属作为一个组，即 Section *Anthosachne*（Steudel）Tzvelev。他这两个新种也就称为 *Elymu falcis* Connor 与 *Elymus sacandros* Connor。前面我们已经讨论过 *Anthosachne australasica* 是一个多形性的植物，要把它划为一些不同的分类单位是完全可能的。但没有相互亲和性数据的情况下无法来判断它们的系统地位，只能留作参考。既然只留作参考，因此我们也不再去把它们组合到花鳞草属中而更改它们的属名，虽然它们可能是花鳞草属的分类群。这两个分类群是：

1. *Elymus falcis* Connor，1994. New Zealand J. Bot. 32：132（图 5 - 25）

　　模式标本：19687 V. D. Zotov，1938 年 5 月 1 日，采自新西兰南岛，坎特伯雷，爱德华山（Mt. Edward），现藏于 **CHR**！。

形态学特征：小疏丛矮草。短
而呈灰白色镰刀状或弯曲波状的叶
片与平卧到上升的茎秆。叶鞘内及
叶鞘外分枝，有时形成短匍匐茎。
叶鞘长 2～3cm，具条纹，被倒生短
柔毛或无毛，有时疏生长毛；叶舌
长 0.3～0.5mm，啮蚀状或细齿状；
叶垫厚，弯曲，光滑或具短毛；边
沿毛长 1.5mm；叶耳微小，具 1～2
长毛，或无叶耳；叶片长 5～
15mm，宽0.5～0.7mm，内卷；微
具脊，镰刀状或弯曲波状或直伸，
背面灰白疏生或较密的倒生或直立
的毛，毛长 0.5～1mm，或无毛，
上表面具长 0.3mm 的毛或齿刺。
秆长10～35cm，节间光滑无毛。穗
长 2～10cm，具 1～4 小穗，穗轴棱
脊光滑。小穗长 40～50mm，含 4～6
小花。两颖近等长，长 4～9mm，具
脊，3脉，光滑无毛，有时具芒；外
稃光滑无毛，脊上部具齿刺，延伸成
长 30～50mm 的反曲的芒；内稃长
7～10mm，上端尖，二裂；小穗轴
长 1.5～2mm，具短纤毛；基盘长
0.75mm，具非常短的毛；鳞被长
1.2～1.4mm；花药长 2.4～2.5mm，
黄色；子房长 1.5mm，柱头长
2.5mm；颖果长 6～6.5mm；胚
长 1mm。

细胞学特征：2n＝6x＝42

**2. *Elymus sacandros* Connor,
1994, New Zealand J. Bot. 32：138**
（图 5 - 26）

模式标本：主模式 CHR279320 A.
P. Druce，1975 年 12 月。新西兰南岛
马尔波洛夫（Marlborough），本摩尔
（Ben More）西北，海拔 243.8m，
隔离小海湾。现藏于 **CHR**！

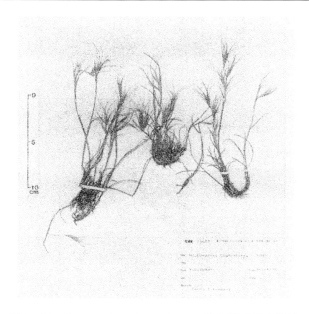

图 5 - 25　*Anthosachne falcis* Connor 的主模式标本照片
　　　　（现藏于 **CHR**！）

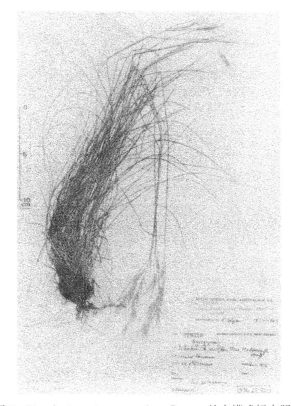

图 5 - 26　*Anthosachne sacandros* Connor 的主模式标本照片
　　　　（现藏于 **CHR**！）

形态学特征：密丛，株高 15～40cm，秆健壮多节，直立禾草。前叶两脊被毛。叶鞘长 3～12cm，背面无毛，腹面具微细皮刺，边沿膜质；叶舌长 0.2～0.3mm，叶垫厚，疏生长柔毛；通常无叶耳，也偶有具长 0.25～1mm 的叶耳，叶耳具 1～2 长毛。叶片细线形，长 10～80cm，宽 0.5～0.7mm，背面无毛，腹面基部与叶缘基部具长 1mm 成织物状的毛，叶片上毛显著变短而稀疏。穗长 5～20cm，2～8 个小穗。小穗长40～60mm，6～8 小花；两颖不等长，第 1 颖长 4.5～6.5mm，3～5 脉，第 2 颖长 7～11mm，5～7 脉，两颖顶端渐尖成芒，芒长 3mm；基盘密生长 1.5～2.5mm 的毛；外稃披针形，长 1～1.2cm，中脉突出并延伸成芒，芒长 2.5～6cm；内稃长 1～11.5cm，顶端锐尖，二裂；小穗轴长2～3mm，被毛；鳞被长 1.5～2mm，花药长 3.8～5.5mm；子房长 1.5mm，柱头长 2.5～3.5mm；颖果长 6mm 左右；胚长 1.4～1.5mm。

分布区：新西兰南岛北部马尔波洛夫（Marlborough），海滨石灰岩峭壁与河边台地，海拔由海平面到 900m。

主 要 参 考 文 献

Ahmad Fand A Comeau. 1991. Production，morphology，and cytogenetics of *Triticum aestivum*（L.）Thell ×*Elymus scabrus*（R. Br.）Löve intergeneric hybrids obtained by in ovulo embryo culture. Theor. Appl. Genet.，81：833 - 839.

Assadi M and H Runemark. 1994. Hyridization，genomic constitution and generic delimitation in *Elymus* s. l.（Poaceae，Triticeae）. Pl. Syst. Evol.，194：189 - 205.

Bothmer R von，J Flink and T Landstrøm. 1986. Meiosis in interspecific *Hordeum* hyrids. I. Diploid combinations. Can. J. Genet. Cytol.，28：525 - 535.

Cheeseman T F. 1925. Manual of the New Zealand Flora. p. 210. Wellington，N. Z.，Government Printer

Connor，H. E.. 1954. Studies in New Zealand *Agropyron*. Part Ⅰ and Ⅱ. New Zealand Journal of Science and Technology，35B：315 - 343.

Connor H E. 1954. Interspecific hybrids in New Zealand *Agropyron*. Evolution，10：415 - 420.

Connor H E. 1994. Indigenous New Zealand Triticeae：Gramineae. New Zealand J. Bot.，32：125 - 154.

Crane C F，J G Carman. 1987. Mechanisms of apomixis in *Elymus rectisetus* from eastern Australia and New Zealand. Amer. J. Bot.，74：477 - 496.

Dewey D R. 1984. The genome sysatem of classification as a guide to intergeneric hybridization with the perennial Triticeae. In Gene manipulation and improvement. Edited by J. P. Gustafson. New York：Plenum Publishing Crop.：pp. 209 - 279.

Espinasse A and G Kimber. 1981. The analysis of meiosis in hybrids. Ⅳ. Pentaploid hybrids. Can J. Genet. Cytoil.，23：627 - 638.

Hair J B. 1956. Subsexual reproduction in *Agropyron*. Heredity，10：129 - 160.

Hair J B，E J Beuzenberg and B Pearson. 1967. Contributions to a chromosome atlas of the New Zealand flora - 9. Miscellaneous families. N. Z. J. Bot.，5：185 - 186.

Harden G J. 1993. Floar of New South Wales，p. 601. NSW University Press，Australia.

Liu Z W，R R - C Wang，J G Carman. 1994. Hybrids and backcross progenies between wheat（*Triticum aestivum* L.）and apomictic Autralian wheatgrass ［*Elymus rectisetus*（Nees in Lehm.）Á. Löve & Connor]: karyotypic and genomic analyses. Theor. Appl. Genet., 89: 599 - 605.

Löve Áskell and H E Connor. 1982. Relationships and taxonomy of New Zealand wheat grasses. New Zealand Journal of Botany, 20: 169 - 186.

Torabinejad J, J G Carman and C F Crane. 1987. Morphology and genome analyses of interspecific hybrids of *Elymus scabrus*. Genome, 29: 150 - 155.

Torabinejad J and R J Muller. 1993a. Genome constitution of the Australian hexaploid grass *Elymus scabrus* (Poaceae: Triticeae). Genome, 36: 147 - 151.

Torabinejad J and R J Mueller. 1993b. Genome analysis of intergeneric hyrids of apomictic and sexual Australian *Elymus* species with wheat, barley and rye: implication for the transfer of apomixis to cereals. Theor. Appl. Genet., 86: 288 - 294.

Vershinin A, S Svitashev, P O Gummesson, et al. 1994. Characterization of a family of tandemly repeated DNA sequences in the Triticeae. Theor. Appl. Genet, 89: 217 - 225.

附录：冰草属种名录

Agropyron J. Gaertner，1770. Nov. Comm. Acad. Sci. Petrop. 14：539.

Agropyrum Roem. et Schult. ，1817. Syst. 2：750.

Agropyron section *Australopyrum* Tzvelev，1973. Novosti Sist. Vyssh. Rast. 10：35.
=*Australopyrum*Á. Löve，1984. Feddes Repert. 95：442.

Agropyrum abchazicum Waron，1912. Monit. Jard. Bot. Tiflis 22：2.

Agropyron abolini Drobov，1925. Feddes Repert. 21：424. = *Roegneria abolinii*
（Drob. ）Nevski，1934. Tr. Sredneaz. Univ. ser. 8B，17：68.

Agropyron acadiense Hubbard，1917. Rhodora 19：15.

Agropyron acutiforme Rouy，1913. Fl. France 14：326. =*Ag. juncea*（L. ）Beauv. ×
koeleri（Rouy）．

Agropyron acutum（DC. ）Roem. et Schult. ，1817. Syst. Veg. 2：751. = *Triticum
acutum* DeCand.

Agropyron acutum Reichb. ，1834. Ic. Fl. Germ. 1，t. 22.

Agropyron acutum C. Koch，1848. Linneae 21：424. = *Agropyron repens*.

Agropyron acutum Reichb. ex Nyman，1882. Consp. Fl. Eur. 841. =*Triticum pungens*
Pers. ，1805. Syn. Pl. 1：109. =*Elytrigia pungens*（Pers. ）Tutin，1952. Watsonia
2：180.

Agropyron acutum megastachyum（Fries）Lange，1886. Handb. Dansk. Fl. 4 Udg：47
=*Triticum acutum* var. *megastachyum* Fries.

Agropyron × *acutum* Simonet，1935. Compt. Rend. Acad. Sci. （Paris）201：1210. in
obs. non Reom. et Schult. 1817. =*Ag. junceum*×*repens*.

Agropyrum acutum b）*affine* Richt. ，1890. Fl. Eur. 1：125. nom. nud.

Agropyron acutum var. *condensatum* Vayreda，1931. Cavanillesia 4：62. nom. nud.

Agropyron microstachyum Lange，1886. Hanb. Dansk. Fl. 4 Udg：47. *Triticum acutum*
CD.

Agropyron acutum var. *rigidum* Husnot，1899. Gram. Fr. Belg. 82.

Agropyron aegilopoides Drob. ，1914. Tr. Bot. Muz. AN 12：46. s. str. =*Pseudor-
oegneria strigosa* ssp. *aegilopoides*（Drob. ）Á. Löve，1984. Feddes Repert. 95
（7 - 8）：444.

Agropyron aemulans（Nevski）Kusnez，1948. Opr. Zlak. Kazakhst. ：87；cf. Pavlov，
1956. Fl. Kazakhst. 1：300. =*Aneurolepidium aemulans* Nevski=*Leymus aemulans*
（Nevski）Tzvel. ，1960. Bot. Mat. （Leningrad）20：430.

Agropyron affine Dethard. ex Reichenb. , 1834. Icon. Fl. Germ. Helv. 11：7. nom. nud.

Agropyron afghanicum Meld. , 1960. in Bor，Grass. Burm. Ceyl. Ind. Pak. 689. = *Elytrigia intermedia* ssp. *afghanica* (Meld.) Á. Löve，1984. Feddes Repert. 95 (7‐8)：486.

Agropyron agroelymoides (Hicken) J. H. Hunziker. , 1953. Rev. Invest. Agricolas. 7：74. =*Elymus antarcticus* Hook. f. f. *agroelymoides* Hicken，Physia 2：8. 1915. = *Elymus scabriglumis* (Hackel) Á. Löve，1984. Feddes Repert. 95 (7‐8)：473.

Agropyron aitchisoni (Boiss.) Candargy，1901. Monogr. tē s phyls tōn krithōdōn ：40. =*Ag. longearistatum* var. *aitchisoni* Boiss. ，1884. Fl. Or. 5：660. =*Roegneria canaliculata* (Nevski) Ohwi.

Agropyron aitchisoni var. *latifolium* P. Candargy，1901. Monogr. tēs phyls tōn krithōdōn：40. descr. in Greek.

Agropyron aitchisoni var. *tataricum* (Munro) P. Candargy，1901. Monogr. tēs phyls tōn krithōdōn ：40. =*Triticum tataricum* Munro.

Agropyron akmolinense Drob. ex Roshev. ，1924. Act. Hort. Petrop. 38：147. nomen.

Agropyron alaicum Drob. ，1916. Tr. Bot. Muz. AN 16：138. =*Kengyilia alaica* (Drov.) J. L. Yang，Yen et Baum，1993. Canad. J. Bot. 71：343.

Agropyron alaskanum Scribn. et Merr. ，1910. Contr. U. S. Natl. Herb. 13：85. = *Elymus alaskanus* (Scribn. et Merr.) Á. Löve，1970. Taxon 19：299.

Agropyron alaskanum var. *arcticum* Hulten，1942. Acta Univ. Lund. n. ser. 38：257. =*Elymus alaskanus* (Scribn. et Merr.) Á. Löve.

Agropyron alatavicum Drob. ，1925. Feddes Repert. 21：43. =*Kengyilia alatavica* (Drob.) J. L. Yang，Yen et Baum，1993. Canad. J. Bot. 71：343.

Agropyron albicans Scribn. et Smith，1897. USDA Div. Agrost. Bull. 4：32. =*Elymus lanceolatus* (Scribn. et Smith) Gould.

Agropyron albicans var. *griffithii* (Scribn. et Smith) Beetle，1952. Rhodora 54：196. = *Ag. griffithii* Scribn. et Smith=*Elymus lanceolatus* (Scribn. et Smith) Gould，1949. Madrono 10：94.

Agropyron alpinum Schur，1866. Enum. Pl. Transsilv. 810. =*Elymus caninus* (L.) L. ，1755 Fl. snec. ed. 2：39.

Agropyron altissimum (Schur) Schur，1866. Enum. Pl. Transsilv. 809. =*Ag. repens* h *altissimum* Schur.

Agropyron ambigens (Hausskn.) Roshev. ，1932. Fl. Turkm. 1：191. =*Kengyilia pulcherrima* (Grossh.) Yen，J. L. Yang & Baum.

Agropyron amgumense Nevski，1932. Izv. Bot. Sada AN SSSR 30：494，505. =*Pseudoroegneria strigosa* ssp. *amgumensis* (Nevski) Á. Löve，1984. Feddes Repert. 95 (7‐8)：444.

Agropyron amurense Drob. ，1914. Tr. Bot. Muz. AN 12：50. ＝*Roegneria amurensis* (Drob.) Nevski，1934. Fl. SSSR 2：606.

Agropyron andinum （Scribn. et Smith）Rydberg，1906. Colo. Agr. Exp. Sta. Bull. 100：54. ＝*Ag. violaceum andinum* Scribn. et Smith. ＝*Elymus trachycaulus* ssp. *andinus* (Scribn. et Smith) Á. Löve et D. Löve，1976. Bot. Not. 128：502.

Agropyron androssovii Roshev. ，1949. Not. Syst. Herb. Inst. Bot. Komarov Acad. Sci. URSS 11：30.

Agropyron androssovii var. *glabriglume* Chupanov，1974. Novosti Sist. Vyssh. Rast. 11：73.

Agropyron angarense G. A. Peshkova，1984. Bot. Zhurn. 69：1088.

Agropyron angulare Nevski，1934. Fl. SSSR 2：639. Russian descr. ＝*Lophopyrum caespitosum* (C. Koch) Á. Löve，1984. Feddes Repert. 95 (7 - 8)：489.

Agropyron angustifolium (Link) Schult. ，1824. Mant. 2：412. ＝*Triticum angustifolium* Link，1821. Enum. Pl. Horti Berol. 1：97. ＝ *Ag. cristatum* ssp. *fragile* (Roth) Á. Löve，1984. Feddes Repert. 95 (7 - 8)：431.

Agropyron angustifolium Hackel ex Nakai，1914. Fl. Saishu & Kwan Islands，1：non Schult. 1824. ＝*Ag. japonicum* Honda var. *hackelianum* Honda，1927. Bot. Mag. Tokyo 41：385. ＝*Roegneria ciliaris* var. *hackeliana* (Honda) L. B. Cai，1997. Acta Phytotax. Sin. 35 (2)：176.

Agropyron angustifolium ssp. *irendykense* Nevski，1932. Izv. Bot. Sada AN SSSR 30：618. ＝*Agropyron cristatum* (L.) J. Gaertn.

Agropyron angustiglume Nevski，1932. Izv. Bot. Sada AN SSSR 30：607，615. ＝*Elymus mutabilis* (Drob.) Tzvel. ，1968. Rast. Tsentr. Azii 4：217.

Agropyron angustiglume ssp. *irendykense* Nevski，1932. Izv. Bot. Sada AN SSSR 30：618.

Agropyron angustiglume ssp. *sibiricum* Nevski，1932. Izv. Bot. Sada AN SSSR 30：617. ＝*Ag. mutabilis* var. *scabrum* Drob. ＝ *Elymus mutabilis* (Drob.) Tzvel.

Agropyron angustiglume ssp. *sibiricum* var. *atriviolaceum* Nevski，1932. Izv. Bot. Sada AN SSSR 30：618. ＝*Elymus mutabilis* (Drob.) Tzvel.

Agropyron angustiglume ssp. *sibiricum* var. *glabrum* Nevski，1932. Izv. Bot. Sada AN SSSR 30：618. ＝ *Elymus mutabilis* (Drob.) Tzvel.

Agropyron angustiglume ssp. *sibiricum* var. *remotiusculum* Nevski，1932. Izv. Bot. Sada AN SSSR 30：618. ＝ *Elymus mutabilis* (Drob.) Tzvel.

Agropyron antarcticum Parodi，1940. Rev. Mus. La Plata，Secc. Bot. n. ser. 3：48. non *Elymus antarctius* Hook. f. ，1846. ＝*Elymus glaucescens* Seberg，1989. Pl. Syst. Evol. 166：99.

Agropyron antiquum Nevski，1932. Izv. Bot. Sada AN SSSR 30：515. ＝*Roegneria antiquua* (Nevski) J. L. Yang，Baum et Yen.

Agropyron X *apiculatum* Tscherning, 1898. in Dörfler, Herb. norm. no. 3664.

Agropyron apricum Opiz, 1853. Lotus 3：63.

Agropyron araucanum (Parodi) E. G. Nicora, 1978. in Correa, Fl. Patagonica 3：458. =*Ag. attenuatum* var. *araucanum* Parodi, 1940. Rev. Mus. La Plata, Secc. Bot. 3：35－36. =*Elymus glaucescens* Seberg, 1989. Pl. Syst. Evol. 166：99.

Agropyron arcuatum V. P. Goloskkov, 1950. Bot. Mat. (Leningrad) 12：27. = *Elymus arcuatus* (Golosk.) Tzvel. , 1972. Nov. Syst. Vyssch. Rast. 9：61.

Agropyron arenarium Opiz, 1852. Seznam Rostl. Ceske 12. nom. nud. ex Bercht. Oekon. Tech. , 1836. Bohmena 1：407.

Agropyron arenarium var. *aristatum* Opiz, 1852. Seznam Rostl. Ceske 12. nom. nud. ex Bercht. , 1836. Oekon. - Tech. Fl. Bohmena 1：408.

Agropyron arenarium var. *submuticum* Opiz, 1852. Seznam Rostl. Ceske 12. nom. nud. ex Bercht. , 1836. Oekon. - Tech. Fl. Bohmena 1：408.

Agropyron arenicolum Davy, 1901. in Jepson, Fl. West Mid. Calif. 76. = *Elymus pacificus* Gould, 1947. Madrono 9：127. =*Leymus pacificus* (Gould) D. Dewey, 1983. Brittonia 35：32.

Agropyron argenteum (Nevski) Pavlov, 1956. Fl. Kazakhst. 1：296, in obs. =*Elytrigia argentea* Nevski.

Agropyron aristatum Bess. ex Jacks. , 1895. Ind. Kew. 1：60. "error for cristatum. Bess. cites" *Agropyron cristatum* L.

Agropyron aristatum Cheeseman, 1914. Illustr. Fl. N. Z. 2：t. 234. =*Elymus enysii* (Kirk) Á. Löve et Connor.

Agropyron aristatum (Petrie) Druce, 1917. Rep. Bot. Exch. Club Brit. Isles 1916：603. = *Asprella aristata* Petris, non Kuntze, 1891. =*Elymus enysii* (Kirk) Á. Löve et Connor.

Agropyron arizonicum Scribn. et Smith, 1897. USDA Div. Agrost. Bull. 4：27. = *Elymus arizonicus* (Scribn. et Smith) Gould, 1947. Madrono 9：125.

Agropyron armenum Nevski, 1934. Fl. SSSR 2：640. in Russia. =*Pseudoroegneria armena* (Nevski) Á. Löve, 1984. Feddes Repert. 95 (7－8)：447.

Agropyron arundinaceum (Steudel) P. Candargy, 1901. Monogr. tēs phyls tōn krithōdōn：48

Agropyron arvense Bercht. , 1836. Cekon - Tech. Fl. Bohm. 1：406.

Agropyron asperum Sennen, 1917. Fl. Catal. ：1298. in obs. , nomem.

Agropyron atbassaricum V. P. Golosk. , 1951. Bot. Mat. (Leningrad) 14：73.

Agropyron athericum (Sampaio) Sampaio, 1910. Fl. Portugal 74；1913. Herb. Portug. 25. = *Elytrigia pycnantha* (Godron) A. Love.

Agropyron attenuatiglume Nevski, 1934. Tr. Bot. Inst. AN SSSR ser. 1, 2：78. = *Pseudoroegneria divaricata* ssp. *attenuatiglumis* (Nevski) Á. Löve, 1984. Feddes

Repert. 95 (7 - 8): 444.

Agropyron attenuatum (Kunth) Roem. et Schult. , 1817. Syst. Veg. 2: 751. non *Elymus attenuatus* (Griseb.) K. Richter, 1890. = *Triticum attenuatum* Kunth, 1816. Nov. Gen. et Spec. Pl. 1: 190. = *Elymus cordilleranus* Davidse et R. W. Pohl. 1992. Novon 2: 100.

Agropyron attenuatum var. *araucanum* Parodi, 1940. Rev. Mus. La Plata, Secc. Bot. 3: 35. =*Elymus glaucescens* Seberg, 1989. Pl. Syst. Evol. 166: 99.

Agropyron attenuatum var. platense Parodi, 1940. Rev. Mus. La Plata Bot. n. ser. 3: 33. Pl. 7. = *Elymus parodii* Seberg et G. Petersen, 1998. Bot. Jahrb. Syst. 120 (4): 530.

Agropyron attenuatum var. *ruizianum* Parodi, 1940. Rev. Mus. La Plata Bot. n. ser. 3: 34. =*Elymus glaucescens* Seberg, 1989. Pl. Syst. Evol. 166: 99.

Agropyron aucheri Boiss. , 1844. Diagn. Pl. Orient. Nov. 1 (5): 75.

Agropyron badamense Drob. , 1923. in Vedensky et Alii, Key Fl. Tashkent, Pt. I: 40; 1924. Act. Hort. Petrop. 38: 147; 1925. Feddes Repert. 21: 44. = *Ag. cristatum* ssp. *badamense* (Drob.) Á. Löve, 1984. Feddes Repert. 95 (7 - 8): 431.

Agropyron balaericum Bianor, 1917. Bull. Inst. Catal. Hist. Nat. 17: 141.

Agropyron bakeri E. Nelson, 1904. Bot. Gaz. 38: 378. = *Elymus trachycaulus* ssp. *bakeri* (E. Nels.) Á. Löve, 1984. Feddes Repert. 95 (7 - 8): 460.

Agropyron banaticum (Heuff.) Lajos, 1903. Magyar Bot. Lapok 2: 1. =*Triticum rigidum banaticum* Heuff.

Agropyron barbatulum Schult, in Varh. Siebenb. Ver. Naturw. 4: 21.

Agropyron barbicallum Ohwi, 1942. Acta Phytotax. Geobot. 11 (4): 257. =*Roegneria barbicalla* Ohwi, 1942. Acta Phytotax. Geobot. 11 (4): 257.

Agropyron barbulatum Schur, 1853. Verh. Siebenb. Ver. Naturw. 4: 91. =*Elytrigia intermedia* ssp. *barbulata* (Schur) Á. Löve, 1980. Taxon 29: 350.

Agropyron barbulatum Schult, 1866. Enum. Pl. Transsilv. : 809.

Agropyron batalinii (Krassn.) Roshev. ex Fedtsch. , 1915. Izv. Bot. Sada Petra Vel. 14 (Suppl. 2): 96. = *Triticum batalinii* Krassn. , 1887. Spisok Rast. Sobr. v Vost. Tyanj Schane 120. =*Kengyilia batalinii* (krassn.) J. L. Yang, Yen & Baum, 1993. Canad. J. Bot. 71: 343.

Agropyron batalinii Roshev. , 1924. Act. Hort. Petrop. 38: 143. =*Agropyron batalinii* (Krassn.) Roshev. ex Fedtsch. =*Kengyilia batalinii* (krassn.) J. L. Yang, Yen & Baum.

Agropyron berezovcanum Prodan, 1930. Contr. Bot. Cluj 1, 17: 2. =*Leymus chinensis* (Trin.) Tzvel. + *Leymus secalinus* (Georgi) Tzvel.

Agropyron berczovcanum var. *villosum* Prodan, 1930. Contr. Bot. Cluj 1, 17.

Agropyron bessarabicum Savul. et Rayss, 1923. Bull. Sect. Sci. Acad. Roum. Ⅷ, 10:

282. ＝*Thinopyrum bessarabicum* (Savul. et Rayss) Á. Löve，1984. Feddes Repert. 95 (7 - 8)：475.

Agropyron bicorne (Forsk.) Roem. et Schult. ，1817. Syst. Veg. 2：760. ＝*Triticum bicorne* Forsk. ，1775. Deser. Pl. Fl. Aegypt. Arab. 1：26.

Agropyron biflorum (Brign.) Roem. et Schult. ，1817. Syst. Veg. 2：760. ＝*Triticum biflorum* Brign. ，1810. Fasc. Rar. Pl. Forojulensium 18. ＝*Elymus caninus* ssp. *biflorus* (Brign.) A. Love et D. Love，1975. Folia Geobot. Phytotax. Praha 10：274.

Agropyron biflorum Fig. et De Not. ，1852. Mem. Acad. Sci. Torino ser. Ⅱ. 12：200. ＝*Agropyron patulum* (Willd.) Trin. ＝*Triticum patulum* Willd. ＝*Eremopyrum bonaepartis* (Sprengel) Nevski.

Agropyron biflorum var. *hornemanni* (Koch) Fedtsch. ，1915. Bull. Jard. Bot. Pierre le Grand 14 (Suppl. 2)：95. ＝*Triticum biflorum* var. *hornemanni* Koch.

Agropyron biflorum var. *latiglume* (Scribn. et Smith) Piper，1905. Bull. Torr. Bot. Club. 32：547. ＝*Ag. violaceum latiglume* Scribn. et Smith. ＝*Elymus alaskanus* ssp. *latiglumis* (Scribn. et Smith) Á. Löve，1980. Taxon 29：166.

Agropyron biflorum var. *laxum* (Dmitr.) Fedtsch. ，1915. Bull. Jard. Bot. Pierre Grand 14 (Suppl. 2)：95. ＝*Triticum biflorum* var. *laxum* Dmitr. ＝*Elymus caninus* ssp. *biflorus* (Brign.) Á. Löve et D. Löve.

Agropyron biflorum f. *mucronata* Hack. ，1936. in Degen，Fl. Veleb. 1：572.

Agropyron biflorum f. *ramosa* Degen，1936. Fl. Veleb. 1：572.

Agropyron biflorum andinum (Scribn. et Smith) Piper，1905. Bull. Torr. Bot. Club 32：547. ＝*Ag. violaceum* var. *andinum* Scribn. et Smith ＝*Elymus trachycaulus* ssp. *andinus* (Scribn. et Smith) Á. Löve et D. Löve，1976. Bot. Not. 128：502.

Agropyron bolivianum Candargy，1901. Monogr. tēs phyls tōn krithōdōn：46. ＝*Elymus bolivianus* (Candargy) Á. Löve，1984. Feddes Repert. 95 (7 - 8)：471.

Agropyron×*blavienswe* Malv. - Fabre，1950. Bull. Soc. Bot. France 96：180.

Agropyron bonaepartis var. *pilosum* Grossh. ，1928. Fl. Kavk. 1：134. ＝*Eremopyrum bonaepartis* (Sprengel) Nevski.

Agropyron boreale (Turcz.) Drob. ，1916. Tr. Bot. Muz. AN 16：84. ＝*Triticum boreale* Turcz. ，1856. Bull. Soc. Nat. Moscou 29：56. ＝*Elymus alaskanus* ssp. *borealis* (Turcz.) Á. Löve et D. Löve，1976. Bot. Not. 128：502.

Agropyron boreale (Turcz.) Drob. ex Plunin，1959. Circum，Arctic Flora：33.

Agropyron boreale ssp. *hyperacticum* (Polunin) Meld. ，1968. Arkiv f. Bot. 2，7：19. ＝*Elymus alaskanus* ssp. *hyperarcticus* (Polunin) Á. Löve et D. Löve，1970. Bot. Not. 128：502.

Agropyron borianum Meld. ，1960. in Bor，Grass. Burm. Ceyl. Ind. Pak. 690. ＝*Roegneria boriana* (Meld.) J. L. Yang，Yen et B. R. Lu，1991. Can. J. Bot. 69 (2)：287.

Agropyron bourgaei Boiss. , 1854. Fl. Orient. 5: 669.

Agropyron×bowdenii B. Boivin, 1979. Phytologia 43: 105. (*Pseudoroegneria spicata* ×*Elymus trachycaulus*)

Agropyron brachyphyllum Boiss. et Hausskn. , 1884. in Boiss. , Fl. Or. 5: 663. = *Elymus brachyphyllus* （Boiss. et Hauskkn. ）Á. Löve, 1984. Feddes Repert. 95 （7-8）: 458.

Agropyron brachyphyllum var. *submuticum* Bornm. et Gauba, 1942. Feddes Repert. 51: 232.

Agropyron brachypodioides (Nevski) Serg. , 1961. in Kryl. , Fl. Zap. Sib. 12: 3128. = *Roegneria brachypodioides* Nevski, 1934. Fl. SSSR 2: 617. = *Roegneria pendu-lina* var. *brachypodioides* (Nevski) J. L. Yang, Baum et Yen.

Agropyron brandzae Pantu et Solacolu, 1924. Bull. Sect. Sci. Acad. Roum. 9: 28. = *Agropyron pectiniforme* ssp. *brandzae* （Pantu et Solac. ）Á. Löve, 1984. Feddes Repert. 95: 430.

Agropyron brandzae ssp. *ciliatum* （G. Grinf. ）Dihoru et Negrean, 1973. Rev. Rouman. Biol. , Bot. 18 (2): 66. =*Agropyron bulbosum* var. *ciliatum* G. Grinf.

Agropyron brandzae var. *nyaradyanum* Morariu, 1972. Fl. Republ. Social. Român. 12: 791.

Agropyron breviaristatum A. S. Hitchc. , 1927. Contr. U. S. Natl. Herb. 24: 353. = *Elymus angulatus* J. Presl in C. Presl, 1830. Rel. Haenk. 264~265.

Agropyron brevifolium Scribn. , 1898. USDA Div. Agrost. Bull. 11: 55. =*Agropyron violaceum* var. *andinum* Scribn. et Smith. = *Elymus trachycaulus* ssp. *andinus* （Scribn. et Smith）Á. Löve et D. Löve, 1976. Bot. Not. 128: 502.

Agropyron brevissimum Beauv. , 1812. Ess. Agrost. 102. nom. nud. Error for "*laevis-simum?*" Beauv. , 1890. in Ind. Kew. 1: 60.

Agropyron brevissimum Beauv. ex Jacks. , 1893. Ind. Kew. 1: 60. error

Agropyron bromiforme Schur, 1866. Enum. Pl. Transsilv. 808. = *Ag. repens e bromi-forme* Schur.

Agropyron brownii （Kundt）Tzvel. , 1973. Nov. Sist. Vyssch. Rast. 10: 35. =*Triticum brownii* Kundt =*Australopyrum pectinatum* （Labil. ）Á. Löve.

Agropyron bulbosum Boiss. , 1844. Diagn. Pl. Orient. Nov. 1 (5): 75. =*Ag. crista-tum* ssp. *bulbosum* （Boiss. ）Á. Löve, 1984. Feddes Repert. 95 （7-8）: 431.

Agropyron buonapartis （Spreng. ）Dur. et Schinz, 1894. Consp. Fl. Afr. 5: 936. = *Triticum bonaepartis* Spreng. , 1801. Nachr. Bot. Gart. Halle 1: 40. = *Eremopy-rum bonaepartis* （Spreng. ）Nevski, 1933. Tr. Bot. Inst. AN SSSR ser. 1, 1: 18. in obs.

Agropyron buonapartis var. *ciliatum* （Kuntze）Roshev. , 1932. Fl. Turkm. 1: 186. in Russian.

Agropyron buonapartis var. *pilosum* Grossh. ，1927. Beih. Bot. Centralbl. Abt. Ⅱ. 44：204. nom. nud. Fl. Kavkaz 1：134. 1928. in Russian.

Agropyron burchan-buddae Nevski，1932. Izv. Bot. Sada AN SSSR 30：514. = *Elymus burchan-buddae* (Nevski) Tzvel. ，1968. Rast. Tsentr. Azii 4：220. = *Roegneria burch-buddae* (Nevski) J. L. Yang，Baum et Yen.

Agropyron buschianum Roshev. ，1932. Izv. Bot. Sada AN SSSR 30：301. = *Roegneria buschiana* (Roshev.) Nevski，1934. Fl. SSSR 2：620.

Agropyron caesium J. et K. Presl，1822. Deliq. Prag. 1：213. = *Elytrigia repens* (L.) Nevski，1933. Tr. Bot. Inst. AN SSSR ser. 1，1：14. in adnot.

Agropyron caesium Opiz，1852. Sezn. Rostl. Ceske 12. nom. nud. ，non Presl 1822；Bercht. ，1836. in Seidl. Oekon. - tech. Fl. Bohm. 1：403. desc. in German.

Agropyron caesium proles koeleri Rouy，1913. Fl. Fr. 14：319. p. p. = *Elytrigia repens* ssp. *arenosa* (Petif) Á. Löve.

Agropyron caespitosum C. Koch，1848. Linnaea 21：424. = *Lophopyrum caespitosum* (C. Koch) Á. Löve，1984. Feddes Repert. 95 (7 - 8)：489.

Agropyron caespitosum var. *ciliatum* (Nevski) Grossh. ，1939. Tr. Bot. Inst. Azerbaidzh. Fil. Akad. Nauk SSSR 8：339. in Russian. = *Elytrigia caespitosa* var. *ciliata* Nevski. = *Lophopyrum caespitosum* (C. Koch) Á. Löve.

Agropyron caespitosum var. *corsicum* Hackel，1910. in Briquet，Prodr. Fl. Corse 1：187. = *Lophopyrum corsicum* (Hackel) Á. Löve，1984. Feddes Repert. 95 (7 - 8)：489.

Agropyron calcareum Cernjavski，1966. Nov. Sist. Vyssch. Rast. 3：304. = *Elytrigia repens* ssp. *calcarea* (Cernjav.) Á. Löve，1984. Feddes Repert. 95 (7 - 8)：485.

Agropyron caldesii Goiran. ，1880. in Fiori，Nuov. Giorn. Bot. Ital. 12：145.

Agropyron callosum P. Candargy，1901. Monogr. tēs phyls tōn krithōdōn ：43.

Agropyron campestre Gren. et Godron，1855. Fl. Fr. 3：607. excl. syn. Reichenb. = *Elytrigia pungens* ssp. *campestris* (Gren. et Godron) Á. Löve，1980. Taxon 29：350.

Agropyron campestre ssp. *podperae* Nabelek，1929. Publ. Fac. Sci. Univ. Mssaryk no. 111：25. = *Ag. podoperae* Nabelek. = *Elytrigia intermedia* ssp. *podperae* (Nabelek) Á. Löve.

Agropyron campestre var. *pouzolzii* (Godr.) Loret. ex Husnot，1899. Gram. Fr. Belg. 82： = *Triticum pouzolzii* Godr. ，1854. Mem. Soc. Emul. Doubs, ser. 2，5：11. = *Elytrigia intermedia* ssp. *pouzolzii* (Godron) Á. Löve，1984. Feddes Repert. 95 (7 - 8)：487.

Agropyron campestre var. *warakensis* Nabelek，1929. Publ. Fac. Sci. Univ. Massaryk no. 111：23. pl. 2，f. 1.

Agropyron canaliculatum Nevski，1932. Bull. Jard. Bot. Acad. Sci. URSS (Izv. Bot.

Sada. AN SSSR.) 30：509. ＝ *Roegneria canaliculata*（Nevski）Ohwi，1966. Add. Corr. Fl. Afghan. 76.

Agropyron caninoides（Ramaley）Beal，1896. Grass. N. Amer. 2：640. ＝*Ag. violaceum* f. *caninoides* Ramaley，1894. Minn. Bot. Studies，Bull. 9（Ⅲ），107. ＝ *Ag. subsecundum*（Link）Hitchc. ＝*Elymus trachycaulus* ssp. *subsecundus*（Link）Gould.

Agropyron caninum（L.）P. Beauv.，1812. Ess. Agrostol. 146. ＝*Triticum caninum* L.，Spec. Pl. 86. 1753. ＝*Elymus caninus*（L.）L.，1755. Fl. Snec. ed. 2：39.

Agropyron caninum Reichb.，1897. Lamson-Scribner in Bull. Tenn. Agr. Exp. State 7，1：t. 45.

Agropyron caninum 3. *dasyrrhachis*（Celak）Podpera，1926. Kvetena Moravy 6：79. in Czechoslov. ＝*Triticum caninum* var. *dasyrrhachis* Celak.

Agropyron caninum 4. *alpestre*（Brugger）Podpera，1926. Kvetena Moravy 6：80. nom. nud.；1926. Acta Soc. Sci. Nat. Morav. 2：350. ＝*Triticum caninum alpestre* Brugger，1888. Killias Fl. Unt. Engad. 205. ＝*Elymus caninus*（L.）L.

Agropyron caninum（a）*genuinum* Goiran，1899. Bull. Soc. Bot. Ital. 1899：289. nom. nud.

Agropyron caninum b. *subtriflorum* Parl.，1848. Fl. Ital. 1：493.

Agropyron caninum c. *alpinum* Schur，1866. Enum. Pl. Transsilv.：810.

Agropyron caninum（d）*rupestre* Goirean，1899. Bull. Soc. Bot. Ital. 1899：289. nom. nud.

Agropyron caninum alpinum Schur，1866. Enum. Fl. Transsilv. 610. ＝ *Elymus caninus*（L.）L.

Agropyron caninum ssp. *muticum*（Holmb.）Hard，1943. Acta Hort. Gothob. 15：173. f. 5b.

Agropyron caninum var. *altaicum*（Griseb.）Hack. ex Fedtsch.，1915. Bull. Jard. Bot. Pierre Grant 14（Suppl. 2）：93. ＝*Triticum caninum* var. *altaicum* Griseb. ＝*Elymus caninus*（L.）L.

Agropyron caninum var. *amurense* Korsh. ex Fedtsch.，1915. Bull. Jard. Bot. Pierre Grant 14（Suppl. 2）：93. nom. nud.

Agropyron caninum var. *andinum*（Scribn. et Smith）Pease et Moore，1910. Rhodora 12：75. ＝ *Ag. violaceum* var. *andinum* Scribn. et Smith. ＝ *Elymus trachycaulus* ssp. *andinus*（Scribn. et Smith）Á. Löve et D. Löve.

Agropyron caninum var. *asperum* Opiz，1852. Sezn. Rostl. Ceske 12. nom. nud.

Agropyron caninum var. *baicalense* Roshev.，1929. in Fedtsch.，Fl. Transbaical. 1：97. in Russian. ＝*A. baicalense* Drob. nom. nud.

Agropyron caninum var. *behmii*（Meld.）B. Nordenstam，1972. Svensk Bot. Tidskr. 66：32 ＝*Roegneria behmii*

Agropyron caninum var. *biflorum*（Brigh.）Parl.，1848. Fl. Ital. 2：495. ＝*Triticum biflorum* Brign. $=Elymus\ caninus$ ssp. *biflorus* (Brign.) Á. Löve et D.

Agropyron caninum var. *biflorum* Opiz，1853. Lotus 3：64. in German. non Parl. 1848.

Agropyron caninum var. *dominii* Rohl. ，1937 Veda Prirod. 18：116；1938. Feddes Repert. 43：297.

Agropyron caninum var. *fibrosum* (Schrenk) Roshev. ex Fedtsch. ，1915. Bull. Jard. Bot. Pierre Grand 14 (Suppl. 2)：93. $=Triticum\ fibrosum$ Schrenk. $=Elymus\ fibrosus$ (Schrenk) Tzvel.

Agropyron caninum var. *flexuosum* Hegi，1906. Illustr. Fl. Mitteleur. 1：383.

Agropyron caninum glabrum Opiz，1852. Sezn. Rostl. Ceske 12. nom. nud.

Agropyron caninum var. *gmelini* (Griseb.) Pease et Moore，1910. Rhodora 12：75. $=$ *Triticum caninum* var. *gmelini* Griseb. ，1829. in Ledeb. ，Fl. Alt. 1：118. nom. nud. $=Triticum\ caninum$ var. *gmelinii* Ledeb. ，1931. Icon Pl. Fl. Ross. 3：16. tab. 248. $=Roegneria\ gmelini$ (Ledeb.) Kitag. ，1939. Rep. Inst. Sc. Res. Manch. 3 Appl. 1. 91.

Agropyron caninum var. *gmelini* f. *pringlei* (Scribn. et Smith) Pease et Moore，1910. Rhodora 12：76. $=A.$ *pringlei* (Scribn. et Smith) Hitchc. $=$ *Elymus trachycaulus* ssp. *sierrus* (Gould) Á. Löve.

Agropyron caninum var. *hispanicum* Boiss. ，1909. in Merino，Fl. Descr. Illustr. Galicia 3：388.

Agropyron caninum var. *hornemanni* (Koch) Pease et Moore，1910. Rhodora 12：73. $=$ *Triticum biflorum* Brign. var. *hornemanni* Koch. $=Elymus\ caninus$ ssp. *biflorus* (Brign.) Á. Löve et D. Löve.

Agropyron caninum var. *hornemanni* f. *pilosifolium* Pease et Moore，1910. Rhodora 12：75. $=Elymus\ caninus$ ssp. *biflorus* (Brign.) Á. Löve et D. Löve.

Agropyron caninum var. *lapponicum* (Laest.) Holmb. ，1926. Skand. Fl. 2：270. $=$ *Triticum caninum* var. *lapponicum* Laest. ，Bot. Not. 1856. 76.

Agropyron caninum var. *latiglume* (Scribn. et Smith) Pease et Moore，1910. Rhodora 12：73. $=Agropyron\ violaceum$ var. *latiglume* Scribn. et Smith. $=Elymus\ trachycaulus$ ssp. *latiglumis* (Scribn. et Smith) Á. Löve.

Agropyron caninum var. *majus* (Leers) Baumg. 1816. Enum Stirp. Transsilv. 3：268.

Agropyron caninum var. *majus* Parl. ，1848. Fl. Ital. 1：495. $=Elymus\ caninus$ (L.) L.

Agropyron caninum var. *majus* Scribn. ，1883. Bull. Torrey Club 10：32. non Parl. 1848.

Agropyron caninum var. *nemorosum* Goiran，1899. Bull. Soc. Bot. Ital. 1899：289. nom. nud.

Agropyron caninum var. *pauciflorum* (Schur.) Volk. ，1912. Bot. Jahrb. Engler 47：323. nom. nud.

Agropyron caninum var. *pubescens* Scribn. et Smith，1897. USDA Div. Agrost. Bull. 4：29.

Agropyron caninum var. *pubescens*（Regel）Fedtsch. ，1915. Bull. Jard. Bot. Pierre Grand 14（Suppl. 2）：93. non Scribn. et Smith，1897. ＝*Triticum caninum* var. *pubescens* Regel. ＝ *Elymus caninus*（L. ）L.

Agropyron caninum var. *richardsoni* Jones，1912. Contr. West. Bot. 14：18. ＝ *Triticum richardsoni* Trin. ＝ *Elymus caninus*（L. ）L.

Agropyron caninum var. *strictum*（Harz）Podpera，1926. Kvetena Koravy 6：80；1926. Act. Soc. Sci. Nat. Morav 2：350. descr. in Czechoslovak. ＝*Triticum caninum* var. *strictum* Harz. ＝*Elymus caninus*（L. ）L.

Agropyron caninum var. *tenerum*（Vasey）Pease et Moore，1910. Rhodora 12：71. ＝ *Ag. tenerum* Vasey，1885. Bot. Gaz. 10：258. ＝ *Elymus trachycaulus*（Link）Gould ex Shinners.

Agropyron caninum var. *tenerum* f. *ciliatum*（Scribn. et Smith）Pease et Moore，1910. Rhodora 12：72. ＝*Ag. tenerum* var. *ciliatum* Scribn. et Smith. ＝ *Elymus trachycaulus*（Link）Gould ex Shinners.

Agropyron caninum var. *tenerum* f. *fernaldii* Pease et Moore，1910. Rhodora 12：73. ＝*Elymus trachycaulus*（Link）Gould ex Shinners.

Agropyron caninum var. *tenue* Opiz，1852. Sezn. Rostl. Ceske 12：nom. nud.

Agropyron caninum var. *triflorum* Schur，1866. Enum. Pl. Tanssiliv. ；810＝*Elymus caninus*（L. ）L

Agropyron caninum var. *typicum* Krilov，1914. Flora Altaica 7：1691. in Russian.

Agropyron caninum var. *unilaterale*（Cassidy）Vasey，1893. Contr. U. S. Nat. Herb. 1：279. ＝ *Ag. laterale* Cassidy，1890. Colo. Agr. Exp. Sta. Bull. 12：63. ＝*Elymus trachycaulus* ssp. *subsecundus*（Link）Gould.

Agropyron caninum var. *unilaterale*（Cassidy）Vasey，1893. Contr. U. S. Nat. Herb. 1：279. ＝*A. unilaterale* Cassidy＝*A. subsecundum*（Link）Hitchc.

Agropyron caninum f. *caesium*（Harz）Soó ，1971（publ. 1972）. Acta Bot. Acad. Sci. Hung. 17（1-2）：119. ＝*Triticum caesium* Harz.

Agropyron caninum var. *unilaterale* f. *ciliatum*（Scribn. et Smith）Pease et Moore，1910. Rhodora 12：76. ＝ *Ag. richardsonii* var. *ciliatum* Scribn. et Smith. ＝ *Elymus trachycaulus* ssp. *subsecundus*（Link）Gould.

Agropyron caninum f. *flexuosum* Beck，1904. Wiss. Mltt. Bosn. Herzeg. 9：460. ＝ *Elymus caninus*（L. ）L.

Agropyron caninum f. *glaucum* Pease et Moore，1910. Rhodora 12：71. ＝ *Ag. subsecundum*（Link）Hitchc. ＝*Elymus trachycaulus* ssp. *subsecundus*（Link）Gould.

Agropyron caninum f. *subglaucum* Soó，1971（publ. 1972）. Acta Bot. Acad. Sci. Hung. 17（1～2）：119. ＝*Triticum glaucum* Hack. ex Ĉelak.

Agropyron caninum f. *submuticum*（Peterm. ）Soó，1971（ publ. 1972 ）. Acta Bot.

Acad. Sci. Hung. 17 (1～2)：119. =*Triticum submuticum* Peterm.

Agropyron caninum f. *violacescens* Bamaley, 1894. Minn. Bot. Stud. 1：107. =*Elymus trachycaulus* ssp. *subsecundus* (Link) Gould.

Agropyron capillare Beauv. Ess. Agrost. 102, 146. 1812. nom. nud.

Agropyron caucasicum (C. Koch) Grossheim, 1939. Trudy Bot. Inst. Azerbaidzh. Fil. Akad. SSSR 8：327. = *Roegneria caucasica* C. Koch, 1848. Linnaea 21：413.

Agropyron caudatum (Pers.) Beauv. , 1812. Ess. Agrost. 102, 146. =*Triticum caudatum* Pers. , 1805. Syn. Pl. 1：110.

Agropyron ceretatum Sennen, 1927. Bull. Soc. Bot. Fr. 73：678. (Jan.) nom. nud.

Agropyron chinense (Trin.) Ohwi, 1937. Acta Phytotax. Geobot. 6：150. = *Triticum chinense* Trin. , 1835. Mem. Sav. Etr. Petersb. 2：146. =*Leymus chinensis* (Trin.) Tzvel.

Agropyron chinorussicum Ohwi, 1941. Acta Phytotax. Geobot. Kyoto 10：100. =*Leymus secalinus* (Georgi) Tzvel. , 1968. Rast. Tsentr. Azii 4：209.

Agropyron ciliare (Trin.) Franch. , 1884. Nouv. Arch. Mus. Hist. Nat. (Paris) Ⅱ. 7：151; 1884. Pl. David. 1：341. = *Triticum ciliare* Trin. , 1883. in Bunge, Enum. Pl. China Bor. 72. =*Roegneria ciliaris* (Trin.) Nevski, 1933. Tr. Bot. Inst. AN SSSR ser. 1, 1：14.

Agropyron ciliare ssp. *amurense* (Drobov) T. Koyama, 1987. Grasses of Japan and Neigghbour. Regions：483. =*Roegneria amurensis* (Drob.) Nevski.

Agropyron ciliare ssp. *minor* (Miquel) T. Koyama, 1987. Grasses of Japan and Neigghbour. Regions：483.

Agropyron ciliare var. *eriorhabdum* Honda, 1940. Bot. Mag. Tokyo 54：1. =*Roegneria ciliaris* (Trin.) Nevski.

Agropyron ciliare var. *hackelianum* (Honda) Ohwi, 1941. Acta Phytotax. Geobot. 10：97. =*Ag. japonicum* Honda var. *hackelianum* Honda, 1927. Bot. Mag. Tokyo 41：385. = *Roegneria ciliaris* var. *hackeliana* (Honda) L. B. Cai, 1997. Acta Phytotax. Sin. 35 (2)：176.

Agropyron ciliare var. *hakelianum* f. *japonense* (Honda) Ohwi, 1941. Acta Phytotax. Geobot. 10：97. = *Ag. japonense* Honda, 1927. Bot. Mag. Tokyo 41：384. = *Roegneria ciliaris* var. *japonensis* (Honda) Yen, J. L. Yang et B. R. Lu, 1988. Acta Bot. Yunnan. 10 (3)：269.

Agropyron ciliare var. *hackelianum* f. *mite* (Honda) Ohwi, 1941. Acta Phytotax. Geobot. 10：97. = *Ag. mite* Honda.

Agropyron ciliare var. *hondai* Keng, 1936. in Chien P'ei, Contr. Biol. Lab. Sci. Soc. China Dot. ser. 10：187. nom. nud.

Agropyron ciliare var. *integrum* Keng, 1940. Sinensia 11：411. = *Agropyron integrum* Keng.

Agropyron ciliare var. *lasiophyllum* Kitag. ，1936. Rep. Ist. Sci. Exp. Man. Ⅳ pt. 4：60，98. =*Roegneria ciliaris* var. *lasiophylla* (Kitag.) Kitag. ，1938. Rep. Inst. Sci. Res. Manch. 2：285.

Agropyron ciliare var. *minus* (Miq.) Ohwi，1953. Fl. Jap. 105. = *Brachypodium japonicum* var. *minor* Miq. = *Roegneria ciliaris* var. *japonensis* (Honda) Yen，J. L. Yang et B. R. Lu.

Agropyron ciliare var. *pauperum* Keng，1936. in Chien P'ei，Contr. Biol. Lab. Sci. Soc. China Bot. ser. 10：187.

Agropyron ciliare var. *pilosum* (Korsh.) Honda，1927. Bot. Mag. Tokyo 41：383. = *Agropyron ciliare* f. *pilosum* Korshinsky，1892. Acta Hort. Petrop. 12：414. = *Roegneria ciliaris* var. *japonensis* (Honda) Yen，J. L. Yang et B. R. Lu.

Agropyron ciliare var. *submuticum* Honda，1930. Journ. Fac. Sci. Univ. Tokyo Sect. 3. Bot. 3：27. =*Roegneria ciliaris* var. *submutica* (Honda) Keng，1957. Clav. Gen. et Spec. Gram. Sin. 71，168.

Agropyron ciliare f. *okuyanae* Ohwi，1941. Acta Phytotax. Geobot. 10：96.

Agropyron ciliare f. *submuticum* (Honda) Ohwi，1941. Acta Phytotax. Geobot. 10：96. = *Roegneria ciliaris* var. *submutica* (Honda) Keng.

Agropyron ciliatiflorum Roshev. ，1945. in Koie，Beitr. Fl. SW Iran 4：52. = *Elytrigia intermedia* ssp. *podperae* (Nabelek) Á. Löve，1984. Feddes Repert. 95 (7 - 8)：487.

Agropyron ciliolatum Nevski，1934. Fl. SSSR 2：650. in Russian.

Agropyron cimmericum Nevski，1934. Tr. Sredneaz. Univ. ，ser. 8B，17：56；1936. Act. Inst. Bot. Acsad. Sci. URSS，ser. 1，Fase. 2：87. = *Agropyron cristatum* ssp. *cimmericum* (Nevski) Á. Löve，1984. Feddes Repert. 95 (7 - 8)：431.

Agropyron cognatum Hack. ，1905. in Kneucker，Allgem. Bot. Zeitschre. 1904：22. in obs. =*Pseudoroegneria cognata* (Hack.) Á. Löve，1984. Feddes Repert. 95 (7 - 8)：446.

Agropyron cognatum var. *shingoense* Meld. ，1960. in Bor，Grass. Burm，Ceyl. Ind. Pak. 690. =*Pseudoroegneria cognata* ssp. *shingoensis* (Meld.) Á. Löve，1984. Feddes Repert. 95 (7 - 8)：446.

Agropyron collinum Opiz，1825. Natural 10：248. nom. nud.

Agropyron colorans Meld. ，1965. in Koie et Recfh. f. ，Danske Vidensk. Selsk. Biol. Skr. 14，4：85. = *Elymus colorans* (Meld.) Á. Löve，1984. Feddes Repert. 95 (7 - 8)：457.

Agropyron concinnum De Notaris ex Pars. ，1844. Fl. tal. 1：498. =*Agropyron pungens* Roem. et Schult. =*Elytrigia pungens* (Pers.) Tutin，1952. Watsonia 2：186.

Agropyron condensatum Presl. 1830. Rel. Haenk 1：266.

Agropyron confusum Roshev. ，1924. Not. Syst. Herb. Bot. Ross. 5：150. =*Elymus* confusus（Roshev.）Tzvel. ，1968. Rast. Tsentr. Azii 4：221.

Agropyron confusum var. *pubiflorum* Roshev. ，1924. Not. Syst. Herb. Hort. Bot. Ross. 5：151.

Agropyron corsicum（Hack.）Rouy，1913. Fl. France 14：316. ＝ *Ag. caespitosum* var. *corsicum* Hack. ，1910. in Briquet，Prodr. Fl. Corse 1：187. ＝*Lophopyrum corsicum* （Hack.）Á. Löve，1984. Feddes Repert. 95（7 - 8）：489.

Agropyron coxii Petrie，1902. Trans. Proc. New Zealand Inst. 34：395. ＝*Festuca coxii* Hack. ，in Cheeseman，1906. Fl. New Zeal. 919.

Agropyron cretaceum Klok. et Prokudin，1940 Fl. URSR 2：330. ．＝*Pseudoroegneria cretacea*（Klok. et Prokudin）Á. Löve，1984. Feddes Repert. 95（7 - 8）：445.

Agropyron cretense Coust. et Gandoger，1916. in Gandoger，Fl. Cret. 107. ＝*Crithopsis delileana*（Schultes）Roshev.

Agropyron crinitum Link，1827. Hort. Berol. 1：32.

Agropyron cristatiforme Sarkar，1956. Canad. J. Bot. 34：333. ＝*Ag. pectiniforme* Roem. et Schult.

Agropyron cristatum（L.）J. Gaertn. ，1770. Nov. Comm. Acad. Sci. Petrop. 14：540. ＝ *Bromus cristatus* L. ，1753. Spec. Pl. 78.

Agropyron cristatum ssp. *badamense*（Drob.）Á. Löve，1984. Feddes Repert. 95（7 - 8）：431. ＝*Agropyron badamense* Drob. ，1925. Feddes Repert. 21：44.

Agropyron cristatum ssp. *baicalense* Egor. et Sipl. ，1970. Nov. Sist. Vyssch. Rast. 6：227. ＝*Ag. pectiniforme* ssp. *baicalense*（Egor. et Sipl.）Á. Löve.

Agropyron cristatum ssp. *birjutczense*（Lavr.）Á. Löve，1984. Feddes Repert. 95（7 - 8）：431. ＝*Agropyron dasyanthum* var. *birjutczense* Lavr. ，1931. Visn. Kiiv Bot. Sadu 12 - 13：148. ＝*Ag. cimmericum* Nevski.

Agropyron cristatum ssp. *brandzae*（Pantu et Solacolu）A. Melderis，1978. Bot. J. Linn. Soc. 76：384. ＝*Ag. brandzae* Pantu et Solacolu，1924. Bull. Sect. Sci. Acad. Roum. 9：28.

Agropyron cristatum ssp. *bulbosum*（Boiss.）Á. Löve，1984. Feddes Repert. 95（7 - 8）：431. ＝ *Agropyron bulbosum* Boiss. ，1844. Diagn. Pl. Or. 1，5：75.

Agropyron cristatum ssp. *caespitosum* Bornm. ，1910. Verh. Zool. Bot. Oes. Wien 60：190.

Agropyron cristatum ssp. *dasyanthum*（Ledeb.）Á. Löve，1984. Feddes Repert. 95 （7 - 8）：431. ＝*Agropyron dasyanthum* Ledeb.

Agropyron cristatum ssp. *desertorum*（Fisch. ex Link）Á. Löve，1984. Feddes Repert. 95（7 - 8）：431. ＝ *Agropyron desertorum*（Fischer ex Link）Schultes，1824. Mant. 2：412.

Agropyron cristatum ssp. *dunensis*（G. Grinf.）Dihoru et Negrean，1973. Rev. Rouman. Biol. ，Bot. 18（2）：64. ＝*Agropyron bulbosum* var. *dunensis* G. Grinf.

Agropyron cristatum ssp. *erikssoni* (Meld.) Á. Löve，1984. Feddes Repert. 95（7 - 8）：431. = *Agropyron cristatum* var. *erikssonii* Meld.，1949. in Norlindh，Rep. Sino-Swed. Exp. 31：118.

Agropyron cristatum ssp. *fragile* (Roth) Á. Löve，1984. Feddes Repert. 95（7 - 8）：431. = *Triticum fragile* Roth，1800. Catal. Bot. 2：7. = *Ag. fragile* (Roth) Candargy，1901. Monogr. tes phyls ton krithodon 58.

Agropyron cristatum ssp. *imbricatum* (M. Bieb.) Á. Löve，1984. Feddes Repert. 95（7 - 8）：431. = *Triticum imbricatum* M. Bieb.，1801. Fl. Taur. - Cauc. 1：88. non Lam. 1791. = *Ag. cristatum* ssp. *pectinatum* (M. Bieb.) Tzvel.，1970. Spisok. Rast. Gerb. Fl. SSSR 18：25.

Agropyron cristatum ssp. *incanum* (Náb.) A. Melderis，1984. Notes Roy. Bot. Gard. Edinburgh 42（1）：77. = *Agropyron incanum* Náb.

Agropyron cristatum ssp. *kazachstanicum* Tzvel.，1972. Nov. Sist. Vyssch. Rast. 9：57. = *Agropyron badamens* auct. non Drobov，1925. in Karamysh et Rachkovsk，Bot. Zhurn. 56（4）：465. 1971.

Agropyron cristatum ssp. *michnoi* (Roshev.) Á. Löve，1984. Feddes Repert. 95（7 - 8）：432. = *Agropyron michnoi* Roshev.，1929. Izv. Glavn. Bot. Sada SSSR 28：384.

Agropyron cristatum ssp. *mongolicum* (Keng) Á. Löve，1984. Feddes Repert. 95（7 - 8）：432. = *Agropyron pectiniforme* ssp. *mongolicum* (Keng) C. Yen et J. L. Yang.

Agropyron cristatum ssp. *nathaliae* (Sipl.) Á. Löve，1984. Feddes Repert. 95（7 - 8）：432. = *Agropyron nathaliae* Sipl.，1968. Nov. Sist. Vyssch. Rast. 5：13. = *Ag. michnoi* ssp. *nathaliae* (Sipl.) Tzvel.，1973. Nov. Sist. Vyssch. Rast. 10：34.

Agropyron cristatum ssp. *pachyrrhizum* (A. Camus) Á. Löve，1984. Feddes Repert. 95（7 - 8）：432. = *Ag. pachyrrhizum* A. Camus.

Agropyron cristatum ssp. *pectinatum* (M. Bieb.) Tzvel.，1970. Spisok Rast. Herb. Fl. SSSR. 18：25. = *Ag. pectiniforme* (M. Bieb.) Roem. et Schult.，1817. Syst. Veget. 2：758.

Agropyron cristatum ssp. *ponticum* (Nevski) Tzvel.，1972. Nov. Sist. Vyssch. Rast. 9：58. = *Ag. ponticum* Nevski.

Agropyron cristatum ssp. *pinifolium* (Nevski) Bondar. ex O. N. Korovina，1978. Byull. Ord. Lenina Inst. Rast. N. I. Vavilov 81：35. = *Agropyron pinifolium* Nevski.

Agropyron cristatum ssp. *puberulum* (Boiss. ex Steud.) Tzvel.，1972. Nov. Sist. Vyssch. rast. 9：58. = *Triticum puberulum* Boiss. ex Steud.，1854. Syn. Pl. Glum. 1：345.

Agropyron cristatum ssp. *pumilum* (Steud.) Á. Löve，1984. Feddes Repert. 95（7 - 8）：432. = *Ag. pumilum* (Steud.) Candargy.

Agropyron cristatum ssp. *sabulosum* Lavr. , 1931. Vestn. Kiev Bot. Sada，12 - 13：148. =*Ag. lavrenkoanum* Prokudin，1939. Tr. Inst. Bot. Kharkiv Univ. 3：198. = *Ag. pictiniforme* ssp. *sabulosum* (Lavr.) Á. Löve，1984. Feddes Repert. 95 (7 - 8)：431.

Agropyron cristatum ssp. *sclerophyllum* Novopokr. , 1935. Uchen. Zap. Rostovsk. Univ. 6：39. n. altern. =*Ag. sclerophyllum* Novopokr.

Agropyron cristatum ssp. *sibiricum* (Willd.) Á. Löve，1984. Feddes Repert. 95 (7 - 8)：432. =*Triticum sibiricum* Willd. , 1809. Enum. Pl. Horti. Berol. 1：135. = *Ag. fragile* (Roth) Candargy.

Agropyron cristatum ssp. *stepposum* (Dubovik) Á. Löve，1984. Feddes Repert. 95 (7 - 8)：432. = *Ag. stepposum* Dubovik.

Agropyron cristatum ssp. *tarbagataicum* (Plotnikov) Tzvel. , 1972. Nov. Sist. Vyssch. Rast. 9：58. = *Ag. tarbagataicum* Plotnikov.

Agropyron cristatum var. *brachyatherum* Maire，1936. Bull. Soc. Hist. Nat. Afrique Nord 3437.

Agropyron cristatum var. *calvum* (Schur) Domin，1930. Acta Bot. Bohem. 9：180.

Agropyron cristatum var. *ciliatum* Besser，1822. Enum. Pl. 41.

Agropyron cristatum var. *ciliatum* Degen，1924. Jav. Nagyar Fl. 1：112. descr. Hungarian. non Besser 1822.

Agropyron cristatum var. *desertorum* (Fisch. ex Link) R. D. Dorn，1988. Vasc. Wyoming：298.

Agropyron cristatum var. *elongatum* Fedtsch. , 1915. Bull. Jard. Bot. Pierre Grant 14 (Suppl. 2)：97. nom. nud.

Agropyron cristatum var. *fragile* (Roth) R. D. Dorn，1988. Vasc. Wyoming：298.

Agropyron cristatum var. *glabra* Reichenb. , 1830. Fl. Germ. 1：21. Cites："*Trticum pectinatum* M. B. ；*Ag. pectiniforme* R. S. "

Agropyron cristatum var. *glabriglume* Tzvelev，1972. Novosti Sist. Vyssh. Rast. 9：57.

Agropyron cristatum var. *glabrum* Lindem. , 1915. in Fedtsch. , Bull. Jard. Bot. Pierre Grand 14 (Suppl. 2)：97. nom. nud.

Agropyron cristatum var. *hirsutum* Besser，1822. Enum. Pl. 41.

Agropyron cristatum var. *humile* Suk. , 1915. Trav. Mus. Bot. Acad. Sci. Petrograd 15：116. f. 3.

Agropyron cristatum var. *imbricata* (M. Bieb.) Kneuck. , 1903. Allg. Bot. Zeitschr. 9：34. = *Ag. imbricatum* M. Bieb. = *Ag. cristatum* ssp. *pectinatum* (M. Bieb.) Tzvel.

Agropyron cristatum var. *imbricatum* (M. Bieb.) Beck，1890. Fl. Nieder - Osterr. 1：114. =*Triticum imbricatum* M. Bieb. =*Ag. cristatum* ssp. *pectinatum* (M. Bieb.)

Tzvel.

Agropyron cristatum var. *imbricata*（M. Bieb.）Kneuck.，1903. Allg. Bot. Zeitschr. 9：34. ＝ *Ag. imbricatum* M. Bieb. ＝ *Ag. cristatum* ssp. *pectinatum*（M. Bieb.）Tzvel.

Agropyron cristatum var. *imbricatum*（Roem. et Schult.）B. Fedtsch. et Fler.，1908. Fl. Eur. Ross. 1：146. ＝*Agropyron imbricatum* Roem. et Schult.，1817. Syst. Veget. 1：757. ＝*Agropyron cristatum* ssp. *imbricatum* Á. Löve. ＝*Ag. cristatum* ssp. *pectinatum*（M. Bieb.）Tzvel.

Agropyron cristatum var. *incanum* Nabelek，1929. Publ. Fac. Sci. Univ. Masaryk no. 3. 26；no. 105. pl. 4. f. 2.

Agropyron cristatum macrantha Roshev.，1929. Bull. Jard. Bot. Frin. USSR. 28：385.

Agropyron caninum var. *majus* Scribn.，1883. Bull. Torr. Bot. Club. 10：32. non Parl. 1848. ＝*Ag. arizonicum* Scribn. et Smith.，1897. USDA Div. Agrost. Bull. 4：27. ＝*Elymus arizonicus*（Scribn. et Smith）Gould，1947. Madrono 9：125.

Agropyron cristatum var. *pectinatum*（M. Bieb.）Roshev. ex Fedtsch.，1915. Bull. Jard. Bot. Pierre Grant 14（Suppl. 2）97. ＝*Triticum pectinatum* M. Bieb. ＝*Ag. cristatum* ssp. *pictinatum*（M. Bieb.）Tzvel. ＝*Ag. pectiniforme*（M. Bieb.）Roem. et Schult.，1817. Syst. Veget. 2：758.

Agropyron cristatum var. *pectiniforme*（Roem. et Schult.）H. L. Yang，1987. Fl. Reipubl. Popul. Sin. 9（3）：113.

Agropyron cristatum var. *pectiniforme*（Steudel）A. V. Bukhteeva，1988. in Sborn. Nauch. Tr. Prikl. Bot. Genet. Selek. 120：87.

Agropyron cristatum var. *puberulum* Boiss.，1854. Diaggn. Fl. Orient. Nov. 213：67. ＝ *Agropyron cristatum* ssp. *puberulum*（Boiss. ex Steud.）Tzvel.

Agropyron cristatum var. *submuticum* Grossh.，1928. Fl. Kavkaza 1：134. in Russian.

Agropyron cristatum var. *velutinum* Grossh.，1927. Beih. Bot. Centralbl. Abt. 2. 44：203.

Agropyron cristatum var. *villosum* Litw. ex Fedtsch.，1915. Bull. Jard. Bot. Pierre Grand 14（Suppl. 2）：97. nom. nud.

Agropyron cristatum f. *calvum*（Schur）P. Boza et·O. Vasić，1986. Fl. SR Srbije 10：253.

Agropyron cristatum f. *imbricatum*（Roem. et Schult.）A. V. Bukhteeva，1988. in Sborn. Nauch. Tr. Prikl. Bot. Genet. Selek. 120：87.

Agropyron cristatum f. *pectiniforme*（Roem. et Schult.）A. V. Bukhteeva，1988. in Sborn. Nauch. Tr. Prikl. Bot. Genet. Selek. 120：87.

Agropyron cristatum f. *villosum*（Litv.）A. V. Bukhteeva，1988. in Sborn. Nauch. Tr. Prikl. Bot. Genet. Selek. 120：88.

Agropyron curvatiforme Nevski, 1932. Izv. Bot. Sada AN SSSR 30: 633. =*Elymus curvatiformis* (Nevski) Á. Löve, 1984. Feddes Repert. 95 (7~8): 454.

Agropyron curvatum Nevski, 1932. Izv. Bot. Sada AN SSSR 30: 629. =*Roegneria curvata* (Nevski) Nevski, 1934. Tr. Sredneaz. Univ. ser. 8B, 17: 68. = *Elymus fedtschenkoi* Tzvel. , 1973. Nov. Sist. Vyssch. Rast. 10: 21.

Agropyron curvifolium Lange, 1860. Maturhist. For. Kjobenhavn Vid. Medd. 2. !: 55. =*Lophopyrum curvifolium* (Lange) Á. Löve, 1984. Feddes Repert. 95 (7 - 8): 488.

Agropyron czilikense Drob. , 1925. Feddes Repert. 21: 43. =*Roegneria tianschanica* (Drob.) Nevaki, 1934. Tr. Sredneaz. Univ. ser. 8B, 17: 71.

Agropyron czimganicum Drob. , 1925. Feddes Repert. 21: 40. = *Roegneria tchimganica* (Drob.) Nevski, 1934. Tr. Sredneaz. Univ. ser. 8B, 17: 68.

Agropyron dagnae Grossh. , 1919. Monit. Jard. Bot. Tiflis 46/47: 44. pl. 4. =*Ag. cristatum* ssp. *pectinatum* (M. Bieb.) Tzvel. =*Agropyron pectiniforme* (M. Bieb.) Roem et Schult.

Agropyron dasyanthum Ledeb. , 1820. Ind. Sem. Horti Dorpat. 3. =*Triticum dasyanthum* Ledeb. =*Agropyron cristatum* ssp. *dasyanthum* (Ledeb.) Á. Löve.

Agropyron dasyanthum f. *glabriuscula* Pidopliczka, 1929. Ukrain. Bot. Zhurn. 5: 78. in Russian.

Agropyron dasyanthum f. *glabrum* Poazoski, 1915. Vestn. Rusk. Fl. 1. 2: 64.

Agropyron dasyanthum f. *villosa* Pidopliozka, 1929. Ukrain, Bot. Zhurn. 5: 78. in Russian.

Agropyron dasyanthum ssp. *birjutczense* (Lavr.) Lavr. , 1935. Fl. URSR. Vizn. 1: 214. =*Ag. cimmericum* Nevski.

Agropyron dasyanthum var. *birjutczense* Lavr. , 1931. Vestn. Kiev Bot. Sada, 12 - 13: 148. =*Ag. cimmericum* Nevski.

Agropyron dasyanthum var. *giganteum* Prok. , 1938. Proc. Bot. Inst. Kharkov 3: 192. in Russian.

Agropyron dasyanthum var. *glabrum* (Poazzoski) Tzvelev, 1973. Novosti Sist. Vyssh. Rast. 10: 34. =*Agropyron dasyanthum* f. *glabrum* Poazoski.

Agropyron dasyanthum var. *leianthum* Czrn. ex Fedtsch. , 1915. Bull. Jard. Bot. Pierre Grand 14 (Suppl. 2): 96. nom. nud.

Agropyron dasyanthum var. *subaristatum* Trautv. ex Fedtsch. , 1915. Bull. Jard. Bot. Pierre Grand 14 (Suppl. 2): 96. nom. nud.

Agropyron dasystachyum (Hook.) Scribn. , 1883. Bull. Torr. Bot. Club 10: 78. non *Elymus dasystachys* Trin. , 1829. = *Triticum repens* var. *dasystachyum* Hook. , 1840. Fl. Bot. Amer. 2: 254. =*Elymus lanceolatus* (Scribn. et Smith) Gould.

Agropyron dasystachyum var. *subvillosum* (Hook.) Scribn. et Smith, 1897. USDA

Div. Agrost. Bull. 4: 33. = *Triticum repens* var. *subvillosum* Hook. , 1840. Fl. Bor. Amer. 2: 254.

Agropyron densiflorum Beauv. , 1812. Ess. Agrost. 102, 146.

Agropyron dentatum Hook. f. , 1896 - 1897. Fl. Brit. Ind. 7: 370. = *Elymus dentatus* (Hook. f.) Tzvel. , 1973. Nov. Sist. Vyssch. Rast. 10: 21.

Agropyron dentatum var. *elatum* Hook. f. , 1896 - 1897. Fl. Brit. India 7: 371. = *Elymus dentatus* ssp. *elatus* (Hook. f.) Á. Löve, 1984. Feddes Repert. 95 (7 - 8): 455.

Agropyron dentatum var. *kashmiricum* Meld. , 1960. in Bor. Grass. Burm. Ceyl. Ind. Pak. 690. = *Elymus dentatus* ssp. *kashmiricus* (Meld.) Á. Löve, 1984. Feddes Repert. 95 (7 - 8): 455.

Agropyron dentatum var. *scabrum* Nevski, 1932. Bull. Jard. Bot. Acad. Sci. URSS 30: 626. = *Elymus dentatus* ssp. *scabrus* (Nevski) Á. Löve, 1984. Feddes Repert. 95 (7 - 8): 455.

Agropyron desertorum (Fischer ex Link) Schultes, 1824. Mant. 2: 412. = *Triticum desertorum* Fisch. ex Link, 1821. Enum. Pl. Horti Berol. 1: 97. = *Agropyron cristatum* (L.) Gaertn. subsp. *desertorum* (Fischex ex Link) Á. Löve. 1984. Feddes Report. 95 (7 - 8): 431.

Agropyron desertorum var. *dasyphyllum* Roshev. , 1928. Acta Hort. Petrop. 40: 229. in Russian.

Agropyron desertorum var. *muticum* Roshev. , 1928. Acta Hort. Petrop. 40: 229. in Russian.

Agropyron desertorum var. *pilosiusculum* Meld. , 1949. In T. Nordl. Fl. Mongol. Steepe et Des. Areas, Rep. Sci. Exped. N. W. Prov. China, Seven Hedin, Publ. 31: 121.

Agropyron deweyi Á. Löve, 1984. Feddes Repert. 95 (7 - 8): 432.

Agropyron diamesum P. Candargy, 1901. Monogr. tēs phyls tōn krithōdōn: 43.

Agropyron distachyos (L.) Chevalier, 1827. Fl. Eviron. Paris: 196; 1836. Fl. Paris, ed. II , 2: 196. = *Bromus distachyos* L.

Agropyron distans C. Koch, 1848. Linnaea 21: 426. = *Eremopyrum distans* (C. Koch) Nevski, 1933. Tr. Bot. Inst. AN SSSR ser. 1, 1: 18, in obs.

Agropyron distichum (Thunb.) P. Beauv. , 1812. Ess. Agrost. 102. = *Triticum distichum* Thunb. , 1794. Prodr. Fl. Cap. 1: 23. = *Thinopyrum distichum* (Thunb.) Á. Löve, 1984. Feddes Repert. 95 (7 - 8): 476.

Agropyron distichum (Georgi) G. A. Peshkova, 1985. Novosti Sist. Vyssh. Rast. 22: 37.

Agropyron × divaalii Simont, 1935. Compt. Rend. 200: 1212.

Agropyron divaricatum Boiss. et Bal. , 1857. Bull. Soc. Bot. Fr. 4: 307. = *Pseudoroegneria divaricata* (Boiss. et Bal.) Á. Löve, 1984. Feddes Repert. 95 (7 - 8): 444.

Agropyron divergens (Nees ex Steud.) Vasey，1885. Descr. Catal. Grasses U. S. 96. ＝ *Triticum divergens* Nees ex Steud. ，1854. Syn. Pl. Glum. 1：347. ＝ *Pseudoroegneria spicata* (Pursh.) Á. Löve，1984. Feddes Repert. 95 (7‑8)：446.

Agropyron divergens (Steud) P. Candargy，1901. Monogr. tēs phyls tōn krithōdōn：41.

Agropyron divergens var. *inerme* Scribn. et Smith，1897. USDA. Div. Agrost. Bull. 4：27. ＝ *Pseudoroegneria spicata* ssp. *inermis* (Scribn. et Smith) Á. Löve，1984. Feddes Repert. 95 (7‑8)：447.

Agropyron divergens var. *tenue* Vasey，1885. Descr. Cat. Grasses U. S. 96. nom. nud.

Agropyron divergens var. *tenuispicus* Scribn. et Smith，1897. USDA Div. Agrost. Bull. 4：27. ＝ *Pseudoroegneria spicata* (Pursh.) Á. Löve.

Agropyron dolicholepis Meld. ，1970. in Rech. f. ，Fl. Iranica 70：180. ＝ *Roegneria sclerophylla* Nevski，1934. Fl. SSSR 2：614.

Agropyron donianum F. B. White，1890. Scott. Nat. 10 (n，s. 4.)：232；1893. Proc. Pertsh. Soc. Nat. Sci. 1：42. s. str. ＝ *Elymus trachycaulus* ssp. *donianus* (F. B. White) Á. Löve，1984. Feddes Repert. 95 (7‑8)：461.

Agropyron donianum var. *stefansonii* Meld. ，1952. in Clap. ，Tutin et Warb. Fl. Brit. Isles 1461. ＝ *Ag. violaceum* (Horn.) Lange. ＝ *Elymus trachycaulus* ssp. *violaceus* (Horn.) Á. Löve et D. Löve .

Agropyron drobovii Nevski，1932. Izv. Bot. Sada AN SSSR 30：626. ＝ *Elymus drobovii* (Nevski) Tzvel. ＝ *Campeiostachys drobovii* (Nevski) J. L. Yang，B. R. Baum et C. Yen.

Agropyron dshugaricum Nevski，1934. Fl. SSSR 2：641. ＝ *Pseudoroegneria cognata* (Hack.) Á. Löve.

Agropyron dumetorum Reichenb. ex Bercht. ，1836. Oekon-Techn. Fl. Bohmens 1：406.

Agropyron dumetorum (Honck.) Trautv. ，1884. Acta. Hort. Petrop. 9：322. non Riech. ex Bercht. ，1836. ＝ *Triticum dumetorum* Honck.

Agropyron dumetorum var. *geminum* Opiz，1852. Sezn. Rostl. Ceske 12：nom nud. ex Bercht. 1836. Oekon. ‑Techn. Fl. Bohmene 1：407.

Agropyron dumetorum var. *simplex* Opiz，1852. Sezn. Rostl. Ceske 12：nom nud. ex Bercht. 1836. Oekon. ‑Techn. Fl. Bohmene 1：407.

Agropyron duplicatum (Steud.) Richt. ，1890. Fl. Eur. 1：126. ＝ *Triticum duplicatum* Steud. ，1854. Syn. Pl. Glum. 1：344.

Agropyron duthiei Meld. ，1960. in Bor. Grass. Burm. Ceyl. Ind. Pak. 690. non (Stapf.) Bor，1940. ＝ *Roegneria duthiei* (Meld.) J. L. Yang，B. R. Baum et C. Yen.

Agropyron duvalii (Loret et Barrand) P. Candargy，1901. Monogr. tēs phyls tōn krithōdōn：56.

Agropyron duvalii（Loret.）Rouy，1913. Fl. France 14：326. = *Triticum duvalii* Loret.，1887. Bull. Soc. Bot. France 34：116.

Agropyron edelbergii Meld.，in Koie et Rech. f.，1965. in Danske Vidensk. Selsk. Biol. Skr. 14，4：87. =*Elymus edelbergii*（Meld.）Á. Löve，1984. Feddes Repert. 95（7 - 8）：454.

Agropyron eglume P. Candargy，1901. Monogr. tēs phyls tōn krithōdōn：67，in obs. nomem subnudum

Agropyron elatum Opiz，1852. Sezn. Rostl. Ceske 12. nom. nud.

Agropyron elatum var. *aristatum* Opiz，1852. Sezn. Rostl. Ceske 12. nom. nud.

Agropyron elatum var. *berchtoidii* Opiz，1852. Sezn. Rostl. Ceske 12. nom. nud.

Agropyron elatum var. *breviaristatum* Opiz，1852. Sezn. Rostl. Ceske 12 nom. nud.

Agropyron elatum var. *pilosum* Opiz，1852. Sezn. Rostl. Ceske 12 nom. nud.

Agropyron elatum var. *pungens* Opiz，1852. Sezn. Rostl. Ceske 12 nom. nud.

Agropyron elatum var. *subaristatum* Opiz，1852. Sezn. Rostl. Ceske 12 nom. nud.

Agropyron elmeri Scribn.，1898. USDA Div. Agrost. Bull. 11：54. = *Elymus lanceolatus*（Scribn. et Smith）Gould.

Agropyron elongatiforme Drob.，1923. Vued. Opred. Rast. Okr. Taschk. 1：42. in Russian；1924. Act. Hort. Petrop. 38：147；1925. Feddes Pepert. 21：44. = *Elytrigia elongatiformis*（Drob.）Nevski，1934. Tr. Sredneaz. Univ.，ser. 8B，17：61.

Agropyron elongatiforme auct.，non Drobov，1923. = *Elytrigia lolioides*（Kar. & Kir.）Nevski.

Agropyron elongatum（Host）P. Beauv.，1812. Ess. Agrost. 102. =*Triticum elongatum* Host，1802. Gram. Austr. 2：18. =*Lophopyrum elongatum*（Host）Á. Löve，1980. Taxon 29：351.

Agropyron elongatum ssp. *ruthenicum* Beldie，1972. Fl. R. S. Rom. 12：619. =*Lophopyrum ponticum*（Podp.）Á. Löve，1984. Feddes Repert. 95（7 - 8）：489.

Agropyron elongatum ssp. *ruthenicum* var. *littorale* Lavr.，1931. Vestn. Kiev Bot. Sada，12 - 13：148.

Agropyron elongatum ssp. *ruthenium*（Griseb.）Richt.，1890. Fl. Eur. 1：125. = *Triticum rigidum β ruthenium* Griseb.，1853. in Ledeb.，Fl. Ross. 4：342.

Agropyron elongatum ssp. *ruthenium*（Griseb.）Anghel et Morariu，1972. Fl. Republ. Social. Român. 12：619. =*Triticum rigidum β ruthenicum* Griseb..

Agropyron elongatum ssp. *ruthenicum* var. *littorale* Lavr. 1932. Bull. Jard. Bot. Kirv. 12 - 13：148.

Agropyron elongatum ssp. *scirpeum*（K. Presl）Ciferri et Giacom.，1950. Nomenel. Fl. Ital. 1：47. =*Agropyron scirpeum* K. Presl. =*Lophopyrum scirpeum*（K. Presl）Á. Löve.

Agropyron elongatum var. *aegaea* Reching，1939. Bot. Jahrb. Engler 69：544.

Agropyron elongatum var. *corsicum*（Hack.）Fiori，1923. Nuov. Fl. Anal. Ital. 1：
157. in key ＝*Ag. caespitosum* var. *corsicum* Hack. ＝*Lophopyrum corsicum*（Hack.）
Á. Löve.

Agropyron elongatum var. *existum* Kyar，1939. Bulet Grad. Bot. Univ. Cluj 19：84.

Agropyron elongatum var. *flaccidifolium*（Boiss. et Heldr.）Boiss. ，1884. Fl. Orient. 5：
666. ＝*Ag. scirpeum* var. *flaccidifolium* Boiss. et Heldr. ＝*Lophopyrum scirpeum*（K.
Presl）Á. Löve，1984.

Agropyron elongatum var. *incrustatum*（Adam.）Hayek，1932. Feddes Repert. 30（3）：223.
＝*Ag. incrustatum* Adam. ＝*Elytrigia varnensis*（Velen.）Holub.

Agropyron elongatum var. *littorale* Lavrenko，1931. Vestn. Kiev Bot. Sada，12 - 13：147.
non verified.

Agropyron elongatum var. *multiflorum* Eig，1927. Zionist Org. Inst. Agr. Nat. Hist. Bull.
6：69.

Agropyron elongatum var. *polystachyum* Bornm. et Gnuba，1942. Feddes Repert. 52：233.

Agropyron elongatum var. *scirpeum*（Presl）Fiori，1908. Fl. Anal. Ital. 1：106. ＝*Ag. scir-
peum* Presl. ＝*Lophopyrum scirpeum*（K. Presl）Á. Löve.

Agropyron elongatum var. *scirpeum*（Presl. 1820）Fior. ，1923. Nuov. Fl. Anal. Ital. 1：
157. in key. ＝*Agropyron scirpeum* Presl.

Agropyron elongatum var. *stipaefolium*（Trautv.）Fedtsch. ，1915. Bull. Jard. Bot. Pierre
Grand 14（Suppl. 2）：96. nom. nud. ＝*Triticum rigidum* var. *stipaefolium* Trautv. nom.
nud.

Agropyron elongatum var. *typicum* Fiori，1923. Kuov. Fl. Anal. Ital. 1：157. in key.

Agropyron elongatum var. *typicum* subv. *glabrum* Marire，1942. Bull. Soc. Hist. Nat. Af-
rique Nord 3439.

Agropyron elongatum var. *typicum* subv. *puberulum* Maire，1942. Bull. Soc. Hist. Nat. Af-
rique Nord 3439.

Agropyron elongatum var. *vestitum*（Vel.）Hayek，1932. Feddes Repert. 30（3）：223. ＝
Triticum rigidum var. *vestium* Velen. ，1902. Sitzb. Bonm. Ges. Wiss. 27：19.

Agropyron elymogenes Arndt. ex Nyman，1882. Consp. Fl. Eur. 840. ＝*Triticum strictum*
Dethard，1828. Consp. Pl. Magalop. 11.

Agropyron elymoides Hack. ，1900. in Dusen，Svensk. Exped. Magell. 3（5）：232. ＝*Ely-
mus*×*lineariglumis* Seberg et G. Peterson，1998. Bot. Jahrb. Syst. 120（4）：528.

Agropyron elymoides（Hochst.）Candargy，1901. Monogr. tēs phyls tōn krithōdōn：57. ＝
Triticum elymoides Hochst. ，1851. in A. Richard，Tent. Fl. Abyss. 2：440. non *Ely-
mus elymoides* Sweezy，1891. ＝*Elymus africanus* Á. Löve，1984. Feddes Repert. 95（7 -
8）：468.

Agropyron embergeri Maire，1942. Bull. Soc. Hist. Nat. Afr. Nord 3441. f. 540；1942 Bull.

Soc. Sci. Nat. Maroc 33：100. =*Festucopsis festucoides* (Maire) Á. Löve，1984. Feddes Repert. 95（7-8）：442.

Agropyron enysii Kirk，1895. Trans. N. Z. 1. 27：359. =*Elymus enysii* (Kirk.) Á. Löve et Connor，1982. New Zeal. J. Bot. 20：183. =*Stenostachys enysii* (Kirk) C. Yen et J. L. Yang.

Agropyron erikssonii Melderis，1949. In T. Nordl. Fl. Mongol. Steepe et Des. Areas，Rep. Sci. Exped. N. W. Prov. China，Seven Hedin，Publ. 31：118.

Agropyron erikssonii (Melderis) G. A. Peshkova，1990. Fl. Sibir. 2：38.

Agropyron farctum Viv.，1884. in Boiss. Fl. Orient. 5：665. =*Agropyron juncea* Boiss. (as synon.) =*Triticum farctum* Viv.，1804. Ann. Bot. 1：159. s. str. =*Thinopyrum junceum* ssp. *mediterraneum* (Simonet) Á. Löve，1984. Feddes Repert. 95（7-8）：476.

Agropyron farctum (Viv.) Rothm.，1943. Feddes Repert. 52：271.

Agropyron ferganense Drob.，1916. Tr. Bot. Muz. AN 16：138. =*Pseudoroegneria cognata* (Hack.) Á. Löve.

Agropyron festucifolium Cernj. et C. Chase，1966. in Cernj.，Nov. Sist. Vyssch. Rast. 3：306. =*Festucopsis serpentini* (C. E. Hubbard) Meld.，1978. Bot. J. Linn. Soc. 76：317.

Agropyron festucoides Maire，1928. Bull. Soc. Sci. Nat. Maroc 8：142；I. c. 450. 1929. =*Festucopsis fustucoides* Maire.

Agropyron festucoides var. *leiorrhachis* Maire，1939. Bull. Soc. Hist. Nat. Afr. Nord 3095.

Agropyron fibrosum (Schrenk) Candargy，1901. Monogr. tēs phyls tōn krithōdon 44. =*Triticum fibrosum* Schrenk，1845. Bull. Phys. Math. Acad. Sci. Petersb. 3：209. = *Elymus fibrosus* (Schrenk) Tzvelev，1970. Spisok Rast. Herb. Fl. SSSR 18：29.

Agropyron fibrosum (Schrenk) Nevski，1930. Lav. Glavn. Bot. Sada SSSR；Bull. Jrad. Bot. Prin. URSS 29：538. =*Triticum fibrosum* Schrenk.

Agropyron filiforme (Poir.) Roem. et Schult.，1817. Syst. Veg. 2：760. =*Triticum filiforme* Poir.，1812. in Lam.，Encycl. Suppl. 2：207.

Agropyron firmiculme Nevski，1934. Fl. SSSR 2：646. descr. in Russian =*Agropyron caespitosum* C. Koch. =*Lophopyrum caespitosum* (C. Koch) Á. Löve，1984. Feddes Repert. 95（7-8）：489.

Agropyron firmum Presl，1819. Fl. Cech. 28.

Agropyron firmum Seidl，1836. in Bercht. Oekon.-Tech. Fl. Böhmen. 1：409.

Agropyron firmum var. *aristatum* Opiz ex Bercht.，1836. Oekon.-Tech. Fl. Böhmen 1：409. =*Triticum rigidum* β *ciliatum* γ *aristatum* Tausch，herb. fl. boim n. 1783 c!

Agropyron firmum var. *berchtoidi* Opiz ex Bercht.，1836. Oekon.-Tech. Fl. Böhmen. 1：410.

Agropyron firmum var. *pilosum* Opiz ex Bercht.，1836. Oekon.-Tech. Fl. Böhmen. 1：409.

Agropyron firmum var. *pungens* Opiz ex Bercht.，1836. Oekon.-Tech. Fl. Böhmen 1：409.

Agropyron firmum var. *subaristatum* Opiz ex Bercht. ，1836. Oekon.‐Tech．Fl．Böhmen 1：409.

Agropyron flaccidifolium（Boiss．et Heldr.）P．Candargy，1901. Monogr．tēs phyls tōn krithōdōn 51. =*Ag. scirpeum* var. *flaccidifolium* Boiss．et Heldr. ，1884. in Boiss. ，Fl．Orient．5：666. =*Lophopyrum flaccidifolium*（Boiss．et Heldr.）Á．Löve.

Agropyron flaccidum（Boiss．et Heldr.）P．Candargy，1901. Monogr．tēs phyls tōn krithōdōn 51. =*Agropyron elongatum flaccidifolium* Boiss．et Heldr. =*Agropyron scirpeum* Boiss．et Heldr.

Agropyron flexuosissimum Nevski，1932. Izv．Bot．Sada AN SSSR 30：510. =*Roegneria longearistata* var. *flexuosissima*（Nevski）J．L．Yang，Baum &．Yen.

Agropyron flexuosum（Piper）Piper，1905. Proc．Biol．Soc．Washington 18：149. =*Sitanion flexuosum* Piper，1899. Erythea 7：10.

Agropyron formosanum Honda，1927. Bot．Mag．Tokyo 41：385. =*Roegneria formosana*（Honda）Ohwi，1941. Acta Phytotax．Geobot．Kyoto 10：95.

Agropyron fragile（Roth）Candargy，1901. Monogr．tēs phyls tōn krithōdōn 58. =*Triticum fragile* Roth，1800. Catal．Bot．2：7.

Agropyron fragile（Roth）Nevski，1934. Acta Univ．Asiae Med．8B，17：53.（April 13）．=*Triticum fragile* Roth. = *Ag. fragile*（Roth）Candargy.

Agropyron fragile ssp. *sibiricum*（Willd.）Meld. ，1978. Bot．J．Linn．Soc．76：384. =*Agropyron sibiricum* Willd. ，1809. Enum．Pl．Horti．Berol．1：135. =*Ag. fragile*（Roth）Candargy.

Agropyron fragile var. *longe-aristatum* A．Ataeva，1987. Izv．Akad．Nauk Turkm．SSR，Biol．Nauk，1987（3）：54.

Agropyron fuegianum（Speg.）F．Kurtz，1896. in Alboff，Rev．Mus．La Plata 7：47. =*Triticum fuegianum* Speg. ，1896. Anal．Mus．Nac．Buenos Aires 5：99. =*Elymus glaucescens* Seberg.

Agropyron fuegianum var. *brachyatherum* Parodi，1940. Rev．Mus．La Plata Bot．n．ser．3：55. pl．12. =*Elymus glaucescens* Seberg.

Agropyron fuegianum var. *chaetophorum* Parodi，1940. Rev．Mus．La Plata Bot．n．ser．3：57. f．21. =*Elymus glaucescens* Seberg.

Agropyron fuegianum var. *patagonicum*（Speg.）Speg. ，1904. in Scott，Rep．Princ．Univ．Exped．Patag．8：246. =*Triticum fuegianum* var. *patagonicum* Speg. ，1897. Rev．Fac．Agron．y．Vet．La Plata．3：588. =*Elymus glaucescens* Seberg.

Agropyron fuegianum var. *polystachyum* Parodi，1940. Rev．Mus．La Plata Bot．n．ser．3：59. = *Elymus glaucescens* Seberg.

Agropyron fuegianum var. *submutica* Lurtz，1896. Rev．Mus．La Plata 7：401. =*Elymus glaucescens* Seberg.

Agropyron geminatum（Spreng.）Schult. ，1827. Mant．3（Add．1）：655. =*Triticum* geminatum Spreng. . 1825. Syst. Veg. 1：326.

Agropyron geniculatum （Trin. ex Ledeb.）C. Koch，1848. Linnaea 21：425. ＝*Tritic-um geniculatum* Trin. ，in Ledeb. ，1829. Fl. Alt. 1：117. ＝*Pseudoroegneria geniculata* （Trin.）Á. Löve，1984. Feddes Repert. 95（7～8）：446.

Agropyron geniculatum （Trin.）Korsh. . 1898. Mem. Acad. St. Petersb. Ⅷ. Phys. Math. 7：488. ＝*Triticum geniculatum* Trin. ＝*Pseudoroegneria geniculatta* （Trin.） Á. Löve.

Agropyron geniculatum （Trin.）P. Candargy．1901. Mus. Hist. Nat. Paris 1897 - 98 - 99：44. ＝ *Triticum geniculatum* Trin. ＝ *Pseudoroegneria geniculatta* （Trin.） Á. Löve.

Agropyron geniculatum Schischkin，1928. in Animadvers，Syst. Herb. Univ. Tomsk. no. 2，2. ，in obs. ＝*Triticum geniculatum* Trin.

Agropyron gentryi Meld. ，1970. in Rech. ，Fl. Iranica 70：165. ＝*Elytrigia interme-dia* ssp. *gentryi* （Meld.）Á. Löve，1984. Fedde. Repert. 95（7 - 8）：487.

Agropyron giganteum （Retz）Roem. et Schult. . 1817. Syst. Veg. 2：753. ＝*Triticum giganteum* Retz.

Agropyron glaucescens Opiz，1852. Sezn. Rostl. Ceske 12. nom. nud.

Agropyron glaucissimum M. Popov，1938. Bull. Soc. Nat. Moscou Sect. Biol. 47：84. ＝ *Roegneria glaucissima* （M. Pop.）J. L. Yang，Baum & Yen.

Agropyron glaucum （Desf. ex DC.）Roem. et Schult. . 1817. Syst. Veg. 2：752. ＝ *Triticum glaucum* Desf. ex DC. ，1815. Fl. Fr. 5：28. non Honckeny，1782. ＝ *Elytrigia intermedia* （Host）Nevski，1933. Tr. Bot. Inst. AN SSSR ser. 1，1：14.

Agropyron glaucum Blanco ex Nyman，1882. Consp. Fl. Eur. 841. ＝*Triticum repens* L. ＝ *Elytrigia repens* （L.）Nevski.

Agropyron glaucum b）*latronum* （Godr.）Richt. ，1890. Fl. Eur. 1：124. ＝*Triticum latronum* Godr. ，1854. Mem. Soc. Emuls. Doubs. ，ser. 2，5：19. ＝*Elytrigia in-termedia* （Host）Nevski.

Agropyron glaucum o *tumidum* Schur，1866. Enum. Fl. Transsilv. 809.

Agropyron glaucum ssp. *barbulatum* （Schur）K. Richter，1890. Pl. Eur. 1：124. ＝ *Agropyron barbulatum* Schur. ＝ *Elytrigia intermedium* ssp. *barbulata* （Schur） Á. Löve.

Agropyron glaucum var. α *angustifolium* Opiz，1852. Sezn. Rostl. Ceske 11. nom. nud.

Agropyron glaucum var. *angustifolium* Krijov，1914. Fl. Altaica 7：1676.（in Russian）.

Agropyron glaucum var. *aristatum* Schur，1866. Enum. Fl. Transsliv. 809.

Agropyron glaucum var. *aristatum* Ducomm. ．1869. Taschenb. Schweiz. Bot. 893.

Agropyron glaucum var. *boissieri* P. Candargy，1901. Monogr. tēs phyls tōn krithodon：54. ＝*Triticum repens glaucum* Boiss.

Agropyron glaucum var. *creteceum* Fedtsch. ，1915. Bull. Jard. Bot. Pierre le Grand 14 (Suppl. 2)：95. nom. nud.

Agropyron glaucum var. *foucauli* Le Grand，1897. Bull. Soc. Boch. 19：45.

Agropyron glaucum var. β *hirsutum* Opiz，1852. Sezn. Rostl. Ceske 11. nom. nud.

Agropyron glaucum var. *intermedium* (Host) Beck，1904. Wiss. Mitt. Boan. Herzeg. 9：460. = *Trticum intermedium* Host. = *Elytrigia intermedium* Host. Nevski，1933. Tr. Bot. Inst. AN SSSR，ser. 1，1：14.

Agropyron glaucum var. *microstachyum* Gren. et Godr. ，1855. Fl. France 3：608. = *Elytrigia intermedia* (Host) Nevski.

Agropyron glaucum var. *minus* St. Lager，1889. in Cariot，Etude des Fleurs，ed. 3. 2：951.

Agropyron glaucum var. *mucronatum* Schur，1866. Enum. Fl. Transsilv. 809.

Agropyron glaucum var. *mucronatum* Ducomm. ，1869. Taschenb. Schweiz. Bot. 893. =*Ag. rigidum* Roem. et Schult.

Agropyron glaucum var. *occidentale* Scribn. ，1885. Trans. Kansas Akad. 9：110. = *Pascopyrum smithii* (Rydb.) Á. Löve.

Agropyron glaucum var. *pilosiusculum* Opiz ex Bercht. ，1836. Oekon. -Tech. Fl. Bohmen. 1：411.

Agropyron glaucum var. γ *pilosiusculum* Opiz，1852. Sezn. Rostl. Ceske 11. nom. nud.

Agropyron glaucum pubiflorum Vasey ex Scribn. et Smith，1897. USDA Div. Agrost. Bull. 4：34. =*Ag. lanceolatum* Scribn. et Smith. =*Elymus lanceolatus* (Scribn. et Smith) Gould.

Agropyron glaucum var. *savignonii* (De Not.) Husnot，1899. Gram. Fr. Belg. 82. = *Ag. savignoii* De Not. =*Elytrigia intermedia* ssp. *barbulata* (Schur) Á. Löve.

Agropyron glaucum var. *scabriflorum* Opiz ex Bercht. ，1836. Cekon. -Tech. Fl. Bohmen. 1：411.

Agropyron glaucum var. δ *scabrifolium* Opiz，1852. op. cit. 12. nom. nud.

Agropyron glaucum var. *trichophorum* (Link) Beck，1908. Wiss. Mitt. Bosn. Herzag. 9：460. = *Triticum trichophorum* Link，Linnaea 17：395. =*Lophopyrum intermedium* ssp. *trichophorum* (Link) C. Yen et J. L. Yang.

Agropyron glaucum var. *villosum* Schmalh. ex Fedtsch. ，1915. Bull. Jard. Bot. Pierre Grand 14 (Suppl. 2)：95. nom. nud.

Agropyron glaucum var. *virescens* (Panc.) Fedtsch. ，1915. Bull. Jard. Bot. Pierre Grand 14 (Suppl. 2)：95. = *Triticum glaucum* d) *virescens* Panc. ，1856. Verh. Zool. Bot. Ver. wien 6：588.

Agropyron glaucum var. *viviparum* Schur，1866. Enum. Pl. Transsilv. 809.

Agropyron glaucum var. *watsoni* P. Candargy，1901. Tribu des Hordees，Mus. Hist.

Nat. Paris 1897 - 98 - 99：54. ＝*Triticum repens* sensu Wats. ，non L.

Agropyron gmelinii (Griseb) Scribn. et Smith，1897. USDA Div. Agrost. Bull. 4：30 -
31. ＝*Elymus trachycaulus* ssp. *subsecundus* (Link) Gould，1947. Madrono 9：126.

Agropyron gmelinii (Trin.) Candargy，1901. Monogr. tēs phyls tōn krithōdōn 23. non
Scribn. et Smith，1897. ＝*Triticum gmelinii* Trin. ，1838. Linnaea 12：467. ＝
Pseudoroegneria strigosa ssp. *aegilopoides* (Drob.) Á. Löve.

Agropyron gmelini Schrad. ex Nevski，1936. Acta Inst. Bot. Acad. URSS 2：78.

Agropyron gmelinii ssp. *tenuisetum* (Ohwi) T. Koyama，1987. Grasses of Japan and
Neighbour. Regions：484.

Agropyron gmelinii var. *pringlei* Scribn. et Smith，1897. USDA Div. Agrost. Bull. 4：
31. ＝*Elymus trachycaulus* ssp. *sierrus* (Gould) Á. Löve，1984. Feddes Repert. 95
(7 - 8)：461.

Agropyron gmelinii var. *tenuisetum* (Ohwi) Ohwi，1953. Fl. Japan 105. ＝*Ag. turcza-
ninovii* var. *tenuisetum* Ohwi，1953. Bull. Nat. Sci. Mus. Tokyo 33：66. ＝*Roegne-
ria gmelinii* (Ledeb.) Kitagawa var. *tenuiseta* (Ohwi) J. L. Yang，Baum et Yen.

Agropyron godronii Kerouelen，1975. Lejeunia，N. S. 75：298. ＝*Elytrigia pungens*
ssp. *campestris* (Gren. et Godron) Á. Löve.

Agropyron goiranicum Visiani，1874. in Goiran，Pl. Vasc. Nov. Crit. Veron 21；1874.
Mem. Acad. Agr. Verona 52：175. ＝*Elytrigia intermedia* ssp. *barbulata* (Schur)
Á. Löve.

Agropyron gracile (Vill.) Chevalier，1827. Fl. Envir. Paris 2：196；1836. Fl. Paris，
ed. Ⅱ，2：196. non Visiani，＝*Triticum gracile* Vill. ，1786. Hist. Pl. Dauph. 1：
314. ＝*Bromus gracilis* Leyss.

Agropyron gracillimum Nevski，1934. Fl. SSSR 2：638. in Russian＝*Pseudoroegneria*
gracillima (Nevski) Á. Löve，1984. Feddes Repert. 95 (7 - 8)：447.

Agropyron grandiglume (Keng) Tzvel. ，1968. Rast. Tsentr. Azii 4：188. ＝*Roegne-
ria grandiglume* Keng ＝*Kengyilia grandiglumis* (Keng) J. L. Yang，Yen et Baum，
1992. Hereditas 116：28.

Agropyron griffithsii Scribn. et Smith，1905. in Piper，Proc. Biol. Soc. Wash. 18：
148. ＝*Elymus lanceolatus* (Scribn. et Smith) Gould.

Agropyron hackelianum (Honda) Beetle，1945. Journ. Amer. Soc. Agron. 37：320. ＝
Ag. japonicum Honda var. *hackelianum* Honda，1927. Bot. Mag. Tokyo 41：385.
nom. nud. ＝*Roegneria ciliaris* var. *hackeliana* (Honda) L. B. Cai，1997. Acta
Phytotax. Sin. 35 (2)：176.

Agropyron hackelianum var. *japonicum* (Honda) Beetle，1945. Journ. Amer. Soc.
Agron. 37：320. ＝*Ag. japonicum* Honda. ＝*Roegneria ciliaris* var. *japonensis*
(Honda) Yen，J. L. Yang & B. R. Lu，1988. Acta Bot. Yunnan. 10 (3)：269.

Agropyron × *hackelii* Druce，1907. Rep. Bot. Exch. Club Brit. Isles 1960：252. nom.

seminud. = *Ag. junceum* var. *megastachyum* （Fr.）× *Ag. repens* Druce，1926. Rep. Bot. Exch. Club Brit. 1926：143.

Agropyron haifense （Meldris） N. L. Bor，1985. in Melderis，Fl. Cyprus 2：1818. = *Elytrigia elongata* var. *haifense* Melderis

Agropyron hajastanicum Tzvelev，1966. Nov. Sist. Vyssh. Rast. 3：292.

Agropyron halleri （Viv.） Reichenb.，1830. Fl. Germ. 20. = *Triticum halleri* Viv.，1808. Fl. Ital. Fragm. 24. pl. 26. f. 1.

Agropyron hatusimae Ohwi，1942. Acta Phytotax. Geobot. 11：258. = *Ag. mayebaranum* var. *intermedium Hatusima in aohed* = *Campeiostachys* × *mayebarana* （Honda） J. L. Yang，Baumet Yen.

Agropyron himalayanum （Nevski） Meld.，1960. in Bor，Grass. Burm. Ceyl. Ind. Pak. 662. = *Elymus himalayanus* （Nevski） Tzvel.，1972. Nov. Sist. Vyssch. Rast. 9：61. （**StStYYHH**） = *Campeiostachys himalayana* J. L. Yang，Baum. et Yen.

Agropyron hippoyti Sennen，1936. Diagn. Neuv. Pl. Espagne & Maroc 1928～35：49.

Agropyron hirsutum Hort，Bertol. ex Ledeb.，1829. Fl. Alt. 1：114. = *Triticum cristatum* Schreb.，Beschr. Gras. 2：12. t. 23. f. 2. 1772‐1779.

Agropyron hirsutum （Bertol.） Skalicky et Jirasex，1959. Preslia 31：48. in obs. = *Hordeum hirsutum* Bertol.，1842. Misc. Bot. 1：11. = *Eremopyrum bonaepartis* （Sprengel） Nevski.

Agropyron hispanicum （Willd.） Presl，1820. Cyp. Gram. Sicul. 49. = *Triticum hispanicum* Willd.，1797. Sp. Pl. 1：479.

Agropyron hispidum Opiz ex Bercht.，1836. in Berchtold & Opiz，Okon. ‐Techn. Fl. Bohmens 1：413. = *Elytrigia intermedia* （Host） Nevski.

Agropyron hordeaceum Boiss.，1854. Diagn. Fl. Orient. Nov. 2. 13：67.

Agropyron humidum Ohwi et Sakamoto，1964. J. Jap. Bot. 39：109；Ohwi，1965. Fl. Jap. ed. rev.，124，（*Agropyron humidorum*）= *Campeiostachys humidora* （Ohwi et Sakamoto） J. L. Yang，B. R. Baum et Yen.

Agropyron ichyostachyum （Seidl） P. Candargy，1901. Monogr. tēs phyls tōn krithōdōn：58. = *Triticum ichyostacgyum* Seidl.

Agropyron imbricatum Stev. ex Roem. et Schult.，1817. Syst. Veget. 2：758. = *Triticum imbricatum* Steven in Marsch. Bieb. nom. nud. = *Ag. cristatum* ssp. *pectinatum* （M. Bieb.） Tzvel.

Agropyron imbricatum var. *hirticaulis* Prok.，1938. Proc. Bot. Inst. Kharkov 3：197. in Russian；in Bordzil.，1940. Fl. URSR vid.（ed. 2）Ⅱ：357. Latin descr.

Agropyrom incanum （Nabelek） Tzvelev，1993. Bot. Zhurn. 78 （10）：87.

Agropyron incrustatum Adamovic，1904. Denkschr. Akad. Wiss.，Math. Nat. Kl.，Wien 74：119. = *Elytrigia varensis* （Velen.） Holub，1977. Folia Geobot. Phytotax. Praha 12：426.

Agropyron inerne（Scribn. et Smith）Rydb.，1909. Bull. Torr. Bot. Club 36：539. ＝ *Ag. divergens inermis* Scribn. et Smith. ＝ *Pseudoroegneria spicata* ssp. *inerne*（Scribn. et Smith）Á. Löve.

Agropyron integrum（Keng）Keng，1940. Sinensia 11：411. ＝ *Agropyron ciliare* var. *integrum* Keng.

Agropyron×interjacens Meld.，1960. in Bor，Grass. Burm. Ceyl. Ind. Pak. 691.

Agropyron intermedium（Host）P. Beauv.，1812. Ess. Agrostol. 102，146. ＝ *Triticum intermedium* Host，1805. Gram. Austr. 3：23. ＝ *Elytrigia intermedia*（Host）Nevski.

Agropyron intermedium Reichb.，1830. Fl. Germ. Excurs.，：140. ＝ *Lophopyrum elongatum*（Host）Á. Löve

Agropyron intermedium B̲ *latronus* β *villosulum*（Podpera）Podera，1926. Kvetema Moravy 6：88；1926. Act. Soc. Sci. Nat. Morav. 2：358. in Czechoslovsk＝ *Triticum intermedium* var. *latromum* f. *villosulum* Podpera，1922. Pl. Mor. Nov. V. M. Cogn. 12.

Agropyron intermedium b）*hispidum*（Aschers. et Greabn.）Hayek，1932. Feddes Repert. 30（3）：221. ＝ *Triticum glaucum* var. *hispidum* Aschers. et Greabn.，1901. Syn. Mitteleur. Fl. 2：656.

Agropyron intermedium x）*savignonii*（De Not.）Beck，1890. Fl. Nieder-Osterr. 1：113. ＝ *Ag. savignonii* De Not.

Agropyron intermedium f. *villosum* sckall.，1897. Fl. Sredn.，；Yuzhn. Poss. 2：657.

Agropyron intermedium c̲ *virescens*（Pancio）Podpera，1926. Kvetena Moravy 6：88；1926. Act. Soc. Sci. Not. Marav. 2：359. descr. in Czechoslovak. ＝ *Triticum glaucum* d *virescens* Pancio.，Verh. Zool. -Bot. Ver. Wien 6：588.

Agropyron intermedium ssp. *banaticum*（Heuff.）Soó，1974. Feddes Repert. 85（7 - 8）：434. ＝ *Triticum rigidum* var. *banaticum* Heuff.

Agropyron intermedium ssp. *glaucum*（Desf.）Hegi ex Hylander，1945. Uppsala Univ. Arsskr. 7：86.

Agropyron intermedium ssp. *kosanini* Nabelek，1929. Publ. Fac. Sci. Univ. Masaryk Ko. 111：26. ＝ *Ag. kosanini* Nabelek，1929. Publ. Fac. Sci. Univ. Masaryk 111：25. ＝ *Pseudoroegneria kosaninii*（Nabelek）Á. Löve，1984. Feddes Repert. 95（7 - 8）：445.

Agropyron intermedium ssp. *trichophorum*（Link）A. et Gr.，1901. Syn. *Mitteleur.* Fl. 2：658. ＝ *Triticum trichophorum* Link. ＝ *Lophopyrum intermedium* ssp. *trichophorum*（Link）Yen et J. L. Yang.

Agropyron intermedium ssp. *trichophorum* var. *czernjaevi* Lavrenko，1935. Fl. URSR 1：211.

Agropyron intermedium 3. *mucronatum* (Schur) Podpera，1926. Kvetena Moravy 6：90；1926. Act. Soc. Sci. Not. Marav. 2：357. descr. in Czechoslovak. =*Ag. glaucum* b. *mucronatum* Schur.

Agropyron intermedium 5. *longiaristatum* (Pospichal) Podpera，1926 Kvetena Moravy 6：88；1926. Act. Soc. Sci. Not. Marav. 2：358. descr. in Czechoslovak. =*Triticum intermedium longiaristatum* Pospichal，1897. Fl. Kustenl. 1：143.

Agropyron intermedium var. *ambigens* Hausskn. ，1904. in Halacsy，Consp. Fl. Gracc. 3：437. = *Kengyilia pulcherrima* (Grossh.) Yen，J. L. Yang & Baum，1998. Novon 8：100.

Agropyron intermedium var. *angustifolium* (Kryl.) Schmalh. ex Fedtsch. ，1915. Bull. Jard. Bot. Pierre Grand. 14 (Suupl. 2)：95. nom. nud. ；1928. in Irylov，Fl. Zapad. Sibir. Pt. 2. 354. in Russian.

Agropyron intermedium var. *arenicolum* (Kern.) Jav. ，1924. Magyar Fl. 1：113. descr. in Hungarian. =*Triticum arenicolum* Kern. Herb ined.

Agropyron intermedium arenosum (Spenner) Thell. ，1916. Bericht. Schweiz. Bot. Ges. 24/25：164. = *Triticum repens* var. *arenosum* Spenner，1825. Fl. Friburg. 1：162.

Agropyron intermedium var. *aristatum* (Sadl.) Hayek，1932. Feddes Repert. 30 (3)：221. = *Triticum glaucum* var. *aristatum* Sadl. ，1904. Fl. Com. Pest. ed. 2 45.

Agropyron intermedium var. *banaticum* (Heuff.) Thaisz ex Jav. ，1924. Magyar Fl. 1：113. descr. in Hungrian = *Triticum rigidum* var. *banaticum* Heuff. ，1858. Varh. Zool. - Bot. Ges. Wien 8：235.

Agropyron intermedia var. *campestre* (Gren. et Godr.) Hegi，1906. Illustr. Fl. Mitteleur. 1：386. = (Presumably) *Agropyron campestre* Gren. et Godr. =*Elytrigia pungens* ssp. *campestre* (Gren. et Godr.) Á. Löve，1980. Taxon 29：350.

Agropyron intermedium var. *dubium* (Gremli) Hayek，1932. Feddes Repert. 30 (3)：221.

Agropyron intermedium var. *glaucum* Beck，1890. Fl. Kieder-Osterr. 1：114.

Agropyron intermedium var. *hirtum* Czern. ex Fedtsch. ，1915. Bull. Jard. Bot. Pierre Grand 14 (Suppl. 2)：95. nom. nud.

Agropyron intermedium var. *latronum* (Godr.) Podpera，1926. Kvetena Moravy 6：88；1926. Act. Soc. Sci. Not. Marav. 2：358. descr. in Czechoslovak. = *Triticum latronum* Godr. ，1854. Mem. Soc. Emuls. Doubs. ，ser. 2，5：19. =*Elytrigia intermedia* (Host) Nevski.

Agropyron intermedium var. *latronum* γ *serpentinicum* Podpera，1926 Kvetena Moravy 6：88；1926. Act. Soc. Sci. Not. Marav. 2：358. descr. in Czechoslovak.

Agropyron intermedium var. *macrostachyum* Czern. ex Fedtsch. ，1915. Bull. Jard. Bot. Pierre Grant 14 (Suppl. 2)：95. nom. nud.

Agropyron intermedium var. *megastachyum* (Cernajev) Podpera，1926. Kvetena Moravy 6：90；1926. Act. Soc. Sci. Nat. Marav. 2：360. descr. in Czechoslovak. = *Triticum intermedium* var. *macrostachyum* Cernajev，1859. Conspectus no. 1612.

Agropyron intermedium var. *microstachyum* (Godr.) Hayek，1932. Feddes Repert. 30 (3)：221. = *Ag. glaucum* var. *microstachyum* Godr. ，1920. Janch. Oesterr. Bot. Zeitschr. 250.

Agropyron intermedium var. *pauciflorum* Degen，1936. Fl. Veleb. 1：573.

Agropyron intermedium var. *pseudocampestre* Podpera，1926. Kvetena Moravy 6：90；1926. Act. Soc. Sci. Not. Marav. 2：360. descr. in Czechoslovak.

Agropyron intermedium var. *pseudo-cristatum* Beck，1890. Fl. Niedar-Osterr. 1：115. = *Triticum intermedium* δ *pseudo-cristatum* Hack. ex Halac. et Braum，1882. Nachtr. Fl. Niederost 43.

Agropyron intermedium var. *puberulum* Prok. ，1940. in Bordzil，Fl. URSR vid. （ed. 2）Ⅱ：338. =*Ag. trichophorum* var. *glabrescens* Grossh.

Agropyron intermedium var. *selinense* Degen，1936. Fl. Veleb. 1：574. *Agropyron litorale* var. *croaticus* Degen，1936. Fl. Velebit. 1：573. = *Triticum litorale* f. *aristatum* Sag.

Agropyron intermedium var. *trichophorum* （Link）Halac，1904. Consp. Fl. Graec. 3：437. = *Triticum trichophorum* Link

Agropyron intermedium var. *trichophorum* subv. *euperiblema* Podprea，1926. Kvetena Moravy 6：90；1926. Act. Soc. Sci. Not. Marav. 2：359. descr. in Czechoslovak.

Agropyron intermedium var. *trichophorum* β *glabrescens* Podprea，1926 Kvetena Moravy 6：90；1926. Act. Soc. Sci. Not. Marav. 2：359. descr. in Czechoslovak.

Agropyron intermedium var. *villiferum* （Borb. ）Jav. ，1924. Magyar Fl. 1：113. descr. Hungarian.

Agropyron intermedium var. *villiferum* （Beck）Hayek，1932. Feddes Repert. 30 （3）：221. =*Ag. glaucum* f. *villiferum* Beck，Glasn. 15：46.

Agropyron intermedium var. *villosissimum* Beck，1890. Fl. Nieder-Osterr. 1：115.

Agropyon intermedium var. *villosum* Hack. ，1885. in Stapf，Denskschr. Akad. Wiss. Wien. 50 （2）：11. nom. seminud.

Agropyron intermedium var. *villosum* Schmalh. ex Fedtsch. ，1915. Bull. Jard. Bot. Pierre Grand 14 （Suppl. 2）：95. nom. nud. non Hack. 1885.

Agropyron intermedium var. *villosum* （Sadl. ）Jav. ，1924. Magyar Fl. 1：113. non Hack. 1885. descr. Hungarian. =*Triticum glaucum* var. *villosum* Sadl. 1840?

Agropyron intermedium × *repens* var. *caesia* （Hackel）（Hackel nov. f. hybr. ）Pneucker，1901. Allg. Bot. Zeitschr. 7：135.

Agropyron intermedium subvar. *elatus* （Zapaf. ）Soó，1971 （ publ. 1972）. Acta Bot. Acad. Sci. Hung. 17 （1-2）：120.

Agropyron intermedium f. *beckii* Soó，1971（publ. 1972）. Acta Bot. Acad. Sci. Hung. 17（1-2）：120. =*Agropyron glaucum* var. *villiferum* Beck

Agropyron intermedium f. *elongatum*（Waisb. ）Soó，1971（publ. 1972）. Acta Bot. Acad. Sci. Hung. 17（1-2）：120. =*Triticum intermedium* f. *elongatum* Waisb.

Agropyron intermedium f. *latronum*（Godr. ）Anghel et Morariu，1972. Fl. Republ. Social. Român. 12：614. =*Triticum latronum* Godr.

Agropyron intermedium f. *majus*（Morariu）Morariu，1972. Fl. Republ. Social. Român. 12：614. =*Agropyron major* Morariu.

Agropyron intermedium f. *pilosulum*（Borb. ）Soó，1971（publ. 1972）. Acta Bot. Acad. Sci. Hung. 17（1-2）：120. =*Triticum intermedium* f. *pilosulum* Borb.

Agropyron intermedium f. *pilosum*（Borb. ）Soó，1971（publ. 1972）. Acta Bot. Acad. Sci. Hung. 17（1-2）：120. =*Triticum intermedium* f. *pilosum* Borb.

Agropyron intermedium f. *podperae* Soó，1971（publ. 1972）. Acta Bot. Acad. Sci. Hung. 17（1-2）：120.

Agropyron intermedium f. *psudoaristatum*（Borb. ）Soó，1971（publ. 1972）. Acta Bot. Acad. Sci. Hung. 17（1-2）：120. =*Agropyron glaucum* f. *aristatum* Beck.

Agropyron intermedium f. *ramosum*（Zapaf. ）Soó，1971（publ. 1972）. Acta Bot. Acad. Sci. Hung. 17（1-2）：120. =*Triticum ramosum* Zapaf.

Agropyron interruptum Nevski，1932. Izv. Bot. Sada AN SSSR 30：632. non *Elymus interruptus* Buckl. ，1862. =*Roegneria interrupta*（Nevski）Nevski，1934. Tr. sredneaz. Univ. ，ser. 8B，17：68. =*Elymus praeruptus* Tzvel. ，1972. Nov. Sist. Vyssch. Rast. 9：161.

Agropyron jacquemontii Hook. f. ，1896-1897. Fl. Brit. India 7：369. =*Roegneria jacquemonttii*（Hook. f. ）Ovcz. & Sidor. ，1957. Fl. Tedsch. SSR 1：295.

Agropyron jacquemontii var. *pubescens* Pampanini，1926. Soc. Bot. Ital. Bull. 1926：40.

Agropyron jacutense Drob. ，1916. Tr. Bot. Muz AN 16：94. =*Elymus jacutensis*（Drob. ）Tzvel. ，1972. Nov. Sist. Vyssch. Rast. 9：61.

Agropyron jacutorum Nevski，1932. Izv. Bot. Sada AN SSSR 30：490，502. =*Pseudoroegneria strigosa* ssp. *jacutorum*（Nevski）Á. Löve，1984. Feddes Repert. 95（7-8）：444.

Agropyron japonense Honda，1935. Bot. Mag. Tokyo 49：698. =*Roegneria ciliaris* var. *japonensis*（Honda）Yen，J. L. Yang et B. R. Lu，1988. Acta Bot. Yunnan. 10（3）：269.

Agropyron japonense var. *hackelianum*（Honda）Honda，1935. Bot. Mag. Tokyo 49：698. =*Ag. japonicum* var. *hackelianum* Honda. =*Roegneria ciliaris* var. *hackeliana*（Honda）L. B. Cai.

Agropyron japonense var. *lasiophyllum* Hiyama，1948. Journ. Jap. Bot. 23：56. =

Roegneria ciliaris var. *japonensis* Yen，J. L. Yang et B. R. Lu.

Agropyron japonense var. *macilenthum* Honda，1936. Bot. Mag. Tokyo 50：571. ＝ *Roegneria ciliaris* var. *japonensis* Yen，J. L. Yang et B. R. Lu.

Agropyron japonense Honda var. *pubigerum* Honda，1946. Bot. Mag. Tokyo 59：14.

Agropyron japonicum Tracy，1892. Ann. Rep. U. S. Dept. Agric. ，Div. Agrost. 1891：2. nom. nud，non Honda，1927. Vasey ex Wickson，1898. Rep. Calif. Exp. Sta. 1895‐1897：275. ＝*Roegneria semicostata*（Nees ex Steud. ）Kitagawa，1939. Rep. Inst. Manchoukuo 3，Appl. 1：91.

Agropyron japonicum（Miq. ）P. Candargy，1901. Monogr. tēs phyls tōn krithōdōn： 42. ＝*Brachypodium japonicum* Miq.

Agropyron japonicum Honda，1927. Bot. Mag. Tokyo 41：384. non Tracy，1894. nec Candargy，1901. ＝*Agropyron japonense* Honda.

Agropyron japonense var. *hackelianum* Honda，1927. Bot. Mag. Tokyo 41：385. non P. Candargy，1899.

Agropyron junceiforme（Á. Löve et D. Löve）Á. Löve et D. Löve，1948. Univ. Icel. Inst. Appl. Sci. ，Dept. Agric. Rep. ser. B. 3：106. ＝*Thinopyrum junceiforme* （Á. Löve et D. Löve）Á. Löve，1980. Taxon 29：351.

Agropyron junceum（L. ）P. Beauv. ，1812. Ess. Agrost. 102，146，148. ＝*Triticum junceum* L. ，1755. Cent. I. Plant 6. pro parte，quoad pl. lectotyp. ab Hasselquist lectam. ＝*Thinopyrum junceum*（L. ）Á. Löve，1984. Feddes Repert. 95（7‐ 8）：475.

Agropyron junceum R. et S. Opiz，1852. Sezn. Rostl. Ceske 11. ＝*Triticum junceum* L.

Agropyron junceum c) *obtusiflorum*（DC. ）Richt. ，1890. Fl. Eur. 1：125. ＝*Triticum obtusiflorum* DC. ，1813. Cat. Hort. Monsp. 153.

Agropyron junceum ssp. *acutum*（R. S. ）R. de P. Malagarriga Heras，1976（publ. 1977）. Acta Phytotax. Barcin. 18：10.

Agropyron junceum ssp. *boreo‐atlandicum* Simonet et Guinochet，1938. Bull. Soc. Bot. Fr. 85：176. ＝*Thinopyrum junceiforme*（Á. Löve et D. Löve）Á. Löve.

Agropyron junceum ssp. *mediterraneum* Simonet，1936. Bull. Soc. Bot. Fr. 82：626. nom. nud. ，and in Simonet et Guinochet，Bull. Soc. Bot. Fr. 85：176. descr. ＝ *Thinopyrum junceum* ssp. *mediterraneum*（Simonet）Á. Löve，1984. Feddes Repert. 95（7‐8）：476.

Agropyron junceum ssp. *mediterraneum* var. *eu‐mediterraneum* f. *glabrum* Simonet et Guinochet，1938. Bull. Bot. Soc. France 85：116. ＝*Thinopyrum junceum* ssp. *mediterraneum*（Simonet）Á. Löve.

Agropyron junceum ssp. *mediterraneum* var. *eu‐mediterraneum* f. *riffense* Sennen， 1931. in Maire，Bull. Soc. Hist. Nat. Afr. Nord 1170.

Agropyron junceum ssp. *mediterraneum* var. *sartori* (Boiss. et Heldr.) Maire，1955. Fl. Afr. Nord 3：330. =*Thinopyrum sartorii* (Boiss. et Heldr.) Á. Löve.

Agropyron junceum var. *bessarabicum* (Sävul. et Rayss.) Anghel et Morariu，1972. Fl. Republ. Social. Român. 12：616. =*Agropyron bessarabicum* Savul. et Rayss.

Agropyron junceum var. *confertum* Hausskn. ，1899. Mitt. Thuring. Bot. ver. N. F. 13 - 16：68.

Agropyron junceum var. *eu-mediterraneum* Maire et Weiller，1955. in Maire，Fl. Afrique Nord 3：330.

Agropyron junceum var. *foliosum* S. F. Gray，1821. Nat. Arr. Brit. Pl. 2：95.

Agropyron junceum var. *glabrum* (Simonet et Guinochet) Maire，1941. in Emberger et Maire，Cat. Pl. Haron 4：946.

Agropyron junceum var. *interruptum* Willk. ，1893. Suppl. Prodr. Fl. Hisp. 28.

Agropyron junceum var. *mediterraneum* (Simonet) Maire et Weiller，1938. Bull. Soc. Hist. Nat. Afr. Nord 30：311. =*Ag. junceum* ssp. *mediterraneum* Simonet. =*Thinopyrum junceum* (L.) Á. Löve.

Agropyron junceum ssp. *mediterraneum* var. *eu-mediterraneum* f. *riffense* Sennen，1931. in Maire，Bull. Soc. Hist. Nat. Afr. Nord 117a. =*Thinopyrum junceum* ssp. *mediterraneum* (Simonet) Á. Löve.

Agropyron junceum var. *megastachyum* (Fries) Perez-Lara，1886. Anal. Soc. Espan. Hist. Nat. 15：419. = *Triticum junceum* var. *megastachyum* Fries，1839 - 1942. Nov. Fl. Suec. Rant. 3：12.

Agropyron junceum var. *parvispica* Costa et Cuxart，1864. Intr. Fl. Catal. 273.

Agropyron junceum var. *riffense* Senn. ex Maire，1931. Bull. Soc. Hist. Nat. Afr. Nord (Alger.) 22：324.

Agropyron junceum var. *riffense* Sennen，1934. in Senn. et Mauric. ，Cat. Fl. Rif. Oriental 136.

Agropyron junceum var. *sartorii* Boiss. et Heldr. ，1859. in Boiss. ，Diagn. Fl. Orient. Nov. Ⅱ. 3 (4)：142. = *Thinopyrum sartorii* (Boiss. et Heldr.) Á. Löve. Feddes Repert. 95 (7 - 8)：489.

Agropyron junceum var. *sartorii* var. *glabrum* (Prod.) Hayek，1932. Feddes Repert. 30 (3)：222. =*Ag. sartorianum* var. *glabrum* Prod. ，Bull. Inf. Cluj. V. 39. = *Thinopyrum sartorii* (Boiss. & Heldr.) Á. Löve.

Agropyron junceum var. *velutinus* Lindb. ，1932. Act. Soc. Sci. Fenn. n. ser. Bl (2)：9. =*Agropyron junceum* ssp. *mediterraneum* (Simonet) Á. Löve.

Agropyron kamoji Ohwi，1942. Acta Phytotax Geobot. 11 (3)：179. =*Roegneria kamoji* Ohwi，1942. Acta Phytotax. Geobot. 11 (3)：179. =*Campeiostachys kamoji* (Ohwi) J. L. Yang，B. R. Baum et C. Yen

Agropyron kamoji Ohwi f. *muticum* Chung，1955. Man. Grasses Korea：317. =*Roeg-*

neria kamoji Ohwi. =*Campeiostachys kamoji*（Ohwi）J. L. Yang，B. R. Baum et C. Yen.

Agropyron kamoji f. *villosum*（Ohwi）Ohwi，1942. Acta Phytotax. Geobot. 11：180. =*Ag. mayebarana* f. *villosum* Ohwi，1941. Acta Phytotax. Geobot. 10：99.

Agropyron kanashiroi Ohwi，1943. J. Jap. Bot. 19：167. =*Pseudoroegneria strigosa* ssp. *kanashiroi*（Ohwi）Á. Löve.

Agropyron karadaghense Kotov，1948. J. Bot. Acad. Sci. Ukraine. 5（1）：32.

Agropyron karataviense Pavl. ，1938. Bull. Soc. Nat. Moscou Sect. Biol. 47：80.

Agropyron karkaralense Roshev. ，1936. Tr. Bot. Inst. AN SSSR ser. 1，2：100. = *Elymus viridiglumis*（Nevski）Czerep. ，1981. Sosud. Rast. SSSR. 351.

Agropyron kasteki M. Popov，1938. Byull. Mosk. Obsch. Isp. Prir. Biol. 47：84. = *Elytrigia kasteki*（M. Pop. ）Tzvel. ，1973. Nov. Sist. Vyssch. Rast. 10：31.

Agropyron kazachstanicum（Tzvelev）G. A. Peshkova，1985. Novosti Sist. Vyssh. Rast. 22：37. = *Agropyron cristatum* ssp. *kazachstanicum* Tzvelev.

Agropyron kengii Tzvel. ，1968. Rast Tsentr. Azii. 4：188. =*Roegneria hirsuta* Keng，1963. in Keng et S. L. Chen，Acta Nanking Univ. （Biol. ）3（1）：84. =*Kengyilia hirsuta*（Keng）J. L. Yang，Yen et Baum，1992. Hereditas 116：28.

Agropyron kingianum（Endl. ）Petrie ex Laing，1915. Trans. N. Z. Inst. 68：18. = *Triticum kingianum* Endlicher，1833. Prod. Fl. Norf. 21. = *Elymus kingianus* （Endl. ）Á. Löve，1984. Feddes Repert. 95（7 - 8）：469.

Agropyron kirkii Zotov，1943. Trans. et Proc. Roy. Soc. New Zeal. 73：233. =*Elymus multiflorus*（Banks et Soland. ex Hook. f. ）Á. Löve et Connor，1982. New Zeal. J. Bot. 20：183. =*Anthosachne multiflora*（Banks et Solander ex Hook. f. ） C. Yen et J. L. Yang

Agropyron kirkii var. *longisetum*（Hack. ）Zotov，1943. Trans. et Proc. Roy. Soc. New Zeal. 73：233. =*Elymus multiflorus*（Banks et Soland. ex Hook. f. ）Á. Löve et Connor. = *Anchosachne multiflora*（Banks et Solander ex Hook. f. ）C. Yen et J. L. Yang.

Agropyron koeleri Rouy，1913. Fl. France 14：319. = *Triticum junceum* L. misapplied by Koel.

Agropyron kokonoricum（Keng）Tzvel. ，1968. Rast Tsentr. Azii 4：188. = *Roegneria kokonorica* Keng，1963. in Keng et S. L. Chen，Acta Nanking Univ. （Biol. ）3（1）： 88. = *Kengyilia kokonorica*（Ken）J. L. Yang，Yen et Baum，1992. Hereditas 116：27.

Agropyron komarovii Nevski，1932. Izv. Bot. Sada AN SSSR 30：610，620. = *Roegneria komarovii*（Nevski）Nevski，1934. Fl. SSSR 2：615.

Agropyron koryoense Honda，1932 Koryo - shikenrin - ippan 76；1933. Bot. Mag. Tokyo 47：74. in Japanese；in Ohwi，1941. Acta Phytotax. Geobot. 10：98. = *Roegneria*

koryoensis （Honda） Ohwi，1937. Jap. J. Bot. 12：333.

Agropyron kosaninii Nabelek，1929. Publ. Fac. Sci. Univ. Massaryk 111：25. = *Pseudoroegneria kosaninii* （Nabelek） Á. Löve，1984. Feddes Repert. 95 （7 - 8）：445.

Agropyron kosaninii Cernjavski et Soska，1966. in Cernj. ，Nov. Sist. Vyssch. Rast. 3：302. non Nabelek，1929. = *Festucopsis serpentini* （C. E. Hubbard） Meld. ，1970. J. Linn. Soc. ，Bot. 76：317.

Agropyron kotschyanum Boiss. et Hohenack，1854. Diagn. Pl. Orient. ser. 1，13：69. = *Eremopyrum bonaepartis* （Sprengel） Nevski，1933. Tr. Bot. Inst. AN SSSR，ser. 1. 1：18. in obs.

Agropyron kronokense Komarov，1914. Feddes Repert. 13：87. = *Roegneria kronokensis* （Kom. ） Tzvel. ，1964. Arkt Fl. SSSR 2：246.

Agropyron krylovianum Schischkin，1928. in Animadvers. Syst. Herb. Ninv. Tomsk. no. 2，2.

Agropyron krylovianum Schischkin ex Krylov，1928. Fl. Zaped. Sibiri. Pt. 2. 353；1928 （Feb. ） . Aim. Syst. Univ. Tomsk，1928 （2）：2. = *Kengyilia kryloviana* （Schischk） Yen，J. L. Yang & Baum，1998. Novon 8：100.

Agropyron kuramense Meld. ，1960. in Bor，Grass. Burm. Ceyl. Ind. Pak. 691. = *Roegneria kuramensis* （Meld. ） J. L. Yang，Baum et Yen.

Agropyron lachnophyllum （Ovcz. et Sidor. ） Bondar. ，1968. Opred Rast. Sredn. Azii 1：173. = *Roegneria lachnophylla* Ovcz. et Sidor. ，1957. Fl. Tadsch. SSR 1：505.

Agropyron laeve （Scribn. et Smith） Hitchc. ，1912. in Japson，Fl. Calif. 1：181. = *Ag. parishii* Scribn. et Smith var. *laeve* Scribn. et Smith. = *Elymus stebbinsii* Gould，1947. Madrono 9：126.

Agropyron laevifolium Opiz ex Bercht，1836. in Berchtold et Opiz，Okon. -Techn. Fl. Bohmens 1：414. = *Elytrigia intermedia* （Host） Nevski.

Agropyron laevifolium β *ciliatum* Opiz，1852. Sezn. Rostl. Ceske. 12. nom. nud.

Agropyron laevifolium var. *membranaceum* Opiz，1852. Sezn. Rostl. Ceske 12. nom nud.

Agropyron laevissimum Beauv. ，1812. Ess. Agrost. 146. nom. nud.

Agropyron lanceolatum Scribn. et Smith，1897. USDA Div. Agrost. Bull. 4：34. = *Elymus lanceolatus* （Scribn. et Smith） Gould，1949. Madrono 10：94.

Agropyron × *langei* Richt. ，1890. Fl. Eur. 1：126.

Agropyron laniger Desf. ，1915. Trotter，Fl. Econ. della Libia t. 43.

Agropyron lasianthum Boiss. ，1854. Diagn. Pl. Or. ，ser. 1，13：68. = *Eremopyrum distans* （C. Koch） Nevski，1933. Tr. Bot. Inst. AN SSSR ser. 1，1：18. in obs.

Agropyron latiglume （Scribn. et Smith） Rydb. ，1909. Bull. Torr. Bot. Club 36：539. s. str. = *Elymus alaskanus* ssp. *latiglumis* （Scribn. et Smith） Á. Löve，1980. Taxon 29：166.

Agropyron latiglume ssp. *eurasiaticum* Hulten，1942. Fl. Alaska & Yukon 2：252. = *Elymus alaskanus* ssp. *scandicus*（Nevski）Meld. ，1978. Bot. J. Linn. Soc. 76：375.

Agropyron latiglume ssp. *subalpinum*（Neuman）Vestergren，1926. in Holmb. ，Skand Fl. 2：272. = *Triticum violaceum* f. *subalpinum* Neuman，1901. Sveriges Fl. 726. = *Elymus alaskanus* ssp. *subalpinus*（Neuman）Á. Löve et D. Løve，1976. Bot. Not. 128：152.

Agropyron latiglume var. *alboviride* Hulten，1942. Acta Univ. Lund. n. ser. 38：259.

Agropyron latiglume var. *andinum*（Scribn. et Smith）Malte，1932. Bull. Nat. Mus. Canada 68：36. = *Elymus trachycaulus* ssp. *andinus*（Scribn. et Smith）Á. Löve et D. Löve.

Agropyron latiglume var. *pilosiglume* Hulten，1942. Acta Univ. Lund. n. ser. 38：259.

Agropyron latronum（Godron）Candargy，1901. Monogr. tēs phyls tōn krithōdōn：55. = *Triticum latronum* Godron = *Elytrigia intermedia*（Host）Nevski.

Agropyron latronum（Godron）Boisson et Loret Sched，1948. exsico. soc. dauph（1888），No. 5513 ex R. Lit. ，Candollea 11：187. = *Triticum latronum* Godr.

Agropyron latronum var. *microstachyum*（Godron）Litardiere，1948. Candollea 11：187. = *Triticum glaucum* var. *microstachyum* Godr. et Gren. = *Elytrigia intermedia*（Host）Nevski.

Agropyron latronum var. *orshinii* Litardiere，1948. Candollea 11：188. = *Lophopyrum corsicum*（Hackel）Á. Löve.

Agropyron lavrenkoanum Prokudin，1939 Proc. Bot. Inst. Kharkov 3：191，198；1940. Fl. URSR 2：358. = *Ag. cristatum* ssp. *sabulosum* Lavrenko，1931. Visn. Kiiv Bot. Sada 12 - 13：148.

Agropyron lavrenkoanum var. *imbricatum*（Kleopov）Prok. ，1938. Proc. Bot. Inst. Kharkov 3：201. in Russian. 1940. Fl. URSR 2：359. descr. latin. = *Ag. cristatum* ssp. *sabulosum* f. *imbricatum* Kleopov. ，1929. Bull. ，Jard. Bot. Kieff 10：k71.

Agropyron lavrenkoanum var. *pectinatum*（Kleopov）Prok. ，1938. Proc. Bot. Inst. Kharkov 3：201. in Russian；1940. Fl. URSR. 2：359. descr. latin. = *Ag. cristatum* var. *sabulosum* Lavr. f. *pectinatum* Kleop. ，1929. Bull. Jard. Bot. Kieff 10：k 71.

Agropyron laxum Opiz，1852 Sezn. Rostl. Ceske 12. nom. nud. ；Bercht. ，1836. in Seidl，Oekon. - techn. Fl. Bohmen. 1：400.

Agropyron laxum Fries ex Willk. et Lange，1861. Prodr. Fl. Hisp. 1：109. = *Ag. acutum* Roem et Schult.

Agropyron lazicum Boiss. ，1884. Fl. Orient. 5：661.

Agropyron leersianum Opiz，1852. Sezn. Rostl. Ceske 12：nom. nud.

Agropyron leersianum（Wulf. ）Rydb. ，1931. Brittonia 1：85. = *Triticum repens leer-*

sianum Wulf.

Agropyron lemanense Chass. , 1956. Invent. Analyt. Fl. Auvergne 1 （Encycl. Biogéogr. & Écol. 11）: 111. nom nud. sine deser. lat.

Agropyron lenense M. Popov, 1957. Bot. Mat. (Leningrad) 18: 3. = *Roegneria lenensis* M. Popov, 1957. Fl. Sredn. Sib. 1: 113. in syn.

Agropyron leptorum (Nevski) Grossh. , 1939. Trudy Bot. Inst. Azerbaidzh. Fil, Akad. Nahk SSSR 8: 331; 1939. Fl. Kavk. ed. 2. 2: 331. = *Roegneria leptura* Nevski, 1934. Fl. SSSR 2: 623. = *Elymus transhyrcanus* (Nevski) Tzvel.

Agropyron lepturoide Lojac. . 1909. Fl. Sicula 3: 373. pl. 2. f. 1. = *Lolium lepturoide* Lojac.

Agropyron libanoticum Hackel, 1904. Allgem. Bot. Zeitschr. 10: 21. = *Pseudoroegneria libanotica* D. R. Dewey, 1984. in J. P. Gustafson, Gene Manip. Pl. Improv. 272.

Agropyron ligusticum Savign. , 1847. Atti Ott. Rium. Sci. Ital. , Genova 8 （1846）: 601-602. = *Triticum speltoides* (Tausch) Gren. , 1857. Mem. Soc. Enul. Daubs. Ⅲ. 2: 434. = *Aegilops speltoides* Tausch, 1837. Flora 20: 108-109.

Agropyron littorale (Host) Dum. , 1823. Obs. Gram. Belg. 97. = *Triticum littorale* Host. = *Elytrigia pycnantha* (Godron.) Á. Löve, 1980. Taxon 29: 351.

Agropyron littorale var. *croaticum* Daqgen, 1936. Fl. Velebit. 1: 573. = *Triticum litorale* f. *aristatum* Sag.

Agropyron littorale var. *lolioides* (Kar. et Kir.) Hayek, 1938. Feddes Repert. 30 （3）: 220.

Agropyron littorale var. *aristatum* (Sag.) Hayek, 1932. Feddes Repert. 30 （3）: 221. = *Triticum lolioides* f. *aristatum* Sag. , 1914. Allg. Bot. Zeitschr. 34.

Agropyron littorale var. *lucanum* Terracc. , 1907. Nuov. Giorn. Bot. Ital. 14: 208.

Agropyron littorale var. *pungens* Husnot, 1899. Gram. Fr. Belg. 82. = *Triticum pungens* auct. , non Pers. , 1895. = *Elytrigia pycnantha* (Godron.) Á. Löve.

Agropyron littorale var. *rottboelloides* Mandon ex Husnot, 1899. Gram. Fl. Belg. 82. = *Elytrigia intermedia* ssp *pouzolzii* (Godron) Á. Löve, 1984. Feddes Repert. 95 （7-8）: 487.

Agropyron littoreum Drejer, 1838. Fl. Excurs. Hafn. : 48.

Agropyron littoreum (Schumach) O. Schwarz, 1949. Mitt. Thüring. Bot. Des. 1: 86.

Agropyron litvinovi Prokudin, 1938. Proc. Bot. Ist. Kharkov 3: 191, 202. in Russian; 1940. Fl. URSR. ed. 2. 11: 360. descr. latin. = *Ag. cristatum* var. *villosum* Litw.

Agropyron loliiforme Schur, 1866. Enum. Pl. Transsilv. 808. = *Ag. repens* f. *loliiforme* Schur.

Agropyron lolioides (Kar. et Kir.) Candargy, 1901. Monogr. tēs phyls tōn krithōdōn : 49. = *Triticum lolioides* Kar. et Kir. , 1841. Bull. Soc. Nat. Moscou 14: 866. = *Elytrigia lolioides* (Kar. et Kir.) Nevski, 1934. Tr. Sredneaz. Univ. , ser. 8B, 17: 61.

Agropyron lolioides (Kar. et Kir.) Roshev. , 1924. Acta Hort. Petrop. 38: 146. = *Triticum lolioides* Kar. et Kir. = *Elytrigia lolioides* (Kar. et Kir.) Nevski.

Agropyron longearistatum (Boiss.) Boiss. , 1884. Fl. Or. 5: 660. = *Brachypodium longearistatum* Boiss. , 1846. Diagn. Pl. Or. , ser. 1, 7: 127. = *Roegneria longearistata* (Boiss.) Drob. , 1941. Fl. Uzbek. 1: 280.

Agropyron longearistatum var. *aitchisonii* Boiss. , 1884. Fl. Or. 5: 660. = *Brachypodium tataricum* Munro = *Roegneria canaliculata* (Nevski) Ohwi.

Agropyron longearistatum var. *elongatum* Roshev. , 1932. Bull. Jard. Bot. Acad. Sci. URSS. 30: 515. = *Ag. antiquum* Nevski. = *Roegneria antiquua* (Nevski) J. L. Yang, Baum et Yen.

Agropyron longearistatum var. *haussknechtii* Boiss. , 1884. Fl. Orient. 5: 660. = *Roegneria longearistata* var. *haussknechtii* (Boiss.) J. L. Yang, Baum et Yen.

Agropyron longiglume Hack. , 1885. in Stapf, Denkschr. Akad. Wiss. Math. Naturw. (Wien) 50 (2): 11.

Agropyron macrocalyx (Regel) P. Candargy, 1901. Monogr. tēs phyls tōn krithōdōn : 40 = *Triticum strigosum* var. *macrocalyx* Regel.

Agropyron macroccanum Sennen et Mauricio, (1933 or 1934) . Cat. Fl. Rif. Or. 136. nom. nud.

Agropyron macroccanum Sennen, 1936. Diagn. Nouv. Pl. Espagne et Maroc 1928 - 1935: 169.

Agropyron macrochaetum (Nevski) Bondarenko, 1968. Opred. Rast. Sred. Azii 1: 170. = *Roegneria macrochaeta* Nevski, 1934. Acta Inst. Bot. Acad. Sci. URSS, ser. 1, 2. 48.

Agropyron macrolepis Drob. , 1925. Feddes Repert. 21: 41. pro parte = *Semeiostachys macrolapis* Drob. = *Roegneria curvata* (Nevski) Nevski, 1934. Tr. Sredneaz. Univ. , ser. 8B, 17: 68.

Agropyron macrourum (Turcz.) Drob. , 1916. Tr. Bot. Muz. AN 16: 86. = *Triticum macrourum* Turcz. , 1854. in Steud. , Syn. Pl. Glum. 1: 343. = *Elymus macrourus* (Turcz.) Tzvel. , 1970. Spisok Rast. Herb. SSSR 18: 30.

Agropyron macrourum Turcz. ex Polunin, 1959. Circum. Arctic Flora 33. = *Elymus macrounus* (Turcz.) Tzvel.

Agropyron maeoticum Prokudin ex Desiat. - Shost. et Schalyt, 1937. Trav. Inst. Bot. , Univ. Kharkov 2, Ⅲ. nomen.

Agropyron maeoticum (Prokudin) Prokudin, 1938. Trav. Inst. Bot. , Univ. Kharkov, 2, Ⅲ, nomen; 1940. Fl. SSSR Ⅱ: 343. = *Elytrigia elongatiformis* (Drob.) Nevski, 1934. Tr. Sredneaz. Univ. , ser. 8B, 17: 61.

Agropyron magellanicum (E. Desv.) Hackel, 1900. in Dusen, Svensk. Exped. Magellanslander 1895 - 1897. 3 (5): 231 - 232. = *Triticum repens* var. *magellanicum* E.

Desv. , 1853. in C. Gay, Hist. Chile Bot. 6: 452. = *Elymus glaucescens* Seberg.

Agropyron magellanicum condensatum (Presl) Speg. ex Macklosk. , 1904. in Scott, Rep. Princeton Univ. Exped. Patagon. 8: 246. = *Elymus parodii* Seberg et G. Petersen, 1998. Bot. Jahrb. Syst. 120 (4): 530.

Agropyron magellanicum festucoides Speg. ex Macklosk. , 1904. in Scott, Rep. Princ. Univ. Exped. Patagon. 8: 246. =*Elymus cordillarianus* Davides et Veken.

Agropyron magellanicum secundum (J. Presl) Macklosk. , 1904. in Scott,) Rep. Princ. Univ. Exp. Patag. 8: 247. = *Ag. secundum* J. Presl, 1830. in C. Presl, Rel. Haenk. 266. = *Elymus cordillarianus* Davides et R. W. Pohl.

Agropyron magellanicum var. *fustucoides* (Speg.) Haumann et Veken, 1917. Anal. Mus. Nac. Hist. Nat. Buenos Aires 29: 25. = *Elymus cordillarianus* Davides et R. W. Pohl.

Agropyron magellanicum var. *glabrivalva* (Speg.) Haumann et Veken, 1917. Anal. Mus. Nac. Hist. Nat. Buenos Aires 29: 25. = *Elymus cordillarianus* Davides et R. W. Pohl.

Agropyron magellanicum var. *lasiopodum* (Speg.) Speg. ex Macloskie, 1904. Rep. Princ. Univ. Exped. Patag. 1896-1899. 8, sec. 1. 247. (nom. illeg.) . = *Elymus cordillarianus* Davides et R. W. Pohl.

Agropyron magellanicum var. *lasiopodum* (Speg.) Haumann et Veken, 1917. Anal. Mus. Nac. Hist. Nat. Buenos Aires 29: 25. =*Elymus cordillarianus* Davides et R. W. Pohl.

Agropyron magellanicum var. *pubiflorum* (Steud.) Haum. et Vanklerek. , 1917. Anal. Mus. Nac. Buenos Aires 29: 25. =*Triticum pubiflorum* Steud. , 1855. Syn. Pl. Glum. , 429-430. =*Elymus glaucescens* Seberg, 1989. Pl. Syst. Evol. 166: 99.

Agropyron magellanicum var. *secundum* (J. Presl) Haumann et Veken, 1917. Anal. Mus. Nac. Hist. Nat. Buenos Aires 29: 25. = *Ag. secundum* J. Presl. = *Elymus cordillarianus* Davides et. R. W. Pohl.

Agropyron marginatum H. Lindberg, 1932. Acta Soc. Sci. Fenn. Nova Series B. 1 (2): 9. f. 30. =*Elymus marginatus* (Lindb.) Á. Löve, 1984. Feddes Repert. 95 (7-8): 453.

Agropyron marginatum ssp. *eu-marginatum* Maire et Weiller, 1955. in Maire, Fl. Afr. Nord 3: 318.

Agropyron marginatum ssp. *eu-marginatum* var. *maroccanum* (Font-Cuer et Pau) Maire et Weiller, 1933. Bull. Soc. Hist. Nat. Agrique Nord 1508.

Agropyron marginatum ssp. *eu-marginatum* var. *typicum* Maire et Weiller, 1933. Bull. Soc. Hist. Nat. Afrique Nord 1508.

Agropyron marginatum var. *kabilicum* Maire et Weill. , 1933. Bull. Soc. Hist. Nat. Afr. Nord (Alger.) 24: 232.

Agropyron marginatum var. *maroccanum* (Font-Cuer et Pau) Maire & Weill. , 1933. Bull. Soc. Hist. Nat. Afr. Nord (Alger.) 24: 232.

Agropyron marginatum var. *puberulum* Lindb. , 1932. Acta Soc. Sci. Fenn. n. ser. B. 1 (2): 9.

Agropyron marginatum var. *typicum* Maire et Weill. , 1933. Bull. Soc. Hist. Nat. Afr. Nord 1508.

Agropyron marginatum var. *typicum* Maire et Weill. , 1940. Bull. Soc. Hist. Nat. Afr. Nord 31: 48.

Agropyron marginatum var. *typicum* subv. *glabrum* Maire et Weill. , 1933. Bull. Soc. Hist. Nat. Afr. Nord (Alger.) 24: 232.

Agropyron marginatum var. *typicum* subv. *typicum* Maire et Weill. , 1933. Bull. Soc. Hist. Nat. Afr. Nord 1508.

Agropyron marginatum var. *typicum* f. *glabrum* Maire, 1957. Bull. Soc. Nat. Phys. Maroc. 37: 4.

Agropyron maritimum (L.) Beauv. , 1812. Ess. Agrost. 102, 146, 180. = *Triticum maritimum* L. , 1762. Sp. Pl. ed. 2. 128.

Agropyron maritimum (Koch et Ziz.) Jensen et Wachter, 1951. Fl. Neerl. 1: 116. = *Elytrigia repens* ssp. *arenosa* (Petif) A. Love, 1980. Taxon 29: 351.

Agropyron mayebaranum Honda, 1927. Bot. Mag. Tokyo 41: 384. = *Campeiostachys* ×*mayebarana* J. L. Yang, B. R. Baum et C. Yen.

Agropyron mayebaranum var. *intermedium* Hatusima, 1942. Acta Phytotax. Geobot. 11: 258. = *Ag. hatusimae* Ohwi.

Agropyron mayebaranum var. *nakasimae* (Ohwi) Ohwi, 1953. Fl. Jap. 106. = *Ag. nakasimae* Ohwi, 1942.

Agropyron mayebaranum f. *villosulum* Ohwi, 1941. Acta Phytotax. Geobot. 10: 99.

Agropyron maeoticum Prokudin, 1940. Fl. URSR Ⅱ: 343. = *Elytrigia elongatiformis* (Drob.) Nevski.

Agropyron melantherum Keng, 1941. Sunyatsenia 6: 62. = *Kengyilia melanthera* (Keng) J. L. Yang, Yen et Baum, 1992. Hereditas 116: 28.

Agropyron mendocinum Parodi, 1940. Rev. Mus. La Plata, N. S. 3: 14. = *Elymus mendocinus* (Parodi) Á. Löve, 1984. Feddes Repert. 95 (7 - 8): 472.

Agropyron michnoi Roshev. , 1929. Izv. Glavn. Bot. Sada SSSR 28: 384. = *Agropyron cristatum* ssp. *cristatum* var. *michnoi* (Roshev.) C. Yen et J. L. Yang.

Agropyron michnoi ssp. *nathaliae* (Stil.) Tzvel. , 1973. Nov. Sist. Vyssch. Rast. 10: 34. = *Ag. nathaliae* Stil. = *Ag. nathaliae* Sipl.

Agropyron michnoi var. *subglabrum* Roshev. , 1929. Bull. Jard. Bot. Prin. URSR 28: 385.

Agropyron microcalyx (Regel) Candergy, 1901. Tribu Hordees, Mus. Hist. Nat. Paris

1897 - 1998 - 1999；40；Monogr. tes phyls ton krithodon 40. = *Pseudoroegneria stri-gosa* (M. Bieb.) Á. Löve.

Agropyron microlepis Meld. . 1960. in Bor，Grass. Burm. Ceyl. Ind. Pak. 692. = *Roegneria microlepis* (Meld.) J. L. Yang，Baum et Yen.

Agropyron miserum (Thunb.) Tanaka，1925. Bull. Sci. Pak. Terkuit. Kyushu Imp. Univ. 1；197，208. Sept. = *Festuca misera* Thunb.

Agropyron missuricum (Spreng.) Farwell. 1930. Amer. Midl. Nat. 12；48. = *Triticum missuricum* Spreng. = *Elymus trachycaulus* (Link) Gould ex Shinner.

Agropyron mite Honda，1935. Bot. Mag. Tokyo 49；699.

Agropyron molle (Scribn. et Smith) Rydb. ，1900. Mem. N. Y. Bot. Gard. 1；65. = *Ag. spicatum* var. *molle* Scribn. et Smith.

Agropyron mongolicum Keng，1938. J. Wash. Acad. Sci. 28；305. = *Agropyron pectiniforme* ssp. *mongolicum* (Keng) C. Yen et J. L. Yang.

Agropyron mongolicum var. *villosum* X. L. Yang，1984. Bull. Bot. Res. North - East. Forest. Inst. 4 (4)；89.

Agropyron mucronatum Opiz，1824. Vestnik Kralov. 42.

Agropyron mucronatum Opiz ex Bercht. ，1836. Oekon. - tech. Fl. Bohmen. 1；408. descr. in German.

Agropyron mucronatum var. *ciliatum* Opiz，1852. Sezn. Rostl. Ceske 12. nom. nud.

Agropyron mucronatum var. *laevifolium* Opiz，1852. Seznam 12. nom. nud. ；ex Bercht. . 1836. in Seidi，Oekon. - tech. Fl. Bohm. 1；408. descr. in German.

Agropyron mucronatum var. *membranaceum* Opiz，1852. Sezn. Rostl. Ceske 12. nom. nud. ex Bercht. ，1836. in Seidi，Oekon. - tech. Fl. Bohm. 1；408. descr. in German.

Agropyron multiculme Kitag. ，1941. Journ. Jap. Bot. 17；235. = *Roegneria penduli-na* var. *multiculmis* (Kitag.) J. L. Yang，B. R. Baum et C，Yen.

Agropyron multiflorum Beauv. ，1812. Ess. Agrost. 102，146，180. nom. nud.

Agropyron multiflorum (Banks et Solander ex Hook. f.) Kirk ex Cheeseman，1906. Man. N. Z. Fl. 921. = *Triticum multiflorum* Banks et Solander ex Hook. f. ，1853. Fl. N. Z. 1；311. = *Anthosachne multiflora* (Banks et Soland. ex Hook. f.) C. Yen. et J. L. Yang.

Agropyron multiflorum var. *longisetum* Hack. ，1906. in Cheeseman，Man. New Zealand Fl. 922.

Agropyron muricatum (Link) Schult. ，1824. Mant. 2；414. = *Triticum muricatum* Link，1821. Enum. Pl. 1；97.

Agropyron muricatum (Link) Link，1827. Hort. Berol. 1；35. invalid name.

Agropyron murinum Hausskn. ，1900. Mitt. Thuring. Bot. Ver. N. F. 15；6. nom. nud.

Agropyron mutabile Drob. ，1916. Trav. Mus. Bot. Acad. Sci. Petrogrod 16：88. pl. 9. f. 3，4. emend. Vestergren，1926. in Holmb. ，Skand. Fl. 2：271. ＝ *Elymus mutabilis* (Drob.) Tzvelev，1968. Rast Tsentr. Azii 4：217.

Agropyron mutabile var. *glabrum* Drob. ，1916. Trav. Mus. Bot. Acad. Petrograd 16：89. pl. 9. f. 4.

Agropyron mutabile var. *pilosum* Drob. ，1916. Trav. Mus. Bot. Acad. Petrograd 16：89.

Agropyron mutabile var. *scabrum* Drob. ，1916. Trav. Mus. Bot. Acad. Petrograd 16：89. pl. 9. f. 3.

Agropyron muticum (Keng) Tzvel. ，1968. Rast. Tsentr. Azii 4：189. ＝ *Roegneria mutica* Keng，1963. in Keng et S. L. Chen，Acta Nanking Univ. (Biol.) 3 (1)：87. ＝*Kengyilia mutica* (Keng) J. L. Yang，Yen et Baum，1992. Hereditas 116：28.

Agropyron nakasimae Ohwi，1942. Acta Phytotax. Geobot. 11：257. n. sp. or hybrid.

Agropyron nardus Chevalier，1827. Fl. Environ Paris：195；1936. Fl. Paris，ed. Ⅱ，2：195. ＝*Triticum hispanicum* Linn. ，Mant. ：325.

Agropyron nathaliae V. Siplivinsky. ，1968. Nov. Sist. Vyssch. Rast. 5：13. ＝*Ag. michnoi* ssp. *nathaliae* (Sipl.) Tzvel.

Agropyron nepalense Meld. ，1960. in Bor，Grass. Burm. Ceyl. Ind. Pak. 692. ＝*Roegneria nepalensis* (Meld.) J. L. Yang，Baum et Yen.

Agropyron nevskii N. Ivanova，1955. in Orubov，Not. Syst. (Komarov Bot. Inst.) 17：4.

Agropyron nevskii N. Ivanova ex Grubov，1955. Not. Syst. Herb. Inst. Bot. Acad. Sci. URSS 17：4.

Agropyron nicaeense Goiran，1909. Nuov. Giorn. Bot. Ital. 16：134. nom. nud.

Agropyron nigricans (Pers.) P. Candargy，1901. Monogr. tēs phyls tōn krithōdon：58.

Agropyron nodosum (Stev. ex M. Bieb.) Nevski，1934. Fl. SSSR 2：646. in Russian＝ *Lophopyrum nodosum* (Nevski) Á. Löve，1984. Feddes Repert. 95 (7-8)：490.

Agropyron nomokonovii M. Popov，1957. Bot. Mat. (Leningrad) 18：3. ＝ *Elymus macroucus* (Turcz.) Tzvel.

Agropyron×*nothum* Meld. ，1960. in Bor，Grass. Burm. Ceyl. Ind. Pak. 693.

Agropyron novae-angliae Scribn. ，1900. in Brain. ，Jones & Eggl. ，Fl. Vermont 103. ＝*Elymus trachycaulus* ssp. *novae-angliae* (Scribn.) Tzvel. ，1973. Nov. Sist. Vyssch. rast. 10：23.

Agropyron nubigenum Nees ex Steud. ，1854. Syn. Pl. Glum. 1：342. ＝ *Elymus nubigenus* (Nees ex Steud.) Á. Löve，1984. Feddes Repert. 95 (7-8)：469.

Agropyron nubigenum Nees ex Jacks. ，1893. Ind. Kew. 1：61.

Agropyron nutans Keng，1941. Sunyatsenia 6：63. ＝ *Roegneria nutans* (Keng) Keng，1957. Claves Gen. & Spec. Gram. Sin. 185.

Agropyron obtusiflorum (DC.) Roem. et Schult. ，1817. Syst. Veg. 2：753. ＝ *Triti-*

cum obtusiflorum De Cand. , 1813. Cat. Hort. Monsp. 153. = *Lophopyrum elongatum* (Host) Á. Löve, 1980. Taxon 29: 351.

Agropyron obtusiusculum Lange, 1857. Handb. ed. 2, 48.

Agropyron occidentale (Scribn.) Scribn. , 1900. USDA Div. Agrost. Circ. 27: 9. Dec. = *Pascopyrum smithii* (Rydb.) Á. Löve, 1980. Taxon 29: 547.

Agropyron occidentale Pammel et Weems, 1901. Bull. Iowa Geol. Surv. no. 1: 371.

Agropyron occidentale var. *molle* (Scribn. et Smith) Scribn. , 1900. USDA Div. Agrost. Circ. 27: 9. = *Ag. spicatum* var. *molle* Scribn. et Smith. = *Pascopyrum smithii* (Rydb.) Á. Löve.

Agropyron occidentale var. *molle* Pammel, 1904. Suppl. Rep. Iowa Geol. Surv. 1903: 320.

Agropyron occidentale var. *palmeri* (Scribn. et Smith) Scribn. , 1900. USDA Div. Agrost. Circ. 27: 9. = *Ag. spicatum* var. *palmeri* Scribn. et Smith. = *Pascopyrum smithii* (Rydb.) Á. Löve.

Agropyron oliveri Druce, 1912 (1911) . Rep. Bot. Exch. Club. Brit. Isles 3: 38. nom. nud.

Agropyron orientale (L.) Roem et Schult. , 1817. Syst. Nat. 2: 757. = *Secale orientale* L. , 1753. Spec. Pl. 84. = *Eremopyrum orientale* (L.) Jaub. et Spach, 1851. Ⅲ. Pl. Or. 4: 26.

Agropyron orientale ssp. *distans* var. *eu-orientale* Maire, 1940. Bull. Soc. Hist. Nat. Afr. Nord 3247. = *Secale orientale* L.

Agropyron orientale ssp. *distans* (C. Koch) Maire, 1940. Bull. Soc. Hist. Nat. Afr. Nord 3247. = *Ag. distans* C. Koch, 1848. Linnaea 21: 426. = *Eremopyrum distans* (C. Koch) Nevski, 1933. Tr. Bot. Inst. AN SSSR, ser. 1, 1: 18.

Agropyron orientale ssp. *distans* var. *lasianthum* (Boiss.) Maire, 1955. Fl. Afr. Nord 3: 312. = *Agropyron lasianthum* Boiss. = *Eremopyrum distans* (C. Koch) Nevski.

Agropyron orientale ssp. *distans* var. *medians* Maire, 1942. Bull. Soc. Hist. Nat. Afr. Nord 3436.

Agropyron orientale var. *lanuginosum* (Griseb.) Richt. , 1890. Fl. Eur. 1: 126. = *Triticum orientale* var. *lanuginosum* Griseb. , 1852. in Ledeb. , Fl. Ross. 4: 337. = *Eremopyrum distans* (C. Koch) Nevski.

Agropyron orientale var. *lasianthum* (Boiss.) Boiss. , 1884. Fl. Orient. 5: 668. = *Ag. lasianthum* Boiss. , 1853. Diagn. Pl. Orient. . ser. 1, 13: 68. = *Eremopyrum distans* (C. Koch) Nevski.

Agropyron orientale var. *sublanuginosum* Drob. , 1916. Trav. Mus. Bot. AN Petrogr. 16: 136. = *Eremopyrum bonaepartis* (Sprengel) Nevski.

Agropyron orientale var. *subuniflorum* Kuntze ex Fedtsch. , 1915. Bull. Jard. Bot. Pierre Grand 14 (Suppl. 2): 97. nom. nud.

Agropyron oschense Roshev. ex Nevski，1934. Fl. SSSR 2：619. in Russian. ＝ *Roegneria oschensis* Nevski，1934. Fl. SSSR 2：619. ＝ *Elymus mutabilis* ssp. *praecaespitosus* (Nevski) Tzvel. ，1973. Nov. Sist. Vyssch. Rast. 10：22.

Agropyron pachyrrhizum A. Camus，1933. Bull. Soc. Bot. Fr. 80：773. ＝*Ag. cristatum* ssp. *pachyrrhizum* (A. Camus) Á. Löve，1984. Feddes Repert. 95 (7 - 8)：432.

Agropyron pallidissimum M. Pop. ，1957. Spisok Rast. Herb. Fl. SSSR 14：8. ＝ *Elymus mutabilis* ssp. *transbaicalensis* (Nevski) Tzvel.

Agropyron palmeri (Scribn. et Smith) Rydb. ，1906. Colo. Agr. Exp. Sta. Bull. 100：55. ＝ *Ag. spicatum palmeri* Scribn. et Smith. ＝ *Pascopyrum smithii* (Rydb.) Á. Löve.

Agropyron pamiricum Meld. ，1960. in Bor，Grass. Burm. Ceyl. Ind. Pak. 693. ＝ *Pseudoroegneria geniculata* ssp. *pamirica* (Meld.) Á. Löve，1984. Feddes Repert. 95 (7 - 8)：446.

Agropyron panormitanum Parl. ，1840. Pl. Rar. Sic. 2：20. ＝ *Roegneria panormitana* (Parl.) Nevski，1934. Fl. SSSR 2：612.

Agropyron panormitanum ssp. *siroanum* Quezel，1954. Bull. Soc. Sci. Nat. & Ph du Maroco 299.

Agropyron panormitanum Parl. var. *heterophyllum* Born. ex Meld. ，1959. Ark. For Bot. ser. 2 5 (1)：70.

Agropyron parnomitanum var. *hispanica* Boiss. ，1839 - 1845. Voy. Bot. Esp. 2：680.

Agropyron panormitanum var. *hispidum* subv. *glabrum* Maire，1942. Bull. Soc. Hist. Nat. Afr. Nord 3438.

Agropyron panormitanum var. *hispidum* subv. *villosulum* Maire，1942. Bull. Soc. Hist. Nat. Afr. Nord 3438.

Agropyron panormitanum var. *marocconum* Font Quer et Pau，1931. Cavanillesia 4：27.

Agropyron panormitanum var. *nebrodense* Lojac. ，1909. Fl. Sicula 3：371；descr. in 1908.

Agropyron panormitanum var. *petraeum* (Vis. et Panc.) Richt. ，1890. Fl. Eur. 1：122. ＝*Triticum petraeum* Vis. et Panc. ，1861. Mem. Ist. Veneto. 10：446. pl. 23. f. 1.

Agropyron panormitanum var. *petraeum* Lojac. ，1909. Fl. Sicula 3：372. (title page 1908) ＝*Agropyron petraeum* Vis.

Agropyron panormitanum var. *pharaonis* Maire，1939. Bull. Soc. Hist. Nat. Afe. Nord 30：369.

Agropyron parishii Scribn. et Smith，1897. USDA Div. Agrost. Bull. 4：28. non *Elymus parishii* Davy et Merr. 1902. ＝ *Elymus stebbinsii* Gould，1947. Modrono 9：126.

Agropyron parishii var. *laeve* Scribn. et Smith, 1897. USDA Div. Agrost. Bull. 4: 28.

Agropyron patagonicum (Speg.) Parodi, 1940. Rev. Mus. La Plata, N. S. 3: 23. = *Triticum fuegianum* var. *patagonicum* Speg. , 1897. Rev. Fac. Agron. Vet. La Plata 3: 588. non *Elymus patagonicus* Speg. , 1897. =*Elymus patagonicus* Speg. , 1897. Rev. Fac. Agron. Veterin. La Plata 30 - 31: 630 - 631.

Agropyron patagonicum var. *australe* Parodi, 1940. Rev. Mus. La Plata Bot. n. ser. 3: 27. F. 9. pl. 3. =*Elymus glaucescens* Seberg.

Agropyron patagonicum var. *festucoides* (Speg.) Parodi, 1940. Rev. Mus. La Plata Bot. n. ser. 3: 25. F. 8. pl. 3. = *Triticum magellanicum* var. *festucoides* Speg. , 1987. Rev. Fac. Agron. Veterin. La Plata 30 - 31: 587. = *Elymus glaucescens* Seberg.

Agropyron patagonicum var. *macrochaetum* (Parodi) E. G. Nicora, 1978. in Correa, M. N. , Fl. Patag. 8: 458. = *Elymus glaucescens* Seberg.

Agropyron patulum (Willd.) Trin. , 1820. Fund. Agrostogr. 152. = *Triticum patulum* Willd. , 1809. Enum. Pl. Hort. Berol. 135. = *Eremopyrum bonaepartis* (Sprengel) Nevski, 1933. Tr. Bot. Inst. AN SSSR ser. 1, 1: 18. in obs.

Agropyron pauciflorum Schur, 1859. Verh. Siebenb. Ver. Naturw. 10: 77. =*Elymus caninus* (L.) L.

Agropyron pauciflorum (Schwein) Hitchc. ex Silveus, 1933. Tex. Grasses : 158.

Agropyron pauciflorum ssp. *majus* (Vasey) Meld. , 1968. Arkiv f. Bot. 2, 7: 20. = *Elymus trachycaulus* ssp. *novae-angliae* (Scribn.) Tzvel.

Agropyron pauciflorum ssp. *novae-angliae* (Scribn.) Meld. , 1968. Arkiv f. Bot. 2, 7: 20. = *Elymus trachycaulus* ssp. *noviae-angliae* (Scribn.) Tzvel.

Agropyron pavlovii Nevski, 1930. Izv. Glavn. Bot. Sada SSSR 29: 541.

Agropyron pectinatum (Labil.) P. Beauv. , 1812. Ess. Agrostol. 102, 146, 180. = *Festuca pectinata* Labil. , 1805. Nov. Holl. Pl. Specim. 1: 21. t. 25. = *Australopyrum pectinatum* (Labil.) Á. Löve, 1984. Feddes Repert. 95 (7 - 8): 443.

Agropyron pectinatum var. *dagnae* (Grossh.) Tzvelev, 1993. Bot. Zhurn. 78 (10): 87.

Agropyron pectinatum var. *daralaghezicum* Tzvelev, 1993. Bot. Zhurn. 78 (10): 87.

Agropyron pectinatum var. *gluma - villsa* A. Ataeva, 1987. Izv. Akad. Nauk Turkm. SSSR, Biol. Nauk 1987 (3): 54.

Agropyron pectinatum var. *puberulum* (Boiss.) Soó, 1971 (publ. 1972) . Acta Bot. Acad. Sci. Hung. 17 (1 - 2): 119. =*Agropyron cristatum* ssp. *puberulum* (Boiss. ex Steud.) Tzvelev.

Agropyron pectinatum var. *stepposum* (Dubovik) Tzvelev, 1993. Bot. Zhurn. 78 (10): 87.

Agropyron pectinatum var. *submuticum* (Grossh.) Tzvelev, 1993. Bot. Zhurn. 78

（10）：87.

Agropyron pectinatum f. *calvum* Soó，1971（publ. 1972）. Acta Bot. Acad. Sci. Hung. 17 (1 - 2)：119.

Agropyron pectinatum f. *elatium* Soó，1971（publ. 1972）. Acta Bot. Acad. Sci. Hung. 17 (1 - 2)：119.

Agropyron pectiniforme Roem. et Schult. ，1817. Syst. Veget. 2：758.

Agropyron pectiniforme ssp. *baicalense* (Egor. et Sipl.) Á. Löve，1984. Feddes Repert. 95 (7 - 8)：430. = *Ag. cristatum* ssp. *baicalense* Egor. et Sipl. ，1970. Nov. Sist. Vyssch. Rast. 6：227.

Agropyron pectiniforme ssp. *brandzae* (Pantu et Solacolu) Á. Löve，1984. Feddes Repert. 95 (7 - 8)：430. = *Ag. brandzae* Pantu et Solacolu，1924. Bull. Sect. Sci. Acad. Roum. 9：28.

Agropyron pectiniforme ssp. *sabulosum* (Lavr.) Á. Löve，1984. Feddes Repert. 95 (7 - 8)：431. =*Ag. cristatum* ssp. *sabulosum* Lavr.

Agropyron pectiniforme var. *durum* Stefanov，1951. Bull. Inst. Bot. 2：191.（Acad. Bulgare des Sciences）in German.

Agropyron pectiniforme f. *barbatum* Nydr. ex Anghel et Morariu，1972. Fl. Republ. Social. Român. 12：791.

Agropyron pendulinum (Nevski) M. Popov，1957. Fl. Centr. Sibir. 1：113，in obs. = *Roegneria pendulina* Nevski.

Agropyron pendulinum (Nevski) Vorosh，1963. Bull. Prine. Bot. Gard. Acad. Sci. URSR 49：55.

Agropyron pertenue (C. A. Mey.) Nevski，1934. Fl. SSSR 2：640. in Russian = *Triticum intermedium* var. *pertenuis* C. A. Meyer，1831. Enum. Ind. Cauc. 25. = *Pseudoroegneria pertenuis* (C. A. Mey.) Á. Löve，1984. Feddes Repert. 95 (7 - 8)：445.

Agropyron pertenue (C. A. Meyer) Parsa，1950. Fl. Iran 5：798. = *Triticum intermedium* var. *pertenuis* C. A. Meyer，1831. Enum. Ind. Cauc. 25.

Agropyron peruvianum (Lam.) Roem. et Schult. ，1817. Syst. Veg. 2：761. = *Triticum peruvianum* Lam. ，1792. Tabl. Encycl. et Merh. Bot. 212. =*Distichlis spicata* (L.) Greene.

Agropyron petraeum Vis. Janka ex Lojac. ，1909. Fl. Sicula 3：372. = *Ag. panormitanum* var. *petraeum* Lojac.

Agropyron peschkovae (M. Pop.) M. Popov，1957. Fl. Centr. Sibir.（Флора Средний Сиоири）1：115. in Russian. = *Roegneria peschkovae* M. Pop.

Agropyron piliferum (Banks et Soland.) Benth. ，1888. in Aitch. ，Trans. Linn. Soc. Bot. Ⅱ. 3：126. =*Elymus pilifer* Banks et Solander，1794. in Russell，Nat. Hist. Aleppo，ed. 2，2：244. = *Heteranthalium piliferum* Hochst. ，1843. in Kotschy，

Pl. Aleppo, Exs. No. 130.

Agropyron pilosum K. Presl, 1830. Rel. Haenk. 1: 267. = *Elymus pilosus* (K. Presl) Á. Löve, 1984. Feddes Repert. 95 (7 - 8): 472.

Agropyron pilosum Schur, 1866. Enum. Pl. Transsilv. 809. = *Ag. barbulatus* Schur. non Presl 1830. = *Elytrigia intermedia* ssp. *barbulata* (Schur) Á. Löve.

Agropyron pinifolium Nevski, 1934. Tr. Sredneaz. Univ. ser. 8B, 17: 57. nom. nud. in clave; 1936. Inst. Bot. Acad. Sci. URSS ser. 1: 89. descr. latin. = *Ag. cristatum* ssp. *sclerophyllum* Novopokr. , Uchen. Zap. Rostovsk. Univ. 6: 39. nom. altern.

Agropyron pinnatum (L.) Cheval. , 1827. Fl. Envir. Paris 195. = *Bromus pinnatum* Linn.

Agropyron pluriflorum X. L. Yang, 1984. Bull. Bot. Res. North-East. Forest. Inst. 4 (4): 88.

Agropyron poa Chevalier, 1827. Fl. Envir. Paris 193. = *Triticum poa* Lam. et DC. , 1805. Fl. Franc. 3: 86.

Agropyron podperae Nábélek, 1929. Publ. Fac. Sci. Univ. Massaryk, Brno 3: 24. = *Elytrigia intermedia* ssp. *podperae* (Nabelek) Á. Löve, 1984. Feddes Repert. 95 (7 - 8): 487.

Agropyron ponticum Nevski, 1934. Tr. Sredneaz. Univ. , ser. 8B, 17: 57. ; 1936. Acta Inst. Bot. Acad. Sci. URSS I , 2: 88 = *Ag. cristatum* ssp. *ponticum* (Nevski) Tzvel.

Agropyron popovii Drob. , 1925. Feddes Repert. 21: 44. = *Kengyilia pulcherrima* (Grossh.) Yen, J. L. Yang et Baum, 1998. Novon 8: 100.

Agropyron pouzolzii (Godr.) Gren. et Godr. , 1855. France 3: 608. = *Triticum pouzolzii* Godron, 1854. Mem. Soc. Emul. Doubs, ser. 2, 5: 11. = *Elytrigia intermedia* ssp. *pouzolzii* (Godron) Á. Löve.

Agropyron pouzolzii proles rottboelloides (Mandon) Rouy, 1913. Fl. Fr. 14: 320. = *Elytrigia intermedia* ssp. *pouzolzii* (Godron) Á. Löve.

Agropyron pouzolzii var. *latronum* (Godr.) Rouy ex R. Lit. , 1948. Candollea 11: 187. = *Triticum latronum* Godr. , 1854. Men. Emul. Doubs. II. 5: 11. = *Elytrigia intermedia* (Host) Nevski.

Agropyron praecaespitosum Nevski, 1930. Izv. Glavn. Bot. Sada SSSR 29: 541. = *Elymus mutabilis* ssp. *praecaespitosus* (Nevski) Tzvel. , 1973. Nov. Sist. Vyssch. rast. 10: 22.

Agropyron pringlei (Scribn. et Smith) Hitchc. , 1912. in Jepson, Fl. Calif. 1: 183. non *Elymus pringeli* Scribn. et Merr. , 1901. = *Elymus trachycaulus* ssp. *sierrus* (Gould) Á. Löve.

Agropyron propinquum Nevski, 1932. Tzv. Bot. Sada AN SSSR 30: 491, 498. = *Pseu-*

doroegneria strigosa ssp. *aegilopoides* (Drob.) Á. Löve.

Agropyron prostratum (Pall.) Beauv. 1812. Ess. Agrot. ：102，146，180. = *Triticum prostratum* L. f. 1781.

Agropyron prostratum (Pall.) Roem. et Schult. ，1817. Syst. Veg. 2：757. = *Secale prostratum* Pall. ，1771. Riese Russ. Reich 1：168，485. = *Eremopyrum triticeum* (Gaertn.) Nevski.

Agropyron prostratum var. *biflorum* C. Koch，1848. Linnaea 21：425.

Agropyron pruniferum Nevski，1934. Fl. SSSR 2：640. in Russian = *Pseudoroegneria geniculata* ssp. *prunifera* (Nevski) Á. Löve，1984. Feddes Repert. 95 (7 - 8)：446.

Agropyron psammophilum Gillett et Senn，1961. Canad. J. Bot. 39：1170. = *Elymus lanceolatus* ssp. *psammophilus* (Gillett et Senn) Á. Löve，1980. Taxon 29：167.

Agropyron psammophilum f. *aristatum* Gillett et Senn，1961. Canad. J. Bot. 39：1171.

Agropyron pseudo-africus Stapf，1922. Bull. Agrocole Congo Belge 13：330.

Agropyron pseudoagropyrum (Trin. ex Griseb.) Franch. ，1884. Fl. David. 1：340； 1884. Nouv. Arch. Mus. Hist. Nat. (Paris) 2，7：150. = *Triticum pseudoagropyrum* Trin. ex Griseb. ，1852. in Ledeb. Fl. Ross. 4：343. = *Leymus chinensis* (Trin.) Tzvel. ，1968. Rast. Tsentr. Azii 4：205.

Agropyron pseudoagropyrum (Trin. ex Griseb.) Franch. var. villosum Roshev. ，1929. in Fedtsch. Fl. Transbacal. 1：94. in Russian.

Agropyron pseudoagropyrum (Griseb.) P. Candargy，1901. Monogr. tēs phyls tōn krithōdōn：57.

Agropyron pseudoagropyrum Palib. ，1902. Mater. Fl. Mongol. Septemr. 1 - 2：15. non Franch. 1884.

Agropyron pseudocaesium (Pacz.) Zoz，1937. Zhurn. Inst. Bot. AN URSR 13 - 14 (21 - 22)：205. = *Elytrigia repens* ssp. *pseudocaesia* (Pacz.) Tzvel.

Agropyron pseudocaninum Schur，1853. Verh. Siebenb. Ver. Naturw. 4：91. = *Ag. caninum* (L.) P. Beauv. = *Elymus caninus* (L.) L.

Agropyron pseudofestucoides Emberger，1935. Bull. Soc. Sci. Nat. Marco 15：191. = *Festucopsis festucoides* (Maire) Á. Löve，1984. Feddes Repert. 95 (7 - 8)：442.

Agropyron pseudofestucoides var. *acutiflorum* Emb，1935. Bull. Soc. Sci. Nat. Maroc. 15：191.

Agropyron pseudofestucoides var. *acutiflorum* f. *leiorrhachis* Maire，1939. Bull. Soc. Hist. Nat. Afr. Nord 30：369.

Agropyron pseudofestucoides var. *mutica* Emb. ，1935. Bull. Soc. Sci. Nat. Maroc. 15： 191.

Agropyron pseudofestucoides var. *mutica* f. *glabrum* Maire，1939. Bull. Soc. Hist. Nat. Afr. Nord 30：370.

Agropyron pseudorepens Scribn. et Smith，1897. USDA Div. Agrost. Bull. 4：34.

Agropyron pseudorepens var. *magnum* Scribn. et Smith，1897. USDA Div. Agrost. Bull. 4：35.

Agropyron pseudostrigosum Candargy，1901. Monogr. tes phyls ton krithodon 40. = *Roegneria schrenkiana* (Fisch. et Mey.) Nevski，1934. Tr. Sredneaz. Univ. ser. 8B，17：68.

Agropyron pseudostrigosum P. Candargy，1901. Monogr. tēs phyls tōn krithōdōn : 40. =*Triticum strigosum* var. *planifolium* Regel，1881. Tr. Peterb. Bot. Sada 7：591. s. str. = *Roegneria schrenkiana* (Fisch. et Mey.) Nevski.

Agropyron pubiflorum (Steudel) candargy，1901. Étude Monogr. Tribu des Hordés 28：49.

Agropyron puberulium (Boiss. ex Steud.) Grossh. ，1939. Fl. Kavk. 2，1：340. = *Ag. cristatum* ssp. *puberulium* (Boiss. ex Steud.) Tzvelev，1972. Nov. Sist. Vyssch. Rast. 9：58.

Agropyron puberulum (Boiss. ex Steud.) Candargy，1901. Monogr. tes phyls ton krithodon 29. =*Triticum puberulum* Boiss. ex Steud. ，1854. Syn. Pl. Glum. 1：345. = *Agropyron cristatum* ssp. *puberulum* (Boiss. ex Steud.) Tzvel. ，1972. Nov. Sist. Vyssch. Rast 9：58.

Agropyron puberulum (Boiss.) Prokudin，1938. Proc. Bot. Inst. Kharkov 3：203. = *Agropyron cristatum* ssp. *puberulum* (Boiss. ex Steud.) Tzvel.

Agropyron pubescens (Trin.) Schischkin，1928. Sist. Zam. Herb. Tomsk. Univ. 1928 (2)：1. non *Elymus pebescens* Davy，1901. = *Elymus jacutensis* (Drob.) Tzvel.

Agropyron pubiflorum (Steud.) Parodi，1940. Rev. Mus. La Plata. Secc. Bot. n. ser. 3：36. = *Triticum pubiflorum* Steudel，1854. Syn. Pl. Glum. 1：429. = *Elymus glaucescens* Seberg.

Agropyron pubiflorum (Steud.) P. Candargy var. *aristatum* P. Candargy，1901. Arch. Biol. Veg. Pure Appl. 1：28. = *Elymus glaucescens* Seberg.

Agropyron pubiflorum var. *fragile* Parodi，1940. Rev. Mus. La Plata Bot. n. ser. 3：40. f. 15. pl. 6.

Agropyron pubiflorum var. *megastachyum* P. Candargy，1901. Arch. Biol. Veg. Pure Appl. 1：28. =*Elymus glaucescens* Seberg.

Agropyron pubiflorum var. *microstachyum* P. Candargy，1901. Arch. Biol. Veg. Pure Appl. 1：28. =*Elymus glaucescens* Seberg.

Agropyron pubiflorum var. *tridentatum* P. Candargy，1901. Arch. Biol. Veg. Pure Appl. 1：28. =*Elymus glaucescens* Seberg.

Agropyron pubiflorum var. *trifidum* P. Candargy，1901. Arch. Biol. Veg. Pure Appl. 1：28. = *Elymus glaucescens* Seberg.

Agropyron pulcherrimum Grossh. ，1919. Vestn. Tifl. Bot. Sada 13～14：42. = *Kengyilia pulcherrima* (Grossh.) Yen，J. L. Yang et Baum，1998. Novon 8：100.

Agropyron pulcherrimum var. *breviaristatum* Grossh. ，1928. Fl. Kavkaza 1：130. in Russian；1930. Journ. Soc. Bot. Russe 14：301.

Agropyron pumilum (L.) Beauv. ，1812. Ess. Agrost. 102，146，180. = *Triticum pumilum* L. f. ，1781. Suppl. Pl. 115.

Agropyron pumilum (Steud.) P. Candargy，1901. Monogr. tēs phyls tōn krithōdōn ：29. = *Triticum pumilum* Steud. ，1854. Syn. Pl. Glum. 1：334. non L. f. ，1781. =*Ag. cristatum* ssp. *pumilum* (Steud.) Á. Löve.

Agropyron pumilum (Steud.) Fedtsch. ，1915. Bull. Jard. Bot. Pierre Grand 14 (Suppl. 2)：96. non Beauv. 1812. = *Triticum pumilum* Steud.

Agropyron pumilum (Steud.) Nevski，1934. Fl. SSSR Ⅱ：650.

Agropyron pungens (Pers.) Roem. et Schult. ，1817. Syst. Veg. 2：753. = *Triticum pungens* Pers. ，1805. Syn. Pl. 1：109. excl. syn. Smith. = *Ely trigia pungens* (Pers.) Tutin，1952. Watsonia 2：186.

Agropyron pungens Reichb. ex Nyman，1882，Consp. Fl. Eur. ：840. non Roem. et Schult. 1817. =*Triticum acutum* DC. ，1813. Hort. Monsp. 153.

Agropyron pungens var. *acadiense* (Hubbard) Fernald，1921. Rhodora 23：232.

Agropyron pungens var. *aristatum* Parl. ，1848. Fl. Ital. 1：498.

Agropyron pungens var. *aristatum* Hack. ex Druce，1908. List Brit. Fl. 84. non parl. 1848.

Agropyron pungens var. *athericum* (Link) Richt. ，1890. Fl. Eur. 1：124. =*Triticum athericum* Link，1843. Linnaea 17：395.

Agropyron pungens c̲ *majus* Parl. ，1848. Fl. Ital. 1：498.

Agropyron pungens var. *littorale* (Reichb.) Druce，1908. List Brit. Pl. 84. non basis nor descr.

Agropyron pungens var. *longearistatum* Hackel，1880. Cat. Gram. Portug. 29.

Agropyron pungens var. *megastachyum* Gren. et Godron，1855. Fl. France 3：606.

Agropyron pungens var. *megastachyum* Godron，1909. in Merino，Fl. Descr. Illustr. Galicia 3：389.

Agropyron pungens var. *pycnanthum* (Gren. et Godr.) Druce，1908. List Brit. Pl. 84. = *Ag. pycnanthum* Gren. et Godr. = *Elytrigia pycnantha* (Godron) Á. Löve.

Agropyron pycnanthum (Godron) Gren. ，in Gren. et Godron，1855. Fl. Fr. 3：606. = *Triticum pycnanthum* Godr. ，1854. Mem. Soc. Emul. Doubs Ⅱ. 5：10. = *Elytrigia pycnantha* (Godron) Á. Löve，1980. Taxon 29：351.

Agropyron racimiferum (Steud.) Koidz. ，1930. Fl. Symb. Or. -Asiat. 79. = *Bromus racimiferum* Steud.

Agropyron ramificum (Link) Richt. 1890. Pl. Eur. 1：124. = *Triticum repens ramificum* Link.

Agropyron ramosum (Trin.) K. Richter，1890. Pl. Eur. 1：126. = *Triticum ramosum*

Trin. . in Ledeb. . 1829. Fl. Alt. 1: 114. = *Leymus ramosus* (Trin.) Tzvel. , 1960. Bot. Mat. (Leningrad) 20: 430.

Agropyron ramosum var. *dasyphyllum* Trautv. ex Fedtsch. , 1915. Bull. Jard. Bot. Pirre Grand 14 (Suppl. 2): 96. nom. nud.

Agropyron ramosum f. *altaica* Krilov, 1914. Flora Altaica 7: 1697. in Russian.

Agropyron ramosum f. *angustifolia* Krilov, 1914. Flora Altaica 7: 1697. in Russian.

Agropyron rechingeri Runemark, 1961. in Rech. f. , Bot. Jahrb. 80: 442. = *Thinopyrum sartorii* (Boiss. et Heldr.) Á. Löve, 1984. Feddes Repert. 95 (7～8): 476.

Agropyron reflexiaristatum Nevski, 1932. Izv. Bot. Sada AN SSSR 30: 490, 495. = *Pseudoroegneria strigosa* ssp. *reflexiaristata* (Nevski) Á. Löve, 1984. Feddes Repert. 95 (7-8): 444.

Agropyron reichenbachianum Opiz, 1852. Sezn. Rostl. Ceske 12. nom. nud. ; ex Bercht. , 1836. Oekon. -techn. Fl. Bohmen 1: 404.

Agropyron reichenbachianum var. *quinqueflorum* Opiz, 1852. Sezn. Rostl. Ceske 12. nom. nud. ; ex Bercht. , 1836. Oekon. -techn. Fl. Bohmen 1: 404.

Agropyron reichenbachianum var. *triflorum* Opiz, 1852. Sezn. Rostl. Ceske 12. nom. nud. ; ex Bercht. , 1836. Oekon. -techn. Fl. Bohmen 1: 404.

Agropyron remotiflorum Parodi, 1940. Rev. Mus. La Plata, N. S. 3: 19. = *Elymus glaucescens* Seberg.

Agropyron remotiflorum macrochaetum Parodi, 1940. Rev. Mus. La Plata, Secc. Bot. 3: 22. = *Ag. patagoncum* (Speg.) Parodi var. *macrochaetum* (Parodi) Nlcora. = *Elymus glaucescens* Seberg.

Agropyron repens (L.) P. Beauv. , 1812. Ess. Agrostol. : 102, 146, 180. = *Triticum repens* L. , 1753. Spec. Pl. : 86. = *Elytrigia repens* (L.) Nevski. = *Elymus repens* (L.) Gould, 1947. Madrono 9: 127.

Agropyron repens ssp. *acutum* (DC.) Hook. f. , 1884. Stud. Fl. Brit. Isl. ed. 3. 504. = *Ag. acutum* Roem. et Schult. = *Triticum acutum* DC.

Agropyron repens ssp. *caesium* var. *leersianum* Podpere, 1926. Kvetena Moravy 6: 85; 1926. Act. Soc. Sci. Nat. Morav. 2: 355. in Czechoslovak.

Agropyron repens ssp. *caesium* var. *pubescens* Podpere, 1926. Kvetena Moravy 6: 86; 1926. Act. Soc. Sci. Nat. Morav. 2: 355. in Czechoslovak.

Agropyron repens ssp. *caesium* var. *subulatum* Podpere, 1926. Kvetena Moravy 6: 85; 1926. Act. Soc. Sci. Nat. Morav. 2: 355. in Czechoslovak.

Agropyron repens ssp. *caesium* var. *vulgare* Podpere, 1926. Kvetena Moravy 6: 85; 1926. Act. Soc. Sci. Nat. Morav. 2: 355. in Czechoslovak.

Agropyron repens ssp. *elongatiforme* (Drob.) D. R. Dewey, 1980. Syst. Bot. 5: 70. = *Agropyron elongatiforme* Drob.

Agropyron repens ssp. *pseudocaesium* (Pacz.) Lavr. , 1935. Fl. URSR 1: 210. =

Elytrigia repens ssp. *pseudocaesia* (Pacz.) Tzvel.

Agropyron repens ssp. *pungens* (Pers.) Hook. f. ，1884. Stud. Fl. Brit. Isl. ed. 3. 504. = *Triticum pungens* Pers. ，1805. Syn. Pl. 1：109. excl. syn. Smith. = *Elytrigia pungens* (Pers.) Tutin，1952. Watsonia 2：186.

Agropyron repens α *hirsutifolium* (Hall) Cheval. ，1827. Fl. Environs Paris：193.

Agropyron repens b) *multiflorum* Mér. ex Breb. ，1859. Fl. Norm. ed. 3：364.

Agropyron repens d) *virescens* (Pano) Richt. ，1890. Fl. Eur. 1：123. = *Triticum glaucum virescens* Pano.

Agropyron repens g) *glaucum* (Doell) Druce，1908. List Brit. Fl. 84.

Agropyron repens g) *glaucum* (Doell) Maire，1908. Fl. Afr. Nord 3：326. 1955. same Druce

Agropyron repens martimum (Koch et Ziz) Grec. ，1898. Consp. Fl. Rom. 637. = *Triticum repens* var. *maritimum* Koch et Stuckert. = *Elytrigia repens* ssp. *arenosa* (Petif) Á. Löve，1980. Taxon 29：351.

Agropyron repens var. *alpestre* Kom. ，1927. Fl. Penina. Kamtsch. 1：194.

Agropyron repens var. *alpinum* Goiran，1899. Bull. Soc. Bot. Ital. 1899：290. nom. nud.

Agropyron repens var. *altissimum* Schur，1866. Enum. Pl. Transsilv. 809.

Agropyron repens var. *angustifolium* Grossh. ，1923. Not. Syst. Herb. Hort. Bot. Petrop. 4：20.

Agropyron repens var. *arenosum* (Thell.) Fiori，1923. Nuov. Fl. Anal. Ital. 156.

Agropyron repens var. *aristatum* (Schreb.) Baumg. 1816. Enum. Stirp. 3：269.

Agropyron repens var. *aristatum* Schlecht. ，1823. Fl. Berolin. 1：91. non (Schreb.) Baumge. 1816.

Agropyron repens var. *aristatum* Coss. et Germ. ，1861. Fl. Env. Paris ed. 2. 652. non (Schreb.) Baumge 1816. ，Schlecht. 1823.

Agropyron repens var. *aristatum* (Coss. et Germ.) Thiel. ，1873. Bull. Soc，Bot. Belg. 12：213. = *Triticum repens aristatum* Coss. et Germ. ，1861. Fl. Env. Paris ed. 2. 852.

Agropyron repens var. *aristatum* Husnot，1899. Gram. Fr. Belg. 83.

Agropyron repens var. *aristatum* (Doell) Roshev. 1924. Acta Hort. Petrop. 38：141. = *Triticum repens* var. *aristatum* Doell，1855. Fl. Bed. 1：128.

Agropyron repens var. *aristatum* (Neilreich) Hayek，1932. Feddes Repert. 30 (3)：220. = *Triticum repens* var. *aristatum* Neilr. ，1859. Fl. Neider-Oesterr. 85.

Agropyron repens var. *aristatum* subv. *pubescens* (Doell) Litard. ，1928. Arch. Bot. Mem. (Caen) 2：11.

Agropyron repens var. *arundinaceum* (Fries) Lange，1886. Haandb. Dansk. Fl. 4 Udg. ：48. = *Triticum repens 7 arundinaceum* Fries，1846. Summ. Veg. Boand. 250.

Agropyron repens var. *arvense* Reichenb. ，1834. Icon. Fl. Germ. Helv. 1；pl. 20. f. 1384. without descr. ；1850. ed. 2. 1；30. brief descr.

Agropyron repens var. *arvense* Schreb. ex Ducomm. ，1869. Taschenb. Schweiz. Bot. 892.

Agropyron repens var. *arvense* Meinsh. ex Fedtsch. ，1915. Bull. Jard. Bot. Pierre Grand 14（Suppl. 2）；95. nom. nud.

Agropyron repens var. *arvense* (Schreb.) Anghel et Morariu，1972. Fl. Republ. Social. Român. 12；609. = *Triticum arvense* Schreb.

Agropyron repens var. *atherotum* Peterm. ，1838. Fl. Lips. 71.

Agropyron repens var. *atlantis* Maire，1942. Bull. Soc. Hist. Nat. Afr. Nord 3490.

Agropyron repens var. *atherotum* Peterm. ，1838. Fl. Lips. 71.

Agropyron repens var. *barbata* Hook. f. ，1884. Stud. Fl. Brit. Isles ed. 3. 504.

Agropyron repens var. *bispiculata* Roshev. ，1929. Bull. Jard. Bot. Prin. URSS 28；385.

Agropyron ramificum (Link) Richt. ，1890. Fl. Eur. 1；124. = *Trticum repens ramificum* Link，1835. Linnaea 9；133.

Agropyron repens var. *bromiforme* Schur，1866. Enum. Fl. Transsilv. 808.

Agropyron repens var. *caesium* (Presl) Schur，1866. Enum. Fl. Transsilv. 808. = *Ag. caesium* Presl.

Agropyron repens var. *caldesii* Goiran，1880. in Fiori，Nuov. Fl. Anal. Ital. 1；156.

Agropyron repens var. *capillare* (Pers.) Roem. et Schult. ，1817. Syst. Veg. 2；755. = *Triticum repens* var. *capillare* Pers. ，1805. Syn. Pl. 1；109.

Agropyron repens var. *collinum* (Opiz) Podpera，1926. Kvetena Moravy 6；82；1926. Act. Soc. Sci. Nat. Morav. 2；352. in Czechoslovak. = *Ag. collinum* Opiz. nom. nud.

Agropyron repens var. *convolutum* Voroshilov，1947. Bull. Soc. Naturallstes Moscou n. s. 52（3）；46.

Agropyron repens var. *dasyanthum* C. Koch，1848. Linnaea 21；423.

Agropyron repens var. *distans* Lange，1886. Haandb. Cansk. Fl. 4 Udg. 49.

Agropyron repens var. *dumetorum* (Schreber) Roem. et Schult. ，1817. Syst. Veg. 2；755. = *Triticum dumetorum* Schreber，1811. Fl. Erlang. ed. 2. 1；143.

Agropyron repens var. *dumetorum* Reichenb. ，1834. Icon. Fl. Germ. Helv. 1；pl. 20. f. 1386.

Agropyron repens var. *dumetorum* S. F. Gray ex Druce，1908. List Brit. Pl. 84.

Agropyron repens var. *ferganicum* Drob. ，1916. Trav. Mus. Bot. Acad. Sci. Petrograd 16；137.

Agropyron repens var. *firmum* (Presl) Reichenb. ，1850. Icon. Fl. Germ. Helv. ed. 2. 1；30. brief descr. = *Ag. firmum* Presl.

Agropyron repens var. *foliosum* Komar. ，1927. Fl. Penins. Kamtsch. 1：193.

Agropyron repens var. *geniculatm*（Trin.）Krylov，1928. Fl. Zapad. Sibiri Pt. 2. 353. ＝ *Triticum geniculatum* Trin. ex Ledeb. ，1829. Fl. Alt. 1：117. ＝ *Pseudoroegneria geniculata*（Trin. ex Ledeb.）Á. Löve，1984. Feddes Repert. 95（7‑8）：446.

Agropyron rigidum var. *glabrifolium* Opiz ex Bercht. ，1836. Oekon-Tech. Fl. Bohmen 1：412.

Agropyron repens var. *glaucescens* Peterm. ，1838. Fl. Lips. 71.

Agropyron repens var. *glaucescens*（Engl.）Hegi，1906. Illustr. Fl. Mitteleur. 1：385. ＝*Triticum repens* var. *glaucescens* Engl. ex Aschers et Graebn.

Agropyron repens var. *glaucum* Bluff. et Nees，1836. Comp. Fl. Germ. ed. 2. 1：198. ＝ *Ag. firmum* Presl.

Agropyron repens var. *glaucum* Sond. ，1851. Fl. Hamburg. 73. nom. nud. non Bluff. et Nees 1836.

Agropyron repens var. *glaucum* Boiss. ，1884. Fl. Orient. 5：664.

Agropyron repens var. *glaucum*（Coss. et Dur.）Dur. et Schinz，1894. Consp. Fl. Afr. 5：936. ＝*Triticum repens* var. *glaucum*（Desf. ex DC.）Coss. et Dur. ，1855. Expl. Sci. Alger. 2：207. ＝ *Triticum glaucum* Desf. ex DC. ，1815. Fl. France 5：281. ＝*Elytrigia intermedia*（Host）Nevski.

Agropyron repens var. *glaucum*（Desf. ex DC.）Scribn. ，1894. Mem. Torrey Club 5：57. ＝ *Triticum glaucum* Desf. ex DC. ＝ *Elytrigia intermedia*（Host）Nevski.

Agropyron repens var. *glaucum*（Roem. et Schult.）Fiori，1923. Nouv. Fl. Anal. Ital. 1：156. in key. based not cited.

Agropyron repens var. *glaucum*（Host）Hayek，1932. Feddes Repert. 30（3）：220. ＝ *Triticum glaucum* Host，1809. Icon. Gram. Austr. 4：6. pl. 10.

Agropyron repens var. *glaucum*（Doell）Maire，1955. Fl. Afr. Nord 3：326.

Agropyron repens var. *goiranicum* Vis. ，1875. in Fiori，Nuov. Fl. Anal. Ital. 1：156. 1923 in key.

Agropyron repens var. *halophilus* Podpere，1926. Kvetena Moravy 6：84.

Agropyron repens var. *hirsutiflorum* Opiz，1852. Sezn. Rostl. Ceske 12. nom. nud. ；ex Bercht. ，1836. Oekon. -Tech. Bohmen 1：405. non Cheval. 1827.

Agropyron repens var. *imbricatum*（Lam.）Roem. et Schult. ，1817. Syst. Veg. 2：755. ＝ *Triticum imbricatum* Lam. ，Tabl. Encyol. 1：212. ＝ *Elytrigia repens*（L.）Nevski.

Agropyron repens var. *kozlowskyanum* Grossh. ，1923. Not. Syst. Herb. Hort. Bot. Petrop. 4：19.

Agropyron repens var. *leersianum* Roem. et Schult. ，1817. Syst. Vege. 2：755.

Agropyron repens var. *leersianum* Reichb. ，1834. Ic. Fl. Germ. Ⅰ：t. 20.

Agropyron repens var. *leersianum* S. P. Gray ex Druce，1908. List Brit. Fl. 84.

nom. nud.

Agropyron repens var. *litorale* Dum. ，1823. in Fiori，Nuov. Fl. Anal. Ital. 1：157.

Agropyron repens var. *litorale* (Host) Fiori，1923 Nuov. Fl. Anal. Ital. 1：157. in key.
= *Ag. littorale* (Host) Dum.

Agropyron repens var. *litorale* Kom. ，1927. Fl. Penins. Kamtsch. 1：194.

Agropyron repens var. *littorale* (Bab.) Lange，1886. Haandb. Dansk. Fl. 4 Udg：49.
= *Triticum repens* var. *littorale* Bab. ，1851. Man. Brit. Bot. Ei. 3. 400.

Agropyron repens var. *littorale* subv. *barbatum* Briq. ，1910. Prosr. Fl. Corse 1：185.
= *Triticum littorale* var. *barbatum* Duv. -Jouv. ，1870. Mem. Acad. Montp.
7：381.

Agropyron repens var. *littorale* subv. *pycnanthum* (Godr.) Briq. ，1910. Prodr. Fl.
Corse 1：186. = *Triticum pycnanthum* Godr. ，1854. Mem. Soc. Emul. Doubs Ⅱ.
5：10. = *Elytrigia pycnanthum* (Godr.) Á. Löve，1980. Taxon 29：351.

Agropyron repens var. *littoreum* Anderss. ，1852. Pl. Scand. Gram. 5. = *Triticum re-
pens litoreum* f. *litorale* Anderss.

Agropyron repens var. *litoreum* (Schum.) Hegi，1906. Illustr. Fl. Mitteleur. 1：385.
= *Triticum litoreum* Schumach，1801. Enum. Pl. Saell. 1：38.

Agropyron repens var. *littoreum* (Rouy. 1813) Fiori，1923. Nuov. Fl. Anal. d'Ital. 1：
156. in key. based not cited.

Agropyron repens var. *loliiforme* Schur，1866. Enum. Pl. Transsilv. 808.

Agropyron repens var. *longissime aristatum* Goiran，1899. Bull. Soc. Bot. Ital. 1899：
290. nom. nud.

Agropyron repens var. *majus* Parl. ，1848. Fl. Ital. 1：497.

Agropyron repens var. *majus* Ducomm. ，1869. Taschenb. Schweiz. Bot. 892.

Agropyron repens var. *maritimum* (Koch et Ziz.) Hack. ，1911. in Stuckert，Anal.
Mus. Nac. Buenos Aires 21：175. = *Triticum repens* var. *maritimum* Koch et Ziz. ，
1814. Cat. plant. Palat. 5. = *Elytrigia repens* ssp. *arenosa* (Petif) Á. Löve.

Agropyron repens var. *microstachyon* Goiran，1899. Bull. Soc. Bot. Ital. 1899：290.
nom. nud.

Agropyron repens var. *minor* Munro ex Aitch. ，1880. Journ. Linn. Soc. Bot. 18：110.
nom. nud.

Agropyron repens var. *mucronatum* Schur，1866. Enum. Pl. Transsilv. 808.

Agropyron repens var. *murens* Terracc. ，1907. Nuov. Ciorn. Bot. Ital. 14：208.

Agropyron repens var. *muticum* Baumg. 1816. Enum. Strip. 3：269. = *Ag. glumis
acutis* Fl. D. t. 748. sub Triticc.

Agropyron repens var. *muticum* Schlecht. ，1823. Fl. Berolin. 1：91. non Baumg. 1816.

Agropyron repens var. *muticum* Schur，1866. Enum. Pl. Transsilv. 808. non Schlecht.

Agropyron repens var. *nemorak* Anders. ex Bingham，1945. Cranbrook Inst. Sci. Mich.

Bull. 22：93.

Agropyron repens var. *nodosum* (Stev.) Fedtsch. , 1915. Bull. Jard. Bot. Pierre Grand 14 (Suppl. 2)：94. nom. nud.

Agropyron repens var. *obtuse* Hook. f. , 1884. Stud. Fl. Brit. Isl. ed. 3. 504.

Agropyron repens var. *orientale* Pohle ex Fedtsch. , 1915. Bull. Jard. Bot. Pierre Grand 14 (Suppl. 2)：95. nom. nud.

Agropyron repens var. *pilosum* Scribn. , 1894. in Rand & Hedfield，Fl. Mt. Desert 183.

Agropyron repens var. *pilosum* Nowopokr ex Grossh. , 1928. Fl. Kavkaza 1：131. in Russian.

Agropyron repens var. *planifolium* Podpéra，1926. Květena Moravy 6：84；1914. Doplnsk 34.

Agropyron repens var. *pseudocaesium* Paczoski，1912. Zap. Novoross. Obsch. Estestvoisp. 39：30. nom. nudum; ex Fedtsch. , 1915. Bull. Jard. Bot. Pierre Grand 14 (suppl. 2)：94 = *Elytrigia repens* ssp. *pseudocaesia* (Pacz.) Tzvel. , 1973. Nov. Sist. Vyssch. Rast. 10：31.

Agropyron repens var. *pseudocaesium* Paczoski ex Fedtsch. , 1915. Bull Jard. Bot. Pierre Grand 14 (Suppl. 2)：94. nom. nud.

Agropyron repens var. *pseudolitoreum* Podpéra，1926 Květena Moravy 6：83；1926. Act. Soc. Sci. Nat. Morav. 2：353. descr. in Czechoslovak.

Agropyron repens var. *pubescens* Doell. ex Fedtsch. , 1915. Bull. Jard. Bot. Pierre Grand 14 (Suppl. 2)：95. nom. nud.

Agropyron repens var. *pubescens* (Doell.) Tzvelev，1974. Fl. Severo-Vostoka Evropeĭskoĭ Chasti SSSR 1：117. = *Triticum repens* f. *pubscens* Doell.

Agropyron repens var. *pungens* (Pers.) Duby，1828. in DC. , Bot. Gall. 1：529. = *Elytrigia pungens* (Pers.) Tutin.

Agropyron repens var. *rectum* Kom. , 1927. Fl. Penins. Kamtsch. 1：193.

Agropyron repens var. *recurvum* Grossh. , 1923. Not. Syst. Herb. Hort. Bot. Petrop. 4：20.

Agropyron repens var. *scabrifolium* Doell，1877. in Martius，Fl. Brasil. 2. = *Elymus breviaristatus* ssp. *scabrifolius* (Doell) Á. Löve，1984. Feddes Repert. 95 (7 - 8)：471；non Keng ex Keng. f. 1984.

Agropyron repens var. *scabrifolium* (Doell) Arech. , 1897. Anal Mus. Nac. Montevidec 1：510. pl. 66. = *Triticum repens* var. *scabrifolium* Doell，1880. in Mart. , Fl. Bras. 23：226. = *Elymus breviaristatus* ssp. *scabrifolius* (Doell) Á. Löve.

Agropyron repens var. *salinum* Hack. ex Aschers. et Graebn. , 1901. Syn. Mitteleur. Fl. 2：649. = *Triticum repens* var. *salinum* Hack.

Agropyron repens var. *savignonei* (Notaris) Fiori，1908. Fl. Anal. Ital. 1：105. = *Ag. savignonei* De Not. , 1846. Prosp. Fl. Lig. 57. = *Elytrigia intermedia* ssp.

barbulata (Schur) Á. Löve.

Agropyron repens var. *scabriglume* Hackel，1911. in Stuckey，Anal. Mus. Nac. Hist. Nat. Buenos Aires 21：175. = *Elymus scabriglumis* (Hackel) Á. Löve，1984. Feddes Repert. 95 (7 - 8)：472.

Agropyron repens var. *secalinum* Goiran，1899. Bull. Soc. Bot. Ital. 1899：290. nom. nud.

Agropyron repens var. *squarrosum* Lange，1886. Haandb. Dansk. Fl. 4 Udg：49.

Agropyron repens var. *subulatiformae* Drob. ，1916. Trav. Mus. Bot. Acad. Sci. Petrograd 16：138.

Agropyron repens var. *subulatum* (Schreb.) Roem. et Schult. ，1817. Syst. Veg. 2：754. = *Triticum subulatum* Schreb. = *Elytrigia repens* (L.) Nevski var. *subulatum* (Roem. et Schult.) Seberg et G. Peterson.

Agropyron repens var. *subulatum* Reichb. ，1834. Ic. Fl. Germ. 1：t. 20.

Agropyron repens var. *vaillantianum* Reichb. ，1834. Ic. Fl. Germ. 1：t. 20.

Agropyron repens var. *subulatum* f. *heherhachis* Fernald，1933. Rhodora 35：184.

Agropyron repens var. *subulatum* f. *vaillantianum* (Wulf. et Schreb.) Fernald，1933. Rhodora 35：184. = *Triticum vaillantianum* Wulf. et Schreb. ，1811. in Schweigger et Koerte，Fl. Erlang. 1：143. = *Elytrigia repens* (L.) Nevski.

Agropyron repens var. *tenerum* (Vasey) Beal，1896. Grasses N. Amer. 2：637. = *Ag. tenerum* Vasey. = *Elymus trachycaulus* (Link) Gould ex Shinners，1954. Rhodora 56：28.

Agropyron repens var. *transcaucasicum* Grossh. ，1939. Trudy Bot. Inst. Azerbaidzh. Fil. Akad. Nauk SSSR 8：334. in Russian.

Agropyron repens var. *tudensis* Merino，1909. Fl. Deser. Illustr. Galicia 3：388.

Agropyron repens var. *typicum* Fiori，1923. Nuov. Fl. Anal. d'Ital. 1：156. in key.

Agropyron repens var. *vaillantianum* (Wulf. et Schreb.) Roem. et Schult. ，1817. Syst. Veg. 2：755. = *Triticum vaillantianum* Wulf. et Schreb. = *Elytrigia repens* (L.) Nevski.

Agropyron repens var. *villosum* Fedtsch. ，1915. Bull. Jard. Bot. Pierre Grand 14 (Suupl. 2)：95. nom. nud.

Agropyron repens var. *villosum* (Sadl.) Fiori，1923. Nuov. Fl. Anal. Ital. 156. = *Triticum glaucum* var. *villosum* (Hack.) Sadl. = *Triticum intermedium* var. *villosum* Hack. nom. seminud.

Agropyron repens var. *vulgare* (Doell) Kneucker，1900. Allg. Bot. Zeitschr. 6：91. = *Triticum repens* var. *vulgare* Doell，1857. Fl. Baden 1：128.

Agropyron repens f. *capillare* (Pers. ex Peterm.) Soó，1971 (publ. 1972) . Acta Bot. Acad. Sci. Hung. 17 (1 - 2)：119.

Agropyron repens f. *geniculatm* Farwell，1900. Ann. Rep. Comm. Parks & Boulev. Detroit，11：48.

Agropyron repens f. *multiflorum*（Peterm. ）Soó，1971（publ. 1972）. Acta Bot.
Acad. Sci. Hung. 17 (1 - 2)：119.

Agropyron repens f. *pectinatum*（R. et O. Schulz）Soó，1971（publ. 1972）. Acta Bot.
Acad. Sci. Hung. 17 (1 - 2)：119.

Agropyron repens f. *podperae* Soó，1971（publ. 1972）. Acta Bot. Acad. Sci. Hung.
17 (1 - 2)：119. = *Agropyron repens* f. *learsianum* Podp.

Agropyron repens f. *pilosum*（Scribn. ）Fernald，1933. Rhodora 35：184.

Agropyron repens f. *pubescens* Goiran，1899. Bull. Soc. Bot. Ital. 1899：290.
nom. nud.

Agropyron repens f. *stenophyllum*（A. et G. ）Soó，1971（publ. 1972）. Acta Bot.
Acad. Sci. Hung. 17 (1 - 2)：119. = *Triticum stenophyllum* A. et G.

Agropyron repens f. *stoloniferum* Farwell，1900. Ann. Rep. Comm. Parks & Boulev.
Detroit 11：48.

Agropyron repens f. *subpubescens* Soó，1971（publ. 1972）. Acta Bot. Acad. Sci.
Hung. 17 (1 - 2)：119. = *Triticum repens* f. *pubescens* Podp.

Agropyron repens f. *trichorrhachis* Echlens，1958. Contr. Arctic Inst. Catholic Univ.
America 9 F，46.

Agropyron repens lus. *semiverticillatum*（Waisb. ）Soó，1971（publ. 1972）. Acta Bot.
Acad. Sci. Hung. 17 (1 - 2)：119. = *Triticum repens* lus. *semiverticillatum* Waisb.

Agropyron retrofractum J. W. Vickery，1951. Contr. N. S. W. Herb. 1：340. = *Australopyrum pectinatum* ssp. *retrofractum* J. W. Vickery.

Agropyron richardsonii Schrader，1838. Linnaea 1：467. = *Elymus trachycaulus* ssp.
subsecundus（Link）Gould.

Agropyron richardsoni Schrad. ex Scribn. et Smith，1897. USDA Div. Agrost. Bull. 4：
29. = *Ag. subsecundum*（Link）Hitch. = *Elymus trachycaulus* ssp. *subsecundum*
（Link）Gould.

Agropyron richardsonii（Schrad. ）P. Candargy，1901. Monogr. tēs phyls tōn krithōdōn，43.

Agropyron richardsonii var. *ciliatum* Scribn. et Smith，1897. USDA Dept. Agr. Div.
Agrost. Bull. 4：29.

Agropyron richardsonii var. *vulpinus*（Rydb. ）Hitchc. ，1928. Proc. Biol. Soc. Washington 41：159. = *Elymus vulpinus* Rydb. = *Ag. vulpinum*（Rydb. ）Hitchc.

Agropyron riferum Senn. et Maurie. ，1933 (1934?). Cat. Fl. Rif. Or. 136. nom. nud.

Agropyron rigidum（Schrad. ）Beauv. ，1812. Ess. Agrost. 102，146. = *Triticum
rigidum* Schrad. ，1806. Sem. Nort. Gotting 18030：23. Fl. Germ. 1：392. = *Ag.
elongatum* Aschers. et Graebn.

Agropyron rigidum Presl，1819. Fl. Cech. 28. non Beauv. 1812.

Agropyron rigidum（Schrad. ）Beauv. var. *cretacum* Czern. ，1859. Consp. Plant

Chark. ：71.

Agropyron rigidum var. *emporitanum* Vayreda，1931. Cavanillesia 4：62. nom. nud.

Agropyron rigidum var. *hirsutifolium* Opiz，1852. Seznam Rost. Ceske. ：11. nom. nud.

Agropyron rigidum var. *glabrifolium* Opiz ex Bercht. ，1836. Oekon-Tech. Fl. bohman 1：412.

Agropyron rigidum var. *glabrifolium* Opiz，1852. Seznam Rost，Ceske：11. nom. nud.

Agropyron riparium Scribn. et Smith，1897. USDA Div. Agrost. Bull. 4：35. = *Elymus lanceolatus* (Scribn. et Smith) Gould.

Agropyron robustum Litw. ex Nevski，1932. Bull. Jard. Bot. Acad. Sci. SSSR 30：609. incidental mention in Russian.

Agropyron roegneri (Griseb.) Boiss. ，1884. Fl. Or. 5：662. = *Triticum roegnerii* Griseb. ，1852. in Ledeb. ，Fl. Ross. 4：339. = *Roegneria caucasica* C. Koch，1848. Linnaea 21：413.

Agropyron roegneri (Griseb.) Boiss. ex Fedtsch. ，1915. Bull. Jard. Bot. Pierre Grand 14 (Suppl. 2) ：93.

Agropyron roshevitzii Nevski，1932. Izv. Bot. Sada AN SSSR 30：503. = *Pseudoroegneria strigosa* ssp. *aegilopoides* (Drob.) Á. Löve.

Agropyron rothii Opiz，1852. Seznnam Rost. Kvet. Ceske 213. nom. nud. ；Opiz，1853. Lotus 3：64. descr. in German.

Agropyron rothii var. *subaristatum* Opiz，1852. Sezn. Rost. Kvet Ceske 213，nom. nud. ；Opiz. 1853. Lotus 3：64. descr. in German.

Agropyron rottboelloides (Mandon) A. et Gr. ，1901. Syn. mitteleur. Fl. 2：660. = *Ag. littorale* var. *rottboelloides* Mandon. = *Elytrigia intermidia* ssp. *pouzolzii* (Godron) Á. Löve.

Agropyron rottboelloides (Mandon) Rouy，1913. Fl. France 14：320. = *Elytrigia intermedia* ssp. *pouzolzii* (Godr.) Á. Löve.

Agropyron rouxii Gren. et Duval，1860. Mem. Soc. Emul. Doubt Ⅲ. 4：391.

Agropyron rupestre (Link) Schult. ，1824. Mant. 2：409. = *Triticum rupestre* Link，1821. Enum. Pl. Horti Berol. 1：98. = *Elymus caninus* (L.) L.

Agropyron russellii Meld. ，1960. in Bor，Grass. Burm. Ceyl. Ind. Pak. 694. = *Elymus russellii* (Meld.) T. A. Cope，1982. in Nasir et Ali，Fl. Pakistan 143：618.

Agropyron ruthenicum (Griseb.) Prokudin，1937. Fl. URSR Ⅱ：332；1938. Proc. Bot. Inst. ，Univ. Kharkov 3：166. = *Triticum rigidum* var. *ruthenicum* Griseb. ，1853. in Ledeb. Fl. Ross. 4：342.

Agropyron ruthenicum var. *czurjukense* Prok. ，1940. in Bordzil，Fl. URSR Fl. Reipub. Sov. Soc. Ucrain. ed. 2. 2：335.

Agropyron ruthenicum var. *littorale* (Lavr.) Prok., 1940. in Bordzil., Fl. URSR. ed. 2. 2：335.

Agropyron sachlinense Honda，1930. Journ. Fac. Agr. Hokkaido Univ. 26：177；in Miyabe et Kudo. 1931. Fl. Hokk. et Saghal. 2：177. = *Elytrigia repens* (L.) Nevski.

Agropyron sajanense (Nevski) Grubov，1955. Konsp. Fl. Mongol. 76. quoad nom. = *Roegneria sajanensis* Nevski，1934. Fl. SSSR 2：624. = *Elymus alaskanus* ssp. *sajanensis* (Nevski) Á. Löve，1984. Feddes Repert. 95 (7 - 8)：463.

Agropyron salinum Schur，1859. Verh. Siebenb. Ver. Naturw 10：112. = *Ag. glaucum* Beauv.

Agropyron sanctum (Janka) Hackel，1897. in Formanek，Verh. Naturf. Ver. Brunn 35：157. =*Brachypodium sanctum* Janka，1872. Oestrr. Bot. Zeischr. 22：181. = *Festucopsis sancta* (Janka) Meld.，1978. Bot. J. Linn. Soc. 76：319.

Agropyron sartorii (Boiss. et Heldr.) Grecescu，1898. Consp. Fl. Rom. 637. = *Triticum sartorii* Boiss. et Heldr.，1882. in Nyman，Consp. 4：840. = *Thinopyrum sartorii* (Boiss. et Heldr.) Á. Löve，1984. Feddes Repert. 95 (7 - 8)：476.

Agropyron saundersii (Vasey) Hitchc.，1928. Proc. Biol. Soc. Washington 41：159. = *Elymus saundersii* Vasey.

Agropyron savignonii De Notaris，1846. Prosp. Fl. Ligust. 57；1848. Mem. Acad. Sci. Torino Ⅱ. 9：509. = *Elytrigia intermedia* ssp. *barbulata* (Schur) Á. Löve.

Agropyron saxicola (Scribn. et Smith) Piper，1906. Contr. US Nat. Herb. 11：148. = *Elymus saxicola* Scribn. et Smith.

Agropyron scabridulum Ohwi，1943. J. Jap. Bot. 19：166. = *Roegneria scabridula* (Ohwi) Meld.，1949. in Norlindh.，Fl. Mong. 122.

Agropyron scabrifolium (Doll) Parodi，1946. Gramin. Bonar.，ed. 4：88. = *Agropyron repens* var. *scabrifolium* Doll. = *Elymus breviaristatus* ssp. *scabrifolius* (Doll) Á. Löve，1984. Feddes Repert. 95 (7 - 8)：471.

Agropyron scabriglume (Hackel) Parodi，1940. Rev. Mus. La Plata，Bot. n. ser. 3：28. = *Agropyron repens* var. *scabriglume* Hackel = *Elymus scabriglumis* (Hackel) Á. Löve，1984. Feddes Repert. 95 (7 - 8)：472.

Agropyron scabrum (R. Br.) P. Beauv.，1812. Agrostol. 102. = *Triticum scabrum* R. Br.，1810. Prodr. Fl. Novae Holl. 178. = *Festuca scabra* Labill. = *Anthosachne australasica* var. *scabra* C. Yen et J. L. Yang.

Agropyron scabrum Sennen，1922. Bull. Soc. Bot. France 68：408. nomen.

Agropyron scabrum Nevski，1932. Izv. Bot. Sada AN SSSR 30：626. = *Elymus dentatus* ssp. *scabrus* (Nevski) Á. Löve，1984. Feddes Repert. 95 (7 - 8)：455.

Agropyron scabrum var. *plurinerve* Vickery，1950. Contr. Neu South Wales Nat. Herb. 1 (6)：342. =*Anthosachne australasica* Steud. var. *plurinervisa* (Vickery) C. Yen et J. L. Yang.

Agropyron scabrum var. *tenue* Buch. ，1880. Indig. Grasses of N. Z. t. 57b & Add. & Corr. 11. = *Elymus tenuis* （Buch.） Á. Löve et Connor，1982. New Zeal. J. Bot. 20：183. = *Anthosachne tenuis* （Buch.） Yen et J. L. Yang.

Agropyron schrenkianum （Fisch. et Mey.） P. Candargy，1901. Monogr. tēs phyls tōn krithŏdŏn：41. = *Roegneria schrenkiana* （Fisch. et Mey.） Nevski. =*Campeiostachys Schrenkiana* （Fisch. et Mey.） J. L. Yang，B. R. Baum et C. Yen.

Agropyron schrenkianum （Fisch. et Mey.） Drob. ，1916. Trav. Mus. Bot. Acad. Sci. Petrograd 16：136. = *Triticum schrenchianum* Fisch. et Mey. ，1845. Bull. Acad. Sci. Petersb. 3：305. = *Roegneria schrenkiana* （Fish. et Mey.） Nevski，1934. Tr. Sredrneaz. Univ. ser. 8B，17：68. =*Campeiostachys schrenkiana* （Fisch. et Mey.） J. L. Yang，B. R. Baum et C. Yen.

Agropyron schrenkianum var. *alaicum* Drob. ，1916. Trav. Mus. Bot. Acad. Sci. Petrograd 16：136.

Agropyron schugnanicum Nevski，1932. Izv. Bot. Sada AN SSSR 30：512. = *Roegneria schugnanica* （Nevski） Nevski，1934. Tr. Sredneaz. Univ. ，ser. 8B，17：68.

Agropyron scirpeum K. Presl，1820. Gram. . Sic. 49. = *Lophopyrum scirpeum* （K. Presl） Á. Löve，1984. Feddes Repert. 95 （7 - 8）：489.

Agropyron scirpeum var. *flaccidifolium* Boiss. et Heldr. ，1884. in Boiss. ，Fl. Or. 5：666; Biss. ，1859. Diagn. Pl. Orient. Nov. Ⅱ，3 （4）：142. = *Lophopyrum flaccidifolium* （Boiss. et Heldr.） Á. Löve，1984. Feddes Repert. 95 （7 - 8）：489.

Agropyron scirpeum var. *gracile* Tineo，1846. Fl. Rar. Sicil. 23.

Agropyron scirpeum var. *gracile* Lange，1860. Naturhist For. Kjobenhavn Ⅱ. 1：55. = *Ag. curvifolium* Lange，1860. Pug. Fl. Impr. Hisp. 55. = *Lophopyrum curvifolium* （Lange） Á. Löve.

Agropyron scirpeum var. *involucretum* Lojac. ，1909. Fl. Sicula 3：374.

Agropyron sclerophyllum Novopokr. ，1935. Uchen. Zap. Rostovsk. Univ. 6：39. = *Ag. cristatum* ssp. *sclerophyllum* Novopokr. I. c.

Agropyron scribneri Vasey，1883. Bull. Torrey Bot. Club 10：128. = *Elymus trachycaulus* ssp. *scribneri* （Vasey） Á. Löve，1984. Feddes Repert. 95 （7 - 8）：461.

Agropyron scyrpeum Presl，1931. Compositum Vayreda，Cavanillesia 4：62. nom. nud.

Agropyron scythicum Nevski，1934. Fl. SSSR 2：638. descr. in Russian. = *Pseudoroegneria geniculata* ssp. *scythicum* （Nevski） Á. Löve，1984. Feddes Repert. 95 （7 - 8）：446. =*Lophopyrum scythicum* （Nevski） J. L. Yang et C. Yen.

Agropyron secundum Presl，1830. Rel. Haenk. 1：266.

Agropyron seidlii Opiz，1852. Sezn. Rostl. Ceske 12. nom. nud; ex Bercht. ，1836. Oekon. - Tech. Fl. Bohmen 1：400.

Agropyron semicostatum Nees ex Steud. ，1854. Syn. Pl. Glum. 1：346. = *Roegneria* semicostata (Steud.) Kitagawa, 1939. Rep. Inst. Manch. 3 App. 1: 91.

Agropyron semicostatum (Nees) P. Candargy, 1901. Monogr. tēs phyls tōn krithōdōn: 41. = *Roegneria semicostata* (Steud.) Kitagawa.

Agropyron semicostatum var. *ciliare* Hack., 1903. Bull. Herb. Boiss. Ⅱ. 3: 506.

Agropyron semicostatum var. *hispidum* Hack. ex Mori, 1922. Enum. Pl. Corea 36. nom. nud.

Agropyron semicostatum var. *subvillosum* Hack., 1903. Act. Hort. Petrop. 21: 437.

Agropyron semicostatum var. *thomsoni* Hook. f., 1896 - 1897. Fl. Brit. Ind. 7: 369. = *Roegneria semicostata* var. *thomsonii* (Hook. f.) J. L. Yang, Yen et Baum.

Agropyron semicostatum var. *transiens* Hack., 903. Bull. Herb. Boiss. Ⅱ. 3: 507. 1 = *Roegneria kamoji* Ohwi, 1942. Acta Phytotax. Geobot. 11 (3): 179. = *Campeiostachys kamoji* (Ohwi) J. L. Yang, Baum et Yen.

Agropyron semicostatum var. *tsukushiense* (Honda) Ohwi, 1937. Acta Phytotax. Geobot. 6: 54. = *Elymus tsukushiense* Honda, 1936. Bot. Mag. Tokyo 50: 391. = *Campeiostachys tsukushiense* (Honda) J. L. Yang, Baum et Yen.

Agropyron semicostatum var. *viridispicata* Honda, 1931. Bot. Mag. Tokyo 45: 470.

Agropyron sepium (Lam.) Beauv., 1812. Ess. Agrost. 102, 146, 181. = *Elymus caninus* (L.) L.

Agropyron sericeum Hitchc., 1915. Amer. J. Bot. 2: 309. = *Elymus macrourus* (Turcz.) Tzvel.

Agropyron setuliferum (Nevski) Nevski, 1934. Fl. SSSR 2: 642. = *Elytrigia setulifera* Nevski, 1934. Tr. Sredneaz. Univ. ser. 8B, 17: 61. = *Pseudoroegneria setulifera* (Nevski) Á. Löve, 1984. Feddes Repert. 95 (7 - 8): 446.

Agropyron sibiricum (Willd.) P. Beauv., 1812. Ess. Agrostol. 146. = *Triticum sibiricum* Willd., 1809. Enum. Pl. Hort. Berol. 1: 135. = *Ag. fragile* (Roth) Candargy, 1800. Catal. Bot. 2: 7.

Agropyron sibiricum var. *ciliata* Trautv. ex Fedtsch., 1915. Bull. Jard. Bot. Pierre Grand 14 (Suppl. 2): 96. nom. nud.

Agropyron sibiricum var. *cretaica* Trautv. ex Fedtsch., 1915. Bull. Jard. Bot. Pierre Grand 14 (Suppl. 2): 97. nom. nud.

Agropyron sibiricum var. *dasyphyllum* (Schrenk) Roshev. ex Fedtsch., 1915. Bull. Jard. Bot. Pierre Grand (Suppl. 2): 96. = *Triticum dasyphyllum* Schrenk, 1842. Bull. Sci. Acad. Sci. Petersb. 10: 356. = *Ag. fragile* (Roth) Candargy.

Agropyron sibiricum var. *dasyphyllum* f. *dasystachyum* (Trautv.) Roshev., 1924. Act. Hort. Petrop. 38: 143. nom. nud.

Agropyron sibiricum var. *densiflorum* (Willd.) Fedtsch., 1915. Bull. Jard. Bot. Pierre Grand 14 (Suppl. 2): 96. = *Triticum densiflorum* Willd., 1809. Enum. Pl. 135.

Agropyron sibiricum var. *desertorum* (Fisch. ex Link) Trautv ex Boiss. ，1884. Fl. Orient. 5：667. = *Triticum desertorum* Fisch. ex Link，1821. Enum. Pl. Horti Berol. 1：97. = *Ag. desertorum* (Fisch. ex Link) Schultes，1824. Mant. 2：412.

Agropyron sibiricum var. *puberula* Trautv. ex Fedtsch. ，1915. Bull. Jard. Bot. Pierre Grand 14 (Suppl. 2)：96. nom. nud.

Agropyron sibiricum var. *subaristata* Trautv. ex Fedtsch. ，1915. Bull. Jard. Bot. Pierre Grand 14 (Suppl. 2)：96. nom. nud. ；Roshev. Act. Hort. Petrop. 40：230. 1928.

Agropyron sibiricum var. *villosum* Roshev. ，1932. in Fedtsch. ，Fl. Turkm. 1：185. in Russian.

Agropyron sikkimense Meld. ，1960. in Bor，Grass. Burm. Ceyl. Ind. Pak. 694. = *Roegneria sikkimensis* (Meld.) J. L. Yang，Baum et Yen.

Agropyron sinkiangense D. F. Cui，1998. Acta Bot. Boreal. - Occident. Sinica 18 (2)：284 - 285.

Agropyron sinuatum Nevski，1934. Fl. SSSR 2：639. in Russian. = *Lophopyrum sinuatum* (Nevski) Á. Löve，1984. Feddes Repert. 95 (7～8)：490.

Agropyron sitanioides J. G. Smith，1905. in Piper，Proc. Biol. Soc. Washington 18：149. = *Ag. saxicola* (Scribn. et Smith) Piper.

Agropyron smithii Rydberg，1900. Mem. N. Y. Bot. Gard. 1：64. Febr. = *Pascopyrum smithii* (Rydb.) Á. Löve，1980. Taxon 29：547.

Agropyron smithii var. *molle* (Scribn. et Smith) Jones，1912. Contr. West. Bot. 14：18.

Agropyron smithii var. *palmeri* (Scribn. et Smith) Heller，1900. Cat. N. Amer. Pl. ed. 2. 3.

Agropyron smithii var. *riparium* (Scribn. et Smith) Jones，1912. Contr. West. Bot. 14：19. =*Ag. riparium* Scribn. et Smith. = *Elymus lanceolatus* (Scribn. et Smith) Gould.

Agropyron smithii var. *typica* Waterfall，1949. Rhodora 51：21.

Agropyron smithii f. *molle* (Scribn. et Smith) Gillett，1960. Canad. J. Bot. 38：750.

Agropyron sosnovskyi Hack. ，1913. Monit. Jard. Bot. Tiflis 29：26. = *Pseudoroegneria sosnovskyi* (Hack.) Á. Löve，1984. Feddes Repert. 95 (7 - 8)：445.

Agropyron spicatum (Pursh) Scribner et Smith，1897. USDA Div. Agrost. Bull. 4：33. = *Festuca spicata* Pursh，1814. Fl. Amer. Sept. 1：83. = *Pseudoroegneria spicata* (Pursh) Á. Löve，1980. Taxon 29：168.

Agropyron spicatum var. *arizonicum* (Scribn. et Smith) Jones，1912. Contr. West. Bot. 14：19. = *Elymus arizonicus* (Scribn. et Smith) Gould，1947. Madrono 9：125.

Agropyron spicatum var. *inerme* (Scribn. et Smith) Heller，1900. Cat. N. Amer. Pl. ed. 2. 3. = *Pseudoroegneria spicatum* ssp. *inerme* (Scribn. et Smith) Á. Löve，

Agropyron spicatum var. *molle* Scribn. et Smith，1897. USDA Div. Agrost. Bull. 4：33. = *Ag. smithii* var. *molle* Jones.

Agropyron spicatum var. *palmeri* Scribn. et Smith，1897. USDA Div. Agrost. Bull. 4：33. = *Ag. smithii* var. *palmeri* Heller.

Agropyron spicatum var. *pringlei* (Scribn. et Smith) Jones，1912. Contr. West. Bot. 14：19. = *Ag. gmelini* var. *pringlei* Scribn. et Smith. = *Ag. pringlei* (Scribn. et Smith) Hitchc. = *Elymus trachycaulus* ssp. *sierrus* (Gould) Á. Löve.

Agropyron spicatum var. *puberulentum* (Elmer) Piper，1906. Contr. U. S. Nat. Herb. 11：147.

Agropyron spicatum var. *pubescens* Elmer，1903. Bot. Gaz. 36：52.

Agropyron spicatum var. *tenuispicum* (Scribn. et Smith) Rydb. ，1900. Mem. N. Y. Bot. Gard. 1：61. = *Ag. divergens* var. *tenuispicum* Scribn. et Smith. = *Ag. spicatum* (Pursh) Scribn. et Smith. = *Pseudoroegneria spicata* (Pursh) Á. Löve.

Agropyron spicatum var. *vaseyi* (Scribn. et Smith) E. Nels. ，1904. Bot. Gaz. 38：378. = *Ag. vaseyi* Scribn. et Smith. = *Ag. spicatum* (Pursh) Scribn. et Smith. = *Pseudoroegneria spicata* (Pursh) Á. Löve.

Agropyron spicatum var. *viride* Farwell，1920. Mich. Acad. Sci. Rep. 21：356. = *Ag. smithii* Rydb. = *Pascopyron smithii* (Rydb.) Á. Löve.

Agropyron × *spurium* Meld. ，1960. in Bor，Grass. Burm. Ceyl. Ind. Pak. 695.

Agropyron squarrosum (Roth) Link，1827. Hort. Bot. Berol. 1：32. = *Triticum squarrosum* Roth，1802. Neue Beitr. Bot. 128. = *Eremopyrum bonaepartis* (Sprengel) Nevski，Tr. Bot. Inst. AN SSSR ser. 1, 1：18. in obs.

Agropyron squarrosum var. *kotschayanum* (Boiss.) Hack. ，1885. in Stapf，Denskschr. Acad. Wiss. Wien 50 (2)：11 = *Triticum kotschyanum* Boiss. ，1853. Diagn. Pl. Orient. ser. 1, 13：69. = *Eremopyrum bonaepartis* (Sprengel) Nevski.

Agropyron stenachyrum (Keng) Tzvel. ，1968. Rast. Tsentr. Azii 4：190. = *Roegneria stenachyra* Keng，1963. in Keng et S. L. Chen，Acta Nanking Univ. (Biol.) 3 (1)：79. = *Kengyilia* × *stenachyra* (Keng) J. L. Yang，Yen et Baum，1992. Hereditas 116：27.

Agropyron stenophyllum Nevski，1932. Bull. Jard. Bot. Acad. Sci. URSS 30：491, 500. = *Pseeudoroegneria strigosa* ssp. *aegilopoides* (Drob.) Á. Löve，1984. Feddes Repert. 95 (7-8)：444.

Agropyron stenostachyum Meld. ，1970. in Rech. f. ，Fl. Iranica 70：175. = *Elymus stenostachyus* (Meld.) Á. Löve，1984. Feddes Repert. 95 (7-8)：454.

Agropyron stepposum Dubovik，1981. Nov. Sist. Vyssch. i Nizschikh Rast. 1979：12.

Agropyron stewartii Meld. ，1960. in Bor，Grass. Burm. Ceyl. Ind. Pak. 695. = *Pseudoroegneria stewartii* (Meld.) Á. Löve，1984. Feddes Repert. 95 (7-8)：447.

Agropyron stipaefolium Czern. ，1859. Consp. Pl. Charcov. ；70.

Agropyron stipifolium Czern. ex Nevski, 1934. Fl. SSSR 2: 637. in Russian. =*Pseudoroegneria stipifolia* (Czern. ex Nevski) Á. Löve, 1984. Feddes Repert. 95 (7 - 8): 445.

Agropyron striatum Nees ex Steud. , 1854. Syn. Pl. Glum. 1: 316. = *Roegneria semicostata* var. *striata* (Nees ex Steud.) J. L. Yang, Baum et Yen.

Agropyron striatum (Steudel) P. Candargy, 1901. Monogr. tēs phyls tōn krithōdōn : 41.

Agropyron striatum var. *validum* Meld. , 1960. in Bor, Grass. Burm. Ceyl. Ind. Pak. 696. = *E. validus* (Meld.) B. Salomon=*Roegneria valida* (Meld.) J. L. Yang, Baum et Yen.

Agropyron strictum Detharl Reichenb. , 1823. Handb. Gewaks. Fl. Deutschland ed. 2: 1812.

Agropyron strigosum (M. Bieb.) Boiss. , 1884. Fl. Or. 5: 661. = *Bromus strigosus* M. Bieb. , 1819. Fl. Taur. - Cauc. 3: 81. = *Pseudoroegneria strigosa* (M. Bieb.) Á. Löve, 1980. Taxon 29: 168.

Agropyron strigosum (Less.) Beauv. ex Coulter, 1885. Man. Rocky Mount. 426. non Boiss. 1884.

Agropyron strigosum ssp. *aegilopoides* (Drob.) Tzvel. , 1970. Spisok Rast. Herb. Fl. SSSR 18: 24. = *Pseudoroegneria strigosa* ssp. *aegilopoides* (Drob.) Á. Löve.

Agropyron strigosum ssp. *amgumense* (Nevski) Tzvel. , 1970. Spisok Rast. Herb. Fl. SSSR 18: 24. = *Pseudoroegneria strigosa* ssp. *amgumensis* (Nevski) Á. Löve.

Agropyron strigosum ssp. *jacutorum* (Nevski) Tzvel. , 1970. Spisok Rast. Herb. Fl. SSSR 18: 24. = *Pseudoroegneria strigosa* ssp. *jacutorum* (Nevski) Á. Löve.

Agropyron strigosum var. *hornemanni* Koch ex Fedtsch. , 1915. Bull. Jard. Bot. Pierre Grand 14 (Suppl. 2) : 93. nom. nud.

Agropyron strigosum var. *laxum* Dmitr. ex Fedtsch. , 1915. Bull. Jard. Bot. Pierre Grand 14 (Suppl. 2): 93. nom. nud.

Agropyron strigosum var. *microcalyx* (Regel) Drob. , 1915. Trav. Mus. Bot. Acad. Sci. Petrograd 12: 45. = *Triticum strigosum* var. *microcalyx* Regel. , 1881. Acta Hort. Petrop. 7: 590. =*Pseudoroegneria strigosa* (M. Bieb.) Á. Löve.

Agropyron strigosum var. *planifolium* (Regel) Drob. , 1914. Trav. Mus. Bot. Acad. Sci. Petrogra 12: 45. = *Triticum strigosum* var. *planifolium* Regel, 1881. Acta Hort. Petrop. 7: 591.

Agropyron strigosum var. *pubescens* (Regel) Drob. , 1914. Trav. Mus. Bot. Acad. Sci. Petrograd 12: 45. = *Triticum strigosum* var. *pubescens* Regel, 1881. Acta Hort. Petrop. 7: 590.

Agropyron subalpinum V. Golosk. , 1959. Bot. Mat. (Leningrad) 12: 26. = *Elytrigia kasteki* (M. Pop.) Tzvel. , 1973. Nov. Syst. Vyssch. Rast 10: 31.

Agropyron subaristatum Kitagawa, 1969. J. Jap. Bot. 44: 273.

Agropyron subglume P. Candargy，1901. Monogr. tēs phyls tōn krithōdōn 64. = *Elymus narduroides* (Turcz.) Á. Löve. et Connor，1982. New Zeal. J. Bot. 20：184. = *Stenostachys narduroides* Turcz.

Agropyron subsecundum (Link) Hitchc.，1934. Amer. J. Bot. 21：131. = *Triticum subsecundum* Link，1833. Hort. Berol. 2：190. = *Elymus trachycaulus* ssp. *subsecundus* (Link) Gould.

Agropyron subsecundum var. *andinum* (Scribn. et Smith) Hitchc.，1934. Amer. Journ. Bot. 21：132. = *Ag. violaceum* var. *andinum* Scribn. et Smith，1897. USDA Div. Agrost. Bull. 4：30. = *Elymus trachycaulus* ssp. *andinus* (Scribn. et Smith) Á. Löve.

Agropyron subulatiforme Soó，1971 (publ. 1972). Acta Bot. Acad. Sci. Hung. 17 (1-2)：119.

Agropyron subulatiforme f. *viride* (Marss.) Soó，1971 (publ. 1972). Acta Bot. Acad. Sci. Hung. 17 (1-2)：120. = *Triticum repens* f. *viride* Marss.

Agropyron subulatum (Russ.) Roem. et Schult.，1817. Syst. Veg. 2：761. = *Triticum subulatum* Russell，1794. Nat. Hist. Aleppe ed 2. 2：244.

Agropyron subulatum (Schweigger) Herter，1940. Rivist. Sudamer. Bot. 6：147. (non illeg.)，non *Ag. subulatum* (Banks et Sol. in Russell) Roem. et Schult. 1817. = *Elytrigia repens* var. *subulatum* (Roem. et Schult.) Seberg et Gl Peterson，1998. Bot. Jahrb. Syst. 120 (4)：538.

Agropyron subvillosum (Hook. f.) E. Nelson，1904 Bot. Gaz. 38：378. = *Elymus lanceolatus* (Scribn. et Smith) Gould.

Agropyron subvillosum Piper，1906. Contr. US Nat. Herb. 11：148. non (Hook. f.) E. Nelson 1904. = *Elymus saxicola* Scribn. et Smith.

Agropyron sylvaticum (Poll.) Cheval.，1827. Fl. Envir. Paris 196. = *Bromus sylvaticus* Poll.

Agropyron sylvaticum (Moench.) Cheval.，1836. Fl. Envir. Paris 2：196. = *Triticum sylvaticum* Moench.，1777. Enum Pl. Hass. 54.

Agropyron × tallonii Simonet，1935. Compt. Rend. Acad. Sci. (Paris) 201：1212.

Agropyron tanaiticum Nevski，1934. Tr. Sredneaz. Univ. ser. 8C，17：56. in key；1936. Acta Inst. Bot. Acad. Sci.. URSS ser. 1，2：86. latin descr.

Agropyron tanaiticum var. *glabriusculum* (Pidopl.) Tzvelev，1973. Novosti Sist. Vyssh. Rast. 10：33. = *Agropyron dasyanthum* f. *glabriusculum* Pidopl.

Agropyron tanaiticum f. *glabriusculum* (Pidopl.) Prok.，1940. in Bordzil.. Fl. URSR ed. 2. 2：354. = *Ag. dasyanthum* f. *glabriusculum* Pidopl.，1929. Ukr. Bot. Zhurn. 5：78. = *Ag. tanaiticum* Nevski.

Agropyron tanaiticum f. *villosum* (Pidopl.) Prok.，1940. in Bordzil.，Fl. URSR ed. 2. 2：354. = *Ag. dasyanthum* f. *villosum* Pidopl.，1929. Ukr. Bot. Zhurn. 5：78.

= *Ag. tanaiticum* Nevski.

Agropyron tarbagataicum Plotnikov，1941 - 1946. Tr. Omsk. Sel′sk. Inst. 20：143，131. = *Ag. cristatum* ssp. *tarbagataicum* (Plotn.) Tzvel.

Agropyron tashiroi Ohwi，1937. Journ. Jap. Bot. 13：333.

Agropyron tauri Boiss. et Bal. ，1857. Bull. Soc. Bot. Fr. 4：307. = *Pseudoroegneria tauri* (Boiss. et Bal.) Á. Löve，1984. Feddes Repert. 95 (7 - 8)：445.

Agropyron tauschi var. *glabrum* Grossh. ，1923. Not. Syst. Herb. Hort. Bot. Petrop. 4：20.

Agropyron tenellum Opiz，1852. Sezn. Rostl. Ceske 12. nom. nud.

Agropyron tenerum Vasey，1885. Bot. Gaz. 10：258. = *Elymus trachycaulus* (Link) Gould ex Shinner，1954. Rhodora 56：28.

Agropyron tenerum var. *ciliatum* Scribn. et Smth，1897. USDA Div. Agrost. Bull. 4：30. = *Elymus trachycaulus* (Link) Gould ex Shinner.

Agropyron tenerum var. *longifolium* Scribn. et Smth，1897. USDA Div. Agrost. Bull. 4：30. = *Elymus trachycaulus* (Link) Gould ex Shinner.

Agropyron tenerum var. *magnum* (Scribn. et Smith) Piper，1905. Bull. Torrey Club 32：546. = *Ag. pseudorepens magnum* Scribn. et Smith.

Agropyron tenerum majus (Vasey) Piper，1905. Bull. Torrey. Bot. Club 32：543. = *Ag. violaceum* var. *major* Vasey. = *Elymus trachycaulus* ssp. *virescens* (Lange) Á. Löve et D. Löve，1970. Bot. Not. 128：502.

Agropyron tenerum var. *novae-angliae* (Scribn.) Farwell，1920. Mich. Acad. Sci. Rep. 21：355. = *Ag. novae-angliae* Scribn. = *Elymus trachycaulus* ssp. *novae-angliae* (Scribn.) Tzvel.

Agropyron tenerum var. *pseudorepens* (Scribn. et Smith) Jones，1912. Contr. West. Bot. 14：19. = *Ag. pseudorepens* Scribn. et Smith.

Agropyron tenerum var. *trichocoleum* (Scribn. et Smith) Piper，1905. Bull. Torrey Bot. Club 32：546. = *Ag. tenerum ciliatum* Scribn. et Smith. = *Elymus tachycaulus* (Link) Gould ex Shinner.

Agropyron tenue (J. Buch.) Connor，1954. N. Z. Journ. Sci. et Techn. Sect. B，35 (4)：318. = *Ag. scabrum* var. *tenue* Buch. = *Elymus tenuis* (Buch.) Á. Löve et Connor，1982. N. Z. Jour. Bot. 20：183.

Agropyron tenuiculum Beauv. ，1812. Ess. Agrost. 146. nom. nud.

Agropyron tenuiculum Steudel，1840. Nomenclator botanicus，ed. Ⅱ. 1：38. = *Festuca poa* (DC.) Raspail = *Triticum poa* DC.

Agropyron teslinense Porsild et Senn，1951. in Porsild，Bull. Natl. Mus. Canada 121：98. = *Elymus trachycaulus* ssp. *teslinensis* (Porsild et Senn) Á. Löve，1980. Taxon 20：167.

Agropyron tesquicola Prokudin，1937. Fl. URSR Ⅱ：342；1938. Proc. Bot. Inst.

Kharkov 3：181；Fl. URSR 2：342. = *Elytrigia tesquicola* Prok.

Agropyron tetrastachys Scribn. et Smith，1897. USDA. Div. Agrost. Bull. 4：32. = *Elytrigia pungens* (Pers.) Tutin.

Agropyron thompsoni Hook. f. ，1896 - 1897. Fl. Brit. Ind. 7：370. =*Roegneria semi-costata* var. *thompsoni* (Hook. f.) J. L. Yang，B. R. Baum et C. Yen.

Agropyron thoroldianum Oliver，1893. in Hook. ，Ic. Pl. tab. 2262. = *Kengyilia thoroldiana* (Oliv.) J. L. Yang，Yen et Baum，1992. Hereditas 116：27.

Agropyron thoroldianum var. *laxiusculum* Meld. ，1960. in Bor，Grass. Burm. Ceyl. Ind. Pak. 696. = *Kengyilia thoroldiana* var. *laxiuscula* (Meld.) S. L. Chem.

Agropyron tianschanicum Drob. ，1923. Vued. Opred. Rast. Okr. Taschk. 1：41. in Russian；Drob. ，1925. Feddes Repert. 21：42. = *Roegneria tianschanica* (Drob.) Nevski，1934. Tr. Sredneaz. Univ. ser. 8B，17：71.

Agropyron tianschanicum var. *subnutans* Nevski，1932. Bull. Jard. Bot. Acad. Sci. URSS. 30：622.

Agropyron tianschanicum var. *subsecundum* Nevski，1932. Bull. Jard. Bot. Acad. Sci. URSS 30：622.

Agropyron tibeticum Meld. ，1960. in Bor，Grass. Burm. Ceyl. Ind. Pak. 696. = *Roegneria tibetica* (Meld.) H. L. Yang，1980. in Fl. Reip. Popul. Sin. 9 (3)：72.

Agropyron tilcarense J. H. Hunziker，1966. Kurtziana 3：121. = *Elymus scabriglumis* (Hack.) Á. Löve.

Agropyron tobolense Gorodk. ex Roshev. ，1924. Tr. Glavn. Bot. Sada SSSR 38：147. n. nud. = *Elymus fibrosus* (Schrenk) Tzvel.

Agropyron tournefortii DeNot. ，1847. Atti. Riun. Sci. Ital. 8：602.

Agropyron tournefortii Savign. ，1847. in Flora 30：569. = *Agropyron aucheri* Boiss.

Agropyron trachycaulon (Link) Hort. ，1854. in Steud. ，Syn. Pl. Glum. 1：344. = *Triticum trachycaulon* Link. = *Elymus trachycaulus* (Link) Gould ex Shinner.

Agropyron trachycaulum (Link) Malte，ex Lewis，1931. Canadian Field-Nat. 45：201.

Agropyron trachycaulum (Link) Malte，1932. Canada Nat. Mus. Ann. Rept. 1930：(Bull. 68)：42. =*Triticum trachycaulon* Link =*Elymus trachycaulus* (Link) Gould ex Shinner.

Agropyron trachycaulum var. *caerulescens* Malte，1932. Canada Nat. Mus. Bull. 68：47.

Agropyron trachycaulum var. *ciliatum* (Scrib. et Smith) Malte，1932. Canada Nat. Mus. Bull. 68：47. = *Ag. richardsoni* var. *ciliatum* Scribn. et Smith. = *Ag. subsecundum* (Link) Hitchc. = *Elymus trachycaulus* ssp. *subsecundus* (Link) Gould.

Agropyron trachycaulum var. *ciliatum* (Scribn. et Smith) Gleason，1952. Phytologia 4 (1)：21. non Malte 1932. = *Ag. tenerum* var. *ciliatum* Scribn. et Smith. = *Elymus trachycaulus* (Link) Gould ex Shinner.

Agropyron trachycaulum var. *fernaldi* (Pease et Moore) Malte, 1932. Canada Nat. Mus. Bull. 68: 46. =*Ag. caninum* var. *tenerum* f. *fernaldii* Pease et Moore, 1910. Rhodora 12: 73.

Agropyron trachycaulum var. *glaucescens* Malte, 1932. Canada Nat. Mus. Bull. 68: 45.

Agropyron trachycaulum var. *glaucum* (Pease et Morre) Malte, 1932. Canada Nat. Mus. Bull. 68: 47. = *Ag. caninum* f. *glaucum* Pease et Moore.

Agropyron trachycaulum var. *hirsutum* Malte, 1932. Canada Nat. Mus. Bull. 68: 48.

Agropyron trachycaulum var. *latiglume* (Scribn. et Smith) Beetle, 1952. Rhodora 54: 196. = *Ag. violaceum* var. *latiglume* Scribn. et Smith. = *Elymus alaskanus* ssp. *latiglumis* (Scribn. et Smith) Á. Löve.

Agropyron trachycaulum var. *majus* (Vasey) Fernald, 1933. Rhodora 35: 171. = *Ag. violaceum* var. *majus* Vasey. = *Elymus trachycaulus* (Link) Gould ex Shinner.

Agropyron trachycaulum var. *majus* f. *pseudorepens* (Scrinb. et Smith) Beetle, 1952. Rhodora 54: 196. = *Elymus trachycaulus* (Link) Gould ex Shinner.

Agropyron trachycaulum var. *novae-angliae* (Scribn.) Fernald, 1933. Rhodora 35: 174. = *Elymus trachycaulus* ssp. *noviae-angliae* (Scribn.) Tzvel.

Agropyron trachycaulum var. *pilosiglume* Malte, 1932. Canad Nat. Mus. Bull. 68: 48.

Agropyron trachycaulum var. *richardsoni* (Schrad.) Malte, 1931. in Lewis, Canad. Field Nat. 45: 201 = *Triticum richardsoni* Schrad. = *Elymus tachycaulus* ssp. *subsecundus* (Link) Gould.

Agropyron trachycaulum var. *tenerum* (Vasey) Malte, 1932. Canada Nat. Mus. Bull. 68: 44. = *Ag. tenerum* Vasey. = *Elymus trachycaulus* (Link) Gould ex Shinner.

Agropyron trachycaulum var. *trichocoleum* (Piper) Malte, 1932. Canada Nat. Mus. Bull. 68: 45. = *Ag. tenerum trichocoleum* Piper. = *Elymus trachycaulus* (Link) Gould ex Shinner.

Agropyron trachycaulum var. *unilaterale* (Cassidy) Malte, 1932. Canada Nat. Mus. Bull. 68: 46. = *Ag. unilaterale* Cassidy. non *Ag. unilaterale* Beauv. = *Elymus trachycaulus* ssp. *subsecundus* (Link) Gould.

Agropyron trachycaulum var. *unilaterale* (Cassidy) Malte f. *andinum* Beetle, 1932. Rhodora 54: 196. = *Elymus trachycaulus* ssp. *subsecundus* (Link) Gould.

Agropyron trachycaulum f. *ciliatum* (Scribner et Smith) W. G. Dore, 1976. Nat. Canad. 103 (6): 554. = *Agropyron richardsonii* var. *ciliatum* Scribner et Smith.

Agropyron transbaicalense Nevski, 1932. Izv. Bot. Sada AN SSSR 30: 607, 618. = *Elymus mutabilis* ssp. *transbaicalensis* (Nevski) Tzvel., 1972. Nov. Sist. Vyssch. Rast. 10: 22.

Agropyron transcaucasicum Grossh. ex Nevski, 1936. Act. Inst. Bot. Acad. Sci. URSS, ser. 1. 2: 82. in syn. = *Agropyron caespitosa* C. Koch=*Elytrigia caespitosa* (C. Koch) Nevski =*Lophopyrum caespitosa* (C. Koch) Á. Löve.

Agropyron transhycanum (Nevski) Bondar. ，1968. Opred. Rast. Sredn. Azii 1：173. = *Roegneria transhyrcana* Nevski，1934 (April). Tr. Sredneaz. Univ. ser. 8B，17：70. = *Elymus transhyrcanus* (Nevski) Tzvelev，1972. Nov. Sist. Vyssch. Rast. 9：61.

Agropyron transiliense M. Pop. ，1938. Byull. Mosk. Obsch. Isp. Prir. Otd. Biol. 47：85. = *Elymus mutabilis* (Drob.) Tzvel.

Agropyron transnominatum Bondar. ，1968. Opred. Rast. Sredn. Azii 1：172. = *Roegneria sclerophylla* Nevski，1934. Acta Inst. Bot. Acad. Sc. URSS ser. 1，2：49.

Agropyron trichophorum (Link) K. Richter，1890. Pl. Eur. 1：124. = *Triticum trichophorum* Link，1843. Linnaea 17：395. = *Elytrigia intermedia* ssp. *barbulata* (Schur) Á. Löve.

Agropyron trichophorum var. *depilatum* Grossh. ．1930. Journ. Soc. Bot. Russ. 14：301.

Agropyron trichophorum var. *glabrescens* Grossh. ．1930. Journ. Soc. Bot. Russs. 14：301.

Agropyron trichophorum var. *glabrifolium* Prok. ，1940. in Bordzil. ，Fl. URSR. ed. 2. 2：341.

Agropyron trichophorum var. *goiranicum* (Vis.) Anghel et Morariu，1972. Fl. Republ. Social. Român. 12：615. = *Agropyron goiranicum* Vis.

Agropyron trichophorum f. *barbulatum* (Schur) Anghel et Morariu，1972. Fl. Republ. Social. Român. 12：615. = *Agropyron barbulatum* Schur.

Agropyron triticeum Gaertner，1770. Nov. Comm. Acad. Sci. Petropol. 14，1：540. = *Eremopyrum triticeum* (Gaertn.) Nevski，1934. Fl. SSSR. 2：662.

Agropyron troctolepis (Nevski) Meld. ，1970. in Rech. f. ，Fl Iranica 70：182. = *Roegneria troctolepis* Nevski，1934. Fl. SSSR 2：613.

Agropyron truncatum (Wallr.) Fuss，1866. Fl. Transsylv. 749. = *Triticum truncatum* Wallr. ，1840. Linnaea 14：544. = *Elytrigia intermedia* (Host) Nevski.

Agropyron truncatum ssp. *banaticum* (Heuff.) R. Soó，1977 (publ. 1978) . Acta Bot. Acad. Sci. Hung. 23 (3‐4)：389. = *Triticum rigidum* var. *banaticum* Heuff.

Agropyron truncatum ssp. *trichophorum* (Link) R. Soó，1977 (publ. 1978) . Acta Bot. Acad. Sci. Hung. 23 (3‐4)：389. = *Triticum trichophorum* Link.

Agropyron tschimganicum Drob. ．1923. in Vued. ，Key Fl. Taskent 40. in Russian；1925. Feddes Repert. 21：40. = *Roegneria tschimganica* (Drob.) Nevski，1934. Tr. Sredneaz，Univ. ser. 8B，17：64.

Agropyron tsukushiense (Honda) Ohwi，1936. Bot. Mag. Tokyo 50：391. = *Elymus tsukushiensis* Honda，1936. Bot. Mag. Tokyo 50：391. = *Campeiostachys tsukushiensis* (Honda) J. L. Yang，Baum et Yen.

Agropyron tsukushiense var. *transiens* (Hack.) Ohwi，1957. Fl. Japan 106. = *Ag.*

semicostatum var. *transiense* Hack. = *Roegneria kamoji* Ohwi. = *Campeiostachys kamoji* (Ohwi) J. L. Yang，Baum et Yen.

Agropyron tsukushiense var. *tsukushiense* (Honda) Ohwi，1953. Fl. Japan 106. = *Elymus tsukushiensis* Honda. = *Campeiostachys tsukushiensis* (Honda) J. L. Yang，Yen et Baum.

Agropyron tugarinovii Reverd. ，1932. Sist. Zam. Herb. Tomsk. Univ. 4：1 = *Elymus jacutensis* (Drob.) Tzvel.

Agropyron tunguscens Drob. ，1931. in Abdulov，Tr. Prikl. Bot. Genet. Sel. ，Pril. 44：259. = *Elymus jacutensis* (Drob.) Tzvel.

Agropyron tunguscense Drob. ex Nevski，1933. Acta Inst. Bot. Acad. Sci. URSS 1：25.

Agropyron turcestanicum Gandoger，1913. Bull. Soc. Bot. Fr. 60：420. = *Eremopyrum bonaepartis* (Sprengel) Nevski.

Agropyron turczaninovii Drob. ，1914. Tr. Muz. AN 12：47. = *Roegneria gmelinii* (Ledeb.) Kitagawa，1939. in Fl. Manshou. 91.

Agropyron turczaninovii var. *glabrum* Drob. ，1914. Trav. Mus. Bot. Acad. Sci. Petrograd 12：48. pl. 1. f. 4.

Agropyron turczaninovii var. *macrantherum* Ohwi，1941. Acta Phytotax. Geobot. 10：98. = *Roegneria gmelinii* (Ledeb.) Kitaga.

Agropyron turczaninovii var. *tenuisetum* Ohwi，1953. Bull. Nat. Sci. Mus. Tokyo 33：66. = *Roegneria gmelinii* var. *tenuiseta* (Ohwi) J. L. Yang，Baum et Yen.

Agropyron turkestanicum Gandog. ，1913. Bull. Soc. Bot France 60：420.

Agropyron turkestanum Drob. ，1923. Vued. Opred. Rast. Okr. Taschk. 1：41. non Gand. 1913. = *Agropyron drobovii* Nevski，1932. Bull. Jard. Bot. Acad. Sci. URSS 30：626. = *Elymus drobovii* (Nevski) Tzvelev，1972. Nov. Sist. Vyssch. Rast. 9：61. =*Campeiostachys drobovii* (Nevski) J. L. Yang，B. R. Baum et C. Yen.

Agropyron turuchanense Reverd. ，1932. Sist. Sam. Herb. Tomsk. Univ. 4：2. = *Elymus macroucus* ssp. *turruchanensis* (Reverd.) Tzvel. ，1971. Nov. Sist. Vyssch. Rast. 8：63.

Agropyron ugamicum Drob. ，1923. Vued. Opred. Rast. Okr. Taschk. 1：41；1925. Feddes Repert. 21：41. = *Roegneria ugamica* (Drob.) Nevski，1934. Tr. Sredneaz. Univ. ser. 8B，17：70.

Agropyron ugamicum var. *angustifolium* Nevski，1932. Bull. Jard. Bot. Acad. Sci. URSS 30：625.

Agropyron ugamicum var. *montanum* Nevski，1932. Bull. Jard. Bot. Acad. Sci. URSS 30：625.

Agropyron ungavense Louis-Marie，1946. Rev. d'Oka 20：157. f. 4. no. 1；f. 5，no. 1. =*Agroelymus ungavensis* (Louis-Marie) Lepage (see Rousseau，1952. Mem. Jard. Bot. Montreal 29：1.) .

Agropyron ungavense var. *typicum* Louis-Marie，1946. Rev. d'Oka 20：160.

Agropyron ungavense f. *ramosum* Louis-Marie，1946. Rev. d'Oka 20：158. f. 5，no. 2.

Agropyron unilaterale (L.) Beauv.，1812. Ess. Agrost. 102，146. = *Triticum uni-laterale* L.，1767. Mant. Pl. 1：35. = *Desmateria marina* (L.) Druce.

Agropyron unilaterlale Cassidy，1890. Colo. Agr. Exp. Sta. Bull. 12：63. = *Elymus trachycaulus* ssp. *subsecundus* (Link) Gould.

Agropyron uninerve P. Candargy，1901. Monogr. tēs phyls tōn krithōdōn：43. = *Leymus chinensis* (Trin.) Tzvel.，Rast. Tsentr. Azii 4：205. p. p. 1968.

Agropyron uralense Nevski，1930. Izv. Glavn. Bot. Sada SSSR 29：89. = *Elymus uralensis* (Nevski) Tzvel.，1971. Nov. Sist. Vyssch. Rast. 8：63.

Agropyron vaginans (Pers.) Beauv.，1812. Ess. Agrost. 102，146，181. = *Triticum vaginans* Pers.，1805. Syn. Pl. 1：109.

Agropyron vaillantianum Schreb. ex Besser，1822. Enum. Pl. 41. nom. nud.；(Wulf. et Schreb.) Trautv.，1884. Act. Hort. Petrop. 9：329. = *Triticum vaillantianum* Wulf. et Schreb.，1811. in Schweigger，Fl. Erlang. ed. 2. 1：143. = *Elytrigia repens* (L.) Nevski = *Elymus repens*.

Agropyron vaillantinum Trautiv.，1884. Act. Hort. Petrop. 14. 1：530.

Agropyron vaillantianum Opiz，1852. Sezn. Rostl. Ceske 12. nom. nud.

Agropyron validum Opiz ex Berchtold 1839. Oekon. - Techn. Fl. Bohmens 1：413. = *Elytrigia intermedia* (Host) Nevski.

Agropyron variegatum (Fisch. ex Spreng.) Roem. et Schult.，Syst. Veg. 2：759. = *Triticum variegatum* Fisch. ex Spreng.，1815. Fl. Pugill. 2：24.

Agropyron varnense (Velen.) Hayek，1932. Feddes Repert. Beih. 30 (3)：222. = *Triticum varnense* Velenovsky，1894. Sitz. - Ber. Bohm. Ges. Wiss. 1894：28. = *Elytrigia varnensis* (Velen.) Holub.，1977. Folia Geobot. Phytotax. Praha 12：420.

Agropyron vaseyi Scribn. et Smith，1897. USDA Div. Agrost. Bull. 4：27. = *Pseudoroegneria spicata* (Pursh.) Á. Löve，1984. Feddes Repert. 95 (7-8)：447.

Agropyron velutinum Nees，1843. in W. J. Hooker，Journ. Bot. 2：417. = *Australopyrum pectinatum* ssp. *velutinum* (Nees) Á. Löve.

Agropyron vernicosum Nevski ex Grubov，1955. Bot. Mat. (Leningrad) 17：6. = *Roegneria pendulina* var. *brachypodioides* (Nevski) J. L. Yang，Baum et Yen.

Agropyron villosum (L.) Link，1753. Hort. Berol. 1：31. 1827. = *Secale villosum* L.，Spec. Pl. 84. = *Pseudosecale villosum* (L.) Degen，1936. Fl. Veleb. 1：574.

Agropyron violacescens (Ramaley) Beal，1896. Grasses N. Amer. 2：635. non Lange 1880. = *Ag. caninum* f. *violacescens* R. Pound (error for Ramaley). 1894. Minn. Bot. Studies. Bull. 9 (Ⅲ)：107. = *Ag. caninum* var. *unilaterale* Vasey. = *Elymus trachycaulus* ssp. *subsecundus* (Link) Gould.

Agropyron violaceum (Hornem.) Lange，1852. in Rink，Gronland 1：115. = *Triticum violaceum* Hornem. ，1832. Fl. Dan. ，fasc. 35，t. 2044. s. str. = *Elymus trachycaulus* ssp. *violaceum* (Hornem.) Á. Löve et D. Löve，1976. Bot. Not. 128：502.

Agropyron violaceum Vasey，1882. Bot. Gaz. N. S. Wales 10：141.

Agropyron violaceum virescens Lange，1880. Medd. om Gronl. 3：155. = *Elymus trachycaulus* ssp. *virescens* (Lange) Á. Löve et D. Löve，1976. Bot. Not. 128：502.

Agropyron violaceum ssp. *andinum* (Scribn. et Smith) Meld. ，1967. Arkiv f. Bot. 2，20：19. = *Elymus trachycaulus* ssp. *andinus* (Scribn. et Smith) Á. Löve et D. Löve.

Agropyron violaceum var. *andinum* Scribn. et Smith，1897. USDA Div. Agrost. BUll. 4：30. = *Elymus trachycaulus* ssp. *andinus* (Scribn. et Smith) Á. Löve et D. Löve，1976. Bot. Not. 128：502.

Agropyron violaceum var. *hyperarcticum* Polunin，1940. Bull. Natl. Mus. Canad. 92：95. = *Elymus alaskanus* ssp. *hyperarcticus* (Polunin) Á. Löve et D. Löve，1976. Bot. Not. 128：502.

Agropyron violaceum var. *latiglume* Scribn. et Smith，1897. USDA Div. Agrost. Bull. 4：30. =*Elymus alaskanus* ssp. *latiglumis* (Scribn. et Smith) Á. Löve，1980. Taxon 29：166.

Agropyron violaceum var. *majus* Vasey，1899. Contr. U. S. Nat. Herb. 1：280. = *Elymus trachycaulus* ssp. *virescens* (Lange) Á. Löve et D. Löve.

Agropyron violaceum var. β *virescens* Lange，1880. Consp. Fl. Greenland，(Medd. Grønl. 3)：155.

Agropyron violaceum f. *caninoides* Ramaley，1894. Minn. Bot. Stud. 1：108. = *Elymus trachycaulus* ssp. *subsecundus* (Link) Gould.

Agropyron virescens (Panć. ex Aschers.) P. Candargy，1901. Monogr. tēs phyls tōn krithodon：55.

Agropyron vulpinum (Rydb.) Hitchc. ，1934. Amer. Journ. Bot. 21：132. = *Elymus vulpinus* Rydb.

Agropyron X wallii Connor，1957. Trans. Roy. Soc. New Zealand 84：757.

Agropyron wiluicum Drob. ，1916. Trav. Mus. Bot. Acad. Sci. Petrograd 16：95. pl. 9. f. 6.

Agropyron yezoense Honda，1929. Bot. Mag. Tokyo 43：292. = *Roegneria yezoensis* (Honda) Ohwi，1941. Act Phytotax. Geobot. 10：98.

Agropyron yezoense Honda，1936. Bot. Mag. Tokyo 61：292. non *Agropyron yezoensis* Honda 1929. = *Elymus nipponicus* Jaaska，1974. Eesti NSV Tead. Akad. Toim. ，Biol. 23：6.

Agropyron yezoense var. *glaucispiculum* Chung，1953. Man. Grasses Korea 318.

Agropyron yezoense var. *koryoense* (Honda) Ohwi，1942. Acta Phytotax. Geobot. 11：

179. ＝ *Ag. koryoense* Honda，1932. in Koryo-shikenrinno-Ippan 78；Ohwi，1941. in Acta Phytotax. Geobot. 10：98.

Agropyron yezoense var. *tashiroi*（Ohwi）Ohwi，1943. Journ. Jap. Bot. 19：167. ＝ *Ag. tashiroi* Ohwi.

Agropyron youngii（Hook. f. ）P. Candargy，1901. Monogr. tēs phyls tōn krithōdon： 39. ＝ *Triticum youngii* Hook. f. ，1864. Handb. N. Z. Fl. 1：343. ＝ *Anthosachne rectiseta*（Nees et Lehn. ）Yen et J. L. Yang.

Agropyron youngii（Hook. f. ）Cheeseman，1906. Man. New Zeal. Fl. 923. ＝ *Triticum youngii* Hook. f. ，1867. Handb. N. Zeal. Fl. 343. ＝ *Anthosachne rectiseta* （Nees et Lehn. ）Yen et J. L. Yang.

Agropyron yukonense Scribn. et Merr. ，1910. Contr. U. S. Natl. Herb. 13：85. ＝ *Elymus lanceolatus* ssp. *yukonensis*（Scribn. et Merr. ）Á. Löve，1984. Feddes Report. 95（7 - 8）：470.

致　　谢

　　编著者感谢下列标本室的负责人，他们大力惠借标本，他们是：**BM，HNWP，K，LE，MO，N，NAS，NWBI，UTC，WUK，XJA，XJBI**。编著者感谢国际植物遗传资源研究所［The International Plant Genetic Resources Institute (IPGRI，前 IBPGR)］、中国国家自然科学基金、四川省科学技术厅、四川省教育厅、四川农业大学，对我们的资料收集整理、野外调查采集、实验研究及出版工作给予的经济资助。编著者感谢以下各位先生的特殊帮助，他们提供模式标本或协助我们拍摄模式标本照片，协助我们采集标本，协助我们收集文献资料，或在讨论中提供宝贵意见。他们是：耿伯介与宋桂卿（N）、陈守良与宁平平（NAS）、H. H. Цвелев（LE）、徐朗然（WUK）、I. A. Al-Shehbaz（MO）、罗明诚（UCD）、Mary E. Barkworth（UTC）、宋宏（MO）、崔乃然（XJA）、蔡联炳（HNWP）、颜旸（SDSU）、万永芳（CPI，Rothamsted Research）、段雨农（四川大学）、周永红、刘登才，以及四川农业大学小麦研究所的学生们（SAUTI）。编著者感谢美国犹他州立大学美国农业部农业研究司牧草与草原实验室的汪瑞琪（R. R.-C. Wang）教授惠赠种质材料。编著者感谢加拿大农业与农业食品部的 Jacques Cayouette 博士对我们的稿件提出的宝贵意见。